QUANGUOJIANSHEHANGYE

ZHONGDENGZHIYEJIAOYUGUIHUA

TUIJIANJIAOCAI

全国建设行业中等职业教育规划推荐教材【园林专业】

园林工程

唐来春　曾小毕 ◎ 编 著

U0330749

中国建筑工业出版社

图书在版编目(CIP)数据

园林工程/唐来春，曾小毕编著. —北京：中国建筑工业出版社，2009

全国建设行业中等职业教育规划推荐教材(园林专业)

ISBN 978-7-112-11296-8

Ⅰ. 园…　Ⅱ. ①唐…②曾…　Ⅲ. 园林—工程施工—专业学校—教材　Ⅳ. TU986.3

中国版本图书馆 CIP 数据核字(2009)第 169100 号

责任编辑：时咏梅　陈　桦
责任设计：赵明霞
责任校对：王雪竹　关　健

全国建设行业中等职业教育规划推荐教材(园林专业)

园 林 工 程

唐来春　曾小毕　编著

*

中国建筑工业出版社出版、发行(北京西郊百万庄)
各地新华书店、建筑书店经销
北京天成有限公司制版
廊坊市海涛印刷有限公司印刷

*

开本：787×1092 毫米　1/16　印张：18¾　字数：480 千字
2009 年 12 月第一版　　2014 年 11 月第三次印刷
定价：**29.00** 元
ISBN 978-7-112-11296-8
(18539)

本系列教材编写委员会

（按姓氏笔画排序）

编委会主任：陈　付　　沈元勤

编委会委员：马　垣　　王世动　　刘义平　　孙余杰　　何向玲

　　　　　　张　舟　　张培冀　　沈元勤　　邵淑河　　陈　付

　　　　　　赵岩峰　　赵春林　　唐来春　　徐　荣　　康　亮

　　　　　　梁　明　　董　南　　甄茂清

前　言

近二十年来，我国社会的城市化进程不断加快，城市规模不断扩展，城市面貌发生了翻天覆地的变化，城市园林绿地也有了极大的发展。现代化的城市建设和园林绿地建设需要一大批掌握现代土木建筑技术和现代园林工程技能的设计施工人才和工程建设基层管理人员。本书即是为了适应这种形势而针对园林工程职业技术教育的需要所编写的一本教材。

"园林工程"是一门横跨多个工程学科的专业课程。在其课程内容体系中，除园林建筑工程之外，主要有土木建筑类的土方工程、园路工程、砌体工程，有水电工程类的园林给水排水工程、灌溉工程、供电与照明工程，也有环境艺术类的水景工程、假山与置石工程和绿化技术类的植物栽植工程等。学科内容的多样性给组织教学内容带来的困难是显而易见的。因此，我们在教材内容的安排上就采取重点与一般相结合的方式，突出几项主要工程内容，而对一般的工程内容则仅安排一些常识性的工程知识教学。同时，也将教学内容的侧重点集中安排在园林工程的实用性技术方面，注意突出本课程专业性和实践性强的基本特点。在文字叙述及图形表达方面，针对职业教育的学生对象特点，注意了行文的深入浅出和通俗易懂，插图绘制和照片选择也强调了针对性和直观性，力求做到图文并茂，既能够适应教师教学使用，又适合学生课外自学，使本书的实用性得到很大增强。

本书由成都市建设学校唐来春和成都市林业与园林管理局教育培训学校曾小毕二人合作编写。书中内容借鉴了唐来春主编的中国建筑工业出版社 1999 年版的《园林工程与施工》中的部分内容，也结合了作者长期从事园林工程设计与施工工作的一些成熟经验。根据本书主要内容编辑的《园林工程》多媒体课件，亦将由中国建筑工业出版社正式出版。该电子课件可作为本教材的配套材料，供园林工程设计与施工的课堂教学使用。

由于本课程内容涉及面广、综合性强、专业技术更新比较快，再加上作者个人专业技术素养和工程施工经验也存在一定局限性，因此在教材内容中想必会有一些遗漏、欠缺和不妥的地方，希望读者不吝赐教，给予指正，以利改进。

目 录

绪　论

园林工程学是园林景观环境建设方面的一门重要专业课程。在这门课程中，既包含有地形、土方、道路、给水排水、供电等偏重于工程技术的学科内容，也包含了假山、水景、植物栽植等偏重于景观艺术建设的学科内容。因此，园林工程学是融合了多学科工程内容的一门综合性课程。

0.1　园林工程的概念与性质

0.1.1　园林工程的概念

园林工程是以土木工程原理为基础，以园林生态与环境艺术理论为指导，研究景观环境生态建设及其工程技术的一门学科。这里的概念主要包含了下述三层意思：其一，园林工程是以土木工程科学原理和环境艺术原理为理论基础的；其二，园林工程学科的研究对象主要是景观环境建设技艺及其相应的工程技术；其三，园林工程以建设生态良好、景观优美的生态园林环境为基本工程目的。

0.1.2　园林工程的性质

通过对基本工程性质的分析，可以看出园林工程具有下述几方面的特殊属性：

1）总体上属于土木建筑工程

园林工程以土石方工程为基础，包括了水体、道路、假山、地面附属工程、建筑工程等传统的土木建筑工程在内，因此从总体上讲，园林工程仍属于土木建筑工程。

2）植物景观在工程中占据主导地位

园林工程与其他建设工程相比，更加注重植物营造环境的作用和造景作用，以植物为主造园，能够创造生态质量更高的景观环境。

3）更加重视环境的生态建设

园林工程的各方面建设活动，都以创造更加优良的环境生态为基本目的，使环境更加宜人，也更适宜植物、动物及其他有益生物的生存和繁衍。

4）工程兼具时、空艺术的内容

在所涉及的艺术工程方面，园林中利用假山、音乐喷泉、瀑布、花坛、风景林等营造艺术化的环境，其艺术形态以空间艺术为主，辅之以时间艺术。

5）是需要多学科协作的综合工程

在园林工程中涉及的专业门类、工种特别多，工程的进行需要多专业、多工种的密切配合与协作，综合性较强。

0.2　园林工程施工技术的特点

与其他种类的土木建筑工程相比，园林工程在下述几方面的特点表现得更为突出：

（1）技术与艺术的统一：园林工程应用土木工程技术和园林艺术、环境艺术理论来创造园林艺术作品；是科技和艺术，技术手段和艺术技巧的高度结合。

（2）占有较大面积的地域：园林工程中的水体、道路场地、绿化等工程项目所占据的地域面积都比较大，少则上千平方米，多则能达到几平方千米。

（3）工程要素的多样性：园林中地形、土方、山石、建筑、路桥、水景、植物、小品等工程要素和景观要素等都表现出多种多样的特点。

（4）能工巧匠的作用比较突出：木活、石活、假山置石、花街铺地、古建筑装修等施工方面，能工巧匠的数量和水平往往成为园林工程成败及质量高低的关键因素。

（5）施工中创造性余地较多：由于地形、植物、山石等要素的自然变化性很大，因此设计的结果与实际情况之间总有较大的差距，这就给施工中发挥创造性提供了较大的空间，实际施工中的灵活处理情况是比较常见的。

（6）环境生态结构的优化性：园林工程的设计与施工都特别要注意保持环境生态平衡，优化生态结构，使环境宜于人们的休息、游览和各类活动，宜于动植物的繁衍生息。

0.3 园林工程施工技术的内容

园林工程的基本内容主要包括工程设计和施工建设两方面。在传统的园林专业学科体系中，园林建筑与小品工程是单列为独立学科的，因此在园林工程的具体工作内容上，则除开了园林建筑与小品工程，主要包含下述一些方面的内容：

(1) 地形与土方工程：园林地形改造主要涉及土石方工程，在园路、场地、水体、建筑等工程建设中也是以土方工程作先导的。

(2) 假山置石工程：假山与置石工程在本质上还是属于土石方工程，但却是通过艺术方法进行的人工地形、地物的建造活动，是园林工程的特殊内容。

(3) 场地与路桥工程：园路、场地、园桥都是园林的交通设施，都是满足园林功能要求的重要工程。

(4) 花坛与园墙砌体工程：花坛、花台、树坛的边缘石砌体、园林墙垣的砌体，都是园林地面及空间界面的附属工程内容。

(5) 园林水景及其水体工程：是园林中的湖池、溪涧、瀑布、喷泉等水景设备及构筑物工程。

(6) 园林给水与排水工程：包含了园林内生活、造景、灌溉、消防等方面的用水供给设备及构筑物工程，和地面、地下排水设施的安排等两方面的内容。

(7) 园林供电工程：包括园林中照明用电、灯光造景用电、水景用电、灌溉用电及园林机具用电等方面的工程设施。给水排水工程、供电工程及通信工程等都主要由管线设施构成，因此也可统称为园林管线工程。为了统筹解决各种管线敷设与交叉时的矛盾，要进行工程管线

的规划综合或设计综合。

(8) 绿化栽植工程：植树、花坛花境栽植、草坪培植、垂直绿化栽植等绿化工程，也是园林工程的特殊内容。

(9) 园林施工组织与管理：园林工程施工计划、施工组织设计、施工准备、施工质量、技术与安全管理等项工作，都是保证园林工程建设顺利进行的重要工作内容。

(10) 园林工程定额与预算：即为保证工程投资项目顺利实施和园林工程施工高效有序进行而对园林工程进行的各种预算、结算和决算。

0.4 园林工程施工技术学习要求

园林工程课程包含的学科内容范围很广，学习难度比较大。要学好本课程，就必须按照下述基本要求循序渐进地学习。

学习园林工程施工技术应具备的专业基础知识主要有：建筑力学与结构知识、建筑材料学知识、园林树木学知识、园林测量知识、园林规划基础知识、园林建筑学基础知识、园林设计初步技能等。

在学习本课程的同时，要注意加强个人艺术修养。在课余，要多参加各类艺术活动，特别是绘画基本技能的学习及艺术、美学基础知识的学习，逐步增加自己的艺术积累。

平时在学习过程中，要认真听课，注意理解老师的讲课要点和重点，做好课堂笔记。课后要认真复习，做好课后作业题，认真进行作业技能练习。在课后还必须做好实训课题作业，实训课题是训练园林工程施工技能的重要作业项目，对培养实践技能很有好处，必须做好。

业余时间应多到施工现场考察、观摩。尽量创造条件，到施工工地现场跟班实习，最好能够亲自动手操作，逐步积累技术实践经验，掌握操作技术。

第1章 土方工程

地形整理及其土方施工在整个园林工程施工中占有重要地位，它有着工程量大、工期长、影响面广的特点，常常是园林工程开工后首先要进行的工程。为此，本章主要围绕着土方工程安排了土的类别及其特性、园林地形设计基础知识、土方工程量估算和土方施工方法等内容。

1.1 土类及其特性

土石方工程是园林绿地工程中最基础的工程，其工程对象就是园林土地。构成土地的主要物质材料是土和岩石。土石材料的物理化学特性直接影响其工程特性。不同类别土石材料的工程特性常常有很大的差别。因此，进行园林土方工程就必须首先了解土的类别及其特性。

1.1.1 土的分类

在土方工程中，通常按土的粒径分类、土质分类和工程分类三种方式来划分土类，具体分类情况如下所述。

1) 土的粒径分类 土颗粒直径大小与土体的密实度、承载能力等直接相关，因此在土方工程中常根据土壤颗粒直径大小，将土分为下述四类：

(1) 砾石：粒径大于 2mm；含孔隙多，密度小。

(2) 砂土：粒径 0.05～2mm；含小孔多，密度较小。

(3) 淤泥：粒径 0.002～0.05mm；孔较少，密度大。

(4) 黏土：粒径小于 0.002mm；孔隙很少，质地致密。

2) 土的质地分类 作为园林土方工程和建筑物地基的土，一般可分为岩石、碎石、砂土、黏土、人工填土和特殊土等六大类。

(1) 岩石类：这一类又可按坚固性或风化程度两方面特点进一步细分为几个小类。按坚固性分，可分为花岗岩、玄武岩、石灰岩等强度不小于 30MPa 的硬质岩石，和页岩、黏土岩、云母片岩等强度小于 30MPa 的软质岩石两个小类。而按照风化程度来分，则可将园林工程用土分为微风化土、中等风化土、强风化土、全风化土和残积土五小类。

(2) 碎石土类：对于含碎石较多的碎石土类，可按颗粒形状和颗粒直径分为三小类：

① 漂石、块石：粒径大于 200mm 的颗粒超过全重的 50%；

② 卵石、碎石：粒径大于 20mm 的颗粒超过全重的 50%；

③ 圆砾、角砾：粒径大于 2mm 的颗粒超过全重的 50%。

(3) 砂土类：可按土的颗粒直径将砂土类分为粗细不同的五个小类：

① 砾砂：粒径大于 2mm 的颗粒占全重的 25%～50%；

② 粗砂：粒径大于 0.5mm 的颗粒超过全重的 50%；

③ 中砂：粒径大于 0.25mm 的颗粒超过全重的 50%；

④ 细砂：粒径大于 0.047mm 的颗粒超过全重的 85%；

⑤ 粉砂：粒径大于 0.047mm 的颗粒不超过全重的 50%。

(4) 黏土类：这类土都或多或少地具有一定塑性，因此可按土样的塑性指数 I_p 来进行分类；通常分为下列三小类：

① 黏土：塑性指数 $I_p > 17$；

② 粉质黏土：塑性指数 $10 \leqslant I_p \leqslant 17$；

③ 粉土：塑性指数 $I_p < 10$。

(5) 人工填土类：对于填方工程中形成的人工填土，因其原自然土粒结构已经破坏，不好按照土的物理特性进行分类，因此就土的组成成分和生成原因分为三个小类。分类情况见表 1-1。

人工填土的分类 表 1-1

土的名称	组成和成因
素填土	是由碎石土、砂土、粉土、黏性土等一种或数种组成的人工土
杂填土	含有建筑渣土、工业废料、生活垃圾等杂物
冲填土	是由水力冲填泥砂形成的填土

(6) 特殊土类：凡是不属于以上五类的那些不常见的土类，可全部归入此类。

3) **土的工程分类** 土的工程分类是按土的质地、密度、承载能力、施工特点等多方面的工程性质而进行的综合性分类，其将土方工程中所有的土分为八大类，见表 1-2 所示。

土 的 工 程 分 类 表 1-2

土 类	土 的 名 称	坚实系数（f）	密度（kg/m³）	开挖方法及工具
一类土（松软土）	砂土、粉土、冲积砂土层、疏松的种植土、淤泥（泥炭）	0.5～0.6	600～1500	用锹、锄头挖掘，少许用脚蹬
二类土（普通土）	种植土、粉质黏土、潮湿的黄土、回填土、夹有碎石、卵石的砂、粉土混卵（碎）石	0.5～0.8	1100～1600	用锹、锄头挖掘，少许用镐翻松
三类土（坚土）	软及中密实黏土、重粉质黏土、砾石土、干黄土、含有碎石卵石的黄土、粉质黏土、压实的填土	0.8～1.0	1750～1900	主要用镐，少许用锹、锄头，部分用撬棍
四类土（砂砾坚土）	坚硬密实的黏土或黄土、含碎石、卵石的中密实黏土或黄土、粗卵石、天然级配砂石、软泥灰岩	1.0～1.5	1900	先用镐、撬棍、大锤挖掘，后用锹挖，部分用楔子及大锤
五类土（软石）	硬质黏土、中密页岩、泥灰岩、白垩土、胶结不紧的砾岩、软石灰岩及贝壳石灰岩	1.5～4.0	1100～2700	用镐或撬棍、大锤挖掘，部分使用爆破方法
六类土（次坚石）	泥岩、砂岩、砾岩、坚实的页岩、泥灰岩、密实的石灰岩、风化花岗岩、片麻岩及正长岩	4.0～10.0	2200～2900	用爆破方法开挖，部分用风镐
七类土（坚石）	大理岩、辉绿岩、玢岩、粗、中粒花岗岩、坚实的白云岩、砂岩、砾岩、片麻岩、石灰岩、微风化安山岩、玄武岩	10.0～18.0	2500～3100	用爆破方法开挖
八类土（特坚石）	安山岩、玄武岩、花岗片麻岩、坚实的细粒花岗岩、闪长岩、石英岩、辉长岩、辉绿岩、玢岩、角闪岩	18.0～25.0以上	2700～3300	用爆破方法开挖

1.1.2 土的特性

从工程的角度来看土的特性，应重点考察土在力学、理化和施工方面与工程密切相关的特性。这些特性中最为重要的有下述六项：

1) **土壤密度** 土壤密度是指天然状态下单位容积的土体重量，用 kg/m³ 表示，这一特性反映了土的可以量化的密度关系，与挖土施工的难易程度和填土施工的质量高低密切相关。

2) **土壤的坡面角** 土壤边坡坡面的倾斜度（坡度），斜坡面与水平面之间的夹角等，与土体边坡的稳定性和土方工程的安全性有很大关系。

(1) 土壤自然倾斜面：是土壤在自然堆积并沉降滑坡后达到稳定状态时的土坡倾斜面。

(2) 土壤安息角：土壤自然倾斜面与水平面之间的夹角。一般土壤的平均安息角大致为30°。土壤安息角的大小随土壤质地和含水量多少而有所不同：含砂多的土壤安息角小，而黏性强的土壤安息角大；含水量适中的土安息角大，含水量过大或过小的土壤安息角小（图 1-1、表 1-3）。

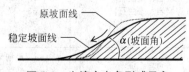

图 1-1 土壤安息角形成示意

<table>
<tr><th colspan="7" style="text-align:center">不同土类的土壤安息角   表 1-3</th></tr>
</table>

土的名称	干 的		湿润的		潮湿的	
	度数 (°)	高度与底宽比	度数 (°)	高度与底宽比	度数 (°)	高度与底宽比
砾 石	40	1:1.25	40	1:1.25	35	1:1.50
卵 石	35	1:1.50	45	1:1.00	25	1:2.75
粗 砂	30	1:1.75	35	1:1.50	27	1:2.00
中 砂	28	1:2.00	35	1:1.50	25	1:2.25
细 砂	25	1:2.25	30	1:1.75	20	1:2.75
重 黏 土	45	1:1.00	35	1:1.50	15	1:3.75
粉质黏土、轻黏土	50	1:1.75	40	1:1.25	30	1:1.75
粉 土	40	1:1.25	27	1:1.75	20	1:2.75
腐 殖 土	40	1:1.25	35	1:1.50	25	1:2.25
填 方 土	35	1:1.50	45	1:1.00	27	1:2.00

土的渗透系数参考值	表 1-4
土 的 种 类	渗透系数(m/d)
粉质黏土、黏土	<0.1
粉质黏土	0.1~0.5
含粉质黏土的粉砂	0.5~1.0
纯粉砂	1.5~5.0
含黏土的细砂	10~15
含黏土的中砂及纯细砂	20~25
含黏土的细砂及纯中砂	35~50
纯细砂	50~75
粗砂夹砾石	50~100
砾石	100~200

3) 土壤含水量 是土壤内部水重与土粒重的百分比值。含水量多少，对土的承重能力和土方工程施工都有比较大的影响；土壤水分过多或过少，对植物生长的影响也是很大的。

(1) 含水量类别：从含水量方面可将园林工程用土分为三类，即含水量小于 5% 的干土、含水量 5%~30% 的潮土和含水量大于 30% 的湿土。在工程施工中，以含水量适中的潮土的施工性能最好。

(2) 土中水的渗透速度：土中水分的渗透速度对土的施工性能也有明显影响，渗透速度以土的渗透系数来表达。土的渗透系数：表明土壤中水分相对的渗透移动速度或土壤的保水能力，与土壤含水量和土的种类质地直接相关(表 1-4)。

(3) 含水量与施工：土壤含水过少，则土干硬，挖掘难度增大；并且大的土块不易被打碎，

用于填方也会导致填方质量降低。反过来若是含水过多，施工现场泥泞，挖方操作不便，泥泞土也不宜用作回填土。

4) 土壤的相对密实度 与土壤密度不同，土壤相对密实度表示的是土壤的填筑密度，这在填方施工和填方工程质量方面有较大影响，是土方工程施工的一个重要参数。其计算如式 (1-1) 所示。

$$D = \varepsilon_1 + \varepsilon_2 / \varepsilon_1 + \varepsilon_3 \qquad (1-1)$$

式中 D——土壤相对密实度；

ε_1——松散填土时的孔隙比；

ε_2——填土夯实后的孔隙比；

ε_3——土壤最密实时的孔隙比。

5) 土壤的可松性 是指因挖土而使土壤的紧密结构被破坏，土体松散，体积增加的性质。这种性质对于挖方和填方工程中的计算及土方运输有很大关系。土壤的可松性一般用系数 K_p 和 K'_p 表示(表 1-5)。土壤可松性可在下列三方面应用：

<table>
<tr><th colspan="5" style="text-align:center">土的可松性系数参考值   表 1-5</th></tr>
</table>

土的类别	体积增加百分比(%)		可松性系数	
	最初	最终	K_p	K'_p
一类(种植土、泥炭)	8~17	1~2.5	1.08~1.17	1.01~1.03
一类(植物性土、泥炭)	20~30	3~4	1.20~1.30	1.03~1.04
二类	14~28	1.5~5	1.14~1.28	1.02~1.05
三类	24~30	4~7	1.24~1.30	1.04~1.07
四类(泥炭岩、蛋白石除外)	26~32	6~9	1.26~1.32	1.06~1.09
四类(泥炭岩、蛋白石)	33~37	11~15	1.33~1.37	1.11~1.15
五~七类	30~45	10~20	1.30~1.45	1.10~1.20
八类	45~50	20~30	1.45~1.50	1.20~1.30
备 注	K_p——最初可松性系数，$K_p=V_2/V_1$ K'_p——最终可松性系数，$K'_p=V_3/V_1$			

(1) 计算挖方体积增加量；

(2) 在土方平衡中作参考；

(3) 用作土方施工计划的参数。

6) 土壤的压缩性 是指对回填土进行夯压之后使土壤密度增大，土体体积缩小的性质。这种性质对于填方工程中的需土量计算及土方运输关系很密切。土壤压缩性大小用压缩系数来表达(表1-6)。土壤压缩性及其压缩系数也有下述三方面的应用：

(1) 计算填方体积需增加值；

(2) 作土方平衡的重要参数；

(3) 供制定施工计划作参考。

土的压缩系数参考值　　表1-6

土的类别	土的名称	土的压缩率（％）	每立方米松散土压实后的体积(m³)
一、二类土	种植土	20	0.80
	一般土	10	0.90
	砂　土	5	0.95
三类土	天然湿度黄土	12～17	0.85
	一般土	5	0.95
	干燥坚实黄土	5～7	0.94

1.2 土方量计算

在地形设计之中、土方施工之前进行的土方工程量计算是一项繁琐的工作，但也是必须做的一项技术工作。土方工程量计算是根据已经初步完成的地形设计图进行的，计算的结果往往又会反过来提供给设计方，作为重要的设计修改、调整的依据。本节的中心内容，是专门针对土方工程量的各种计算方法进行学习，并对土方量计算密切相关的土方平衡与调配进行深入了解。学习的基本问题就是下列两点：土方工程量计算和土方平衡与调配。

1.2.1 土方计算方法

土方工程量计算一般是根据原有的地形等高线图和竖向设计初步方案进行的，就其要求

的计算精度不同，可分为估算和计算两种。估算适用于竖向规划阶段，而精确计算则适用于施工设计阶段。常用的土方工程量计算方法主要有下述四种：

1) 体积公式估算法 体积公式计算法可用于对近似几何体的土体进行土方估算，如形状近似于长方体、圆台体等的自然式水池土体等都可用此法进行估算。这种方法还可用于土方的精确计算，对于规则几何形土体如规则形水池、建筑基槽、直线道路的路基基槽挖方土体等，都可用此法进行比较精确的土方量计算。体积公式法是直接利用几何体体积计算公式来计算土体体积，此体积即土体的土方量。其计算步骤分两步：

(1) 土体归位几何体：将待计算的土体归入与其形状相近的几何形体，按棱台体、圆台体、立方体、长方体等对待。

(2) 用体积公式算土方：按归位的几何体形状选择相应体积公式计算土体体积。

例如：圆形水池的挖土土体可按圆柱体的计算公式，即底面圆的面积乘以高度；矩形水池的挖土体可按长方体的长×宽×高来计算等(图1-2)。园林土方工程计算中常用的几何体体积公式如下：

长方体：$V = l \cdot w \cdot h$　　　　　　(1-2)

圆柱体：$V = \pi r^2 \cdot h$　　　　　　(1-3)

圆台体：$V = 1/3 \pi h (r_1^2 + r_2^2 + r_1 + r_2)$　(1-4)

棱柱体：$V = \dfrac{s_1 + s_2}{2} \cdot h$　　　　(1-5)

棱台体：$V = 1/3 h (s_1 + s_2 + \sqrt{s_1 s_2})$　(1-6)

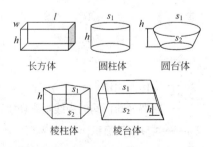

图1-2 园林土体近似的几何体形状

式中　V——体积(m^3)；

　　　h——土体高(m)；

　　　l——土体长(m)；

　　　w——土体宽(m)；

　　　s_1、s_2——土体顶、底面积(m^2)；

　　　r_1、r_2——圆台顶、底半径(m)。

2）断面计算法　断面计算法又叫垂直断面法，是在土体中截取若干垂直断面与土体长度一起算出土体体积的方法，主要适用于溪涧、沟渠、路槽等长带状土体的估算。具体方法、步骤是：

（1）截取断面：在溪涧的明显转折处和宽窄明显变化处等典型位点，尽量垂直于溪涧中线截取若干断面（图 1-3）。

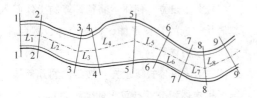

图 1-3　溪流断面的截取示意

（2）计算断面面积：分别计算出所取各断面的面积。

（3）计算断面之间的体积：以相邻两断面的平均面积乘以两断面中线的距离。

（4）算出溪涧总的土方量：汇总各段土体的体积，即得到该溪涧的土方工程量。

（5）垂直断面法的计算公式是：

当 $S_1 = S_2$ 时：$V = S \times L$　　　　　　（1-7）

当 $S_1 \neq S_2$ 时：$V = 1/2(S_1 + S_2) \times L$

　　　　　　　　　　（$L < 50m$ 时）　　　（1-8）

或者：　　　　$V = L/6(S_1 + S_2 + 4S_0)$

　　　　　　　　　　（$L > 50m$ 时）　　　（1-9）

式中　V——土方体积(m^3)；

　　　S——断面面积(m^2)；

　　　L——相邻两断面间的中线距离(m)；

　　　S_0——中间断面面积(m^2) $= 1/4(S_1 + S_2 + 2\sqrt{S_1 \cdot S_2})$。

3）等高面计算法　等高面法也叫水平断面法，是针对土体从水平方向截取断面，并以其面积与土体高度相乘而得出土体体积的计算方法。此法适于自然式园林土山、湖池土体的计算。

（1）截取水平断面：一般按相同等高距的等高线分层截取水平断面，即截取等高面，使每 2 层等高面之间为等高的一层土体（图 1-4）。

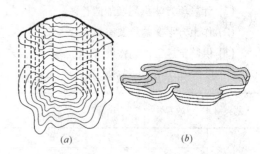

図 1-4　自然形池、山的等高面截取

(*a*)土山的等高面；(*b*)湖池的等高面

（2）计算各等高面面积：形状不规则的自然形等高面的面积计算不容易做到较高的精度，但计算方法还是比较多，并且应用也较为简便。可用的计算方法是：

① 测算盘计算法：用方格计算盘、环形测算盘。

② 求积仪测算法：易产生操作误差，实用性不高。

③ 平行线法：手工计算，方法简便（图 1-5）。

④ AutoCAD 软件测算法：选取面域之后用面积测量命令直接算出。

（3）求各层土体体积：用相邻两等高面的平均面积乘以各层土体的等高距。

（4）求所有土层的总体积：将各土层体积相加，即求出该土方工程项目的总土方量。

（5）计算公式：

$$V = \frac{(S_1 + S_2)h}{2} + \frac{(S_2 + S_3)h}{2} + \cdots\cdots$$
$$+ \frac{(S_{n-1} + S_n)h}{2} \qquad (1\text{-}10)$$

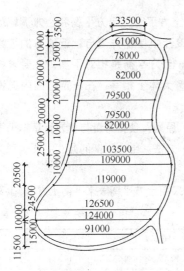

图 1-5　平行线计算法

式中　　　　　　V——土方体积(m^3)；

　　S_1，S_2，…，S_n——断面(等高面)面积(m^2)；

　　　　　　h——等高距(m)。

4) 方格网计算法　方格网计算法是土方工程量计算最重要的方法，精确度比较高，计算方法简单，能适应多种场地条件下土方工程量的计算。但其计算过程很繁琐，数据计算、数据确定和数据输入量都十分巨大，因此在实际工程中应用也有一定困难。这种方法的计算步骤如下：

(1) 添绘方格网：通常利用竖向设计图中已有的坐标方格网，或在工作底图上按比例添绘方格网。方格的尺寸可为 20m × 20m、25m × 25m、30m × 30m 等(图 1-6)。

(2) 求坐标点自然标高：等高线上的坐标点高程即该等高线高程，等高线之间的坐标点自然标高则用插入法算出。

(3) 定出各坐标点设计标高：根据竖向设计图上相应位置的标高情况，计算和确定设计标高。

(4) 填写坐标点标高：

① 设计标高：在右上角；

② 自然标高：在右下角；

③ 施工标高：在左上角。

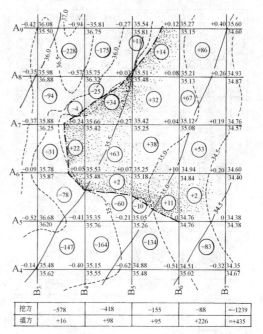

挖方	-578	-418	-155	-88	$=-1239$
填方	$+16$	$+98$	$+95$	$+226$	$=+435$

图例：〔——〕设计等高线　〔------〕原自然等高线　〔— —〕挖填方零点线

图 1-6　方格网计算土方量的工作图

将标高按图 1-7 所示位置分别填写入方格网坐标点的各象限中。

施工标高	设计标高
$+0.50$	355.70
E	355.20
坐标编号	自然标高

图 1-7　方格网坐标标注方法

(5) 找出零点，绘零线：零点线是挖土区和填土区的分界线，它将填土地段和挖土地段分隔开来。计算中，可参照图 1-8 的相应计算图式，利用公式(1-11)计算出零点，再将零点连线为零线(图 1-9)。

$$X = \frac{h_1}{h_1 + h_2} \times a \qquad (1-11)$$

式中　X——零点划分的边界长度(m)；

　　　a——方格网每边长度(m)；

　　　h_1、h_2——方格相邻两角点的施工标高(m)。

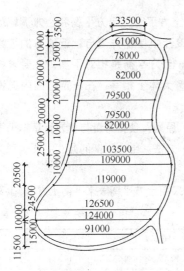

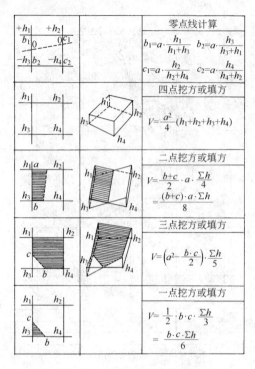

图 1-8 方格网法的计算图式

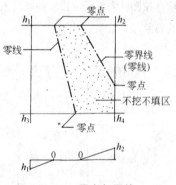

图 1-9 零点与零线

（6）据图式计算每方格的土方量：在图 1-8 中选用相应的图式及其公式，计算每方格的土方量，并将结果填入土方计算表中。

（7）土方量汇总：在土方计算表中按行列相加，算出挖、填方的总量，如图 1-6 下部的挖、填方简表所示。

1.2.2 土方平衡与调配

竖向设计的结果，应当达到土方平衡的要求；而在土方施工开始之前，还必须做好土方

的调配安排。

1）土方平衡 土方平衡和土方调配就是指在地形设计中使挖方量与就近填方的工程量基本相等。土方平衡是相对平衡，只要求挖方量与填方量大体上相等，在一定范围内允许有所误差。

（1）原则：使挖方量与填方量基本相等。

（2）方法：土方平衡的方式主要表现为下述两点：

① 采用土方平衡表来平衡土方（表 1-7）。

土 方 平 衡 表　　　　表 1-7

序号	土石方工程名称	单位	填方量	挖方量
1	挖湖、挖水池及沟渠	m³		
2	堆土山	m³		
3	园路、园景广场	m³		
……	……			
	合　计	m³		
	土壤松散系数增减量	m³		
	总　计	m³		

② 在全园范围内大平衡。局部地区可以不平衡，只要总体上能够达到基本平衡即可。

2）土方调配 土方调配是指对挖土的利用、堆弃和填土的取得这三者的关系进行综合协调，其目的是在使土方总运输量最小或土方施工成本最低的前提条件下，确定填土区土方调配的数量和方向，从而缩短工期、降低成本。

（1）调配原则：土方调配应当按照下述四项原则进行：

① 就近挖方就近填方：例如挖湖土就近堆造湖边山。

② 使土方转运距离最短：可减少运土人力及施工成本。

③ 好土调向要求高的填方区：填方质量高的土即为好土，例如砂砾土。

④ 调土方向、路线和运距合理：使土方转运更便利，减少矛盾。土方调配要主动配合大型地下建筑物的施工，尽量与地下建筑施工相吻合。

(2) 步骤与方法：土方调配的具体做法可参照下列5步程序进行操作：

① 划分调配区：在绘有方格网的地形竖向设计图上，找出零点，画出零点线，再确定挖方区和填方区，即土方的挖、填调配区。

② 计算各调配区的挖、填土方量：计算结果标注在土方调配图上。

③ 计算运距：计算调配区之间土方转运距离。

④ 确定最优调配方案：分析比较，然后按运距最短原则确定土方调配方向和各处土方的调配量。

⑤ 绘出土方调配图：以坐标方格网作为制图基础，在地形设计图上做出土方调配图。如图1-10所示。

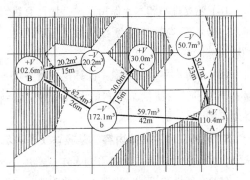

图1-10 土方调配图示例

1.3 园林地形设计

地形是所有园林工程必不可少的基本建设条件，是其他所有造园要素必须依附的造景基盘。地形的设计与施工主要涉及土石方工程。地形工程是一般园林工程都会最先进行的建设项目。在本节之中，将围绕着园林地形功能设计和造景设计问题，着重讨论下述五个问题，即：地形设计的概念与原则、地形要素、设计方法、平面设计和竖向设计。

1.3.1 地形设计概念与原则

园林地形设计应与园林绿地总体规划同时进行。在设计中，必须处理好自然地形和园林建设工程中各单项工程(如园路、工程管线、园桥、构筑物、建筑物等)之间的空间关系，做到园林工程经济合理、环境质量舒适良好、园林景观优美动人。这是园林地形设计的基本工程目标所在。

1) 地形设计基本概念 与园林地形设计直接相关的几个概念是：

(1) 地貌：是指地表的高低起伏样貌。

(2) 地物：即地面上所有固定物体的总称。

(3) 地形：地貌、地物合称地形；地形表现为地表及地物在平面上的形状和在竖向上的形状，即地表占有三维空间的情况。

(4) 地形图：是依照测绘数据，按比例绘出的地貌、地物的平面图形。

(5) 地形设计：是从水平方向和竖直方向对地貌、地物进行的重新安排，也就是对园林造景基盘的表面形状进行的设计。

2) 园林地形的作用 园林地形的功能作用是多方面的，但在造园过程中，最基本的作用不外乎地形的骨架作用、空间作用、造景作用、观景作用、背景作用和工程作用等六个主要方面。

(1) 骨架作用：地形是园林的基盘和骨架，是其他所有景物赖以存在、不可或缺的必备条件，是园林造景和功能发挥所必需的建设平台。

(2) 空间作用：由地形重新设计而组织空间，创造更好的空间艺术效果。

(3) 造景作用：叠山理水可创造良好地景，地形设计利用地势的起伏变化来创造不同的地面景观，因而具有很强的造景功能。

(4) 观景作用：园林地形能创造良好的观景条件，可抬高或压低观赏点，形成俯视、仰视和平视等不同的透视观景效果，可在水边、崖前等处形成观景点。

(5) 背景作用：利用单纯地形作为园内其他景物的背景。园山、水面、草坪等地形要素等比较单纯，都适合作背景应用。

13

(6) 工程作用：地形条件是建筑、路桥修建及园林排水所必需的条件，地形设计还同时满足其他园林工程对地形的需要；在园林管线工程的布置、施工和地形护坡、树木栽植、活动场地布置等方面的基础施工中都存在着有利和不利的影响。

3) 地形设计原则 地形设计是直接塑造园林平面、立面形象的重要工作。其设计质量的好坏，设计所定各项技术经济指标的高低，设计的艺术水平如何，都将对园林建设的全局造成影响。因此，在设计中除了要反复比较、深入研究、审慎落笔之外，还要遵循以下几方面的设计原则：

(1) 功能与造景并重：地形设计首先要保证园林内各种设施对用地的需要，要能够充分发挥各种设施的功能作用。同时，也要重视地形的造景作用，使功能和景观两者统一起来。

(2) 地形以利用为主，改造为辅：对原有的自然地形、地势、地貌要深入分析，能够利用的就尽量利用；做到尽量不动或少动原有地形与现状植被，以便更好地体现原有乡土风貌和地方的环境特色。在结合园林各种设施的功能需要、工程投资和景观要求等多方面综合因素的基础上，采取必要的措施，进行局部的、小范围的地形改造。尽量利用原地形，注意减小工程量。

(3) 要顺应自然，因地制宜：要充分利用有利的自然条件，避开或消除不利因素，做出切合实际的地形处理。景物的安排、空间的处理、意境的表达都力求依山就势，高低起伏，前后错落，疏密有致，灵活自由。就低挖池，就高堆山，使园林地形合乎自然山水规律，达到"虽由人作，宛自天开"的境界。

(4) 就地取材，就地施工：就地有可用之材，应优先采用；特别是一些本地现成的砂石材料，更要注意应用，这样可大大减少材料及运输费用，也有利于从材料上体现地方特色。

(5) 挖填结合，注意土方平衡：要调整设计，使挖方量尽可能接近填方量，达到土方平衡，减少土方的转运量，无多余土方外运，也不因土方量不足而从外运进填方的泥土。

4) 地形设计任务 园林地形设计工作的主要任务集中在下述5个方面：

(1) 确认原标高与坡度：原地面各处典型地点的自然标高、地面坡度以及各种高程控制点、测量坐标点等应加以复核和确认。

(2) 确定设计标高与坡度：拟定地面中心点、轴心点、交叉点、转折点、角点、端点等的设计标高，以及场地、平台地面坡度和主要地形坡面的坡度。

(3) 地形改造设计：整平、做坡、挖湖、堆山。

(4) 建立排水和水土保持系统：地面有组织排水，做地下沟管排水系统；地面采用固土、护坡设施。

(5) 计算和平衡土方量：计算挖方量与填方量，调整设计，使挖、填方量大致相等，做到基本平衡。

5) 地形设计的具体内容 从具体工作内容来讲，地形设计主要应做好下列工作：

(1) 一般地貌设计：地表形状的改造、山石景观及其他地貌景观的布置，地面各种景物的环境安排。

(2) 水体地貌设计：对水源、水位、水岸、水底及水体中的堤、岛、桥等水景设施的具体布置进行设计处理。

(3) 园路场地布置：要确定园路的平面线形、走向、纵坡、变坡点高程、控制点的标高与坐标，和场地的坡脊、排水坡度及中心点、角点等的标高。

(4) 建筑及小品布置：为其环境做出安排。

(5) 排水系统布置：安排排水方式及排水系统。

(6) 解决植物种植矛盾：为植物生长创造条件。

1.3.2 地形要素及其特征

组成园林地面的地形要素，是指地形中的地貌形态、地形分割条件、地表平面形状、地面坡向和坡度大小等几个方面，其中最主要的是地形平面形状要素和地面坡向、坡度和高程变化等竖向的要素。

1）平面地形要素 地表的平面形状是由各种分割要素进行分割而形成的，因此讨论平面地形要素必须以平面地形的分割方式为切入点。

（1）地形平面的分割：对地形平面的分割有自然条件分割和人工条件分割两种方式。

① 自然条件分割：主要表现为地面流水线的分割、自然式带状水体的分割、山体及其山脉的分割等三种情况。由地面的分水线和汇水线分割出不同坡向、不同坡度、不同形状的地块平面，就是地面流水线分割要素。而由天然河流、溪涧等分割地块平面，则是自然式带状水体分割要素。采用自然山体作为地形分割要素，则有带状山体的穿插分割，块状山体的围合、虚隔及点式分割，以及崖边、峭壁的天然界线分割。

② 人工条件分割：相当多的人工建设条件都会对地形平面进行分割，这里最重要的是园路的分割、阶梯的分割、墙垣的分割、建筑物的分割、规则式沟渠的分割、假山山体的分割等。园路、场地边线是重要的地形平面分割要素，阶梯是不同高程的上下两层台地之间的分割要素。庭园围墙、隔墙和园林建筑也对平地进行分割；人工修筑的规则式沟渠、假山山体等，也都可以进行庭园平地的分割。

（2）地块形状要素：由不同的地形分割方式可能分割出不同的地形平面，在这方面主要可分自然形、规则形、规则自由形三种基本形状（图1-11）。

① 自然形：地块平面形状不规则，多变化，地块边线多为自由曲线或不规则的转折线。

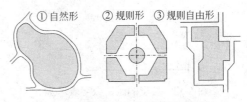

图1-11 地块平面的三类形状要素

② 规则形：是中轴对称的规则几何形地块平面。

③ 规则自由形：地块平面为规则几何形，但无明显中轴对称关系，是变化比较多、比较自由的规则形。

2）竖向地形要素 地形在竖向上的构成要素主要指坡向、坡度、高程等。

（1）坡向要素：地表倾斜面的朝向就是坡向；坡向对园林植物种植、园林建筑布局等都有重要影响。根据不同坡向的光照分布特征，可将地表坡面分为阳坡、半阳坡、半阴坡、阴坡四类。

① 阳坡：南坡、西南坡、西坡都属于阳坡。南坡光照时间最长；西南坡光照时间较长，且强度大；而西坡则光照时间虽然不很长，但光照强度最大。

② 半阳坡：东南坡属于半阳坡，坡面地势向阳，光照较长也较强。

③ 半阴坡：东坡和西北坡光照较短较弱，属于半阴坡。

④ 阴坡：北坡及东北坡处于背光环境，而且光照时间最短，因而是阴坡。

（2）坡度要素：坡度就是地表面相对于水平面的倾斜程度。坡度大小对树木栽植、建筑、园路、水体的修筑都有重要影响。坡度 i 的大小受坡顶点与坡脚点之间的相对高差 h 和水平距离 L 的影响。在工程上，常用比例法和百分比法来表示坡度：

① 比例法：是采用比例数字来表示地表坡度的一种方法。例如：将地面表示为1：3坡度、1：4.5坡度等。用比例法表示坡度的方法见下列坡度公式和图1-12。

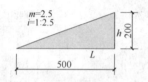

图 1-12 坡度的比例数字表示法

坡度公式：坡度(i) = 1 : m

$$m = L / h$$

$$1 : m = 1 : L / h$$

式中 m——边坡系数；

　　h——高度差；

　　L——水平距。

② 百分比法：就是用百分数来表示地面坡度大小的一种方法。例如，我们经常用坡度 12%、20%、30% 等来表示地面的倾斜程度等。百分比法表示地面坡度是最常用的一种坡度表示法，在园林工程设计施工中有广泛的应用。计算坡度的公式是：

$$坡度(i) = h / L \times 100\%$$

如图 1-13 所示：$i = h / L \times 100\% = 50\%$

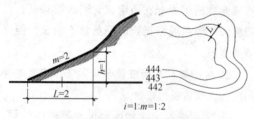

图 1-13 坡度的百分比表示法

(3) 高程要素：高程就是地面某一点在铅垂方向上的相对高度；地面高程表示地表的竖向高低变化情况。

① 高程的表示：高程的表示方法主要有等高线表示、高程数字表示和标高箭头表示三种方法，在地形的竖向设计中，这三种方法都是常用的高程表示法。

② 用插入法计算高程：用插入法可以计算相邻两等高线之间任意点的高程数值（图 1-14）。插入法是计算两等高线间未知任意点高程的主要方法，其计算公式是：

$$H_x = H_a \pm XH / L \qquad (1\text{-}12)$$

式中 H_x——任意点标高(m)；

　　H_a——底边等高线的高程(m)；

　　X——任意点与底边等高线的平距(m)；

　　H——等高距(m)；

　　L——过任意点的相邻等高线间最小平距(m)。

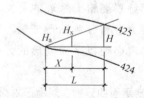

图 1-14 插入法示意图

【例 1-1】 设两相邻等高线高程分别为 424m 和 425m，两线间平距为 3m，等高距为 1m；两线之间有一点，距底边等高线的平距为 1.3m；请用插入法计算该点的高程。

【解】 已知 $H_a = 424\text{m}$ 　 $X = 1.3\text{m}$

　　　　　$H = 1\text{m}$ 　　 $L = 3\text{m}$

则：该点高程 $H_x = H_a \pm XH / L$

　　　　　$= 424 + 1.3 \times 1 / 3$

　　　　　$= 424.433\text{m}$

答：该点的计算高程为 424.433m。

1.3.3 地形设计方法

园林地形设计应用的主要方法有：设计等高线法、断面法、高程箭头法、模型法和计算机辅助设计法。

1) 等高线法 用等高线法设计地形主要涉及下述 3 个方面的问题：

(1) 等高距确定：同一图纸中任意两条相邻等高线间的高差均为相等的数值，这一数值即是等高距。具体的等高距数值应根据图纸比例和图幅面积大小选定。同一图形中，等高距须保持一致。在一般设计中，等高距为 1m；细部设计中，等高距用 0.2、0.25、0.5m。在总体规划图上，等高距可用 1、2、5m。

(2) 等高线种类：如图 1-15 所示，有如下三种：

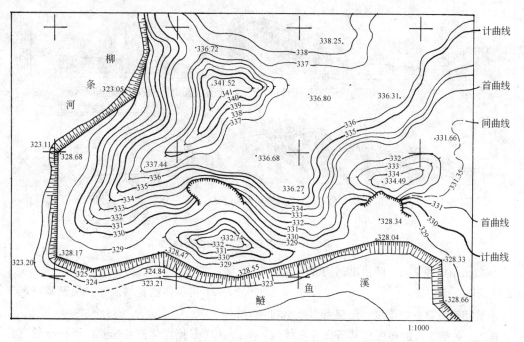

图 1-15 等高线的类别

17

① 首曲线：即普通的等高线，用细实线绘制。

② 计曲线：是方便计数的等高线，用加粗一级的实线绘出，其高程数值取整数。

③ 间曲线：是出于临时需要而在两条等高线之间不按等距插入的中间等高线，其高程数值可为小数，用于地形细部的设计。

(3) 等高线应用：在地形设计中应用等高线来设计地形，需要用粗细不同的线型来区分设计等高线和自然等高线(图 1-16)。

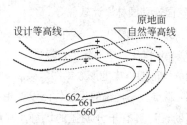

图1-16 设计等高线与自然等高线

① 用细实线表示设计等高线。

② 用细虚线表示原地面自然等高线。

③ 挖、填方表示：用 "－" 表示挖方区，用 "＋" 表示填方区。在地形设计图中，设计等高线向下移动，其与原等高线之间的区域为填方区。设计等高线向上移动，其与原等高线间的区域为挖方区。

2) 断面法 采用地形断面图，可以反映一定断面上地形的竖向形状变化和横向延伸情况；也可以表达出地面上各种地物的相对标高、位置情况。

(1) 断面的截取：选择、截取断面要注意下列 3 个问题：

① 选在轴线方向。

② 按地形图方格线截取。

③ 选在地形典型变化处。

(2) 断面图绘制(图 1-17、图 1-18)：绘制地形断面图可按下述 3 个步骤进行：

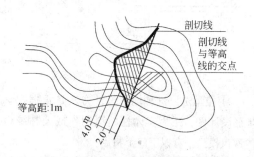

图 1-17 自然地形的断面图绘制方法

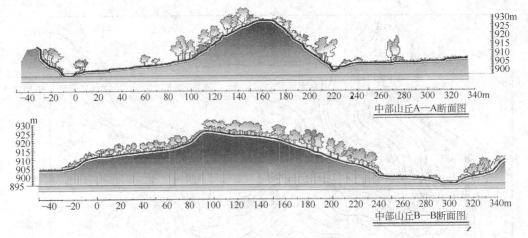

中部山丘A—A断面图

中部山丘B—B断面图

图 1-18 某别墅区自然地形断面图举例

① 找出剖切线交点：即找出剖切线与各条等高线的所有相交点。

② 绘出交点垂线的高度：过交点引出剖切线的垂线，各条垂线的高度按其所在等高线的高度绘出。

③ 连接垂线顶点，绘出断面。

3) 高程箭头法 在地势平坦处表示地面的高低变化，常常也用高程箭头法，即直接在地面相关位点用高程箭头注写出设计标高，便可规定该位点地面的实际设计高度。如图 1-19、图 1-20 所示，涂黑的高程箭头表示室外地面高程，空心的箭头用于标注室内地坪高程。

图 1-19 两种高程箭头

图 1-20 用高程箭头表示地面的高度变化

4) 模型法 这种地形设计方法是根据园林地形设计图，采用实体性材料制作成园林绿地的沙盘模型。有以下四个特点：

(1) 按比例缩小：平面放线必须严格按比例。

(2) 用实体性材料制作：用聚苯烯泡沫等材料。

(3) 采用立体沙盘形式：面积一般有几平方米。

(4) 起伏度大的地形最适用：平坦地形亦可。

5) CAD 设计法 AutoCAD 计算机辅助设计目前已经广泛应用于各项园林工程设计中，在地形设计中的应用也已十分普遍。

(1) 硬件：大内存 PC 机，高主频 CPU，专业级别的显卡。

(2) 软件：AutoCAD、3DS MAX 等。专业的软件系统主要有 TSCAD 图圣园林设计系统、HCAD 家园规划园林设计软件等。

(3) 方法：以 AutoCAD 做地形平面设计，再以 3DMAX 作 3 维地形建模，最后用 Photoshop 作后期的地形图样或地形效果图渲染。

(4) 特点：与传统的手绘作图设计相比，计算机辅助设计具有十分明显的优势，其最主要的特点有下述 3 点：

① 更加精确：计算机所做地形设计图的精度非常高，在工程施工中应用很方便。

② 便于修改、存档和出图：设计变更，电子图修改、复制、存储在计算机中相当容易，也能很方便地按照不同比例输出图纸。

③ 便于三维模型演示：计算机所做的 3 维地形模型不像传统的沙盘模型那样需要占据较大的陈放空间，模型文件的复制、携带和在计算机、投影机进行演示都十分方便。

1.3.4　园林地形平面设计

地形平面设计的内容，主要是对园林用地水平方向上的地面形状进行设计，从而确定用地平面的基本构图。

1) 平面构图线　从平面上设计园林用地，需要针对具体的园林环境进行构思，在深入构思的基础上产生具体的地块构图。地块平面构图所依据的构图要素既有线的要素，也有面的要素。地形平面的构图线就是地块的各种边线。

(1) 园路、场地边线：路与路之间以及与场地之间的地块，由路边线的分布情况决定其形状。

(2) 墙垣界线：包括围墙、隔离墙、建筑墙面等。

(3) 水岸边线：指河渠、溪涧、湖池的水岸线。

2) 构图块面　园林用地中的一些块状、片状地面可直接用于组合布局，形成一定构图的平面地形。常见的这类块面要素有：

(1) 庭院地面：院落与院落组合构成庭院地形。

(2) 广场块面：包括广场内部硬铺装地面、草坪地面或水池水面等块面的组合，以及广场与其他块面种类的组合构图。

(3) 湖池块面：湖池平面形状对周围其他用地地块的形状有重要影响，在布局时要结合起来考虑。

(4) 草坪地面：其形状主要受周边园路线形的影响。

(5) 花坛群地面：多数为中轴对称的平面构图。

3) 构图方法　园林地形平面形状主要由地块边线的围合、穿插和块面组合构成。

(1) 线的围合：由路边线、水岸线、围墙线等，按不同线形围合出一定形状的地块。

(2) 线的穿插分隔：采用线性要素在大面积的用地内进行穿插和分隔，都可以在线性要素的两侧造成不同形状的地块。常见的穿插分隔方法是：

① 湖堤在水面穿插：对水面进行分割。

② 汀步在大草坪内穿插：对草坪隔而不断。

③ 用院墙作空间分隔：同时起到分割地块作用。

(3) 块面的组合：不同种类的块面相互组合，可以变化出更多的各具特色的地形单元 (图 1-21)。常用的组合方法有 3 种。一是不同几何形的组合，二是规则形与自然形组合，三是不同高程地坪间的组合。

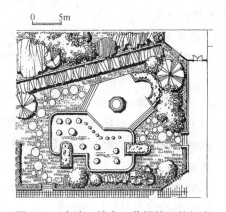

图 1-21　水池、地台、草坪块面的组合

1.3.5　园林地形竖向设计

地形竖向设计的内容，主要是对园林用地从低处到高处的地面高低起伏形状进行设计，从而满足建筑、园路、水体、树林、草坪、花坛等对特定地形条件的需要。

1) 地形类别与设计　地形可按地面坡度大小而分为平地、坡地和山地三大类别。各类地形的基本特征和园林应用特点如下述：

(1) 平地：是平坦的、不易看出地面倾斜的地形。

① 坡度特征：一般平地，坡度在 0.3%～3% 之间；绿化种植区的平地，坡度 1%～3%；广场平地，采用 0.3%～1% 坡度。

② 设计原则：平地在园林绿地中用途很多，实际所占园林用地面积通常都不会很小；因此在设计中只需坚持"面积够用，节约用地，排水通畅"原则即可。

③ 应用：平地主要在造景和满足园林功能两方面有着广泛应用。在造景方面，建筑布置、花坛修筑、广场铺装、湖池开辟等景观工程都要用到平地。在发挥园林功能方面，平地必须为活动场地、游戏场、车场、运动场、休息场地、庭院、苗圃等项用地提供条件。

(2) 坡地：根据坡度大小对用地功能的影响，可将坡地分为缓坡、中坡、陡坡、急坡、悬崖与陡坎等几个类别。各类坡地的坡度特征及主要用途如下：

① 缓坡地：坡度在 3%～10%（2°～6°）之间。作篮球场时，坡度为 3%～5%；作疏林草地时，应采用 3%～6% 坡度。

② 中坡地：坡度稍陡些，在 10%～25%（6°～14°）之间。在这种坡度条件下，修建园路时需设置成梯道，布置建筑时应进行整平处理。

③ 坡地：采用 25%～50%（14°～26°）的坡度。这种坡地上可少量布置建筑，也可做梯道或作为乔木、灌木、草丛的绿化地。

④ 急坡地：坡度 50%～100%（26°～45°）。由于坡度大，只宜作林坡、梯道，不能作通车道路用地，修建筑时也需作特殊处理。

⑤ 悬崖与陡坎：坡度大于 100%（大于45°）。这种坡度的地形造景效果良好，但树木栽种困难较大，种植设计中宜对坡面作反坡或作鱼鳞坑设计（图 1-22）。

图 1-22　坡地改作反坡种树

(3) 山地：是地面起伏度大，高差大，有峰、谷形态特征的地形，一般占有比较大的地域面积。

① 坡度特征：土山与石山山地的坡度要求很不相同。土山在有护坡措施处理情况下，坡度可在 50%～100% 之间。土山的坡度特征决定其可作地貌景观营造及一般绿化造景。石山的坡度要求基本没有什么限制，可以很陡，坡度大于 100%，但也可以比较平缓。石山山地适宜用作石假山、石山地、岩石园等的用地。

② 设计山高：相对高度通常在 30m 以下。

③ 设计要领：园林山地地形的设计主要应注意以下所述 5 方面问题：第一，为山先麓，陡缓结合；不论土山、石山，都从山麓开始造型，山脚要有进有退，有缓有陡，富于变化，而不能平铺直叙，千篇一律。第二，平面转折，逶迤连绵；山地平面设计要求多些转折、弯曲变化，山系的脉络关系明显，蜿蜒曲折，连绵不绝。第三，主次分明，呼应联系；山系结构要紧凑、统一，要充分突出主体，做到宾主分明；山体之间也要相互呼应，加强联系，做到"形断迹连，势断气连"。第四，左急右缓，收放自如；每一座山峰都要注意加强变化，左右二方山坡要有陡有缓，决不对称。又要左收右放，进退自如。第五，山、丘相伴，虚实相生；山的峰顶形状要有变化，有峰，有丘，有崖，有坳；有虚，有实，虚实结合，动静相济（图 1-23）。

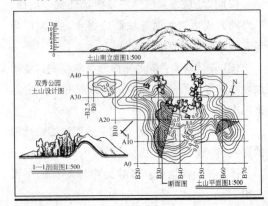

图 1-23　土山山地设计图

（4）丘陵：是比较低矮的起伏地形。地面坡度为10%~25%。可作园山余脉或作外缘地景。设计的丘陵应比自然界中更加低矮，丘顶在视平线上下变化。丘陵景观比较朴实，观赏性有限，要注意多变化。

（5）水体：水体也是一种地形要素，在用地选择时要注意尽量利用低洼地，尽量靠近水源；要与山体结合起来造景。还要注意应用水边和水中的堤、岛、汀步、桥等来丰富水景；做到波光岛影，山水相依。并且在游人活动区的水岸边、桥边无护栏处水边2m宽的地带，使设计水深不大于0.6m，以确保岸边的安全。

2）地形改造设计 地形改造设计是在原地形基础上，对地形局部进行的修改设计；水体、园路、园林建筑修建和山水地貌景观创造等方面都要对原地形进行改造设计。

（1）场地整平：是通过改造设计使场地地面变为平坦地形，并保持相当的平整度（图1-24）。

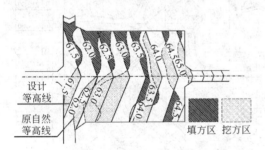

图1-24 场地整平竖向设计图

① 作用：场地平整的作用主要在三方面：一是坡地改台地，斜坡改为几层平台，以便修建花园和布置建筑。二是做平地地形，使地面保持平整，保证有合理的排水坡度。三是作广场地基处理，使广场的基面保持平整，以利地面铺装。

② 方法：场地整平主要用等高线设计法和高程箭头法进行设计。

③ 要求：保证排水坡度，整平地面。在排水坡度确定方面，集散广场需要1%~7%的排水坡度；足球场、休息场地及其他活动场地的地面，要按3%~4%的排水坡度设计；篮、排球场的排水坡度则为2%~5%，而一般场地的

最小整平坡度应大于0.5%。

（2）用设计等高线改造地形：通过改变地形图上的等高线，添绘新的设计等高线对地形进行改造设计，是园林地形竖向设计的主要方式。其具体方法是：

① 坡度改造：如果要把陡坡变为缓坡，在竖向设计图上注意使等高线稀疏一些即可做到。如果反过来希望将缓坡变为陡坡，则在需要陡坡处要使等高线比较密集。

② 平垫沟谷：平垫沟谷竖向设计在方法上可分三步进行。第一步，绘出设计等高线，连接前后两零点。第二步，找零点，即找出设计等高线与原等高线的连接点。第三步，绘出零点线：在零点之间连线，表示挖、填方区界线（图1-25）。

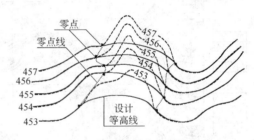

图1-25 用设计等高线平垫沟谷

③ 削平山脊：与平垫沟谷同，但方向相反（图1-26）。

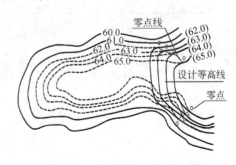

图1-26 用设计等高线削平山脊

④ 道路的设计等高线：道路路基整平及路面纵坡、横坡的整形，都采用设计等高线作整平设计。设计中主要注意下述两点：其一，纵坡不变横坡变时，等高线密度不同。其二，同一坡面不同方向的坡值也不同。

3）竖向设计工作程序　进行地形的竖向设计，在工作程序上主要分资料收集、现场调研和设计绘图三个基本阶段。各阶段的主要工作内容分述如下：

（1）资料收集：主要收集地形图、总体规划图、详细规划图、水文地质、气象、土壤情况、施工队伍及技术状况和其他相关技术资料。资料收集应注意：关键资料必须收集齐备，技术支持及基础资料应尽量收集齐全，相关参考资料则多多益善。

（2）现场调研：设计前期必须亲临现场，对竖向设计现场及其环境进行实地踏勘、调查和研究。其主要的工作内容是：

① 实地观察用地现状：用地内部和周围环境的现状，注意环境中关键地点的标高与园址内标高的衔接关系，以及地面排水的情况。

② 复核地形图：最好采用草测方式复核。

③ 补记现场环境变异：现状情况还要用地形图进行复核。

④ 调查隐蔽地物：如地下建筑、构筑物、埋地工程管线以及地下文物；发现地下文物要及时保护并上报。

⑤ 标注地面保留地物：如名木古树、历史古迹、保留建筑、工程管线及其他留用设施等，需要用明显的标记在地形图上标记出来（图1-27）。

××公园金鸥池景区竖向设计图　　比例：1：1000

图1-27　园林地形竖向设计图示例

（3）设计绘图：根据地形图、园林规划图和现场调研结果进行竖向设计。其设计方法与步骤如下：

① 红线绘制现状地形：在设计总平面底图上做。

② 作地形改造设计：用黑色的或绿色的设计等高线，针对地形需要改造处进行地形的重新设计。

③ 标注控制点的标高：用高程箭头标注场地、水池水面、岸边及重要建筑的室内外地坪

的设计标高。

④ 标明园路坐标、标高、坡度：园路中线交叉点坐标、标高，和园路的纵、横坡度及变坡点间的距离。

⑤ 标明排水沟底纵坡、标高：在转折点处。

⑥ 计算和调整土方工程量：进行土方平衡计算。

⑦ 标明地面排水组织：用表示坡向的排水箭头。

⑧ 汇总绘出竖向设计图：另纸绘出或以CAD作图。

1.4 土方工程施工

在基本掌握了土的分类及特性、土方工程量计算知识、地形设计方法之后，就具备了进一步学习土方工程施工原理、方法和技术的基础条件。本节将围绕土方工程施工的一系列问题进行学习，学习内容主要在下列四方面，即：土方施工准备、施工定点与放线、挖方与土方转运、填方与填土夯压。

1.4.1 土方施工准备

土方工程具有工程量大，施工条件复杂，受地质、水文、气象等条件影响较大的特点。因此在土方施工之前，应做好必要的准备工作，以确保施工质量。土方施工准备工作主要有技术准备、施工计划编制、施工现场清理和工地排水方案制订等。

1) 技术准备 施工前需要做的技术准备主要是技术资料和自然环境资料的准备。

(1) 技术资料：准备好地形图、竖向设计图、地下构筑物及管线竣工图、平面控制坐标点、水准点。

(2) 自然与环境资料：气象、水文地质、环境污染等。了解现场温度、湿度、降水、日照等气象规律。并了解当地地形、地貌、地层岩石性质、地质构造和水文等。

2) 作施工计划 土方工程的施工计划应在各种技术资料和自然资料收集完备，并对施工现场进行了充分的踏勘调查之后进行。

(1) 现场踏勘、调查：对现场地上地下情况都要进行调查，对周围环境现状应深入考察和现场研究，要了解施工障碍物情况。

(2) 确定施工方式：决定采用人力施工或机械化施工，决定施工力量的组织方式、施工过程的展开方式和主要施工技术的应用方式等。

(3) 确定进度、工期：施工进度安排要按照工艺流程进行，要注意留有余地。

(4) 编绘土方调配图、开挖图(或放线图)：对挖土、运土、填土的方向、路线、土方量分配进行计划，并具体落实到图纸上。

(5) 绘出现场布局图：大型的土方工程也需要绘制施工现场平面图，对场地、设备、工作面等各种施工要素进行合理组织，协调各方面矛盾，确保安全施工、有序施工、协调施工和提高施工效率。

(6) 做出用工、材料、机具计划：可单独计划，但一般要在施工组织设计中全面计划。

3) 现场清理 为了施工顺利进行，有必要在土方施工开始之前对施工现场进行清理。土方工程施工的现场清理工作比较简单，主要是在工地围护、地面清障和环境险情排除三个方面。

(1) 围护：工地围护工作对于大中型公共绿地工程是必须的。其工作内容主要包括修建围墙或围栏，设立围护标志；对古树、大树砌筑砖围子或设立围栏进行保护；对文物古迹进行封闭保护，对水电设备、设施进行围护等。

(2) 清障：就是清除施工现场的所有障碍物和废弃杂物。这方面的工作首先是旧房的拆除，要注意拆房时的安全。其次是移走或砍伐阻碍施工的树木并清除树蔸，但这项工作事先一定要经过申请，获得批准之后才能进行。第三是注意清除废弃的工程管线，这些管线不能任其埋入地下。最后就是清除地面的建筑渣块和其他杂物，部分无害的渣块可以就地深埋。

（3）排险：排除施工场地内和周围环境中的安全隐患和潜在危险是十分必要的。在陡峻山脚下施工，应事先检查山坡坡面，如有危岩、孤石、崩塌体、滑坡体等不稳定迹象时，应作妥善处理。工地上空有电线通过时，要注意使电线保持足够的离地高度，排除电线、电杆对土方施工机械运转的影响。

4）施工设施搭建 这方面主要的工作有：安排机具、工具房、材料保管室、施工用小型机电设备如水泵、打夯机的用房。进行施工简易道路的铺设，供土方施工机具通行的施工便道需要在施工前清理出来。接通水电，解决电源的接入和工地用水点及供水主管的接通问题，保证工地现场水电供应。准备其他用房，视情况需要而选择性地布置工地办公室、工棚、厨房、厕所等。

5）排水处理 在土方施工工地，遇雨时会在地面积满雨水，积水浸泡土壤成为稀泥，施工操作极为不便；而且用挖起的含水量过多的泥土填方，会严重影响填方质量。因此，在挖方施工前及施工过程中都必须做好施工场地的排水处理。排水措施有：利用地面自然坡度排水，用明沟排水，用井点排水等。

（1）地面做坡排水：适宜坡地条件施工，方法是：在离坡地上缘5～6m处先挖一条截水沟，拦截和引开坡上流下的雨水。施工过程中随时留出地面排水坡，使新挖出的地面始终保持能够自然排水的倾斜面形状。

（2）明沟排水：在施工场地内设排水渠，利用排水明沟排除地面水，这种方式适宜在湖、池等低洼地施工中采用。排水沟的安排有两种方式：

① 排水沟一步挖到位：在土方深度不大时采用。

② 排水沟分层挖到位：在土方深度较大时采用。

地面做坡排水和明沟排水情况可见图1-28所示。

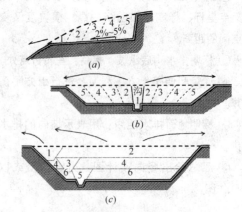

图1-28　土方施工的排水方式

（a）地面做坡排水；（b）一挖到底做沟；

（c）分层做沟到底

（3）排除地下水：在低洼的湖池工地，必须要事先安排好地下水的排除方法，可用井点降水法和深渠集水井法排除地下水。井点降水法是在工地周围几个点上打机井，供土方施工中随时抽取地下水，降低地下水位。深渠集水井法则是在工地中部或最低的一侧挖出深渠，渠的最低端设一集水井，井中安装水泵抽水。

1.4.2　施工定点与放线

在各项施工准备工作基本完成后，就可以按照竖向设计图，开始为地形施工及其他土方施工定点放线。

1）定点放线工具 土方施工定点放线以简易工具为主，常用下列工具和材料：

（1）测量仪器及工具：经纬仪、水准仪、小平板仪、塔尺、花杆、钢卷尺、卷尺（30m）、测钎等。

（2）辅助材料：绳子、红色油漆、白灰、斧头等。绳子用于地面拉直线；油漆用于硬地面作定点标记；白灰（石灰粉）用于土地面定点、画线；斧头用来砍制定点用的桩木。

（3）控制桩：在地面定点放线需要用一些控制桩或放线模板作为辅助工具，其种类和作用根据具体放线情况有所不同，但主要有下列3种：

① 小木桩：用于地面定点和施工标高控制（图1-29）。

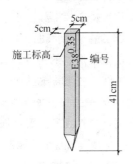

图1-29 定点桩木的尺寸

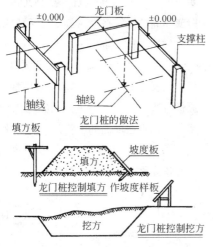

龙门桩的做法

龙门桩控制填方 作坡度样板

龙门桩控制挖方

② 边坡模板：是控制边坡放坡的模板，施工中放坡的坡度大小以此模板为准。

③ 龙门桩：是木制的支架形板桩。龙门桩用于控制地面轴线的位置、建筑基槽的宽度、室内外地坪的高程及挖、填方边坡坡度等（表1-8、图1-30）。

龙门桩的尺寸 　　　　　　表1-8

名　　称	截面尺寸(mm)
支 撑 柱	45×45
龙 门 板	9×120
坡 面 板	9×120

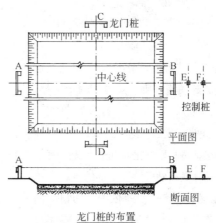

龙门桩的布置

图1-30 龙门桩的制作与应用

2）放线基准点确定 在能够找到城市测量水准点和城市坐标系的坐标原点时，可直接用作放线基准点。也可利用现状地形的一些特征点，如园林边界转折点、永久性建筑墙角角点、永久性道路交叉口中心点等，作为放线定点的依据。

在地面确定的一些重要基准点位置，需要打下基准桩。临时性的基准桩一般用木桩，木桩上写明桩号、坐标和施工标高。而分布在边缘地带的坐标桩等基准桩则可做成永久性桩；永久性桩可用石桩或混凝土桩，桩面刻上桩号、坐标、标高。

为了防止桩点在施工中损坏，对重要的基准点要进行围护。围护方法就是在确定的基准点旁打下小木桩作基准桩，并设矮护栏加以保护（图1-31）。

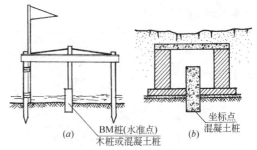

图1-31 基准桩的保护
(a)临时用桩；(b)永久性桩

3）地面定点方法

（1）仪器定点法：这是通常采用的定点方法，用测量仪器直接根据坐标数据来定点，如经纬仪、小平板仪等。

(2) 简易定点方法：是在没有测量仪器的情况下或者临时性定点情况下采用的定点方法，又分三种具体的应用方式(图 1-32)。

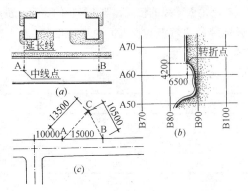

图 1-32　简易定点方法
(a)利用延长线定点；(b)利用坐标网定点；
(c)角度交会定点

① 延长线定点：利用地物之间的对位关系及其基线的延长线，用皮尺或钢卷尺直接量取、确定地面的点。

② 直角坐标定点：这种方法是利用坐标方格网的纵横坐标线和地面坐标桩作为基准线和基准点来定点的，是自然式地形主要的定点方法。

③ 角度交会定点：即依据地面已知的两个相邻点，在角度交会中确定第三个待定的点。

4) 规则地形放线　规则地形的各地形单元以规则整齐的几何形状为主，地形放样简单，可参照图 1-33 按下述步骤进行：

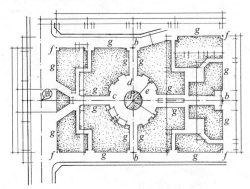

图 1-33　规则地形的定点放线顺序
a—定轴心点；b—定轴线端点；c—放出纵轴线；
d—放出横轴线；e—放圆形花坛、场地边线；
f—定各处角点；g—放出地块边线

(1) 定点，打控制桩：定轴心桩、中线桩、轴线端点桩或龙门桩。按设计图，将轴心点、中线点、轴线端点等重要的点测设到地面相应位置，并打下小木桩，编号。

(2) 放控制线：控制线主要指轴线、中线和边界线等决定地块形状的主导性线。轴线是最重要的结构主线，应当最先放出。中心线是局部地形单元的结构主线，如园路、带状花坛、沟渠等的中线。边界线是决定地块范围和平面形状的重要结构线，如整个公园的用地边界线、花坛群内各花坛之间的界线等。实际放线时，要根据已定各种控制桩，按标定的位置尺寸用白灰和绳拉直线在地面放出这三种控制主线。

(3) 图形放样：

① 规则几何形放样：按不同几何形分别放样，如长方形、圆形、椭圆形地块都有不同的放样方法。放样时，按照已定控制点、控制线，用白灰分别在地面划出各几何形地块边线。

② 对称的曲线形放样：采用局部的方格网放大法或平行线截距法放样(图 1-34)。

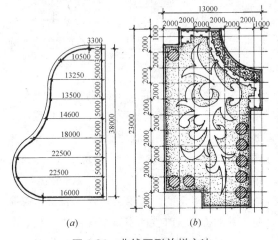

图 1-34　曲线图形放样方法
(a)截距法；(b)网格法

(4) 附属设施放样：仍以控制桩、控制线为基准。即以主要设施的中心线、中轴线和中心点作为其他一些小型、附属设施定点放线的基准。

5) 自然地形放线　自然式地形主要采用坐

标方格网来控制地形的放样，其实际的放线步骤与方法，参见图1-35所示和本页下面的简述。

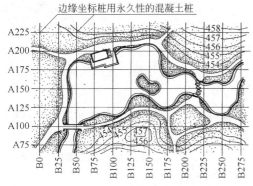

边缘坐标桩用永久性的混凝土桩

图 1-35　自然式地形放线示意

（1）一般地形放线：在设计图上加绘坐标方格网，可采用 10m×10m、20m×20m、25m×25m 大小的方格，按比例在图上绘出。然后按照坐标方格网图，将坐标方格网的每个坐标点测设在地面，建立地面的坐标方格网。接着便可根据设计图样和坐标方格网在地面放大样，即用方格网放大法，将地形的边线用白灰放大画到地面，注意图上和地面的图形对应。

（2）土山放线：以等高线设计的自然式土山地形，放线时仍要利用坐标方格网的控制。其方法如下（图1-36）：

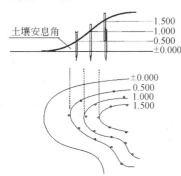

图 1-36　土山放线与立桩

① 地面测设方格网：按照地形设计图，将图上的坐标方格网测设到地面相应位置，并在坐标点打下小木桩，建立起地面的坐标方格网系统。

② 放线：分两种方式放线：一是将等高线一次性放样完成。二是对土山等高线分次放样，先放出最外缘的2~3条等高线，待土山堆筑到预定高度时，在整平的土层顶面再放出稍靠里面的2~3条等高线；以此类推，从外向内，由低到高，分几次进行土山的放线。

③ 立桩：在土山分次放线过程中也要立标高桩（竿）。立标高桩也分两种方式：一是对较低的土山进行一次性立桩；二是对较高的土山采用分层立桩的方式，其操作步骤与土山分次放线相似。

（3）湖池放线：自然式湖池水体放线亦要采用坐标方格网进行控制，依据设计图的设计等高线及岸边线放线。但在岸边线实际放线时要加上岸壁厚度尺寸才放出挖土边线，一般只放出岸坡顶和坡底两条挖土边线即可（图1-37）。具体放线可分三步进行：

① 放线控制：地面设坐标方格网。

② 放线依据：岸顶线、岸坡底边线。

③ 实际放线：岸顶挖土线、岸底挖土线。

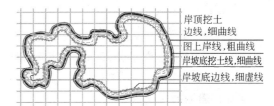

岸顶挖土边线，细曲线
图上岸线，粗曲线
岸坡底挖土线，细曲线
岸坡底边线，细虚线

图 1-37　自然式湖池实际放线（挖土线）示意图

如图1-37所示，自然式湖池设计图的岸线常用粗实线绘出，岸坡底边线为普通等高线，用虚线绘出。放线时仅以此二线作为依据线，根据岸壁砌体断面图所示的岸壁顶宽和底宽尺寸，各自向外扩展相应尺寸之后，才在地面实际放出岸顶挖土边线和岸坡底挖土线（图中用细实线表示），而图上的岸顶线和岸坡底边线不直接放出来。

（4）沟渠放线：龙门桩控制放线；加上岸壁厚度后才放线。沟渠放线是以龙门桩控制沟渠边坡坡度、沟底宽度、沟渠中心线。实际放线还是要在岸线基础上加进岸壁的厚度尺寸作为岸顶、岸底的挖土边线。

1.4.3 挖方施工

挖方工程应在土方施工各项准备工作全部完成、定点放线完毕、人员、机具已经到位后及时进行。挖方施工和土方转运可分为人力挖方和机械挖方两种基本方式。

1）人力挖方施工 人力挖方是采用手工工具进行挖土操作的一种施工方式。

（1）挖方工具：不同土类的软硬程度不一样，所用挖土工具就有差别。一二类土属于松土和半坚土类，用锹、锄头均可以挖掘。三四类土属于坚土类，主要用镐、撬棍、大锤破土后挖掘，少数可用锹、锄头挖。五类土属于软石类，不能用锄、锹挖，只能用钢钎大锤和镐挖掘，少数还需使用爆破方法。六类土以上都属于石类，只能用爆破方法施工。

（2）工作面：人力挖方施工要保证每人4～6m²的工作面，每二人之间的操作间距也要大于2.5m，才能保证工效，避免操作安全事故发生。在工作面周边应无险情，要先除险之后再组织工人进行施工操作。

（3）挖方类型：挖方施工可采用的两种类型：一是平移推进挖方，适宜地面排水方便的坡地区挖方。二是分层挖方，适宜平地、洼地上湖池工程的挖方（图1-38）。

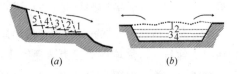

图1-38 挖方的两种类型
（a）平移推进；（b）分层挖方

（4）挖土顺序：合理的挖土顺序也是保证较高工效的一个重要因素，可以从三个方面来掌握合理的挖土顺序问题。

① 先支护，后挖土：挖土较深时，特别是在深槽下挖土，要先对边壁进行支撑护土，避免坍塌，保证安全生产。

② 先上后下：挖掘陡坎时，要先挖上方的土，后挖下脚的土，禁止先挖下脚成悬底状。

③ 先中间后两侧：要求每一个工作面上的挖方都从中间挖起，逐渐及于两侧。

（5）操作方式：人力挖方的操作方式应根据工作面大小和工程量多寡而定，主要有下列三种方式：

① 齐头并进挖掘：工作面大时采用这种方式。

② 周边向内挖掘：工作面较大，工期急时适用。

③ 分散挖掘：工程量小而分散，只有采取分散挖掘的形式。

（6）注意事项：为了提高工效，保证施工安全，采用人力挖方施工时一定要注意以下9个方面的问题：

① 要注意保护控制桩：即对基桩、龙门桩和标高桩等给予重点保护。

② 垂直下挖深度限制：挖土较深的时候，边坡一般应先整理为斜坡，不要形成垂直的土壁。如果一定要垂直下挖，则要按下列要求控制下挖深度：松软土的垂直下挖深度不大于0.7m；中密度土的垂直下挖深度则不大于1.25m；而坚硬土在垂直下挖时，则要将下挖深度控制在不大于2m的范围内。

③ 挖土边坡限制：挖土边坡的坡度大小应根据土质状况、土壤干湿、挖土深度等具体情况确定，在无支护条件时则按照表1-9、表1-10的数据进行放坡处理。

较长时间使用的临时性挖土边坡坡度　表1-9

土的类别		容许边坡值（高宽比）	
		坡高在5m以内	坡高在5～10m
砂土（不含细砂、粉砂）		1：1.15～1：1.00	1：1.50～1：1.00
黏性土及粉土	坚硬	1：1.00～1：0.75	1：1.25～1：1.00
	硬塑	1：1.25～1：1.00	1：1.50～1：1.25
碎石土	密实	1：0.50～1：0.35	1：0.75～1：0.50
	中密	1：0.75～1：0.50	1：1.00～1：0.75
	稍密	1：1.00～1：0.75	1：1.25～1：1.00

深度 5m 以内的槽坑边坡最陡坡度 表 1-10

土的类别	边坡坡度(高:宽)		
	坡顶无荷载	坡顶有静荷	坡顶有动荷
中密的砂土	1:1.00	1:1.25	1:0.50
中密的碎石类土 (充填砂土)	1:0.75	1:1.00	1:1.25
硬塑的粉土	1:0.67	1:0.75	1:1.00
中密的碎石类土 (充填黏性土)	1:0.50	1:0.67	1:0.75
硬塑的粉质黏土、黏土	1:0.33	1:0.50	1:0.67
老黄土	1:0.10	1:0.25	1:0.33
软土(经井点降水后)	1:1.00	—	—

④ 注意支撑，防坍方、坠落：挖土较深，土壁较陡，土质较差，土体含水量过多，必须采用垂直下挖时，都要对土壁作加固支护处理。

⑤ 挖土基坑边壁顶应避免重压：在基坑基槽边缘不应堆土、堆放材料和有移动施工机械的重压，临时性堆放材料至少应距坑缘 1m 以上。

⑥ 建筑旁基坑应间隔分段挖：每段宽不超过 2m，相邻段应待已挖段的基础做好并回填夯实后再开挖。

⑦ 基坑基槽挖掘要"宽打窄用"：即坑槽的每处底边都要比基础宽 15~30cm，要保证槽底挖土工作面宽度。

⑧ 非专业人员不得爆破施工：对坚硬土方而言。

⑨ 弃土及时运出，挖完验收，做好记录：要挖运结合，挖完检查标高、平整度，做好验收和记录。

2) 机械挖方施工 机械挖方是利用动力机械挖土操作的一种高效施工方式。

(1) 挖土机械种类：用于土方挖掘和地面整理的施工机械基本上都有车轮式的和履带式的两种类型。常见机型如下所述(图 1-39、图 1-40)：

① 挖掘机：根据操作方式的区别，挖掘机分为四类。一是正铲挖掘机，操作特点是向前铲土、卸土。二是反铲挖掘机，是从前向后反

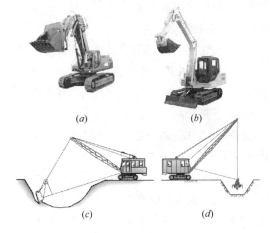

图 1-39 挖掘机的种类

(a)正铲；(b)反铲；(c)拉铲；(d)抓铲

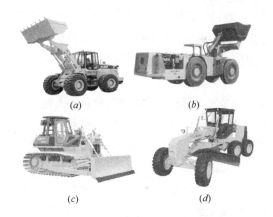

图 1-40 四种土方施工机械

(a)装载机；(b)铲运机；(c)推土机；(d)平地机

向挖掘，大多数工程中所用挖掘机都是这种反铲式的。三是拉铲挖掘机，操作时采取向车体方向拉动铲斗进行铲土的方式。四是抓铲挖掘机，是以垂吊的爪形铲斗落下抓土而进行挖掘。

② 装载机：铲斗在前，推铲挖土，举高卸土；是常用的土方施工机械。

③ 铲运机：铲斗在后，铲土运土结合，运距较长；有拖式和自行式两种。

④ 推土机：在地面推动土层，使土疏松并推离原地。

⑤ 平地机：用于地面整平或作耙地工具。

(2) 挖土机械的施工特点：不同挖土机械能够适应的施工条件和工效是不同的，在不同的

环境中，针对不同的土质及施工条件，应选用不同的施工机械。

① 正铲挖掘机：适于挖掘停机面以上的和停机面下较浅的土方，作业流程包括四个步骤，顺序是：挖掘→回转→卸土→返回。有两种挖土方式，一是正向开挖，侧向装土，这种方式工效较高。二是正向开挖，后方装土，其工效稍低一些。

② 反铲挖掘机：这是最常用的挖掘机种类，施工操作灵活自如，能适应多种施工环境条件。其主要特点是：适于挖掘停机面以上和停机面以下的土方，但在一二类土中的硬土挖掘时，需要预先进行松土。作业流程也分四步，顺序也是：挖掘→回转→卸土→返回。作业方式比较多样，主要有：沟端挖掘、沟侧挖掘、超深沟挖掘、沟坡挖掘、直线挖掘、曲线挖掘和保持一定角度挖掘等。

③ 拉铲挖掘机：这种挖掘机属于大型采挖装备。其特点是：适于挖掘停机面以下的土方、水下的土方和潮湿土方，一至三类土中的硬土要经松土后方可挖掘。作业流程分五步，顺序是：落铲→拉铲→移位→卸土→返回。有两种作业方式，一是沟端开挖，二是沟侧开挖。

④ 抓铲挖掘机：采用抓斗坠吊挖土，其施工特点是：适于挖掘面积狭小的基坑或深井的土方，和一二类土中的松散土、砾石、碎石，以及水中的淤泥、砂石。其作业流程也分五步，顺序是：坠斗→吊升→移位→卸土→返回。有三种作业方式，分别是：深井挖掘、沟侧挖掘和沟端挖掘。

⑤ 装载机(铲车)：与铲运机的区别主要是铲斗在车前，作业是在车前进行，有轮式和履带式两类。装载机的用途是：履带式装载机装上挖斗时可用于土方开挖、土方回填，在挖湖堆山时最适用。还可用于松散土的表面剥离，清除表面松土层。还可作装卸机具用，装卸土方和散料，或短距离运土、运料，外运多余土方。在场地整平和清理、整平地面、清除渣土、拔除树根、钢绳拔树苑、铲松硬土等项作业中，装载机还有很大用处。装载机的作业特点是：一般装载机主要适用于开挖停机面以上的土方，轮胎式装载机只运松散土，而履带式装载机可运硬实土。装载机还可用于吊运并敷设管道。

⑥ 铲运机：铲运机的铲斗在后，容量大，有自行式铲运机与拖式铲运机两种。主要用于大面积土地的整平，场地、湖底、路基的整平，含水率 27% 以下的一至四类土的挖方，开挖大型槽坑、沟渠、建筑基坑等。铲运机用于土方转运的特点是运土量较大，运距较长，在填筑路基、堤坝方面很适用，能适应土山堆造等堆高填土作业，还可用于一般土方的回填。铲运机的基本作业施工方法有四种：一是下坡铲土法，能操作的最大坡度达 20°。二是跨铲法，适于所挖土槽与土埂相间的挖土作业。三是交替铲土法，是在两排土埂之间相互交错铲土。四是助铲法，就是协助推土机对较硬的土进行推铲作业。

⑦ 推土机：是采取平移推动方式挖土的机具。主要用途是：地面找平、场地平整、推平台地、湖底，和短距离挖移回填土方，使挖填方一体化。推土机还能用于开挖槽及开挖深度不大于 1.5m 的浅基坑，以及填筑深度在 1.5m 之内的路基或堤坝，并用于牵引、拖挂羊足碾进行土方的碾压，作为土方压实机具。推土机还可配合挖掘机、铲运机工作，为其他机具助铲。推土机主要以四种作业方法开展挖土作业：一是槽形推土，即预留土埂推土，槽深在 1m 左右。二是下坡推土，即从坡上向坡下推土，推土坡度在 15° 以内。三是分批集中，一次推运，即多铲归集土方，最后一并推送。四是并列推土，是由 2～3 台推土机并列作业，铲刀间距 15～30cm。

⑧ 平地机：平地机的主要作业部件是转盘和平土板，其水平转角达 ±360°，转盘倾斜角最大达到 90°，平土板的工作切削角在 45°～60° 之间。平地机的用途是以场地精细整平为主。还

可用于路基与边坡整形、路面材料拌和摊铺、草坪等的翻耕和土面耙细，加装松土器、推土板或扫雪犁，可用于松土、推土、扫雪。平地机的作业方式有铲土直移、铲土侧移、刀角铲土和机外铲土等四种。

(3) 机械挖方技术要求：各类土方施工机械在施工作业中必须注意下述 13 个方面的技术要求，保证高效、高质、安全的施工目标顺利实现。

① 作业人员具备上岗资格：机械操作人员必须经过培训和考核合格，持证上岗。

② 机械设备保养完好：机械设备应经过检查验收合格后方得使用；施工现场要备好照明、信号指挥设备及劳保防护用品。

③ 选用合适的挖土机械：应根据土方工程中的主导施工过程，选用主导土方机械和辅助机械，如推土机和助铲的铲运机等。

④ 设标志杆和引导人：在施工区边缘设施工标志杆，安全距离之外安排施工检查和引导人，配合机械操作人员一起进行施工。

⑤ 机上钢丝绳应无破损：抓铲、拉铲、起吊操作前都要仔细检查钢丝绳。

⑥ 安全操作：操作要确保安全生产，作业时应无干扰，无关人员禁入作业区。作业面及其周边应无坍方、崩石危险。作业车应停稳、刹垫后再作挖土作业。挖掘斗的斗臂要注意不得碰到山壁或墙面，要小心操作。不要超机械性能施工，不超限度作业。要保证机位的足够边距，至少要达到 1.5m。

⑦ 平稳操作：土方施工机械应在平稳状态下工作。首先要将机位置于平坦处，避免在坡地安排机位。轮式机应刹垫稳定，确保作业时不移位。机械宜正向和反向作业，尽量不侧向操作。挖土距离应按规定限度，不超距离挖运。挖土不急躁，不猛然冒进，要循序渐进。

⑧ 传动面不正对挖掘方向：避免伤害履带。

⑨ 不用铲斗做破碎、夯实动作：保护铲斗。

⑩ 注意保护肥沃表土：在原种植地挖土施工，应将表土层挖起临时堆放在填土区旁，不得直接填埋到填方区底部，待底部填满之后，再将表土回填到填方区的表层。

⑪ 卸土时降低位置：铲斗不要在高位卸土，有异常时应立即停机检查，要时刻注意异常的声响与动态。

⑫ 随时检查施工结果：注意随时检查施工边线、标高和坡度的情况，修正下一步操作。

⑬ 严格按操作规程施工：要按照相应挖土机械的工种操作规程进行操作施工。

1.4.4 土方转运

土方工程中的挖、填方施工必然会产生土方从原位置被移动到新位置的活动，这就有了土方转运的必要。土方的运输也是土方工程的一个重要环节。

1) 转运类型 由于土方转运目的和方向的不同，土方转运就有不同的类型。一般情况下，土方转运的类型表现为下述四种：

(1) 挖、填转运：这是在挖方区和填方区之间的土方转运类型。

(2) 客土运入：本地填方土量不足的时候，需要从外运入欠缺的土方。

(3) 余土外运：本地土有多余，本地填方区容纳不下挖方区的余土时，土方需要外运。

(4) 渣土清运：建筑渣土、废料等没有深埋条件时，应清运出本地。

2) 转运方式 是指土方转运采用何种运力。通常土方转运的方式只有两种：一是人力转运，适应工程量小、工作面狭窄之处。二是机械转运，适宜工程量大、工作面宽广、工期要求紧迫等情况，是优先采用的运土方式。

3) 人力运土操作 采用人力运土，在方法上有手推车运土、人拉车运土和肩挑运土三种，主要根据运土路线的宽窄情况而选定。人力运土的可行运距一般在 200m 以内，超过 200m 运距就不经济了。而最经济的运距是在 50m 左右。运土路线应根据不同施工条件合理地组织。一般有下述两种路线可供选择，如图 1-41 所示。一种选择是采取分头往返路线，零星运土。多个挖土点向一个填土点运土时，可采用单行道式的多条运土路线。第二种选择是环形路线，采用环形路线时，来去路线分开，运土路线构成环状。

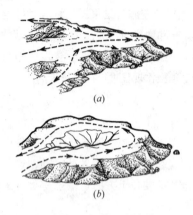

园林工程

图 1-41 两种运土路线

(a)分头往返路线；(b)环状路线

4）机械转运土方

（1）运土方式：不同种类的土方施工机械在加装如推土板、铲斗等挖运结合的部件后，都可有一定的运土作用。其主要的运土方式则不外乎以下三种：一是铲运，采用铲运机、装载机、平地机等进行铲土和运土。其中，采用轮式装载机效率和施工成本控制最好。二是推土，以推土机、装载机、平地机作为推土工具，推土机最好。三是车载，用自卸卡车（装载车）或一般卡车。自卸汽车不需人力卸土，施工效率最高。

（2）运距掌握：上述各种机械适应的运距有所不同，一般应选择效率最高，成本最低的经济运距。铲运机的适宜运距为 800～1500m，经济运距为 200～350m。推土机的适宜运距为100m，经济运距为 30～60m。装载机的适宜运距是 30～100m，而经济运距则在 30～60m 之间。自卸汽车的适宜运距为 200～1500m，经济运距为 5000～10000m。

5）运输要求 土方转运安排能影响施工功

效高低，应按下列要求进行：

（1）合理安排路线：选最短路线，使运距最短，从而可节省劳动力。

（2）先检查后装运：装运土方之前必须先检查起吊设备及其绳索是否正常，是否符合施工需要，发现有安全隐患一定要预先排除。

（3）自卸车载重量按挖掘机每铲斗土重的3～5 倍配备：以保证挖掘机连续不停工作和降低运输成本。

（4）以侧方装土为主：运土车在挖土设备的侧方或侧前方装土，可提高工效；要尽量避免在后方装土。

（5）运程中不得撒落泥土：特别是通过街道时。

（6）卸土位置要准确：按设计的填方位置卸土。

1.4.5 填方施工

1）影响填方质量的因素 填方质量的好坏直接关系到填土地基的稳定性和承重能力，影响到园林地面的功能应用。对填方质量影响最大的因素主要有：

（1）土质：土质是影响填方质量最重要的因素之一。用于填方的好土与劣质土的概念和园林植物种植土的好坏是完全不同的，这里是从工程特性方面来考察土质问题的。不同的土质，其填方性能也是不同的，其四个特点是：

① 砂土及砂石土为好；压实性更好。

② 有机质多的土较差。

③ 土粒大小相间为好；级配最好。

④ 填方土的可松性和压缩性以小的为好。

（2）土的含水量：土壤含水量过多或过少均不好。含水量对填方质量影响较大，其量以适中为好。具体的水分含量情况可见表 1-11 所示。

（3）压实机械所做的功：即压实功。当土的含水量一定时，压实功与土壤密度增大的关系如图 1-42 所示。

填方土的最优含水率和最大干密度　表 1-11

项次	土的种类	变动范围	
		最优含水量（%）	最大干密度（g/cm²）
1	砂　土	8～12	1.80～1.88
2	黏　土	19～23	1.58～1.70
3	粉质黏土	12～15	1.85～1.95
4	粉　质　土	16～22	1.61～1.80

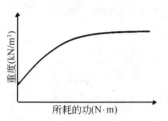

图 1-42　土的密实度与压实功的关系示意

2) 填方方式及其特点　根据填方区填土深度，可将填方分为两种方式：

(1) 深层填方：分层填方，层层夯实。填土厚度在 60cm 以上时，应分几层进行填方。

(2) 浅层填方：一步到位，填高压平。填土厚度在 60cm 以下时，可不分层填，而是一次性填到高出地平面，然后压实到与地面平齐。

3) 填方顺序　填方的先后次序与填方质量相关，施工中要按下列顺序进行：

(1) 先近后远：先填近处，由近及远顺序填土。

(2) 先深后浅：先填深处，由深及浅逐层顺序填方，直到填满槽坑。

(3) 先石后土：先填渣土石块及其他可填废物，最后填肥沃的泥土。

(4) 先底土后表土：先填原底土，后填预留的表土，以便今后植物的栽种。

4) 一般填土方法　在填方施工中需要注意的主要问题有下列 3 点：

(1) 填土层厚：一般松铺厚度 20～30cm。分层填土时，每一层土的铺填厚度与所用压实机具种类和压实遍数密切相关，具体可参考表 1-12 确定。

填方土每层厚度与压实的关系　表 1-12

压实机具	每层压实遍数	每层铺土厚度(cm)	压实机具	每层压实遍数	每层铺土厚度(cm)
平碾	6～8	20～30	推土机	6～8	20～30
羊足碾	8～10	20～35	拖拉机	8～16	20～30
蛙式打夯机	3～4	20～25	人工打夯	4～4	不大于 20

(2) 土料要求：土料应符合设计要求，按要求的土料质量备料。设计上无要求时，则按下述情况进行准备。用作底层填料的，可选碎石土、砂土。用作表层填料而需要压实的，采用含水量适中的黏土。用作表层填料而不压实的，则采用有机质在 8% 以上的土。填方土料的颗粒直径最大不超过铺土层厚的 2/3，含盐量不超过 5%。淤泥质的泥土一般不用作填方料，但在软土地区及沼泽地区，经特殊处理后也可用于次要部位填方。

(3) 填土要求：土质要一致，同一填方区的填料要采用同一种土，不要同时用两种以上泥土填方。斜坡处填方不用透水性差的土，以免在边坡下形成水囊，并应做成阶状填方；如图 1-43 所示。阶状填方是先将斜坡坡面处理成阶梯状，然后再分层填方，以避免填方料顺着坡面向下滑移。填土时应预留沉降高度。预留沉降高度按填土高度的百分数计，填高后经过压实产生沉降，便可达到设计标高要求。砂土应预留 1.5%，粉质黏土要预留 3%～3.5%。采用水平方向平铺填土；不要直接顺着斜坡坡面从上向下作倾倒式填方，要避免填土层太厚。在墙基或管道沟填土时，墙基与管道沟应作两侧对等回填，使两侧受到的土压均等，有利于其基础稳定和防止管道中心线移位。最后，要用填方机械碾压填土区，填土与压实相结合。

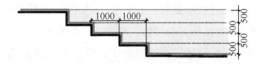

图 1-43　斜坡填方区的阶梯状填筑方法

5) 土山的堆填施工　土山堆造是园林工程特有的填方项目，其填方方向主要是自下而上填土，而不是通常的水平方向和自上而下的。

(1) 土山的填方方式：土山的填方可采用堆填和分层填方两种方式。

(2) 土山边坡堆造：土山边坡在放坡时要注意坡度变化。一般放坡都要参考土壤安息角，控制土坡倾斜面的坡度不超过安息角。土山边坡坡度宜有变化，通常情况是：坡顶缓，坡上陡，坡下缓，如图1-44所示。陡坡的做法与一般放坡不一样，需要采取各种护坡措施。可用的土山堆陡坡方法有下列3种：一是用山石护坡，使山势点缀或满铺坡面，形成岩石坡景观。二是用土袋垒坡，土袋可利用玻璃纤维布袋。三是灌木护坡或者灌木与根网护坡。

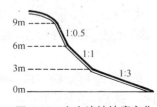

图1-44　土山边坡坡度变化

(3) 堆填步骤与方法：堆填土山可按下述方法、步骤进行操作(图1-45)：

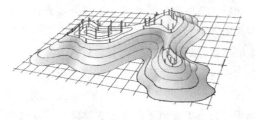

图1-45　土山堆筑示意图

① 测设坐标方格网：在土山设计图上添绘坐标方格网，并在地面相应位置测设方格网。

② 第一次放线：在地面方格网中放出土山最外边的两三条等高线。

③ 插立标高杆：用竹竿或木杆画上刻度，插立在等高线显著转折、弯曲等变化位点上。

④ 堆填第一、二层土并夯实：在地面等高线范围内，以标高杆控制填土高度进行堆填土操作。

⑤ 第二次放线：在夯实并整平的已达规定

标高的第二层土面进行放线，放出第二轮2～3条等高线。

⑥ 再次插立标高杆：方法同上。

⑦ 堆填第三、四层土并夯实：仍然参照放线和标高杆，每堆填一层土就进行夯实，土面基本整平。

⑧ 重复放线、立杆、堆土直到堆出山顶：根据土山等高线的多少，重复进行以上各步骤，即可最后完成土山的堆造施工。

1.4.6　土方的夯压

回填土的夯压是保证填方施工质量的重要环节，应根据具体的施工条件正确地选择夯压方式和方法。

1) 夯压方式　土方夯实的方式主要有下列3种：

(1) 机械夯压：依靠机械力进行夯压，效率高，省人力，施工成本较低，大规模的填方工程应采用机械夯压方式。

(2) 人力打夯：用手工工具和人力夯压，效率低，但可灵活安排，适宜工作面狭小处作填土夯实。

(3) 水夯：填土后灌水沉降。对碎石土、砂土及含水量太少的干燥回填土，灌水可加速沉降，起到夯实的作用；水夯之后待土壤稍干，再用工具打夯，夯实效果更好。

2) 夯压的基本方法　土方夯压主要采用碾压、夯击和振动三种方法。

(1) 碾压法：又叫静压法，适宜一般砂土和黏性土；多用于大面积填方区的压实。

(2) 夯击法：即冲击打夯法，也适宜砂土和黏土类；对于小面积的填土区，宜用打夯方法压实。

(3) 振动法：通过机具振动填土层而起到夯实作用，这类方法仅适用于非黏性的砂土类。

3) 人力夯压工具　以人力操作手工工具进行土方夯压，主要有下列两类工具：

(1) 打夯工具：夯石、石锇、木夯、竹

柄锤。

(2) 压实工具：石滚碾。人拉动或牲畜拉动滚压。

4) 碾压类机具 机械夯压采用的压实机具主要是各种碾子类(图1-46)。

图1-46　土方压实机械

(a)平碾；(b)振动碾；(c)羊足碾

(1) 平碾：属于光面碾，静压力碾压机具。①特点：上层压实密度大于下层。滚轮表面单位面积压力较小，但机具转移灵活、碾压速度较快。②适用：作表面压实、场地平整、园路路基、面层碾压以及修筑堤坝，能适宜砂类土和黏性土。

(2) 振动碾：又叫振动平碾，光面滚轮振动中碾压。①特点：上下层压实密度相近，能使小土粒振落入大颗粒间隙中，增加密实度，碾压速度也较快。②适用：用于爆破石碴、碎石土、杂填土或黏质粉土的大型填方施工。

(3) 羊足碾：滚轮表面密布羊足状凸起滚压块。①特点：压实深；有表层松土作用；较平碾压实效果好；作业时需要由拖拉机或推土机牵引。②适用：中等深度的粉质黏土、粉土、黄土等适用。因会使表面土壤翻松，所以对砂土、干硬土块及石碴等压实效果不佳。

5) 夯击类机具 用于打夯的土方机具就是打夯机(图1-47)。常用的打夯机有下列4种：

(1) 夯锤：用起重机悬挂重锤进行打夯。这种夯击机具适用于砂性土、湿陷性黄土、杂填土及含有石块的填土夯实。

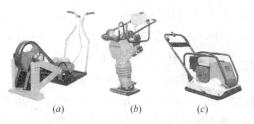

图1-47　打夯机

(a)蛙式打夯机；(b)内燃式冲击夯；(c)内燃式平板夯

(2) 蛙式打夯机：通常是以电力驱动的，使用灵活、轻便。其夯锤冲击一次，机身便向前移动一步，在不断移动中进行打夯。蛙式打夯机适于基坑、基槽、管沟及零星分散的小面积填土区的夯实。

(3) 平板夯：即平板式振动器。有内燃式和电动式两种。操作者掌握夯机后的扶手控制打夯方向和移动速度，对整平地面的夯筑效果良好，适于小面积薄层黏性土、薄层砂卵石、碎石垫层和较大面积砂土的夯实。

(4) 快速冲击夯：以夯锤快速冲击打夯，有电动式和内燃式两种驱动方式，夯实小面积黏性土壤的效果较佳，不宜用于砂石层及含卵石、砾石多的土壤打夯。

6) 土方夯压密实度要求 不论采用以上何种机具进行打夯，都要达到一定的夯压密实度要求。通常是以压实系数 λ_c 来表示土方的密实度。密实度要求一般由设计提出，设计上无规定时，可按表1-13所列各种相应情况取值。

填土的压实系数 λ_c(密实度)　　表1-13

结构类型	填土部位	压实系数 λ_c
砌体承重结构和框架结构	在地基主要持力层范围内	>0.96
	在地基主要持力层范围以下	0.93~0.96
简支结构和排架结构	在地基主要持力层范围内	0.94~0.97
	在地基主要持力层范围以下	0.91~0.93
一般工程	基础四周或两侧一般回填土	0.90
	室内地坪、管道地沟回填土	0.90
	一般堆放物件场地回填土	0.85

7) 夯压操作技术要求 土方夯压的具体操作对土方施工质量有决定性影响，要注意在操

作中掌握好下列操作要领：

(1) 一般技术要求：无论采用哪一种夯压方式，一般都应按照下列要求进行施工：

① 控制层厚：夯压前填土要注意控制填土层的厚度，分层夯压，填一层夯一层，逐层夯实。每层填土的松铺厚度按表 1-12 确定。

② 斜面接茬，层间错缝：每层土在夯压分段的接缝处，应采用斜坡面接茬方法；上下两层之间的接缝则要相互错开。

③ 先边缘，后中间：每一遍打夯和压实都先从填土区周边开始，再逐渐及于中部。

④ 先轻打，后重压：先轻打一遍，或先用振动夯轻度振动一遍，使土中细粒受振下落，填满土粒间隙；然后再按规定遍数加重夯压。

⑤ 夯压务必均匀：填方区各处回填土的夯实程度(土的密实度)要保持一致；不多夯，也不漏夯。

(2) 人力打夯要求：人力打夯可作为机械夯压的补充，在机械不能到达的狭小地方或机械夯压之后的边缘地带，都需要以人力打夯方式来补夯。对人力打夯主要有三点要求：

① 夯土工具系采用木夯或夯石，夯重 60～80kg，四人夯或二人夯。

② 木夯与夯石的举夯高度应不小于 0.5m，但用铁锹打夯时拉绳抛锹高度应不小于 2m。

③ 打夯采用一夯压半夯，夯夯紧接的方法，每打一夯，都要压住前一夯之半，一夯紧接一夯，使夯间没有空夯点。一面打夯，一面移位，不断打夯，直到整个填土区满夯为止。

(3) 机械夯压要求：采用机械夯压土方时要特别注意施工的安全性要求和机械设备的运转状况，其夯压施工比较特殊的一些要求如下：

① 夯压前先检查设备：夯机使用前先检查绝缘线路、漏电保护器、定向开关、皮带、偏心块等，确认无问题后方可使用。

② 坚持绝缘态操作：作业人员穿绝缘鞋，戴绝缘手套；两人操作，一人扶夯机，一人整理线路，防止夯头夯打电源线。

③ 多夯机间距要求：两机并行的间距不得小于 3m；夯机的前后间距不得小于 10m。

④ 碾压操作要求：用碾压机具作压实操作，要严格控制填土层厚度，机具行驶要慢，分多次重复碾压，即要符合碾压施工原则。碾压原则是："薄填、慢驶、多次打夯"。打夯移动的速度控制是：平碾和振动碾不大于 2km/h，羊足碾不大于 3km/h。

⑤ 填土层间结合要求：夯过的土层上面再填土时，要将夯土层表面轻轻拉毛，干土表层还要洒水，然后再行填土。平碾碾过的填土层表面，也要用机械或人工作拉毛处理，以增加与上层土的结合度。

⑥ 随时清除碾子表面泥土：在碾压操作中，要注意随时清除平碾表面粘附的泥土和羊足碾滚压凸齿之间附着的泥土。

⑦ 填土边缘压实要求：为保证填土区边缘压实质量，实际填土和压实应超出边线一定宽度：不修整边坡的，应超填 0.5m 宽；要修整边坡的，则超填宽度不小于 0.2m。

8) 夯土质量控制与检验 在填方和压实施工过程中，可通过检查每一层填土的夯压结果来控制填土和夯土质量。主要检验内容如下：

(1) 检查合理的碾压遍数：每一层填土的碾压遍数都要符合施工标准，遍数不够，就不能通过验收。

(2) 检验每层土的干密度：干密度 90% 以上符合设计要求。余下 10% 的最低值与设计值之差，要小于 0.8kN/m³，并且要分散，不得集中。用环刀法取样，室内填土按每层土的每 100～500m² 取样一组，室外场地平整按每层土每 400～900m² 取一组，基槽、管沟按每 20～50m 长度取样一组。

复习思考题

(1) 在土方工程施工准备中如何做好现场清理和工地排水的准备工作？怎样制作定点放线

用的桩木？

（2）规则式地形的定点放线有哪些特点？怎样进行自然式地形的定点放线？

（3）进行人力挖方施工主要应注意哪些问题？

（4）常用的挖土机械种类及其施工特点如何？机械挖方的技术要求是什么？

（5）怎样理解填方方式和填方顺序？怎样进行土山的堆填施工？

（6）常用的土方夯压机械及其特点是怎样的？

（7）对回填土的夯实工作有哪些要求？

第2章　园林给水排水工程

园林绿地必须要有丰沛的水源，才能保证其环境的良好生态。给水与排水问题是园林绿地建设必须解决好的重要技术问题。我们把为了满足园林各用水点在水量、水质和水压三方面的要求而建设起来的一系列工程构筑设施，称为给水工程；而把收集、输送、处理污水和排放雨水的一系列工程设施叫做排水工程。

2.1 园林给水工程

园林绿地给水工程既可能是城市给水工程的组成部分，又可能是一个独立的系统。它与城市给水工程之间既有共同点，又有不同之处。根据使用功能的不同，园林绿地给水工程又具有一些特殊性。

2.1.1 给水工程的组成

园林给水工程是由一系列构筑物和管道系统构成的。从给水的工艺流程来看，它可以分成三个部分：

1) **取水工程** 是从地面上的河、湖和地下的井、泉等天然水源中取水的一种工程，取水的质量和数量主要受取水区域水文地质情况影响。

2) **净水工程** 这项工程是通过在水中加药混凝、沉淀(澄清)、过滤、消毒等工序而使水净化，从而达到园林中的各种用水要求。

3) **输配水工程** 它是通过输水管道把经过净化的水输送到各用水点的一项工程。

以上三部分组成了给水工程，从中可以知道：水从取水构筑物处被取用，由一级泵房送到水厂进行净化处理，经过混凝絮化、沉淀、过滤、消毒等处理后，将符合生活饮用水标准的干净水引入清水池；再由二级泵房从清水池把水抽上来并加压，通过输水管道网送达各用水处。清水池和水塔，是起调节作用的蓄水设施，主要是在用水高峰和用水低谷之间起水量调节作用；有时，为了在管道网中调节水量的变化并保持管道网中有一定的水压，也要在管网中间或两端设置水塔，起平衡作用。城市给水排水工程的工艺流程如图 2-1 所示。

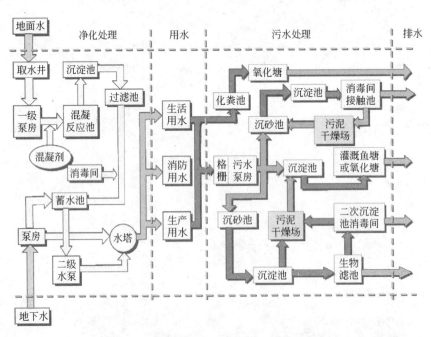

图 2-1　城市给水与排水工艺流程示意图

2.1.2 园林用水类型与特点

公园和其他公共绿地是群众休息和游览活动的场所，又是花草树木、各种鸟兽比较集中的地方。由于游人活动的需要、动植物养护管理及水景用水的补充等，园林绿地用水量是很大的。水是园林生态系统中不可缺少的要素。因此，解决好园林的用水问题是一项十分重要的工作。

1) 园林用水类型 公园中用水类型具有多样化的特点，根据给水的基本用途，大致可将园林用水分为以下几个类型：

(1) 生活用水：如餐厅、内部食堂、茶室、小卖部、消毒饮水器及卫生设备的用水。

(2) 养护用水：包括植物灌溉、动物笼舍的冲洗及夏季广场道路喷洒用水等。

(3) 造景用水：各种水体，包括溪流、湖池等，和一些水景，如喷泉、瀑布、跌水，以及北方冬季冰景用水等。

(4) 游乐用水：一些游乐项目，如"激流探险"、"碰碰船"、滑水池、戏水池、休闲娱乐的游泳池等，平常都要用大量的水，而且还要求水质比较好。

(5) 消防用水：公园中为防火灾而准备的水源，如消火栓、消防水池等。

园林给水工程的主要任务是经济、可靠和安全合理地提供符合水质标准的水源，以满足上述五个方面的用水需求。

2) 园林给水特点 园林绿地给水与城市居住区、机关单位、工厂企业等的给水有许多不同，在用水情况、给水设施布置等方面都有自己的特点。其主要的给水特点如下：

(1) 生活用水较少，其他用水较多：除了休闲、疗养性质的园林绿地之外，一般园林中的主要用水是在植物灌溉、湖池水补充和喷泉、瀑布等生产和造景用水方面，而生活用水方面的则一般很少，只有园内的餐饮、卫生设施等属于这方面。

(2) 园林中用水点较分散：由于园林内多数功能点都不是密集布置的，在各功能点之间常常有较宽的植物种植区，因此用水点也必然很分散，不会像住宅、公共建筑那样密集；就是在植物种植区内所设的用水点，也是分散的。由于用水点分散，给水管道的密度就不太大，但一般管段却比较长。

(3) 用水点水头变化大：喷泉、喷灌设施等用水点的水头与园林内餐饮、鱼池等用水点的水头就有很大变化。

(4) 用水高峰时间可以错开：园林中灌溉用水、娱乐用水、造景用水等的具体时间都是可以自由确定的；也就是说，园林中可以做到用水均匀，不出现用水高峰。

除了以上几个主要特点以外，园林给水在一些具体的工程措施上也有比较特殊之处，我们在后面讲具体的水源水质问题和管网设计问题时还要讲到。

3) 园林给水方式 根据给水性质和给水系统构成的不同，可将园林给水方式分成三种：

(1) 引用式：园林给水系统如果直接接入到城市给水管网系统上取水，就是直接引用式给水。采用这种给水方式，其给水系统的构成也就比较简单，只需设置园内管网、水塔、清水蓄水池即可。引水的接入点可视园林绿地具体情况及城市给水干管从附近经过的情况而决定，可以集中一点接入，也可以分散由几点接入。

(2) 自给式：在野外风景区或郊区的园林绿地中，如果没有直接取用城市给水水源的条件，就可考虑就近取用地下水或地表水。以地下水为水源时，因水质一般比较好，往往不用净化处理就可以直接使用，因而其给水工程的构成就要简单一些。一般可以只设水井 (或管井)、泵房、消毒清水池、输配水管道等。如果是采用地表水作水源，其给水系统构成就要复杂一些，从取水到用水过程中所需布置的设施顺序是：取水口、集水井、一级泵房、加矾间与混凝池、沉淀池及其排泥阀门、滤池、清水池、二级泵房、输水管网、水塔或高位水池等。

（3）兼用式：在既有城市给水条件，又有地下水、地表水可供采用的地方，接上城市给水系统，作为园林生活用水或游泳池等对水质要求较高的项目用水水源；而园林生产用水、造景用水等，则另设一个以地下水或地表水为水源的独立给水系统。这样做所投入的工程费用稍多一些，但可以大大节约以后的水费。

在地形高差显著的园林绿地，可考虑分区给水方式。分区给水就是将整个给水系统分成几区，不同区中的水压也不同，区与区之间可有适当的联系以保证供水可靠和调度灵活。

4）园林水源与水质 园林绿地的用水可以有地表水、地下水和自来水三种来源。

（1）地表水：是指地面的河流、沟渠、湖池等直接蓄留雨水而形成的水源，这类水源一般可直接作植物灌溉用水和园林养护用水；如果是有所污染的地面水或是需要作为造景用的水，则需作净化处理。

（2）地下水：存在于地表以下土壤中、岩层间的水源，就是地下水。地下水通常有三种形态。一是潜水，是在地表以下潜藏较深、经层层过滤的地下水。水质较好，适合多数园林用水类型。二是承压水，水层之上有很厚的岩层，对水层形成重压，水可顺着岩缝被压出地表而形成涌泉。承压水的水质良好，可直接使用。三是包气带水，这是在地表以下富含空气的较浅土层中存在的水，如包气带中的土壤水、上层滞水、融冰层水、沙地水等，这些水很多都是成为结合态的或含有较多杂质的，园林中无法直接利用。

（3）自来水：水质优良，符合生活饮用水标准。在城市自来水管网中的自来水是有压力的水，一般水压为 $2kg/m^2$。自来水在园林中可作为水质要求高的项目用水，如生活用水、造景用水、娱乐用水等。

5）给水工程的基本概念 在给水设计中需要考虑与用水相关的一些基本参数，这些参数代表了园林用水的特征和用水变化情况，其基本参数的概念如下：

（1）用水量标准：也叫用水定额，在园林中是指每游人每次用水的升数。由于园林用水类型多样化，因而用水量标准也就不一样。表2-1中列出了与园林绿地用水相关的一些用水定额的参考值。

园林绿地用水参考定额　　　　　　　表 2-1

序号	名　称		单位	生活用水定额（最高日·L）	小时变化系数	备　注
1	服务设施	餐厅	每顾客每次	15～20	1.5～2.0	仅包括食品加工、餐具洗涤及工作人员、顾客的生活用水
		内部食堂		10～15	2.0～2.5	
		商店		1～3	2.0～2.5	
		茶室		5～10	1.5～2.0	
		小卖部		3～5	1.5～2.0	
2	游泳池	游泳池补充水	每池容积	10%～15%		
		运动员淋浴	每人每场	60	2.0	
		观众	每人每场	3	2.0	
3	公共厕所		每冲洗器每小时	100		
4	喷泉	大型	每小时	≥10000		应考虑水的循环使用
		中型	每小时	2000		
		小型	每小时	1000		

序号	名 称		单位	生活用水定额 (最高日·L)	小时 变化系数	备 注
5	洒水	整体路面及场地	每次 每平方米	1.0~1.5		≤3 次/d
		碎料路面及场地		1.5~2.0		≤4 次/d
		庭园及草地		1.5~2.0		≤2 次/d
6	花园浇水		每次 每平方米	4~8		结合当地气候、土质等情况取用
7	乔灌木			4~8		
8	苗圃			1.0~1.3		
9	消防用水(民用建筑)					
10	建筑物体积不大于 5000m³		每次	10~15L/s		按建筑耐火等级选用
11	建筑物体积不小于 5000m³		每次	15~20L/s		

(2) 日变化系数和时变化系数：用水量在不同时间中是有变化的，有的日子或一天中有的时刻用水量很大，而在其他日子或其他时刻中用水量却很小，这在计算用水量时就要加进用水量变化系数之后再进行计算。用水量变化系数分日变化系数和时变化系数两种。

① 日变化系数：日变化系数是以一年中用水最多一天的用水量除以平均日用水量得到的比值，用 K_d 表示。计算公式：

$$K_d = Q_d max / Q_a d \qquad (2-1)$$

② 时变化系数：时变化系数是用最高日那一天用水量最多的 1 小时用水量除以平均小时水量，以 K_h 表示。计算公式：

$$K_h = Q_h max / Q_d h \qquad (2-2)$$

式中　K_d——日变化系数(其值在 2.0~3.0 之间)；

K_h——时变化系数(其值在 4.0~6.0 之间)；

$Q_d max$——年最高日用水量(m^3/d)；

$Q_h max$——最高日最高时用水量(m^3/h)；

$Q_a d$——年平均日用水量(m^3/d)；

$Q_d h$——最高日平均时用水量(m^3/h)。

(3) 流量和流速：流量就是水管的过流断面与流速的积。流量计算公式是：

$$Q = (\pi d^2 /4) \times v \qquad (2-3)$$

流速 v 在实际工作中通常按经济流速的经

验数值取用。据此，就可根据流量、流速来计算管径。

(4) 水压和水头损失：在给水管网的水力计算和确定管径中都要用到水压和水头概念。

① 水压：用压力表在水管任意点测得的读数就是该点的水压，以 kg/m^2 表示。

② 水头：水管中的水柱因水压而能上升到的高度，就叫水头，也可称为水柱高。水头与水压大小密切相关，二者之间的换算关系是：

$1kg/m^2$ 水压力 = 10m 水头(H_2O)

③ 水头损失：就是水在水管中流动时因管壁、管件等的摩擦阻力而使水压降低的现象。

2.1.3 给水管网布置

给水管网布置的基本要求是：在技术上，要使园林各用水点有足够的水量和水压。在经济上，应选用最短的管道线路，要考虑施工的方便，并努力使给水管道网的修建费用最少。在安全上，当管道网发生故障或进行检修时，要求仍能保证继续供给一定数量的水。

1) 管网布置形式 给水管网的布置形式分为树枝形和环形两种(图 2-2)。

(1) 树枝状管道网：是以一条或少数几条主干管为骨干，从主管上分出许多配水支管连接到各用水点。在一定范围内，采用树枝形管网形式的管道总长度比较短，管网建设和用水的

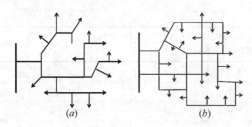

图 2-2 园林给水管网的布置形式

(a)树枝状；(b)环状

经济性比较好，但如果主干管出故障，则整个给水系统就可能断水，用水的安全性较差。

(2) 环状管道网：主干管道在园林内布置成一个闭合的大环形，再从环形主管上分出配水支管向各用水点供水。这种管网形式所用管道的总长度较长，耗用管材较多，建设费用稍高于树枝形管网。但管网的使用很方便，主干管上某一点出故障时，其他管段仍能通水。

在实际布置管道网的工作中，常常将两种布置方式结合起来应用。在园林中用水点密集的区域，采用环形管道网；而在用水点稀少的局部，则采用分支较少的树枝形管网。或者，在近期中采用树枝形，而到远期用水点增多时，再改造成环形管道网形式。

2) 管网的设计程序 园林给水管网的设计是一项技术性很强的工作，要在详尽的调查研究基础上，根据具体地形条件和用水量计算结果而做出。其设计工作内容和基本方法分为下述 7 步实施：

(1) 图纸、资料收集：主要收集地形图、园林规划设计图等。

(2) 布置管网：确定管网布置形式，定出干管的位置、走向；对管路节点进行编号，量出节点间长度。

(3) 确定用水量：根据用水量系数计算得出。

(4) 求管段流量：按经济流速用流量公式计算。

(5) 确定各段管径：根据流量查水力计算表。

(6) 水头计算：主要计算沿程和局部水头损失。

(7) 绘出管网设计图(图 2-3)。

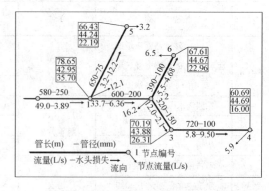

图 2-3 树枝状给水管网设计图示例

3) 管网布置要点 布置给水管网，应当根据园林地形、园路系统布局、主要用水点的位置、用水点所要求的水量与水压、水源位置和园林其他管线工程的综合布置情况，来合理地做好安排。要求管道网应比较均匀地分布在用水地区，并有两条或几条干管通向水量调节构筑物如水塔和高地蓄水池及主要用水点。干管应布置在地势较高处，尽量利用地形高差实行重力自流给水。除了注意这些之外，在布置管网中还要注意下述 6 点要求：

(1) 统一布置，分步建设：布置要一次完成。

(2) 干管距主用水点最近：主用水点优先。

(3) 干管沿道路铺设：铺设和检修比较方便。

(4) 力求管路最短：节约管材，减少水耗。

(5) 要保证管线安全：穿路处要特别保护。

(6) 消火栓与干管直接相连，消火栓之间的间距不应大于 120m。

2.2 园林喷灌系统

园林给水工程的一个很重要目的，就是为园林植物用水灌溉提供充足的水源。在园林植物的灌溉方式中，喷灌技术是最高效、节水和自动化程度最高的一种灌溉方式。随着城市建设现代化水平的不断提高，喷灌这种现代化植物给水方式的应用，已经越来越普遍了。

2.2.1 喷灌的特点与类型

1) 喷灌的特点 与传统灌溉方式比较，喷灌在下列 10 个方面具有不同的特点：

(1) 淋洗植物，似天然降水：喷灌是将水喷射到空中落下来进行灌溉，在对植物供水的同时也对植物进行了淋洗，有利于光合作用，也使植物景观更好。

(2) 灌溉时景观效果好：喷灌时就像旱地喷泉一样，有喷水水景效果。

(3) 增加空气湿度，改良生态：空气湿润，则空气中氢离子浓度更高，空气更加清新，使环境生态状况得到很大改善。

(4) 节水，不形成地表径流：喷灌系统是在需要浇灌时才会喷水，水浇够了就会停止浇灌，不会形成地表径流，不浪费水，节水效能高。

(5) 省工，省时，高效：特别是自动喷灌系统在这三方面表现更突出。

(6) 对地形、土壤适应性强：喷灌系统能适应各种复杂地形和多样化的土壤类型。

(7) 方便绿地自动化管理：在植物栽培管理上自动化程度比较高。

(8) 受气候影响明显：天晴、下雨和刮风对喷灌系统的传感部件有直接的影响。

(9) 前期投资大：喷灌系统造价比较高，建造时需要投入较多的资金，在后期运转中也要花费少量的维护资金。但从节约用水、省工和更有利于植物生长等方面获得的效益则更要高些。

(10) 设计与管理要求严格：喷灌系统建造、运转及管理都有比较高的技术要求。

关于喷灌的类型划分问题，对喷灌分类所依据的标准不一样，就会分出很不相同的喷灌类型。一般情况下可以按管道敷设状况、控制方式和供水方式三种条件来进行喷灌的分类。

2) 喷灌按管道敷设状况分类 按照管道、机具的安装方式及其供水使用特点，园林喷灌系统可分为移动式、半固定式和固定式三种，它们各自的特点如下：

(1) 移动式喷灌系统：要求有天然水源，其动力(电动机或内燃机)、水泵和干管支管是可移动的。其使用特点是浇水方便灵活、能节约用水；但喷水作业时劳动强度稍大。

(2) 固定式喷灌系统：这种系统有固定的泵站，干管和支管都埋入地下，喷头可固定于竖管上，也可临时安装。固定式喷灌系统的安装，要用大量的管材和喷头，需要较多的投资。但喷水操作方便，用人工很少，既节约劳动力又节约用水，浇水实现了自动化，甚至还可能用遥控操作，因此是一种高效低耗的喷灌系统。这种喷灌系统最适于需要经常性灌溉供水的草坪、花坛和花圃等。

(3) 半固定式喷灌系统：其泵站和干管固定，但支管与喷头可以移动，也就是一部分固定一部分移动。其使用上的优缺点介于上述两种喷灌系统之间，主要适用于较大的花圃和苗圃。

3) 喷灌按控制方式分类 喷灌系统若是按控制方式来分，可分出程控型和手控型两大系统。

(1) 程控型喷灌系统：依据固化在电脑芯片内的喷灌程序来控制系统的运转。这种系统的建造成本高，但自动化水平也很高，因此也叫自动喷灌系统。

(2) 手控型喷灌系统：由人工控制阀门操控的喷灌系统，就是手控型喷灌系统。这类系统功效稍差，自动化水平不高，但投资较省。

4) 喷灌按供水方式分类 根据供水的特点，也可将喷灌系统分为两类。其一是自压型喷灌系统，这类系统直接用自来水作水源，依靠自来水的水压实现喷水浇灌操作，不用再配置加压设备。其二则是加压型喷灌系统，在系统构成中配置有加压水泵，依靠水泵提供的水压做功，因此适应性更强，能适应自来水压较低地区的喷灌需要。

2.2.2 喷灌系统的构成

喷灌系统主要由喷头、管网、控制设备、过滤设备、加压设备和水源等几个主要部分构成。其中，喷头、控制器、电磁阀是最关键部件。

1) 喷头 喷头是喷灌系统的关键组件之一。喷头也有不同种类，对喷头的分类一般可从工作与非工作状态、射程远近和射流状态等几个方面进行。

(1) 按工作状态分：按照工作时的状态，喷灌喷头可分为旋转式喷头和固定式喷头两类。

① 旋转式喷头又叫射流式喷头，其喷射水流集中，水滴分布均匀，射程达 30m 以上，喷灌效果比较好。这类喷头中，因其转动机构的构造不一样，又可分为摇臂式、叶轮式、反作用式和手持式等四种形式。摇臂式喷头是旋转类喷头中应用最广泛的喷头形式(图 2-4)。

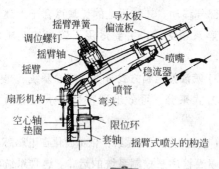

图 2-4 摇臂式旋转喷头

② 固定式喷头在喷灌过程中所有部件都固定不动，而水流却是呈圆形或扇形向四周分散开，喷头结构简单，工作可靠。固定式喷头中又可分出漫射类喷头和孔管类喷头两个小类。漫射类喷头的射程较短，在 5～10m 之间；但喷灌强度大，在 15～20mm/h 以上。孔管类喷头实际上是一些水平安装的管子。在水平管子的顶

上分布有一些整齐排列的小喷水孔(图 2-5)，孔径仅 1～2mm。喷水孔在管子上有排列成单行的，也有排列为两行以上的，可分别叫做单列孔管和多列孔管。

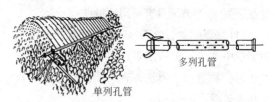

多列孔管

单列孔管

图 2-5 孔管式固定喷头

(2) 按非工作状态分：根据不工作时是否被埋于地表以下的状态，喷灌喷头可分为外露式喷头和地埋式喷头两类。外露式喷头在不工作时仍然与工作时一样，都是立起在地表以上的，喷头始终外露；其工作时可以旋转喷水，也可以固定不动，单方向喷水。地埋式喷头在非工作状态下是缩回到地表以下小孔内的，喷头并不外露；只在喷水工作时才自动升起到地表以上。地埋式喷头的隐藏性好，内部结构比较复杂(图 2-6)，但自动化程度高，是足球场、高尔夫球场等草坪自动喷灌系统最常采用的一类喷头。

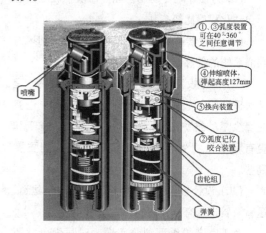

图 2-6 地埋式喷头的内部构造

(3) 按射程分类：不同喷灌喷头的射程远近往往差别很大，因此可根据射程将其分为三类。第一类是近射程喷头，其喷水距离小于 8m。第二类是中射程喷头，喷水射程在 8～20m 之间。

第三类是远射程喷头，喷射距离大于20m。

2）管材和管件 构成喷灌系统管网的部件就是管材及其管件。

（1）管材：主要是各种塑料管，现在已基本不用铁管作喷灌管材了。用于喷灌管网的塑料管材有三种，分别是：聚氯乙烯（PVC）管：管件类型多样，价格较低；聚乙烯（PE）管：抗冲击能力强；聚丙烯（PP）管：耐热性能优良。

（2）管件：是用于连接管道或封堵管头的附属部件。其中的常用种类有：使管材转向的弯头(90°弯头、45°弯头)、供管路分叉用的三通(90°三通、45°三通)、连接粗细不同管材的异径接头和法兰、封堵管头用的堵头等。

3）控制设备 控制设备是喷灌系统实现适时喷灌、自动化喷灌的最关键设备，主要包括状态控制器、指令控制器、安全控制器和控制电缆四类设备。

（1）状态控制器：是控制管网中水流方向、速度和水压的重要部件，其中包括的种类主要有电磁阀（图2-7）、水力阀和各种手控阀、闸阀、球阀等。

图2-7 电磁阀

（2）指令控制器：这是自动喷灌系统的一类核心部件，主要作用就是收集气象、土壤水分等信息并加以处理，发出指令对整个喷灌系统的工作进行控制。属于这一类的部件中，控制器（或称中央控制器）是信息处理中心，接收信息、分析信息、发出控制指令都是由控制器完成的。除控制器之外，在指令控制方面还有小型气象站、湿度传感器、雨水传感器、流量传感器、遥控器、自控阀门等部件（图2-8）。

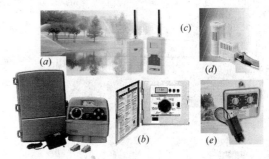

图2-8 喷灌系统的指令控制器

(a)控制器（一）；(b)控制器（二）；(c)遥控器；
(d)雨水传感器；(e)流量传感器

（3）安全控制器：这是保证喷灌系统安全运行的一类控制设备，主要由各种阀门构成。常用的阀门种类有：减压阀、调压孔板、止回阀、空气阀、泄水阀等。

（4）控制电缆：是系统中传递信息和指令的有特殊保护层的一类电缆。按照电缆保护层的情况，控制电缆又分为铠装电缆和护套电缆两类。铠装电缆有钢带铠装电缆和钢丝铠装电缆两个不同的品种，护套电缆也有塑料护套控制电缆和橡胶护套控制电缆两个品种。

4）过滤设备 为了避免泥沙、杂质进入喷灌管网，需要在水源方向安装过滤设备。过滤设备的种类比较多，常用的主要有离心式过滤器、砂石过滤器、网式过滤器、叠片式过滤器等（图2-9）。

图2-9 叠片式过滤器

5）加压设备 喷灌管网内必须有足够水压，喷灌系统才能正常工作，这就要安装加压设备（图2-10）。加压设备以水泵为主，有自带水泵的喷灌机、各种离心泵、井用泵或潜水泵等种类，也有变频供水装置及高位水箱和水塔等。

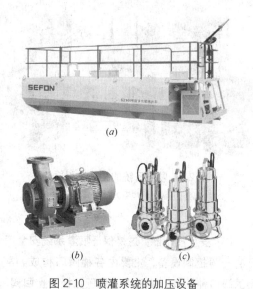

图 2-10　喷灌系统的加压设备

(a)多功能喷灌机；(b)卧式离心泵；(c)不锈钢潜水电泵

2.2.3　自动喷灌系统的工作原理

自动喷灌系统是以控制器、电磁阀为核心部件建立起来的全自动化的喷灌系统，其喷水时间掌握、喷水量控制都是自动化的。

如图 2-11 所示，自动喷灌系统的工作原理是：取自水源的清水经过水泵加压和过滤器的过滤，被送到电磁阀的前端等待阀门开启。电磁阀的开启或关闭是受中央控制器的指令控制的。当灌溉区的传感器收集到空气湿度太小、土壤水分含量太少的信息后，通过电缆将信息传达到中央控制器。控制器经过分析处理后认为达到了事先确定的喷水条件，就通过控制电缆向电磁阀传出开启的指令。电磁阀接到开启指令后马上打开阀门，加压的清水就通过电磁阀进入喷水管网。管道内有了足够水压，就使管道上的地埋式喷头受压上升，喷嘴上升到规

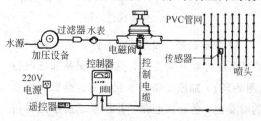

图 2-11　自动喷灌系统构成示意图

定高度时，就开始喷水，进行喷灌。

当喷水量达到预定标准后，传感器又将土壤湿度信息传到控制器。控制器经过分析处理认为喷水量已经足够，就发出关闭电磁阀的指令。指令通过控制电缆传达到电磁阀，电磁阀便自动关闭。阀门的关闭切断了管网的水源，管道内失去水压，喷水停止，管上的地埋式喷头便自动下降，缩回地表下的小孔中。

喷水的全过程都是喷灌系统自动完成的，不需要人工操作与控制。只有在下雨前临时决定停止喷灌时，才由遥控器控制系统停止喷水。

2.2.4　喷灌系统设计

喷灌系统设计工作主要包含设计资料收集、用水分析与计算、喷灌系统选型、划分轮灌区、喷头选型及布置、管网设计、确定灌水制度和制订安全措施等 8 个方面的工作。

1）基本资料收集　设计进行之前要尽可能全面地收集有关的技术资料。需要收集的资料主要有地形、土壤、水源、气候等自然条件的资料，植物种类及其习性、植物栽种形式等植物状况资料，喷灌系统投资额度和喷灌系统的期望使用年限等。

2）用水分析与计算　对喷灌区内的用水特点和用水量进行分析和计算，取得基本的用水数据。在确定用水量时要充分考虑植物种类及其习性在需水量方面的特点。

3）喷灌系统选型　根据喷灌任务及灌区环境情况确定采用何种喷灌系统，即在移动式喷灌系统、固定式喷灌系统和半固定式喷灌系统之间做出选择。

4）轮灌区划分　轮灌区是指受单一阀门控制且同步工作的喷头和相应管网构成的局部喷灌系统。轮灌区划分有四条原则：一是小于设计供水量原则，即最大轮灌区的需水量必须小于等于水源的设计供水量。二是轮灌区数量应适中，轮灌区数量过少使管道成本增高，而数

量过多则系统维护管理难度增大。三是各轮灌区需水量应接近，需水量接近有利于喷灌系统的稳定运行。四是同需水量的植物同在一灌区，以便等量灌水。轮灌区划分的步骤分为两步，第一步是计算出水总量，第二步是划分灌区和计算轮灌区数量。

5）喷头选型与喷头布置　在这方面需要注意的问题主要在于下述7个方面：

（1）喷头选型的技术要求：选用何种类型的喷头，需要综合考虑多种因素。从技术要求方面来说，要考虑喷灌强度问题，应以短时间内不形成地表径流的最大强度为准；要考虑喷灌均匀度，在设计风速下喷灌均匀度应不低于75%；喷灌时水滴打击强度也要适中；还要考虑喷灌系统的造价和运行费用，要做到经济、合理、效率高。

（2）喷头类型选择：要根据灌区地形、面积情况分别选择近、中、远射程的喷头。在狭小的、地形复杂的灌区，用造价较高的近射程、固定式、漫射型的喷头；在空旷的大面积灌区，用造价较省的中、远射程喷头；这样就可以在保证优良性能的前提下降低工程总造价。对于自压型喷灌系统，主要根据水压来选择喷头类型；而加压型喷灌系统，则应注意所选水压要适当。

（3）喷头喷洒范围确定：要根据喷水环境确定喷头的喷洒范围。狭长地带用矩形喷洒范围的喷头，绿地边界处用可调角度的喷头。

（4）喷头工作压力确定：为保证喷灌系统安全可靠地运行，喷头工作压力应在最小工作压力的1.1倍至最大工作压力的0.9倍之间。

（5）喷头喷灌强度确定：要根据土壤质地、植物类别和喷头布置形式而确定喷头的喷灌强度，喷灌强度应在土壤允许强度之内。

（6）喷头射程、射角和出水量确定：喷头射程大小取决于供水压力、管网造价和系统运行费用大小。射角则主要根据地面坡度、喷头位置和平均风速而定。出水量较小，有利于降低

管材费用和系统运行费用。总之，这三方面参数的确定，要有利于减小工程总造价和降低系统运行费用。

（7）喷头布置方法：根据灌区类别的不同，喷头的喷水方向也有所不同。闭边界灌区的喷头喷水主方向应从灌区周边向中央喷水，开边界灌区的喷头喷水则可按由内向外的方向布置。但在一个灌区内布置喷头的顺序则是一致的，都是首先布置角点、转折点的喷头，其次再沿着灌区边界排列喷头，最后才在灌区内部均匀布置喷头。喷头与喷头之间的组合形式可有4种，即正三角形布置、等腰三角形布置、正方形布置和长方形布置（图2-12）。其中，以正三角形布置的喷水均匀度最好。喷头之间的组合间距，可在喷头射程 R 的2倍之内确定。

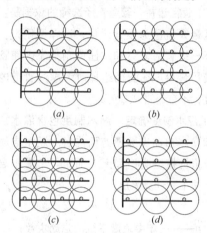

图2-12　喷灌喷头布置形式
（a）正三角形；（b）等腰三角形；（c）正方形；（d）长方形

6）管网设计　喷灌系统的管网设计主要包括布置管网、计算和确定管径两方面。

（1）管网布置原则：喷灌管网布置要遵循下列12条原则，即：力求管道总长度最短、管道尽量沿灌区轴线布置、同灌区内喷头间工作压力差小于20%、干管顺坡布置而支管顺等高线布置、干管尽量与主导风向平行、支管长度力求一致、减少转折点而使管线顺畅、管道避免穿越乔灌木根区、避免管道与地下设施冲突、力求减少管道控制井数量、尽量将阀门井和泄水井布置

在绿地周边地带、干管支管向泄水井找坡。

（2）喷灌管网布置形式：如图 2-13 所示，喷灌系统的管网布置形式有丰字形和梳子形两种。丰字形管网适宜于宽阔而平坦的地形条件，梳子形管网则比较适宜于坡面平整的一面坡式缓坡地形。

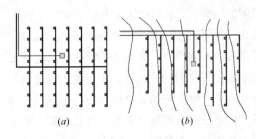

图 2-13 喷灌管网布置形式

(a)丰字形管网；(b)梳子形管网

（3）管径选择：管道直径选择的依据是：以轮灌区最大流量为设计流量；选择原则是：在满足下一级管道流量和水压的前提下，使管道的年费用最少。在管径选择时考虑的管道内水流速度，不宜超过 2.5m/s。

7）灌水制度确定 灌水制度包含灌水启动时间和灌水启动次数两方面内容。灌水启动时间，应根据植物类型和天气而定。年灌水启动次数，按下式计算得出：

$$n = M/m \qquad (2-4)$$

式中 n——一年中喷灌系统的启动次数；

M——设计灌溉定额(单位面积年需水总量)；

m——设计灌水定额(一次灌水的水层深度，mm)。

8）喷灌系统的安全措施 为了保证喷灌系统稳定而高效地运行，在系统设计中就要采取有效的防护措施，这些措施主要有下述 3 项：

（1）防止回流：管道内出现局部真空时，可造成回流现象，回流使水源污染，解决的办法是在易于产生回流的管段安装止回阀。

（2）水锤防护：管道内水的流速急剧增减而导致水压迅速交替变化，并对管壁形成冲撞，这种水力现象就叫水锤。水锤可能对管壁造成

破坏，因而在设计中要选择较小的管段流速并安装减压阀。

（3）防冻：在北方地区，因喷灌管网埋地较浅，易受冰冻危害，所以在冬灌后应泄空管网中的水，并在管网最低处安装泄水阀自动泄水或手动操控泄水阀泄水，或用空气压缩机泄水。

2.2.5 喷灌工程施工

喷灌系统施工应严格按照设计规定，并结合具体的地形环境进行。施工过程一般可分为定点放样、管道敷设、水压测试、土方回填、首部及喷头设备安装和工程竣工验收等几大步骤。在这一过程中要注意抓住管道敷设和喷头安装两个关键环节。

1）放样与开槽 在喷灌系统管道敷设和喷头的定位布置过程中，先要定位放线并开挖土槽，然后再进行管网及喷头的安装施工。

（1）定位与放样：使用测量工具，先定下所有喷头的位点，在每一位点划小十字定位。喷头定位之后再连线，划出管道的位置线。对于闭边界灌区，定位与放样的顺序是：先定边界转角处的喷头位，次定边界沿线的喷头位，第三再定灌区内部所有喷头位，最后按管网布置形式将喷头位点连线，放出管网的平面图样。

（2）沟槽开挖：沟槽宽度按管道外径再加 0.4m，但沟端及管段中部接头处可扩宽成坑，以便于安装操作。沟槽深度一般为 0.5m，而且要保证槽底有大于 0.2% 的纵坡。槽底应整平、压实，使土面紧密并且密度一致。

2）管道安装 喷灌管网施工的主要工作是管道的敷设、连接和加固安装。喷灌系统的管材一般都用塑料管，因此这里以最常用的聚氯乙烯(PVC)管为例，来介绍管道的连接方法。管道连接有热接和冷接两种方法。

（1）热接法连接管道：这种方法需用酒精喷灯或燃气喷枪加热管口，趁热连接管道并作接口密封操作，现场操作不甚方便，因此实际工

作中用得比较少。

（2）冷接法连接管道：用冷接法则完全不用加热管道，而是用胶合法连接或用法兰连接，具体的连接方法分为胶合承插法、弹性密封圈承插法和法兰连接法三种。

① 胶合承插法：分为切割、修口、标记和插接四道工序进行。管道切割用钢锯或电圆锯，要求切口平直且与管长相垂直。修口就是对管端的锯截口进行修整，用钢锉将管口锉平，并且锉成30°的外斜面(图2-14)。标记是在管段的插入端按照插入深度做出。插接操作，则要先在管道插入端表面标记范围内和被插入端的管内壁同时满涂胶粘剂，然后才进行管端的插入操作；管端要插入到底，并略作转动，使接合部的胶粘剂充满，能到达密封效果。

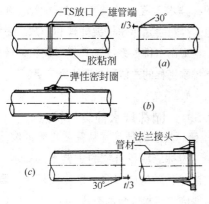

图2-14 管道连接方法

(a)胶合承插连接；(b)弹性密封圈连接；(c)法兰连接

② 弹性密封圈承插法：如图2-14所示，弹性密封圈承插法所用管道应为一端口径小，另一端口径大的管材，在较大口径一端，管扣内壁有一环形槽，槽中有橡胶密封圈。管道连接时直接将口径较小一端插入另一管道的口径较大一端，依靠内壁的橡胶密封圈就可以达到密封效果，确保不漏水。

③ 法兰连接法：塑料管与其他金属管件、设备相连接时，最好采用法兰进行连接。

（3）管道加固：塑料水管应平放在沟槽底部，槽底应事先整平、压实、加固，不能是松

土层。一些管段还应在管底加设支墩，起固定管道的作用。需要对槽底作重点加固的地方，是在弯头、三通、变径接头、堵头和一定间隔距离的直管段。在管道安装过程中，对于主管、支管的管端，都要用堵头作临时性的封堵，以免泥沙、杂质进入管道。

3）水压和泄水试验 管道系统安装好之后，必须及时进行水压试验和泄水试验。

（1）水压试验：进行水压试验最好按照轮灌区的分区，逐区进行试验。试验方法是，先安装好压力表作为测压设备，然后向管中缓慢注水，排出管内空气。接着增加管内水压到0.35MPa并保持2h，进行严密性测试，检查有无漏水点。接下来再加压，使管内水压不小于0.5MPa和不大于管道额定工作压力，再保持2h。加压检验合格后，立即打开泄水阀，进行泄水试验。

（2）泄水试验：打开所有泄水阀和堵头进行泄水。排空管道后，用抽查法、排烟法检查管道的疏通情况。当确认所有管段都畅通无阻时，试验才能最终结束。试验结束之后再将所有管口重新堵上，并关闭泄水阀等阀门。

4）土方回填 管道全部敷设好之后，要及时向沟槽内回填泥土掩埋管网。回填土的操作有部分回填和全部回填两种方式。

（1）部分回填：回填前先对管道充水，使管道重量增加；然后在管道以上回填泥土厚100mm以上。先对管道两侧均匀填土并层层踩实，然后再填土将整个沟槽及其管网掩埋起来。

（2）全部回填：采用全部回填方式，首先要往管道沟内分层填土并层层踩实，每一填土层厚度应在100～150mm之间。填土到略低于沟槽之顶的位置，再向管道沟内大量浇水，进行水夯。水夯之后再向沟槽填土，填到顶时应高出地面约100mm。

5）设备安装 喷灌系统的设备安装主要是水泵等首部部件和喷头的安装。只有正确安装这两方面的设备，喷灌系统才可能正常进行

工作。

(1) 首部安装：喷灌系统的首部安装应当注意下面4个要点：

① 安装资格：应由具备相应设备安装资格的人员安装；安装者应充分了解设备的规格、性能，并熟悉安装操作技术规程。

② 安装位置和高程：首部安装工程必须按设计的位置、高程进行安装，要符合安装技术要求，做到位置准确、高程无误。

③ 直联机组安装：安装喷灌直联机组，必须注意电机与水泵的同轴安装。

④ 非直联卧式机组安装：电机与水泵轴线必须平行。安装要稳定、紧固，做好减振措施。

(2) 喷头安装：喷头应当是喷灌系统最后安装的一类部件，安装中主要应注意的有下述4点：

① 管道冲洗：安装前应再次彻底冲洗管道系统。

② 喷嘴安装高度：在草坪上，喷头应平齐草坪根部安装。在灌木丛中，喷头的安装高度要与灌木修剪高度平齐。

③ 喷头安装轴线：在地面倾斜度小于2%的条件下，喷头应垂直于地面安装。在地面倾斜度大于2%时，应以铅垂线与地面垂线的平分线作为喷头轴线(图2-15)。

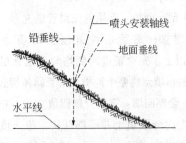

图2-15 斜坡上的喷头安装

④ 喷头与管道的连接：最好用铰接管来连接喷头与管道，以便今后的管道检修(图2-16)。

6) 工程验收 喷灌系统安装全部完成之后，应及时申请验收。工程验收分中间验收和竣工验收两种。

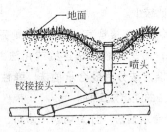

图2-16 用铰接管连接喷头

(1) 中间验收：是在喷灌系统施工过程中的验收，主要针对隐蔽工程进行。

(2) 竣工验收：在竣工之后进行的交工验收就是竣工验收，竣工验收是主要针对安装质量的全面验收，要严格按照相关的验收规范进行。

2.3 园林排水工程

园林排水工程的主要部分是雨水的排除，其次也有少量生活污水需要处理和排放。因此，地面和地下雨水排放系统及其工程设施的建立，是园林排水工程的主体和主要研究内容。

2.3.1 园林排水种类与特点

1) 园林排水的种类 从需要排除的废水种类来说，园林绿地所排放的主要是雨雪水、园林生产废水、游乐废水和一些生活污水。园林中的这些废、污水所含的有害污染物质比较少，主要是一些泥沙和有机物，净化处理也比较容易。

(1) 天然降水：园林排水管网要收集、输送和排除雨水及融化的冰、雪水。这些天然的降水在落到地面前后，要受到空气污染物和地面泥沙等的一定污染，但污染程度不高，一般可以直接向园林水体如湖、池、河流中排放。

(2) 生产废水：盆栽植物浇水时多浇的水，鱼池、喷泉池、睡莲池等较小的水景池排放的废水，都属于园林的生产废水。这类废水一般可直接向河流等流动水体排放。面积较大的水景池，其水体已具有一定的自净能力，因此常常不换水，当然也就不排出废水。

（3）游乐废水：游乐设施中的水体一般面积不大，积水太久会使水质变坏，所以每隔一定时间就要换水。如游泳池、戏水池、碰碰船池、冲浪池、航模池等，就常在换水时有废水排出。游乐废水中所含污染物不算多，可以酌情向园林湖池中排放。

（4）生活污水：园林中的生活污水主要来自餐厅、茶室、小卖、厕所、宿舍等处。这些污水中所含有机污染物较多，一般不能直接向园林水体中排放，而要经过除油池、沉淀池、化粪池等进行处理后才能排放。另外，做清洁卫生时产生的废水，也可划入这一类中。

2）园林排水方式　园林排水工程既有地面的也有地下的，因而排水方式也有地面排水和地下排水的不同。根据排水设施及其在环境中的位置情况，我们将园林排水方式分为下述三类：

（1）地面排水：是利用园林地表坡度排除天然降水和园林生产废水的排水方式。

（2）明沟排水：这种排水方式是在专门修筑的地面排水沟渠内排除雨水和废水。排水明渠中常见的有排洪沟、截水沟、导流渠等。

（3）地下沟管排水：即在专门修建的地下排水设施内排除雨水和各种废水、污水。如果更细划分，可将这类排水分为下列3种：

① 管道排水：即在埋地的雨水管、污水管等地下管道系统中实现排水。

② 暗沟排水：暗沟又叫阴沟，是修筑在地表的有盖沟渠或埋于地下的排水沟。沟体不露明，沟底有排水纵坡，沟内无填充物，保持空沟状态以利排水。

③ 盲沟排水：虽然都属于地下排水沟渠设施，但盲沟不同于暗沟。盲沟是埋于地下的一种排水浅沟，其沟底也有排水纵坡，但并非是空沟，沟内填满了颗粒状排水材料。

3）园林排水的特点　从环境、地形和功能等方面考察，可以看出园林排水工程具有以下几个与其他城市排水工程所不同的排水特点。

（1）以雨水排放为主：园林排水种类中，雨水的排放是占据主要部分的，污水排放相对要少得多。在园林排水管网系统中也以雨水管居多，污水管很少。

（2）地面更有利排水：园林地面起伏多，高差较大，地表坡度多有变化，地形条件有利于对排水路线进行合理组织，排水较容易。

（3）雨水可就近排入园林水体：园林水体以雨水作为补充水源，湖池、溪涧等均可容留一定量的雨水，因此园林水体是园林中雨水的主要排放点。雨水就近排入园林水体，可以减少很多地面的和地下的排水工程设施。

（4）园林地面渗水和保水性更强：园林绿化地面的渗水能力和保水能力都很强，因此园林土地更能蓄留雨水，对地下水的补充能力也更强。

（5）园林排水设施可与水景结合：在有高差的地方，排水沟渠可结合造景而做成跌水或瀑布景观，污水处理和排放也可以和植物湿地及水生植物景观结合起来。

（6）排水需和水土保持结合：在园林山地、陡坡地等地段布置排水系统时，要同时采取水土保持措施，既要保证排水，也要避免水土流失。

（7）园林排水的重复使用性较大：由于园林内大部分排水的污染程度不严重，因而基本上都可以在经过简单的混凝澄清、除去杂质后，用于植物灌溉、湖池水源补给等方面，水的重复使用效率比较高。

4）排水制度　将园林中生活污水、生产废水、游乐废水和天然降水从产生地点收集、输送和排放的基本方式，称为排水系统的体制，又称排水制度。排水制度主要有分流制与合流制两类。

（1）分流制排水：这种排水体制的特点是"雨、污分流"。因为雨雪水、园林生产废水、游乐废水等污染程度低，不需净化处理而可直接排放，为此而建立的排水系统，称雨水排水系统。为生活污水和其他需要除污净化后才能排放的污水另外建立的一套独立的排水系统，则叫做污水排水系统。两套排水管网系统虽然是一同布置，但互不相连，各自独立。分流制排水又可分为完全分流制、不完全分流制和半分流制三种。

(2) 合流制排水：排水特点是"雨、污合流"。排水系统只有一套管网，既排雨水又排污水。这种排水体制已不适于现代城市环境保护的需要，所以在一般城市排水系统的设计中已不再采用。但是，在一些污染负荷较轻，没有超过自然水体环境自净能力的大型公园、风景区等绿地中，还是可以酌情采用的。合流制排水又可分为直排式合流制、截流式合流制和全处理合流制。

2.3.2 地面排水

1) 地表排水组织方法　通过地表的倾斜面和地形设计中的造坡处理来排除雨水，在具体方法上应采取"拦、蓄、分、导"四种处理手段。

(1) 拦：就是利用截水沟、拦水矮堤等有组织地拦截水流，减少地表径流对地面的冲刷和对园林建筑及其他重要景点的影响。

(2) 蓄：利用园林洼地、湖池水体、小水坝、植物种植地等来蓄留雨水，既减少地面无序流水的量，又可利用降水资源。

(3) 分：即分流，是利用地形条件、山石、建筑墙体等对大股地表径流进行分流处理，使其成为多股细流，从而减轻对地表的冲刷和对园林景物的危害。

(4) 导：就是导流的意思，是指采取导流明渠等引导地面流水按规定线路流动，并汇集到安全区域或被引入地下沟管系统，从而减少地表径流对地形的冲刷、切割和破坏。

2) 地表径流的组织　在园林竖向设计中，既要充分考虑地面排水的通畅，又要防止地表径流过大而造成对地面的冲刷破坏。因此，在

平地地形上，要保证地面有 3‰～8‰ 的纵向排水坡度，和 1.5%～3.5% 的横向排水坡度。当纵向坡度大于 8‰ 时，又要检查其是否对地面产生了冲刷及其冲刷程度如何。如果证明其冲刷较严重，就应对地形设计进行调整，或者减缓坡度，或者在坡面上布置拦截物，降低径流的速度。

设计中，应通过竖向设计来控制地表径流；要多从排水角度来考虑地形的整理与改造，主要应注意以下几点：

(1) 地面倾斜方向要有利于组织地表径流，使雨水能够向排洪沟或排水渠汇集。

(2) 注意控制地面坡度，使之不致过陡。对于过陡的坡地要进行绿化覆盖或进行护坡工程处理，使坡面稳定，抗冲刷能力强，也减少水土流失。两面相向的坡地之间，应当设置有汇水的浅沟，沟的底端应与排水干渠和排洪沟连接起来，以便及时排走雨水。

(3) 同一坡度的坡面，即使坡度不大，也不要持续太长；太长的坡面使地表径流的速度越来越快，产生的地面冲刷越来越严重。对坡面太长的应进行分段设置。坡面要有所起伏，要使坡度的陡缓变化不一致，才能避免径流一冲到底，造成地表设施和植被的破坏。坡面不要过于平整；要通过地形的变化来削弱地表径流流速加快的势头。

(4) 要通过弯曲变化的谷、涧、浅沟、盘山道等组织起对径流的不断拦截，并对径流的方向加以组织，逐步减缓径流速度，把雨水就近排放到地面的排水明渠、排洪沟或雨水管网中。

(5) 对于直接冲击园林内一些景点和建筑的坡地径流，要在景点、建筑上方的坡地面边缘设置截水沟拦截雨水，并且有组织地排放到预定的管渠之中。

3) 防止径流冲刷地面的措施　当地表径流流速过大时，就会造成地表冲蚀。解决这一问题的方式，主要是在地表径流的主要流向上设置障碍物，以不断降低地表径流的流速。这方

面的工作可以从竖向设计及工程措施方面考虑。通过竖向设计来控制地表径流的要求已在前面讲过，这里主要对设置地面障碍物来减轻地表径流冲刷影响的方法作些介绍(图2-17)。

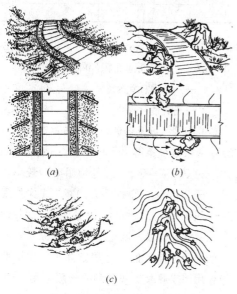

图2-17 防止地表径流冲刷的工程措施

(a)设置护土筋；(b)设挡水石；(c)做谷方

(1) 植树种草，覆盖地面：对地表径流较多，水土流失较严重的坡地，可以培植草本地被植物覆盖地面；还可以栽种乔木与灌木，利用树根紧固较深层的土壤，使坡地变得很稳定。有草本地被植物的地面，其地表径流的速度能够受到很好的控制，地面冲蚀的情况也能得到有效的遏止。

(2) 设置"护土筋"：沿着山路坡度较大处，或与边沟同一纵坡且坡面延续较长的地方敷设"护土筋"。"护土筋"的做法是：采用砖石或混凝土块等，横向埋置在径流速度较大的坡面上，砖石大部分埋入地下，只有3～5cm出露于地面，每隔一定距离(10～20m)放置3～4道，与道路成一定角度，如鱼翅状排列于道路两侧，可降低径流流速，消减冲刷力。

(3) 安放挡水石：利用山道边沟排水，在坡度变化较大处(如在台阶两侧)，由于水的流速大，容易造成地面冲刷，严重影响道路路基。

为了减少冲刷，在台阶两侧置石挡水，以缓解雨水流速。

(4) 做"谷方"，设消能石：当地表径流汇集在山谷或地表低洼处时，为了避免地表被冲刷，在汇水线地带散置一些山石，作延缓、阻碍水流用。这些山石在地表径流量较大时，可起到降低径流的冲力，缓解水土流失速率的作用。所用的山石体量应稍大些，并且石的下部还应埋入土中一部分，避免因径流过大时石底泥土被掏空，山石被冲走。

(5) 做"水簸箕"：即把排水口做成簸箕式出水口，使自上而下的流水直接冲下到园林湖池水面，避免对池岸和水底形成强烈的冲击。

(6) 设消力水槽：在斜坡地排水槽的底部，设置"消力块"、"消力阶"、"礓碴"等，逐步消减水力，减轻流水对排水槽的冲刷破坏。

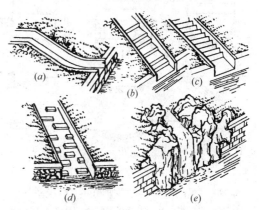

图2-18 排水口的防冲刷措施

(a)水簸箕；(b)消力阶；(c)礓碴；

(d)消力块；(e)山石出水口

2.3.3 明沟排水

凡是修筑于地表而无顶盖的开敞式排水沟渠，都属于排水明沟，如一般的明渠、排洪沟、边沟、截水沟等。这里主要讨论普通排水明渠和排洪沟的工程设计问题。

1) 排水明渠设计 普通排水明渠的设计重点常放在渠道断面设计和渠道壁、底的结构设计方面，这些部位的坡度大小和砌筑材料选择是在设计中需要优先安排的。

(1) 明渠断面设计：园林中一般的排水明渠都采用倒梯形断面，个别的明渠也有采用其他断面形状的。如园林苗圃育苗地的排水沟有采用三角形断面的，园林场地边的浅沟有采用矩形断面的，园路边沟的断面也有采用单斜面形状的，草坪内部排水浅沟也有采用浅弧面形断面的。园林明沟可能采用的几种断面形式如图2-19所示。对于普通排水明渠而言，因为其断面形状和面积大小直接关系到明渠的过水能力，所以在断面设计中一定要把握好沟底宽度、边坡坡度、沟深等基本的断面特征。明渠倒梯形断面的最小底宽应不小于30cm(但位于分水线上的明沟底宽可为20cm)，沟中水面与沟顶的高度差应不小于20cm。明渠两侧的边坡通常采用1:0.5~1:0.25的坡度。

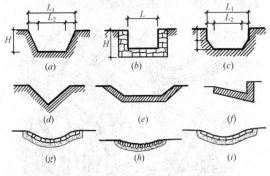

图2-19 排水明沟的常见断面形式

(a)梯形明渠；(b)块石砌矩形明渠；(c)矩形抹角明渠；
(d)三角形明沟；(e)砖砌梯形浅明渠；(f)混凝土边沟；
(g)块石浅沟；(h)小卵石浅沟；(i)砖砌浅沟

设计中，对排水明渠的宽度、深度确定，即水渠断面面积的确定，可根据公式(2-5)进行计算。式中，流量 Q 的数值可按照地表径流量的确定方法推算得出。流速的确定则要按照表2-2中的数据取值。

排水明渠允许的最大流速(v)   表2-2

明渠类别	允许最大流速v(m/s)
粗砂及贫砂质黏土	0.8
砂质黏土	1.0
黏土	1.2
石灰岩或中砂岩	4.0

续表

明渠类别	允许最大流速v(m/s)
草皮护面	1.6
干砌块石面	2.0
浆砌块石面或浆砌砖面	3.0
混凝土	4.0

$$\omega = Q/v \qquad (2-5)$$

式中 ω——水渠断面面积(m^2)；

Q——流量(m^3/s)；

v——流速(m/s)。

(2) 明渠纵坡及流速设计：道路边排水沟渠的最小纵坡坡度不得小于0.2%；一般明渠的最小纵坡为0.1%~0.2%。各种明渠的最小流速不得小于0.4m/s，个别地方酌减。土渠的最大流速一般不超过1.0m/s，以免沟底冲刷过度。各种明渠的允许最大流速，如表2-2所示。

明渠开挖沟槽的尺寸规定如下：梯形明渠的边坡用砖或混凝土块铺砌的一般采用1:1~1:0.75的边坡，在边坡无铺装情况下，应根据不同设计图纸采用表2-3中的数值。

梯形明渠的边坡   表2-3

明渠土质	边坡坡度
粉砂	1:3.5~1:3
松散的细砂、中砂、粗砂	1:2.5~1:2
细实的细砂、中砂、粗砂	1:2~1:1.5
粗砂、黏质砂土	1:2~1:1.5
砂质黏土和黏土	1:1.5~1:1.25
砾石土和卵石土	1:1.5~1:1.25
半岩性土	1:1~1:0.5
风化岩石	1:0.5~1:0.25
岩石	1:0.25~1:0.1

2) 截水沟与排洪沟设计　截水沟是拦截洪水的明渠，排洪沟则是汇集洪水集中排放的明渠，这两种沟渠都要能够耐受洪水的冲刷和有利洪水排放。

(1) 截水沟设计：截水沟一般应与坡地的等高线平行设置，其长短、宽窄和深浅随具体的截水环境而定。宽而深的截水沟，其截面尺寸可达 100cm×70cm；窄而浅的截水沟截面则可以做得很小。例如在名胜古迹风景区摩崖石刻顶上的岩面开凿的截水沟，为了很好地保护文物和有效拦截岩面雨水，就应开凿成窄而浅的小沟，其截面可小到 5cm×3cm。宽、深的截水沟，可用混凝土、砖石材料砌筑而成，也可仅开挖成沟底、沟壁夯实的土沟。窄、浅的截水沟，则常常开成小土沟，或者直接在岩面凿出浅沟。

(2) 排洪沟设计：为了防洪的需要，在设计排洪沟前，要对设计范围内洪水的迹线 (洪痕) 进行必要的考察，设计中应尽量利用洪水迹线布置排洪沟。在掌握了有关洪水方面的资料后，就应当对洪峰的流量进行推算。最适于推算园林用地内洪峰流量的，是小面积设计流量公式。洪峰小面积径流量计算公式是一种经验公式，是以流域面积为基本参数的，见公式(2-6)。公式(2-6)中，径流模数 C 是汇水面积为 $1km^2$ 时的设计径流量。另外，也可以采用排水明渠设计流量的公式 $Q=\omega \cdot v$ 来对排洪沟洪峰流量进行推算。

$$Q = CFm \qquad (2-6)$$

式中　Q——设计径流量(m^3/s)；

　　　C——径流模数；

　　　F——流域面积(km^2)；

　　　m——面积指数。

排洪沟通常都采用明渠形式，设计中应尽量避免用暗沟。明渠排洪沟的底宽一般不应小于 0.4～0.5m。当必须采用暗沟形式时，排洪沟的断面尺寸一般不小于 0.9m(宽)×1.2m(高)。排洪沟的断面形状一般为梯形或矩形。为便于就地取材，建造排洪沟的材料多为片石和块石，多采用铺砌方式建成。排洪沟不宜采用土明渠方式，因为土渠的边坡不耐冲刷。

排洪沟的纵坡坡度，应自起端而至出口不断增大。但坡度也不应太大，坡度太大则流速过高，沟体易被冲坏。为此，对于浆砌片石的排洪沟，最大允许纵坡为30%；混凝土排洪沟的最大允许纵坡为 25%。如果地形坡度太陡，则应采取跌水措施，但不得在弯道处设跌水。

为了不使沟底沉积泥沙，沟内的最小容许流速不应小于 0.4m/s。为了防止洪水对排洪沟的冲刷，沟内的最大容许流速应根据其砌筑结构及设计水深来确定。

2.3.4　盲沟排水

盲沟是一种地下排水渠道，其优点是：取材方便、造价低廉、地面完好、不留痕迹。在一些要求排水良好的活动场地 (如高尔夫球场、一般大草坪等) 或地下水位高的地区，为了给某些不耐水的植物生长创造条件，都可采用这种方法排水。

1) 盲沟平面布置　布置盲沟的位置与盲沟的密度要求视场地情况而定。通常以盲沟的支沟收集雨水，再通过主沟将水排除掉。支沟与主沟交接处的夹角以 45°或 60°为好 (图 2-20)。盲沟的平面可采用四种布置形式：

(1) 树枝式布置：又称自然式布置，适宜于三方高、中间低的浅洼地和地形变化较大的地方。

(2) 篦式布置：又称鱼骨式布置，宜在两侧为坡地而中间较低的谷地应用。

(3) 耙式布置：主沟在坡下，支沟向坡上延伸；这种形式适宜于一面坡地形。

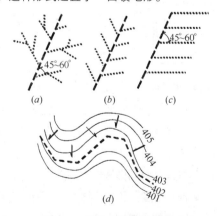

图 2-20　盲沟的平面布置形式

(a)树枝式；(b)篦式；(c)耙式；(d)截流式

(4) 截流式布置：宜于在四周或一侧地势较高的园址条件中，一条截流盲沟平行于等高线布置。

2) 设计尺寸确定 盲沟的设计尺寸大小要能够有利于集水和使地下排水通畅，要在盲沟间距、埋深、沟底纵坡和盲沟断面尺寸上多加推敲。

(1) 盲沟间距与埋深：盲沟的埋深，支沟的数量、间距和排水量与排水的速度以及土壤的物理性能等都有直接关系。一般情况是：黏性土壤上盲沟间距应较小，埋深宜较浅；含砂量多的土壤上盲沟间距可大些，埋地也可更深些。具体情况参见表2-4中所列。

(2) 沟底纵坡：无论主沟还是支沟，沟底纵坡都不应小于0.5%，如果情况允许的话，纵坡还应大一些，以便于排水。

(3) 盲沟断面及其尺寸：盲沟断面形状最好采用较宽而浅的倒梯形，其次也可采用三角形、矩形等。断面上口尺寸较大，有利于汇集上层土壤的渗水。以梯形断面为例，沟底宽可在300～1200mm之间，而沟顶的上口宽则在450～1500mm之间。一般情况下，盲沟的深度尺寸应小于其上口宽度尺寸。

不同土壤中盲沟间距与埋深　　表2-4

土壤种类	盲沟间距	埋深(m)
黏　土	8～10	0.75～1.10
轻黏土	9～11	0.90～1.20
壤　土	10～12	1.20～1.40
泥炭土	11～13	1.40～1.60
砂质土	12～14	1.50～1.70

3) 构造与做法 盲沟的构造比较简单，在地下的砖砌沟槽内设置排水管和颗粒状排水材料及滤水材料，就做成了地下盲沟。结合图2-21(b)所示，下面按照从上到下的顺序来了解盲沟的各构造层次及其材料做法。

(1) 种植土层：是供植物生长所用的栽培基质层，其土壤质地决定了渗水的性能。

(2) 滤水层：覆盖在盲沟的顶面，起滤水作用，可用塑料窗纱、玻璃纤维网布、无纺布或其他具有滤水作用的耐水卷材作为滤水材料。

(3) 细颗粒排水层：采用细颗粒材料作为排水材料，如采用砂砾、石碴、细炭渣、粗砂等，颗粒直径一般在2～15mm之间，以不含泥土的材料最好。

(4) 粗颗粒排水层：是用粒径为20～50mm的颗粒材料填充在砖槽内做成的一个排水层，如采用小卵石层、粗炭渣层、碎石层、级配砂石层等，都可以作为下层的排水材料。

(5) 排水管：在砖槽底部可布置排水管、排水砖拱，也可不要排水管而直接填充粗颗粒材料，采用排水管的效果最好。排水管可用直径100mm的PVC塑料管，2～3根管子并排布置在砖槽底部。在管壁上加工有许多滤水小孔。

(6) 排水砖槽：用水泥砂浆砌砖做成砖槽。砖槽内面可用水泥砂浆简单抹面。

图2-21是某大草坪排水盲沟系统平面布置和剖面构造的一个典型实例。实际上，排水盲沟的具体构造和材料做法还有其他一些，具体做法和材料可以有所不同，但盲沟的砖槽、排水层、滤水层这三个基本构造层次是必须有的。

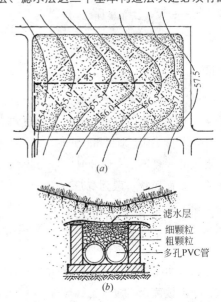

图2-21　盲沟系统及其剖面构造示意

(a)盲沟排水系统；(b)盲沟埋设断面图

2.3.5 雨水管网排水

园林绿地的雨水一般靠地面及明渠排除。但在主要建筑周围、游乐场地周围、园景广场周围、主园路两侧等地方的雨水排除和一些生活污水、游乐废水、生产废水等，则要靠排水管道系统来排除。

1) 雨水管道系统的组成 由雨水管道构成的排水管网系统中，主要的构成部分有排水干管、支管、连接管、雨水口、跌水井、检查井、闸门井和出水口等。具体情况如下：

(1) 排水干管：为混凝土管或钢筋混凝土管。在园林绿地内的排水干管的最小管径应在350mm以上，最大管径可达1000mm。

(2) 排水支管：用混凝土管或PVC塑料管。在园林绿地中，混凝土支管的最小管径不得小于200mm，也不得大于600mm；塑料支管的最小管径可在100mm以上，最大管径可达250mm。支管的管底纵坡一般不应小于1%；支管与干管的水流方向以在平面上呈60°交角为好。

(3) 连接管：有混凝土管或PVC塑料管，管长小于25m，最小管径200mm，设计管底纵坡坡度大于1%。此外还有异径连接管，可用于连接两种规格、直径不同的管道。

(4) 雨水口：是在雨水管渠或合流管渠上收集雨水的构筑物。一般的雨水口，都是由基础、井身、井口、井算几部分构成的。其底部及基础可用C15混凝土做成；井身、井口可用混凝土浇制，也可以用砖砌筑，砖壁厚240mm。为了避免过快地锈蚀和保持较高的透水率，井算应当用铸铁制作，算条宽15mm左右，间距20~30mm。雨水口的排泄径流量为15~20L/s。

(5) 检查井：检查井通常设在管渠交汇、转弯、管道尺寸或坡度改变等处以及相隔一定距离的直线管段上。建造检查井的材料主要是砖、石、混凝土或钢筋混凝土。检查井的平面形状一般为圆形，其深度取决于井内下游管道的埋深。检查井基本上有两类，即雨水检查井和污水检查井。在合流制排水系统中，只设雨水检查井。

(6) 跌水井：由于地势或其他因素的影响，使得排水管道在某地段的高程落差超过1m时，就需要在该处设置一个具有水力消能作用的检查井，这就是跌水井。根据结构特点来分，跌水井有竖管式和溢流堰式两种形式。跌水井的井底要考虑对水流冲刷的防护，要采取必要的加固措施。

(7) 闸门井：由于降雨或潮汐的影响，使园林水体水位增高，可能对排水管形成倒灌；或者，为了防止下雨时污水对园林水体的污染，和为了调节、控制排水管道内水的方向与流量，就要在排水管网中或排水泵站的出口处设置闸门井。闸门井由基础、井室和井口组成。闸门的启闭方式可以是手动的，也可以是电动的；闸门结构比较复杂，造价也较高。

(8) 出水口：排水管道的出水口是雨水、污水排放的最后出口。在园林中，出水口最好设在园内水体的下游末端，要和给水取水区、游泳区等保持一定的安全距离。雨水出水口的设置一般为非淹没式的，即排水管出水口的管底标高要安排在水体的常年水位线以上，以防倒灌。污水系统的出水口，则一般布置成为淹没式，即把出水管管口布置在水体的水面以下，以使污水管口流出的水能够与河湖水充分混合，减轻对水体的污染。

2) 雨水管网的设计步骤 雨水排水系统的作用，就是要及时、有效地收集、输送和排除天然降水和园务废水。雨水排水管网的计算和设计，必须满足迅速排除园林内地面径流的要求。设计雨水管道系统的工作程序和步骤如下所述：

(1) 划分汇水区：即划分排水的流域。在地形图上沿着山脊分水线、山谷汇水线、建筑墙脚线和道路线等进行画线，所画线条之间被包围的部分就是排水区域的范围。各汇水区划出之后要进行编号，并求出各自的面积。

(2) 布置雨水管网：根据划出的汇水区及其水流方向，并参考附近的城市雨水管分布情况，确定排水干管、支管的走向和线路，确定雨水口、检查井、跌水井、闸门井的位置，给各检查井编号并求出其地面标高，作管渠布置草图。

(3) 计算各管段汇水面积：根据所划汇水区情况，对汇水区内布置的每条干管、支管的汇水范围进行划分，并逐一计算其汇水面积。地形较平坦时，可按就近排入的原则划分汇水范围。地面坡度变化比较大时，按地面雨水径流的水流方向划分汇水范围。各管段的汇水范围划定后，要进行编号。编号之后再计算面积。

(4) 求平均径流系数值：即确定各排水流域（汇水区）的平均径流系数。径流系数是单位面积径流量与单位面积降雨量的比值，用 ψ 表示。地面的质地不同，则径流系数也不同。这方面的情况可参见表 2-5。平均径流系数 $\bar{\psi}$ 的计算公式(2-7)如下：

$$\bar{\psi} = \frac{\sum \psi \cdot F}{\sum F} \quad (2-7)$$

式中　$\bar{\psi}$——平均径流系数；

　　　ψ——径流系数；

　　　F——汇水区内各类地面的面积(万 m^2)；

　　　$\sum F$——汇水总面积(万 m^2)。

不同质地面的径流系数 ψ 值　　表 2-5

类别		地面种类	ψ值
人工地面	1	各种屋面、混凝土和沥青路面	0.90
	2	大块石铺砌和沥青表面处理的碎石路面	0.60
	3	级配碎石路面	0.45
	4	砖石铺砌地面和碎石地面	0.40
	5	非铺砌的素土地面	0.30
	6	绿化种植地面	0.15
素土地面	7	冻土、重黏土、冰沼土、沼泽土、沼化灰土	1.00
	8	黏土、盐土、碱土、龟裂地、水稻地	0.85
	9	黄壤、红壤、壤土、灰化土、灰钙土、漠钙土	0.80
	10	褐土、生草砂壤土、黑钙土、黄土、栗钙土、灰色棕色森林土	0.70
	11	粉土、生草的砂	0.50
	12	砂	0.35

(5) 求设计降雨强度：各地降雨强度公式不一样，应根据当地降雨强度公式进行计算；设计时可通过查表了解降雨强度。我国常用的降雨强度公式为：

$$q = \frac{167A_1(1 + c\lg P)}{(t+b)^n} \quad (2-8)$$

式中　　q——设计降雨强度；

　　　　P——设计重现期(一般公园绿地中 $P = 0.33 \sim 1$ 年)；

　　　　t——降雨历时(一般公园绿地中 $t = 5 \sim 15$ min)；

A_1、c、b、n——地方参数，根据地方统计方法计算确定。

(6) 求单位面积径流量 q_0：单位面积径流量是降雨强度 q 与径流系数 ψ 的乘积，即：

$$q_0 = q \cdot \psi$$

(7) 作管网水力计算：确定管径、坡降、流速、标高、埋深等；可通过查水力计算表来确定。实际计算中也要遵循一定的原则。

雨水管网水力计算原则是：通过计算，要求使管网系统的设计达到：首先，保证管道不溢流；如果发生溢流，将会对园林环境与景观产生很不好的影响。其次，要使管道中不发生淤积、堵塞现象，这就要求管道内的污水保证有一定的自净流速，这一流速能够避免管道的淤积。第三，应使管道内不产生高速冲刷，以免管道过早因冲刷而毁坏；管道内雨水、污水的流速要控制在一个不发生较大冲刷的最高限值以下。第四，要保证管道内的通风排气，以免污物产生的气体发生爆炸。只有满足了这些要求，管网计算才是合乎实际需要的。

(8) 做出设计图：根据以上确定的各种参数，绘制雨水管道平面图(图 2-22)和纵剖面图。

3) 雨水管网设计数据　在雨水管网设计中，一些基本的数据、尺寸是必须要遵守的。下面列出主要的设计数据，可在实际设计中参考应用：

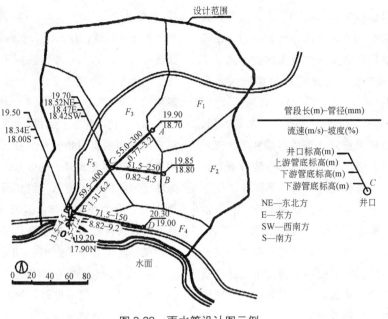

图 2-22 雨水管设计图示例

（1）管道最小覆土厚度（埋深）：0.5～0.7m。

（2）管道最小坡度：雨水管最小纵坡坡度的设计，一般取 0.2%～0.4%，不得小于 0.05%，否则无法施工；管底纵坡坡度在不同规格的管道中应有所不同，情况可见表 2-6 所示。

不同管径雨水管的最小纵坡　表 2-6

管径（mm）	200	300	350	400
最小纵坡坡度	0.004	0.0033	0.003	0.002

（3）管内最小容许流速：管道内流速应不小于 0.75m/s（个别地段允许 0.6m/s）；最大允许流速同管道材料有关，金属管道不大于 10m/s，非金属管道不大于 5m/s。明渠的流速则不小于 0.4m/s。

（4）雨水管最小管径尺寸：300mm。

（5）最小沟槽尺寸：沟槽底宽应大于 300mm；沟槽边坡坡度取 1:1～1:0.7。

4）雨水管网布置要点　雨水管布置需要注意的主要问题是：

（1）利用地形，就近排水：尽量利用地表坡度汇集雨水，可地面排水的，不作管道排水布置，这样可以降低工程费用。但在地面冲刷比较严重时，还是应当改地面排水明渠为地下管道排水。

（2）根据地势陡缓布置干管：在坡陡地段，干管宜布置在低处；在地形平坦处，干管宜布置在汇水区的中部。

（3）结合区域规划布置干管：布置干管也要照顾到周边地区的未来发展规划，主动适应今后的变化，并与周边地区的排水干管合理衔接。

（4）雨水口设置不影响交通：雨水口尽量不设置在路口和场地中部，要使排水迅速。

（5）出水口分散布置：出水口分散多处比集中一处好。出水口集中就会使出水口处的冲刷更严重，冲刷破坏环境的程度也会更加重。

2.3.6　园林污水处理

园林中的污水是城市污水的一部分，但和城市污水不尽相同。园林污水量比较少，性质也比较简单。它基本上由两部分组成：一是餐饮部门排放的污水，二是厕所及卫生设备产生的污水。在动物园或带有动物展览区的公园里，还有部分动物粪便及清扫禽兽笼舍的脏水。由于园林污水性质简单，排放量少，所以处理这些污水也相对简单些。

1）园林污水处理方法　园林绿地内部产生的污水可以采用化学法、物理法和生物法三类方法进行净化处理。其中，化学法主要是在污水中投放化学物质来引起化学反应，从而分离与回收水污染物，使其转化为无害物质。在园林绿地中很少用化学法来处理污水，因此下面只就物理法和生物法处理污水的情况来进行说明。

(1) 物理净化法：物理法是利用物理作用，分离污水中主要呈悬浮状态的污染物质，常用于生活污水的初级处理。其具体方法有重力分离法、离心分离法和过滤法等，下面介绍属于重力分离法的除油池除污、化粪池化污、沉淀池去污方法，和属于过滤法的过滤池去污方法。

① 以除油池除污：除油池是用自然浮法分离，取出含油污水中浮油的一种污水处理构筑物。污水从池的一端流入池内，再从另一端流出，通过技术措施将浮油导流到池外。用这种方式，可以处理公园内餐厅、食堂排放的污水。

② 用化粪池化污：这是一种设有搅拌与加温设备，在自然条件下消化处理污物的地下构筑物，是处理公园宿舍、公厕粪便最简易的一种处理方法。其主要原理是：将粪便导流入化粪池沉淀下来，在厌氧细菌作用下，发酵、腐化、分解，使污物中的有机物分解为无机物。化粪池内部一般分为三格：第一格供污物沉淀发酵，第二格供污水澄清，第三格使澄清后的清水流入排水管网系统中。

③ 沉淀池去污：是使水中的固体物质(主要是可沉固体)在重力作用下下沉，从而与水分离。根据水流方向，沉淀池可分为平流式、辐流式和竖流式三种。平流式沉淀池中，水从池子一端流入，按水平方向在池内流动，从池的另一端溢出；池呈长方形，在进口处的底部有贮泥斗。辐流式沉淀池，池表面呈圆形或方形，污水从池中间进入，澄清的污水从池周溢出。竖流式沉淀池，污水在池内也呈水平方向流动；水池表面多为圆形，但也有呈方形或多边形者；污水从池中央下部进入，由下向上流动，清水从池边溢出。

④ 过滤池去污：是使污水通过滤料(如砂等)或多孔介质(如布、网、微孔管等)，以截留水中的悬浮物质，从而使污水净化的处理方法。此法在污水处理系统中，既用以保护后继处理工艺为目的的预处理，也用于出水能够再次复用的深度处理。

(2) 生物净化法：是利用生物的新陈代谢功能将污水中的有机物分解为稳定的无机物，利用植物对有害金属离子的吸收、络合固定作用来净化污水的一类方法，如利用各种生物氧化塘和人工湿地净化水体，以及采用生物滤池、活性污泥法等都属于生物净化法。下面只介绍生物氧化塘和生物滤池净化废水的方法。

① 生物氧化塘：生物氧化塘是在污水灌溉的实践基础上，经间歇砂滤池和接触滤池而发展起来的人工生物处理。污水长期以滴状洒布在表面上，就会形成生物膜。生物膜成熟后，栖息在膜上的微生物即摄取污水中的有机污染物作为营养，从而使污水得到净化。生物氧化塘的具体形式有生物稳定塘、水生植物池、水生动物塘、人工湿地等。

② 生物滤池：是通过挂在滤料表面的生物膜来处理废水的一种装置。废水通过布水器均匀地分布在滤池表面，滤池中装满砾石作为滤料，沿着滤料空隙由上而下流动的废水汇集后经过集水器、排水渠流出池外。在此过程中，滤料的表面覆盖有一层黏膜，黏膜上满布着各类微生物，因此称为生物膜。由于生物膜对废水中有机物的吸附氧化作用，使得废水被净化。

2) 污水管网的设计步骤　污水排水管网的设计可按以下方法和步骤进行：

(1) 利用地形界线和地形分水线，划分排水流域：确认污水源的位置和污水处理设施的布置位置，在必须设置泵站时，一般在划分的流域范围内以泵站为中心构成一个独立的排水系统。

(2) 对污水排水管网进行选线、定线及平面位置的组合，确定主干管、干管的走向和布置位置，对污水处理设施进行布置，确定出水口。

(3) 从干管、主干管引出各条支管，与污水源相互连接。

(4) 进行设计管段的划分，将各处的主干管、干管和支管按其设计流量大小和所需管径大小进行管段划分，同时确定其设计流量。

(5) 根据管网的初步布置平面图，绘制污水管网的水力计算草图，编制污水管网水力计算表。管道水力计算草图上要先注明各设计管段起讫检查井的编号及各设计管段的长度，并标出较大集中流量的接入位置，再将数据填入水力计算表中。污水管网水力计算表的内容应有：

① 地面部分，如园路名称、检查井编号、设计管段间距(长度)。

② 污水量部分，包括本段服务面积、比流量、本段平均流量、传输平均流量、合计平均流量、变化系数、设计生活污水量、本段流量、累积流量、设计污水量等。

③ 管渠部分，含管径 D、坡度 I、流速 v、应用流量、充满度、降落量。

④ 高程部分，有地面上端和下端高程、管内底部上端和下端高程。

⑤ 埋设深度部分，包括覆土上端和下端的厚度、埋深上端和下端的深度。

水力计算表一般要作为设计和计算的资料保存起来。

(6) 进行管网的水力计算与高程计算：根据设计范围内污水量标准及用水人数，求得单位面积的生活污水流量(即比流量)、各管段平均设计流量、总计平均流量、总变化系数；确定设计管段起讫检查井的地面(或路面)设计高程，并据此求出设计管段相应地面(或路面)的坡度，作为确定管道设计坡度的参考值；所得出的这些数据都要填入污水管网水力计算表。

(7) 根据上述各方面数据，确定设计管段的设计管径、设计坡度、设计流速及设计充满度；确定各管段断面的位置。

(8) 绘制管道平面图与纵断面图。污水排水管网系统的平面详图一般采用 1：500～1：200 的比例，图上要按设计的走向和准确位置，画出污水排水主干管、干管、支管以及污水处理设施、出水口的图例。要注明设计管段起讫检查井的编号和位置、设计管段的长度、管径、坡度及管道的排水流向。同时，还应标明管道与周围建筑物、与拟建地下构筑物等的相对位置关系。管道纵断面图是与平面详图相互对照和补充的，它要着重反映设计管道在道路路面以下的位置情况。其比例关系是，在管道的纵向一般采用与平面详图相同的比例，而在竖直方向上则通常采用 1：100～1：50 的比例。

3) 污水管网平面布置 一般污水管网平面布置的任务和内容是：确定排水区界；划分排水区域；确定污水处理设施的位置及出水口的位置；以及污水干管、总干管的定线等。

排水区域通常由地形的边界或自然分水线来划分，一个排水区域实际上就是一个独立的排水管渠系统。污水干管通常都布置在污水管道系统的高程最低位置上。在地势平坦地区没有明显的分水线时，一般要考虑污水主干管的最大合理埋深，力求使得每个流域内的污水都以重力自流方式输送和排除。

管网的定线，一般应按照从大口径管到小口径管的顺序进行。先确定大口径的主干管的位置和流向，再确定干管的位置、流向及污水处理点和出水口的位置与数量。在施工图设计阶段，还要确定支管的位置和流向。整个管网的定线都要注意尽量使线路最短、埋深最小。因为线路越长、埋地越深，则工程造价就越是高。因此，污水干管不一定都要沿着园路布置，更多的时候，是可以采取最短的路线横、斜穿过树林、草坪甚至园林水体等区域的。

由于污水管道是重力流管道，在地势平坦的地方，随着污水管线长度增加，管道的埋深也越来越大。当增大超过一定限值时，就需要设置污水泵将污水提升到一个新的高度。但在管网中，增设排水泵站必定要增加工程投资，因此在设计中要尽量避免设置排水泵。

在管网的水力计算中，设计流量是逐段地增加的。为防止管道的淤积，相应各管段的设计流速也应当逐段增加。即使在设计流量不变的情况下，沿线的设计流速也不应减小。在有支管接入干管时，支管的设计流速不应高于干管的设计流速。在特殊情况下，当下游管段的流速大于 1.2m/s 时，坡度大的管道接到坡度小的管道，设计流速才允许减小。当坡度小的管道接入坡度大的管道时，管径也可能减小，但减小的范围不得超过 50~100mm。

用于污水排水的管道，应具备的条件是：首先，必须有足够的机械强度，能够承受土壤压力及车辆行驶所造成的外部荷载。其次，必须保证污水不渗漏，如果管道渗水就会污染土壤。第三，管道应有一定的抗腐蚀、抗冲刷能力，以防管道在短期内被很快磨损和腐蚀。第四，应具有较好的水力条件，管道内壁要光滑，阻力小。

4) 污水的排放　废水经过净化处理后达到排放标准，就被叫做"中水"。中水可以通过专门的管道直接排放到河流、湖池、溪涧等各类园林水体中，作为园林静水水体和流水水体的水源补充。中水作为观鱼池、水生花卉池的用水，对水生生物则是比较好的水源。中水用于园林绿地的植物灌溉也比较好，采用浇灌、沟灌、漫灌等灌溉方式都是可以的。中水还可以被蓄留、引用到公园的厕所、洗车场等，解决这些设施的大量用水和低成本用水的问题。

从原则上讲，污水是不能直接排放的。只有经过净化处理达到排放标准后才能向园林水体排放。而且，排放中水的地点最好远离设有游泳场之类的水上活动区，以及公园内游人集中的场所；排放也宜选择闭园休息时。

2.4　园林工程管线综合

园林工程所涉及的单项工程比较多，各单项工程的设计、施工单位也常不一样。如果各自承担设计、施工的管线在平面上和立面位置上相互冲突和干扰，或者致使园内园外管线互不衔接，规划设计的管线与现状管线之间不吻合等，都可能引起施工障碍或造成返工，浪费人力和物力。因此，在正式进行管线工程施工之前，一定要进行管线综合的工作。

2.4.1　管线综合的原则

在具体编制园林管线综合图纸文件前，应当首先了解管线布置的基本要求，掌握工程管线综合的一般原则。概括讲来，这些要求和原则有如下几点：

1) 采用统一的坐标系统和高程系统　在平面上布置各种管线时，管线的平面定位最好采用统一的城市坐标系统和高程系统，以免后来发生混乱和互不衔接的情况。如果园林内已建立了自设的坐标系统，也可以利用来为管线定位；但在园林边界的管线进出口处，要将园林坐标系统和城市统一坐标系统加以换算，一定要避免错误。

2) 尽量利用现有的保留管线　对现状中已有的管线，如穿过园林绿地的城市水电干线和园林基建施工中敷设的永久性管线，必须直接利用；原有管线仅部分可用的，也要经过整理、改造后，再加利用。只有确实不符合园林绿地继续使用要求的，才考虑弃用和拆除。

3) 管线尽可能埋地敷设　园林中的各种管线应尽可能采取埋地敷设的形式。在增加管线长度不多的前提下，尽可能地沿着边缘地带敷设。

4) 管线尽可能敷设于绿化地段　园林中，多数管线都最好布置在绿化用地中，这样以后检修比较方便。管线一般不要像城市街道那样布置在路面以下。园路外侧的绿化地带最适合布置各种管线。

5) 尽可能使管线线路最短　在不影响今后的运行、检修和合理占用土地的情况下，采取最简洁的线路敷设形式。尽量使线路最短，这也是园林管线布置的一条重要原则。

6）平行布置管线，减少管线转弯及交叉
埋设在园路、建筑旁边的管线，一般应该与道路中心线或建筑边线相平行。路边埋设的管线不要随意地从道路一侧转到另一侧。管线布置在道路的哪一侧，要看在那一侧时能否使管线转弯和交叉的可能性最小。

7）干管、干线靠近支管、支线多的一侧布置　例如在园路两侧，用水点、用电点多的一侧，其供水供电的支管、支线也多，干管、干线就应当布置在园路的这一侧，以免产生太多需要穿过路面敷设支管、支线的矛盾。

8）不允许通过园桥敷设可燃、易燃管道
在园桥上不能敷设和通过燃气管道，也尽量避免热力管道通过。在桥梁上敷设其他管线时，应根据园桥的结构特点，尽量采取埋设方式通过桥面或通过桥栏外侧。管线过桥一定要隐蔽、安全，不得影响景观。

9）保持合理的管线埋设间距　地下管线之间从水平方向和垂直方向两个方面都要注意保持合理的埋设距离。管线埋设的水平间距见表2-8中所列，垂直间距则参见表2-9中的数据。

10）管线敷设顺序　埋地管线敷设时从下至上的顺序是：①污水管、②雨水管、③给水管、④热力管、⑤燃气管、⑥电力缆管、⑦电信缆管。

11）管线关系处理　管线冲突的解决原则是：①临时管线让永久性管线；②小管道让大管道；③可弯曲的管线让不易弯曲的管线；④压力管道让重力自流管道；⑤还未敷设的管线让已经敷设的和原有保留的管线。

12）管线布置要照顾今后的发展变化　安排管线时，要考虑到以后的发展变化，要为以后新增加的支线留下埋设的余地。同时，也要注意节约用地。

园林管线布置还应满足其他有关安全、卫生、美观、技术优化、经济节约等方面的要求。

只有在充分满足了上述各方面的原则要求后，园林工程管线的布置才能够真正做到避免冲突，消除矛盾，安全耐用，运行良好。

2.4.2　管线的敷设

园林工程管线一般都不直接在地面敷设，而是离开地面架空或者埋地进行敷设，而敷设方式就分成了架空敷设和埋地敷设两类。

1）管线的架空敷设　在园林绿地中，为了减少工程管线对园林景观的破坏作用，就应当尽量不采用架空敷设管线的方式。但在不影响风景的边缘地带或建筑群之中，为了节约工程费用，也可以酌情架空敷设。

采取架空敷设的管线，一般都要立起支柱或支架将管线架离地面。低压供电线路和电信线路就是采用电杆作支柱架空敷设的。其他一些管线则常常要设立支架进行敷设，如蒸汽管、压缩空气管等。支架可用钢筋混凝土或铁件制作，要稳定、牢固、可靠。

管线架离地面敷设时，架设高度要根据管线的安全性、经济性和视觉干扰性来确定。管线架设不能过高，过高则会对园林空间景观形成破坏。架设高度也不能太低，太低则管线易受破坏，也容易造成人身安全事故。

蒸汽管、热水管等架空敷设时，一般要沿着园林边缘地带作低空架设，支架高1m左右。这种架设高度，有利于在旁边配植灌木进行遮掩。管道外表一般要包上厚厚的隔热材料，做成保温层。热力管道也可以利用围墙和隔墙墙顶作敷设依托，架设在墙上。管道架空敷设的费用要比埋地敷设低一些。

弱电类的电信线路架空敷设比较自由，可用电杆架设。线路离地高3～5m，电杆的间距可为25～40m。

低压电线的敷设高度，以两电杆之间电线下垂的最低点距绿化地面5m为准，人迹罕到的边缘地带可为4m，电线底部距其下的树木至少1m远；电线两侧与树木、建筑等的水平净距，至少也要有 1m。电杆的间距可取 30～50m。

高压输电线路的敷设，则视输送电压高低而设立高度不同的杆塔。35kV 和 110kV 的高压线，杆塔标准高度为 15.4m；220kV 的高压线，用铁塔敷设，铁塔标准高 23m。高压线与两旁建筑、树木之间的最小水平距离，35kV 电线是 6.5m，110kV 电线是 8.5m，220kV 电线则是 11.2m。高压线杆塔的间距：35kV 的为 150m，110kV 的为 200～300m。

在建筑群内，利用建筑的外墙墙面、额枋、挑枋等，架空敷设入户低压电线是切实可行的。这样既解决了电线敷设问题，又省掉了架立电杆费用，减少了电杆对建筑景观的影响。但建筑群以外附近地带的电线敷设，还是应采用埋地形式。

2) 管线的埋地敷设 埋地敷设应是园林管线主要的敷设方式。在园林中，各种给水管、排水管、热力管等管道，一般都敷设在地下；

就是电力线和电信线，也常采用铠装电缆直接埋入地下敷设。

(1) 埋地管线的埋深：根据管线之上覆土深度的不同，管线埋地敷设又可分为深埋和浅埋两种情况。所谓深埋，是指管道上的覆土深度大于 1.5m；而浅埋，则是指覆土深度小于 1.5m。管道采用深埋还是采用浅埋，主要决定于下述条件：管道中是否有水？是否怕受寒冷冻害？土壤冰冻线的深度如何？

我国北方的土壤冰冻线较深，给水、排水、湿煤气管等含有水分的管道就应当深埋；而热力管道、电缆及其管道则不受冰冻的影响，就可浅埋。我国南方各地冬季土壤不受冰冻，或者冰冻线很浅，给水排水管等的埋设深度就可小于 1.5m，采取浅埋的敷设方式。园林中的各种管线在采取埋地敷设时，管线上的最小覆土深度见表 2-7 所示。

地下管线最小埋设深度　　　　　　　　　　　　　　　　　　　表 2-7

顺序	管线名称		埋深(m)	附 注
1	电力电缆	<10kV	0.7	也可埋设在地道中；地道顶距地面 0.5m 以上
		<20～35kV	1.0	
2	电信线缆	铠装电缆	0.8	石棉水泥管 0.7m，混凝土管 0.8m，在人行道下可减小 0.3m
		电缆管道	0.7 或 0.8	
3	热力管道	直埋土中	1.0	地道埋深指地道顶至地面的深度；在特殊情况下可埋深不小于 0.3m
		埋在地道中	0.8	
4	煤气管道	干煤气	0.9	湿煤气管道应埋在冰冻线以下
		湿煤气	不小于 1.0	
5	给水管道		(1) 冰冻线下 (2) 可较浅	不连续供水的应在冰冻线以下，连续供水的保证不冻时可浅埋
6	排水管道		不小于 0.7	应埋在冰冻线以下，有防冻措施时埋深可不小于 0.7m
7	污水管道	D≤300cm	冰冻线上 0.3	埋深不小于 0.7m；在有保温措施或不受外来荷载破坏时可小于 0.7m
		D≥400cm	冰冻线上 0.5	

(2) 埋地管线的间距：当有多条管线平行埋设在一处时，为避免相互影响并保证管线安全，管线之间在水平方向上和垂直方向上都要留有足够的间距。特别是管线相互交叉穿过时，更要保证管线的垂直间距，以免造成管线之间的冲突。

表 2-8 中的数据，是各种地下管线在水平方向上的净距离。所谓净距，是指管线与管线外皮之间的净空距离。表 2-8 中一些数字后面括弧中带有序号的，是对例外情况说明的索引代号。这些代号各自说明的情况如下：

地下管线的最小水平净距(m)　　　　　　　　　　表2-8

顺序	管路名称	1 建筑物	2 给水管道	3 排水管道	4 热力管道	5 电力电缆	6 电信电缆	7 电信管道	8 乔木中心	9 灌木	10 地上柱杆	11 路缘石
1	建筑物		3.0	3.0(1)	3.0	0.6	0.6	1.5	3.0(4)	1.5	3.0	
2	给水管	3.0		1.5(2)	1.5	0.5	1.0(3)	1.0(3)	1.5	(6)	1.0	1.5(8)
3	排水管	3.0(1)	1.5(2)		1.5	0.5	1.0	1.0	1.5(5)	(6)	1.5(7)	1.5(8)
4	热力管	3.0	1.5	1.5		2.0	1.0	1.0	2.0	1.0	1.0	1.5(8)
5	电力管	0.6	0.5	0.5	2.0		0.5	0.2	2.0		0.5	1.0(8)
6	直埋式电信电缆	0.6	1.0(3)	1.0	1.0	0.5		0.2	2.0		1.0	1.0(8)
7	电信管道	1.5	1.0(3)	1.0	1.0	0.2	0.2		1.5		1.0	1.0(8)
8	乔木中心	3.0(4)	1.5	1.5(5)	2.0	2.0	2.0	1.5			2.0	1.0
9	灌木	1.5	(6)	(6)	1.0						(6)	0.5
10	地上柱杆中心	3.0	1.0	1.5(7)	1.0	0.5	0.5	1.0	2.0	(6)		0.5
11	路缘石		1.5(8)	1.5(8)	1.5(8)	1.0(8)	1.0(8)	1.0(8)	1.0	0.5	0.5	

① 排水管埋深浅于建筑物基础时，其净距不小于2.5m；而埋深深于建筑物基础时，则净距不小于3.0m。

② 表2-8中数值适用于给水管管径 $D \leqslant 200cm$；如 $D > 200cm$ 时应不小于3.0m。当污水管的埋深高于平行敷设的生活给水管0.5m以上时，其水平净距：在渗透性土壤地带不小于5.0m，如不可能时，可采用表2-8中数值，但给水管须用金属管。

③ 并列敷设的电力电缆相互间的净距不小于下列数值：10kV及10kV以上的电缆与其他任何电压的电缆之间，为0.25m；10kV以下的电缆之间，和10kV以下电缆与控制电缆之间，为0.10m；控制电缆之间，是0.05m；非同一机构的电缆之间，0.50m。

④ 表2-8中数值适用于给水管 $D \leqslant 200cm$；如果 $D = 250 \sim 500cm$ 时，净距为1.5m；$D > 500cm$ 时，为2.0m。

⑤ 尽可能大于3.0m。

⑥ 与现状大树距离为2.0m。

⑦ 不需间距。

⑧ 距道路边沟的边缘或路基边坡底均应不小于1.0m。

表2-9中所列数据，则是各种地下管线交叉敷设或平行敷设时，在垂直方向上的最小净距。表2-9中数据为净距数字，如管线敷设在套管或地道中，或者做有基础的套管在其他管线上面越过时，其净距自套管、地道的外边或基础的底边算起。电信电缆或电信管道一般在其他管线上面越过。而电力电缆则一般布置在热力管道

地下管线交叉时的最小垂直净距(m)　　　　　　　　表2-9

埋设在下面的管线	埋设在上面的管线							
	给水管	排水管	热力管	煤气管	电信 电缆	电信 管道	电力电缆 高压	电力电缆 低压
给水管	0.15	0.15	0.15	0.15	0.50	0.15	0.50	0.50
排水管	0.15	0.15	0.15	0.15	0.50	0.15	0.50	0.50
热力管	0.15	0.15	—	0.15	0.50	0.15	0.50	0.50
煤气管	0.15	0.15	0.15	0.15	0.50	0.15	0.50	0.50
电信电缆	0.50	0.50	0.50	0.50	0.50	0.25	0.15	0.50
电信管道	0.15	0.15	0.15	0.15	0.25	0.15	0.25	0.25
电力电缆	0.50	0.50	0.50	0.50	0.50	0.50	0.50	0.50

和电信管缆下面，但也需要在其他管线上面越过。低压电缆应安排在高压电缆以上；如高压电缆用砖、混凝土块或把电缆装入管中加以保护时，则低压和高压电缆之间的最小净距可减至0.25m。煤气管应尽量在给水、排水管道上面越过。热力管一般在电缆、给水、排水、煤气等管道上安装。排水管道通常布置在其他所有管线下面。

2.4.3　管线综合图的绘制

管线设计综合工作的成果，是编制出的管线工程综合平面图、管线交叉点标高图、修订后的园路标准横断面图和相应的设计综合说明书。

1) 管线综合平面图　管线综合平面图是在规划图基础上所作的管线布置图，其主要的作用是解决各种管线交叉时的相互矛盾。其绘制要求如下：

（1）图纸比例：通常用 1∶500、1∶1000 的比例，最好与园林总体规划图比例相同。

（2）图纸内容：图纸中主要应突出规划管线的种类、平面布置位置、管线分支及交叉情况等，要在管线起端、终端、转折点和在园林边界处的进出口位置标注上坐标数据，也可以利用边界界线、园路中心线、建筑物边线等固定不变的定线与管线之间的相互距离，来标注尺寸数字，以控制管线的平面位置。图纸中的其他内容，基本上和管线规划综合平面图相同，可与规划综合平面图一样绘制。

（3）管线的定位：在管线设计综合平面图中，坐标数据应用很广泛。坐标数据可以准确控制管线的平面位置，而且其表示方法简单明了，制图效果比用尺寸标注法更加简洁。因此，在实际设计工作中，一般都用坐标数据来为管线定位。

（4）管线的图形表达：管线在图纸中应当用相互明显区别的不同图例来表达。

2) 管线交叉点标高图　管线交叉点标高图的作用，主要是作为控制和检查管线立面位置所用，它对各条管线交叉点处的高程进行控制，使管线能够顺利地交叉，避免矛盾和冲突。其

编制方法如下：

（1）图纸比例：采用与设计综合平面图相同的比例。

（2）编制方法：直接复制设计综合平面图，但不绘地形，也可不注坐标；管线布置及其他内容都与综合平面图相同。在管线交叉的路口处还要加上交叉口编号；并对各条管线交叉点的标高进行标注。交叉点标高的表示方法有以下几种：

① 垂距简表法：在管线的每一个交叉点处画一垂距简表，用该表来标明管线的高程和垂距，如表 2-10 所示。如发现交叉管线的标高相互冲突，则将冲突情况和原设计标高在表下注明，而将修正后的标高填入表中。表内所列的管底标高，是指管道内壁底部的标高。地面标高减去管底标高就是管线的埋深。表内的净距即垂直净距，简称垂距，是指两条管道上下交叉埋设时，从上面的管道外壁最低点到下面管道外壁最高点的垂直距离。这些关系可参见图 2-23 所示。用垂距简表法表示交叉点标高的管线布置平面图(局部)示例，如图 2-24 所示。

垂距简表　　　　表 2-10

名　称	截　面	管底标高
净距		地面标高

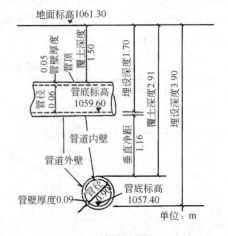

图 2-23　埋地管道的交叉关系

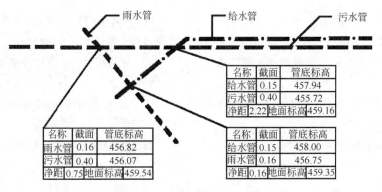

雨水管　　给水管　　污水管

名称	截面	管底标高
给水管	0.15	457.94
污水管	0.40	455.72
净距	2.22	地面标高 459.16

名称	截面	管底标高
雨水管	0.16	456.82
污水管	0.40	456.07
净距	0.75	地面标高 459.54

名称	截面	管底标高
给水管	0.15	458.00
雨水管	0.16	456.75
净距	0.16	地面标高 459.35

图 2-24　管道交叉点标高平面图

② 垂距表法：先将管线交叉点编上号，然后再根据编号将管线交叉点标高等各种数据填入另外绘制的交叉管线垂距表中。如果有管线冲突并给予了处理，就将冲突和处理情况填入垂距表的附注栏内，而将修正后的数据填入表中相应的各栏中。这种方法不如第一种垂距简表法方便。

③ 直接引注法：图纸最好采用 1∶500 比例。对交叉口标高不用垂距表或垂距简表表示，而是在管线交叉点处，将两管相邻的外壁高程用线引出，直接注写在图纸空白处。这种方法易于看到图纸的全貌，使用灵活，绘制也比较简便，适用于管线交叉点较多的交叉路口。

表示管线交叉点标高的方法还有一些，这里不再列举。应当注意的是，采用哪一种标高表示方法，要看其是否能够既完整准确地反映各交叉点标高，又使图面简单明了，易读易懂，使用方便。

3）园路标准横断面图修订　园路标准横断面图能反映园路路面的基本组成和路面工程管线的垂直交叉关系，在管线综合工作中有重要的参考意义。

（1）图纸比例：敷设管线的园林道路标准横断面图所采用的比例仍为 1∶200，与规划综合时所绘制的标准横断面图相同。

（2）图纸绘制：园路标准横断面修订图在绘制时，要先在原规划综合阶段所绘横断面图上进行修订改绘，改掉已经变动的管线位置，补

充新设置的管线。然后再将改正后的横断面图重新描绘成新图。有时，遇到园路标准横断面图数量较多，则可分别绘制以后，再汇集一起装订成册。

（3）设计说明：管线设计综合完成后，一般还应写出简要的设计说明。说明书的内容与管线规划综合的说明书基本相同，但重点是要写明在设计综合过程中发现的问题和解决问题后的结果。对综合后仍存在的一些暂时还不能解决的问题，要明确地提出处理意见，留待后来再解决。参照园林管线工程设计综合布置图，在各项管线工程施工中就可以很好地协调管线之间的关系，避免管线相互冲突，保证工程管线的敷设质量。

在管线工程完工之后，应根据每项工程的竣工图编制园林管线工程现状图。管线现状图能够真实准确地反映地下管线的完工情况，使人们可以对地下各种管线的布置情况了如指掌，以便能够避免后来由于进行其他建设工程而对管线造成的破坏。因此，在竣工后绘制管线现状图是十分重要和十分必要的。

复习思考题

（1）园林给水工程的组成情况如何？怎样认识园林给水的类型与特点？

（2）给水管网的布置形式及其特点是什么？如何掌握给水管网的布置要点？

（3）园林喷灌系统是怎样组成的？自动喷灌

69

系统的工作原理是什么？

(4) 怎样进行喷灌喷头分类？喷灌喷头与管网的布置形式如何？喷灌喷头的安装施工要点是怎样的？

(5) 园林排水的种类有哪些？园林排水工程有什么特点？

(6) 防止地表径流冲刷破坏园林地形的工程措施有哪些？

(7) 排水盲沟的平面布置形式有哪些？盲沟的断面构造做法如何？

(8) 雨水管网的设计步骤和布置要点是什么？

(9) 应当怎样认识园林污水处理的方法措施？

(10) 园林工程管线综合有哪些原则？

第3章 水 景 工 程

水景工程，是与水体造园相关的所有工程的总称。它研究怎样利用水体要素来营造丰富多彩的园林水景形象。一般说来，水景工程主要包括湖池工程、溪涧工程、瀑布工程、喷泉工程及水岸护坡工程等几部分。

3.1　水体的作用与分类

中国园林历来有"无园不山，无园不水"的说法，水在园林造景中占有很重要的地位。在园林景观中，"山因水而活，树因水而生"，缺水的，或者没有水参与造景的园林，是有缺憾的园林。水是造园的五大要素之一，因此应当对它的基本特点加深认识。

3.1.1　园林水体的作用

园林水体有着多方面的功能和作用。充分认识水体的功能和作用，对水景工程的设计和施工增强目的性和针对性都有很大的好处。在园林工程方面，水体的作用概括起来主要有以下几种：

1) 生存条件作用　水是不可缺少的自然资源，园林绿地中的植物、动物及人类的活动都不能没有水。缺少了水体，园林绿地的存在都会成为问题。

2) 生态作用　水体对于园林绿地具有明显的调节小气候作用，可以增加园林绿地的空气湿度，增加空气中的氢离子浓度，使空气更清新。可以调节园林环境的温度，做到冬暖夏凉，使环境更加宜人。

3) 交通作用　园林水体内部和水体沿边地带，可通过开辟游船航线、架设园桥、栈桥或修筑景观湖堤，来联系两岸道路和组织水上交通游览线。面积宽阔的水体还可作为水上活动区，开展许多有益的水上活动。

4) 造景作用　在造景方面，利用园林水体可以营造多种多样的水景形式，但主要的造景功能则集中体现在下列4种作用上：

(1) 系带作用：水面具有将不同的园林空间和园林景点联系起来，而避免景观结构松散的作用；这种作用就叫做水体的系带作用，它有线型系带和面型系带两种表现形式。

(2) 统一作用：如苏州拙政园中，众多的景点均以水面为底景，使水面处于全园构图核心的地位，所有景物景点都围绕着水面布置，就使景观结构更加紧密，风景体系也就呈现出来，景观的整体性和统一性就大大加强了。

(3) 焦点作用：在园林工程设计中，通常都会将水景安排在空间轴线和轴心上面，或安排在向心空间的中心点上、空间的醒目处或视线容易集中的地方，这样，可使其突出起来并成为焦点。作为直接焦点布置的水景设计形式有：喷泉、瀑布、水帘、水墙、壁泉等。

(4) 基面作用：大面积的水面视域开阔坦荡，可作为岸畔景物和水中景观的基调、底面使用。当水面不大，但水面在整个空间中仍具有面的感觉时，水面仍可作为岸畔或水中景物的基面，产生倒影，扩大和丰富空间。

5) 社会作用　园林水体及水景能陶冶人们的性情，调节心情，更有利于人们精神放松，是园林环境中最好的休息环境之一。

水体是环境空间艺术创作的一个要素，可借以构成多种格局的园林景观。充分利用水流动、多变、渗透、聚散、蒸发的特性，做到动静相补，声色相衬，虚实相应，层次丰富，就可以产生特殊的艺术魅力。水池、溪涧、河湖、瀑布、喷泉等水体往往又给人以静中有动、寂中有声、以少胜多、发人联想的强烈感染力。因此，水景用于造园，有着多方面的功能和作用。

3.1.2　水体的分类

园林水体类型的划分可以从很多方面进行，分出很多的类型来。但在水景工程的设计、施工中，则通常根据水的状态、水体的设计形式和主要功能作用等来分类。

1) 水体按状态分类　按照水体的动静状态，可以将园林水体及其水景形式分为静水、流水、落水和喷水四种状态，因此就有了园林水体的四个类别(图3-1)。

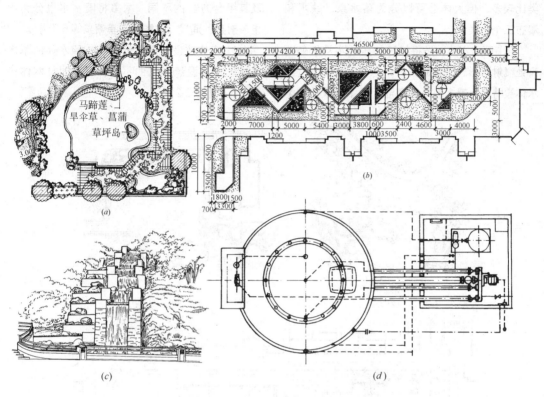

图 3-1　水体的状态分类

(a)静水水体(水池)；(b)流水水体(水渠)；(c)落水水体(叠瀑)；(d)喷水水体(喷泉池)

(1) 静水水体：水体中的水没有明显动态而是经常性呈现静态的水体，就是静态水体。这类水体中的水，既无明显的水平方向上的线性流动，又无竖直方向上的坠落或喷射动态，其水景效果也是静态的。静水水体的平面形状多数情况下都是块状或片状。这类水体又可分为景观静水水体和实用静水水体两个小类。

① 景观静水水体：这类水体是专用于营造风景和用于观景的静水水体，其种类如湖泊、景观水池、观鱼池、水生植物池、小潭、泉池等。

② 实用静水水体：是兼具观赏和一定实用功能的小型静水水体。其常见种类有：休闲泳池、庭院淋浴池、水井、洗墨池、砺剑池等。

(2) 流水水体：是指在水平方向上有明显流动感的动态水体，其平面形状多为狭长带状。这类水体所造成的水景称为流水水景。流水水体的常见种类有3个：一是江河，属于较宽阔的大型带状水体，其水流感最强；二是溪涧，是较狭窄的小型带状水体，水流感较弱；三是古代的流杯渠，又称曲水流觞，属于微型的窄带状水体，水流动感较强。其中，江又比河更宽阔，更大型。而溪与涧之间也有区别，其几个方面的区别可见表3-1所示。

溪与涧的比较　　　　表 3-1

类别	净宽(m)	水深(cm)	声响特点	流水特点
小溪	1.5	30～70	弱水声	平缓，流速较慢
石涧	1.3	10～30	喧哗	跳跃，较湍急

(3) 落水水体：是将水源引到高处，依靠水的重力而自然坠落形成水景的园林水体。这类

水体的平面形状多为小块状，并在水体后侧有着墙壁或其他实体性背景。落水水体的具体种类比较多，但大体上可以分为落水泉、跌水和瀑布三个小类。

(4) 喷水水体：是将经过加压的水从低处向高处喷射而形成水景的一种动态景观水体，这种水体被特称为喷水池或喷泉池。喷水水景的种类繁多，主要是由喷头种类的不同和喷头组合形式的不同而造成的丰富多彩的水景形式。根据喷头及其组合方式的不同，本书将喷水水景分为喷泉、射泉、涌泉、水雕塑和旱喷泉等5个小类。

2) 水体按设计形式分类 按照水体的基本设计思想和设计形式的不同，可将园林水体分为三大类(图3-2)。

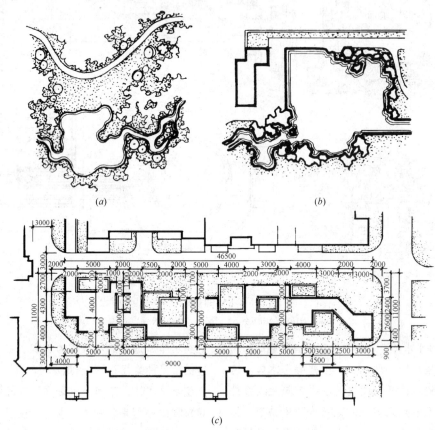

图 3-2 水体按设计形式分类

(a)自然式水体；(b)混合式水体；(c)规则式水体

(1) 自然式水体：水体形状为自然形，不对称，无中轴线；水岸线多为曲线形或不规则的自由折线形。这类水体面积一般都比较大，景观效果显得亲切、自然、和谐、宁静。

(2) 规则式水体：其平面形状为规则的几何形或几何形的组合形状，常有对称轴；水岸线多为直线形或规则的圆曲线形。这类水体的景观显得整齐有序，富于装饰性，有庄重、严谨的特点。

(3) 混合式水体：是规则式与自然式形状相结合的水体。其形状有自然的部分，也有规则的部分；规则式与自然式相混，或一半规则一半自然。其水岸线既有直线、圆弧线，也有不规则曲线。混合式水体能很好地与环境协调，景观效果既有庄重和秩序感强烈的特点，又有比较生动活泼的景观表现。

3) 水体按功能分类 按照基本的功能作用来划分，水体被分为两大类：

(1) 观赏性水体：是专门用于观赏的景观水体，是园林中水景景观的主要载体，如景观水池、溪涧、喷泉、瀑布、观鱼池等水体。

(2) 实用性水体：是承担有具体使用功能的一类水体，如泳池、水井等。

3.2 驳岸与护坡工程

驳岸是园林水体的重要组成部分，水体的平面形状总是由一定线形的岸边围合形成的，而水体要保持长久的稳定性，也离不开驳岸的牢固性。因此，驳岸的设计施工情况对水体的造景有很重要的影响。护坡与驳岸的特点有近似之处，但护坡除了可用在水岸边之外，还可用于坡地、山地等无水地区。

3.2.1 岸坡的概念与作用

1) 概念 驳岸：是一面临水的挡土墙，用于维护水岸形状的稳定，使水体能够保持一定高度的水位，属于一种水工构筑物。护坡：是特意为保护土坡坡面，避免地表径流冲刷或减轻风浪冲击而设置的一种旱地构筑物或水工构筑物。驳岸只用作水体岸边设施，而护坡则既可用作水岸，也可在旱地作土坡的保护体。

2) 作用 驳岸与护坡的作用不尽相同，下面分别给予讨论：

(1) 驳岸的作用：驳岸是水面与陆地的分界，因此驳岸具有界限作用。驳岸是坚固的人工砌体，能保持水体岸边形状稳定，使水体平面形状能够确定下来。同时，驳岸又是水边景观的重要组成部分，在水景的形成中起着重要作用，因此它是重要的水边景观设施。

(2) 护坡的作用：护坡也是一种人工砌体，其最主要的作用是保护坡地或水岸的边坡，防止滑坡与岸坡坍塌。通过护坡处理，可以防止或减轻地表径流的冲刷，减少水土流失。护坡用于水边作为岸坡时，也与驳岸一样具有保持水岸形状稳定的作用。而且，水岸的护坡使陆地与水面结合更自然，从陆地到水域之间的过渡作用更加突出。

3.2.2 影响岸坡稳定的因素

影响岸坡稳定和对岸坡具有破坏作用的因素，在岸坡的不同层段上是有所不同的。园林水体岸坡自上而下一般可分为三个层段，即水上层段、淹没层段和水下层段。这三个层段各自可能受到的破坏因素如下所述：

1) 水上层段 水上层段是在最高水位(洪水位)线以上的不被淹没的岸坡层段，其所受破坏的因素主要有下列三方面：

(1) 自然风化作用：即日晒、雨淋以及冰雪等的破坏作用。日晒、雨淋和冰雪的冻胀作用可能造成岸顶不均一的热胀冷缩或受冻膨胀，从而使岸顶产生裂缝，岸顶石面风化剥落。此外，地面水的冲刷和切割，也直接影响岸顶的稳定，其破坏也比较严重。

(2) 岸顶受压影响：是在某些岸段局部受到临时性或永久性超重荷载的压力，而导致坍塌破坏的情况。

(3) 下部岸体破坏的影响：就是当岸顶以下部分的岸体被风浪击打和浸蚀而被水淘空时，岸顶也受到连带破坏。

2) 淹没层段 在未能人为控制水位的园林湖池中，位于洪水位与常水位线之间的岸坡层段，就是淹没层段。淹没层段遭受破坏的主要因素有四个方面。

(1) 水位变化的影响：淹没层段经常被周期性地淹没，岸土干湿交替，胀缩变化，对岸体稳定性有一定影响。此外在枯水期中，此层段暴露在水面以上，其被淹过的部分在颜色和植物分布上与岸上景观反差太大，很不美观。

(2) 水的浸渗现象：湖池水经常性地浸渗淹没层段，有可能产生流沙现象，造成岸体背后土沙的流失，从而使岸后被淘空，严重影响岸坡的稳定。

(3) 冬季冻胀力的破坏：在我国北方地区，

冬季出现冰冻的情况比较多见。岸体内部水分因为受冻结冰而体积膨胀，对岸体形成胀裂威胁，严重时可造成岸体的断裂。水面的冰冻也会在冻胀力的作用下，对常水位上下的岸坡产生横向推挤力，把岸坡向上、向外推挤；而岸坡后土壤内产生的冻胀力又将岸坡向下、向里挤压；这样，便会造成岸坡的倾斜或者位移破坏。

(4) 风浪冲刷影响：岸体淹没层段直接受到风浪的冲刷危害。波浪常年拍击岸体，可能使岸体的某些局部被击穿或被淘空，并进而使岸坡整个地坍塌下去。

3) 水下层段 水下层段是位于常水位线以下，始终被浸泡于水中的层段。其所受破坏力除了像淹没层段那样主要有水的渗浸和侧向水压或侧向土压之外，还可能受到地基稳定性的严重影响。由于湖池边缘地带底部地基的荷载强度与岸体荷载的不相适应，将会造成地基的不均匀沉降，使岸坡出现纵向裂缝甚至局部塌陷。在冰冻地带水深较浅的情况下，也可由于冻胀而引起地基变形。如果地基上的岸体基础是采用木桩做的桩基，则会因年久失修而致使桩基腐烂，基础塌陷破坏。在地下水位较高处，还会因地下水的托浮力而影响到地基的稳定性。

在园林水体中最常见的岸坡种类有：草坡岸、山石驳岸、干砌块石片石驳岸、浆砌块石片石驳岸、浆砌料石驳岸、砖砌体驳岸等几种；此外也见有板桩式驳岸、卵石浆砌驳岸和钢筋混凝土池岸等。下面就具体地来了解几种主要石砌体岸坡的设计和施工做法。

3.2.3 岸坡的设计形式

园林水体岸坡设计中，首先要确定岸坡的设计形式，然后才根据具体条件进行岸坡的结构设计。在岸坡设计中，驳岸与护坡的做法是不同的，下面分别来看二者的设计形式。

1) 驳岸形式 按驳岸设计的外观形式来区分，可以将驳岸分为规则式、自然式与混合式

三类。而按照驳岸的断面形式来分，驳岸也分三类。一是垂直岸：岸壁基本垂直于水面。在岸边用地狭窄时，或在小面积水体中，采用这种驳岸形式可节约岸边用地。在水位有涨落变化的园林水体中，这种驳岸不能适应水位的涨落，枯水期中岸顶显得太高。二是悬挑岸：悬挑岸的岸壁基本垂直，岸顶石向水面悬挑出一小部分，水面仿佛延伸到了岸顶以下。这种驳岸适宜在广场水池、庭院水池等面积较小的、水位能够人为控制的水体中采用。三是斜坡岸：岸壁成斜坡状，岸边用地需比较宽阔。这种驳岸比较能适应水位的涨落变化，并且岸景比较自然。当水面比较低，岸顶比较高时，采用斜坡岸能降低岸顶，可以避免因岸口太高而引起视觉上不愉快。

2) 驳岸的种类 在园林水体工程实践中，通常按照驳岸的主要材料和景观特点，将园林水体的驳岸分为下面几类：

(1) 山石驳岸：采用天然山石，不经人工整形，顺其自然石形砌筑成崎岖、曲折、凹凸变化的自然山石驳岸(图3-3)。这种驳岸适用于水石庭院、园林湖池、假山山涧等水体。

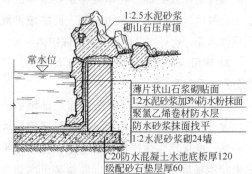

图 3-3 山石驳岸的一种做法

(2) 浆砌块石驳岸：是采用水泥砂浆，按照重力式挡土墙的方式砌筑块石驳岸，并用水泥砂浆抹缝，使岸壁壁面形成冰裂纹、虎皮纹等装饰性缝纹。这种驳岸能适应大多数园林水体使用，如图3-4所示。

(3) 浆砌条石驳岸：利用加工整形成规则形

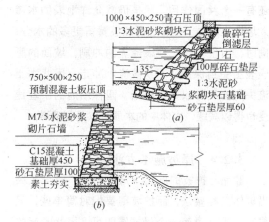

图 3-4 浆砌块石、片石驳岸

(a)浆砌块石驳岸；(b)浆砌片石驳岸

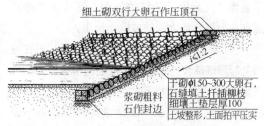

图 3-5 卵石柳枝生态驳岸做法

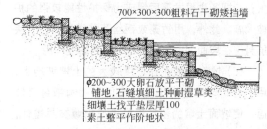

图 3-6 阶梯式生态驳岸做法

状的粗料石或半细料石，整齐地砌筑成条石砌体驳岸。这种驳岸规则整齐、工程稳固性好，但造价较高，多用于较大面积的规则式水体作为驳岸。

(4) 浆砌大卵石驳岸：用水泥砂浆砌直径20～30cm 的大卵石做成驳岸。这种驳岸造价较低，但观赏性很一般，也不能用于太高的驳岸。

(5) 板桩式驳岸：使用材料较广泛，一般可用混凝土桩、板，或者用混凝土仿木桩、仿木板等砌筑，如仿自然树桩的树桩驳岸等。这种岸坡的岸壁较薄，因此不宜用于面积较大的水体，而是多用于局部的驳岸处理。

(6) 石砌生态驳岸：这种驳岸的砌筑不能使用水泥砂浆、石灰砂浆等完全隔断岸边水土生态的材料，在砌筑方法上只能用干砌的形式。筑岸材料可用块石、大卵石，采用手摆干砌方式砌筑成较矮的驳岸，并在石缝中栽草或扦插柳枝。用这种方式做成的驳岸，不会隔断水边和驳岸之后泥土之间的生态联系，小鱼、小虾和水边土壤中的微生物的生态环境受破坏也不是很大。生态驳岸可做成斜坡式(图 3-5)，也可做成阶梯式(图 3-6)。

(7) 石砌台阶式岸坡：结合湖岸坡地地形或游船码头的修建，用整形石条砌筑成梯级形状的岸坡。这样不仅可适应水位的高低变化，还可以利用阶梯作为休息坐凳，吸引游人靠近水边赏景、休息或垂钓，以增加游园的兴趣。

(8) 砖砌池壁：用砖砌体做成垂直的池岸，砖砌体墙面常用水泥砂浆抹面，以加固墙体、光洁墙面和防止池水渗漏。这种池壁造价较高，适用于面积较小的造景水池。

(9) 钢筋混凝土池壁：以钢筋混凝土材料做成池壁和池底，这种池岸的整齐性、光洁性和防渗漏性都最好，但造价高，宜用于重点水池和规则式水池。

3) 护坡形式 在园林中，自然山地的陡坡、土假山的边坡、园路的边坡和湖池岸边的陡坡常常都要进行护坡处理。一般的护坡方法和护坡形式如下：

(1) 草皮护坡：是在坡面种植草皮或草丛，利用密布土中的草根来固土，使土坡能够保持较大的坡度而不坍塌。草皮护坡适宜坡度为 1：20～1：5 的边坡，一般的土山山坡、湖池的岸坡和道路边坡，都可以采用草皮护坡。

(2) 灌丛护坡：用须根系的灌木种在坡上，使灌丛根群在土中密集成网，以保护土坡，增强土坡对风化和流水侵蚀的抵抗力。这种护坡方式的应用范围与草皮护坡方式相同。

(3) 花坛护坡：将园林坡地设计为倾斜的图案、文字类模纹花坛或其他花坛形式，既美化了坡地，又起到了护坡的作用。这种护坡形式适宜在两层台地之间的坡地上使用。

（4）编笼抛石护坡：用柳条筐装满乱石在坡面垒起形成陡坡；或采用新截取的柳条成十字交叉状编织，编织空格尺寸为 0.3m×0.3m；在编柳空格中抛填直径 30～30cm 的块石，块石下设 10～20cm 厚的砾石层以利于排水和减少土壤流失；待柳条生根发芽后便成为保护性能较强的护坡设施。此外，用竹笼或钢丝笼装满块石，一层层封压在坡面上，也能很好地起到护坡作用。

（5）铺石护坡：在坡度较大的土坡坡地上，用石钉均匀地钉入坡面，或用石片满铺封盖坡面，使坡面土壤的密实度增大或土壤被封盖住，则边坡抗坍塌的能力也随之增强。在假山石坡、土山边坡、水体岸坡上，这种护坡方式最为常用。其护坡材料可用石灰岩、砂岩、花岗岩等硬度较大的石材(图3-7)。

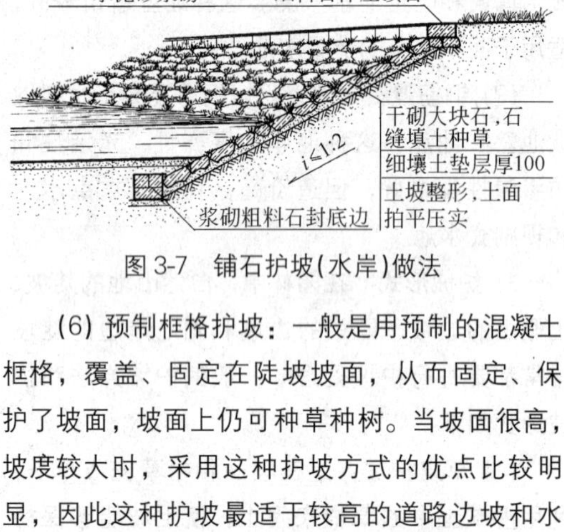

![图3-7 铺石护坡（水岸）做法]

1:2.5水泥砂浆砌500×300细料石作压顶石
干砌大块石，石缝填土种草
细壤土垫层厚100
土坡整形，土面拍平压实
浆砌粗料石封底边
i≤1:2

图 3-7　铺石护坡（水岸）做法

（6）预制框格护坡：一般是用预制的混凝土框格，覆盖、固定在陡坡坡面，从而固定、保护了坡面，坡面上仍可种草种树。当坡面很高，坡度较大时，采用这种护坡方式的优点比较明显，因此这种护坡最适于较高的道路边坡和水坝、河堤的陡坡。

（7）截水沟护坡：是为了防止地表径流直接冲刷坡面，而在坡的上端设置一条小水沟，以阻截、汇集地表水，从而保护坡面。

从上述各种护坡方式看来，它们最主要的作用基本上都是通过紧固坡面表土的形式，防止或减轻地表径流对坡面的冲刷，使坡地在坡度较大的情况下，也不至于坍塌，从而保护了坡地，维持了园林的地形地貌。这些护坡方式

还有一个共同作用，就是仍然允许地表的水渗入坡地土壤中，使坡地内能够蓄留更多的水分；同时，由于减轻了地表径流的冲刷，坡面的肥沃表土受到保护，不易被流水冲走，因此水土流失的程度可以大大降低，园林湖池的淤塞速度也得以减缓，水体中的水质可以更加清澈。

3.2.4　岸坡施工方法

驳岸与护坡的施工方法不一样。驳岸更突出砌体工程做法，而护坡则要相对简单些，只是在坡面上覆盖一个保护层即可。因此驳岸的单位造价要比护坡高得多。下面就来了解驳岸与护坡的不同施工做法。

1）驳岸施工　驳岸实际上是位于水边的挡土墙。这种挡土墙的后面是土壤，但前面并不是空旷地，而是能产生侧向水压的水体；墙前墙后方向相反的侧向推力能够在一定程度上达到平衡。因此影响驳岸稳定性的因素就不主要是挡土墙后的土压。导致驳岸破坏的主要因素可能是：驳岸基础不稳固、风浪的冲刷和风化、岸顶受到重压和湖水浸渗造成的冬季冻胀力的影响。在驳岸施工中，必须注意克服和消除这些影响因素。

以浆砌条石驳岸为例，园林水体驳岸的施工程序及其基本做法如下(图3-8)：

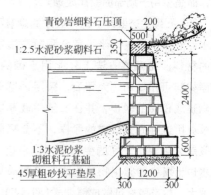

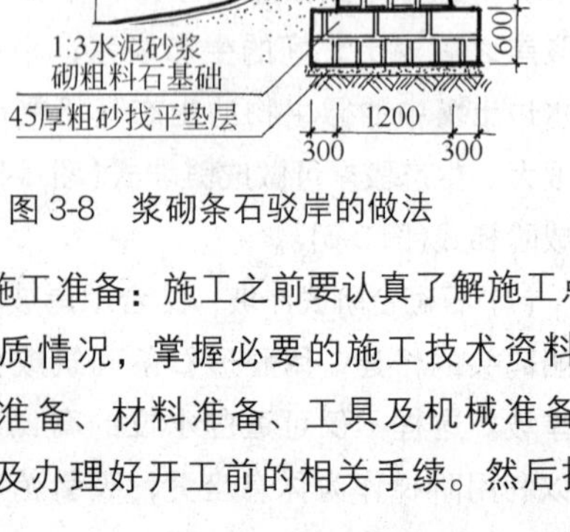

青砂岩细料石压顶　200
500
1:2.5水泥砂浆砌料石　350
2400
1:3水泥砂浆砌粗料石基础
45厚粗砂找平垫层　600
300　1200　300

图 3-8　浆砌条石驳岸的做法

（1）施工准备：施工之前要认真了解施工点的水文地质情况，掌握必要的施工技术资料，做好技术准备、材料准备、工具及机械准备、人员准备及办理好开工前的相关手续。然后按

照设计图进行放线，确定岸线的平面位置；并在加上岸壁厚度之后向外扩展放出驳岸挖土线。

(2) 挖槽：在岸壁位置，按照驳岸挖土线向下挖基槽，并按设计要求的坡度，将基槽的壁面整理成平整的陡坡坡面。土槽底部的挖掘宽度按设计的基础宽度再加 30～40cm。土槽挖掘应按施工方案所定，采用人工作业或机械开挖的方式。

(3) 夯实地基：将基槽底部夯实，并整平槽底。

(4) 浇筑基础：按照设计，进行混凝土基础或浆砌块石基础等的施工。块石与块石之间砂浆要饱满，不能留有空隙。采用手摆块石并在石缝中灌浆的做法，效果会更好一些。

(5) 砌筑岸墙：根据设计所定材料和砌筑方式进行岸壁的砌筑施工，要求砂浆饱满、墙面平整，每 15～20m 设伸缩缝一道。岸墙砌成后进行壁面抹缝处理。

(6) 砌筑压顶石：压顶石能使岸顶得到保护而不易受破坏，也使岸边线平顺通直、整齐美观。压顶石的材料应按设计要求的种类和规格尺寸预制备用，主要是预制混凝土板块材料或细料石的整形石条。压顶石通常采用 1：2.5 或 1：3 水泥砂浆砌筑。要先在岸壁顶面铺垫一层水泥砂浆之后，再按照挂线砌筑压顶石。压顶石可向水面挑出 5～6cm。压顶石顶面要按照设计标高砌成，一般以高出水面 50cm 为佳。

2) 护坡施工　从影响自然坡地稳定性的因素来看，主要因素是坡度的大小，其次是坡上土壤的类型和质地。坡度大，稳定性差；坡度小，稳定性高。土壤密实的黏土坡地，稳定性较高；而砂土构成的坡地，则稳定性较差。

这里重点针对草皮、灌丛等植被护坡和铺石护坡的施工做法进行介绍，同时也简单了解一下预制混凝土框格护坡和截水沟护坡施工的情况。

(1) 植被护坡施工：这种护坡的坡面是采用草皮、灌丛或花坛进行护坡处理，也就是利用植被来对坡面进行保护。一般而言，植被护坡的坡面构造从上到下顺序是：植被层、坡面根系表土层和底土层。各层的构造情况如下：

① 植被层：植被层的厚度，随采用的植物种类而有所不同。采用草皮护坡方式的，植被层厚 15～45cm；用花坛护坡的，植被层厚 25～60cm；用灌木丛护坡的，则灌木层厚 45～180cm。植被层一般不用乔木作护坡植物，因乔木重心较高，有时可因树倒而使坡面坍塌。在施工中，最好选用须根系的植物，其护坡固土作用比较好。园林绿化中应用的一般草坪草种和草本地被植物种类，都可以用作坡面绿化的草种。而灌木也有许多种类可供选用，如：匍地柏、南天竹、紫穗槐、小蜡、小叶女贞、珍珠梅、丁香、夹竹桃、海桐、棣棠、迎春、小檗、金丝梅、黄杨等。

② 根系表土层：用草皮护坡与花坛护坡时，坡面保持斜面即可。若坡度太大，达到 60°以上时，坡面土壤应先整细并稍稍拍实，然后在表面铺上一层钢丝护坡网，最后才撒播草种或栽种草丛、花苗。用灌木护坡，坡面可先整理成小型阶梯状，以方便栽种树木和积蓄雨水。为了避免地表径流直接冲刷陡坡坡面，还应在坡顶部位顺着等高线布置一条截水沟，以拦截雨水。

③ 底土层：坡面的底土一般应拍打结实，但也可不作任何处理。

(2) 预制混凝土框格护坡：预制框格有混凝土、塑料、铁件、金属网等材料制作的，其每一个框格单元的设计形状和规格大小，都可以有许多变化。框格一般都是预制的，在边坡施工时再装配成各种简单的图形；用铁钎和矮桩固定后，再往框格中填满肥沃壤土；土要填得高于框格，并稍稍拍实，以免下雨时流水渗入框格下面，冲刷走框底泥土，使框格悬空。

(3) 截水沟护坡：截水沟一般设在坡顶，与等高线平行。沟宽 20～45cm，深 20～30cm，用砖砌成。沟底、沟内壁用 1：2 水泥砂浆抹面。

为了不破坏坡面的美观，可将截水沟设计为盲沟，即在截水沟内填满砾石，砾石层上面覆土种草。从外表看不出坡顶有截水沟，但雨水流到沟边就会下渗，然后从截水沟的两端排出坡外。

(4) 铺石护坡：铺石护坡的石材可用直径18～25cm的块石或大卵石，也可用厚7～15cm的片石，要求石料坚硬、密度大，耐风化，吸水率小。材料准备好之后，就可参考图3-9的做法，按下述程序与方法进行铺石施工。

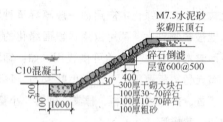

图3-9　铺石护坡的一般工程做法

① 开槽、做基础：按照放线所得到的地面基槽挖土线，开挖基槽。基槽的宽度、深度按设计图规定的掌握；槽底应经过夯实和表面整平。在完成的基槽中，按设计所定材料、规格及强度等级配制基础材料，并浇筑于基槽中，做出护坡坡脚的封边基础。

② 坡面整形：按设计所定边坡坡度，将封边基础至坡顶之间的土坡坡面修整为平整的斜坡面，并略加拍实。

③ 做倒滤层：在设计水位高度处的坡面挖三角形断面的浅土槽，并将槽底、槽壁夯实、刮平；然后在三角形槽内填满碎石。

④ 铺碎石垫层：按设计规定的厚度在平整的土坡坡面铺1～2层碎石作为坡面垫层。

⑤ 砌坡脚石：在基础之上侧方开始砌大块石作为坡脚，石间缝隙用水泥砂浆灌满。作为坡脚石的块石，一定要选重量较大而且坚硬的。

⑥ 挂线：在坡面碎石垫层之上挂线，顺着坡面挂一道水平线；再从坡脚石处向上挂一道线直至坡顶的边坡模板。两道挂线之间应成垂直关系。

⑦ 铺设护坡石：在坡面碎石垫层之上，按照从下向上的顺序，以纵横两道挂线为准绳，一行行地铺设护坡块石或片石。每石均以一个最平整的石面向上，与其他石面保持在同一个斜平面上。石底要垫平并且塞紧，块石之间要相互咬合扣紧，不能有松动。上一层护坡石与下一层护坡石之间应错缝搭接，石块呈品字形排列，并要保持坡面平整。大石之间的空隙应当用碎石填平并卡住。如此铺设护坡石直到坡顶。

⑧ 砌压顶石：在护坡石铺满坡面之后，用手摆块石方式将坡顶干砌成整齐的直线形平顶状。然后在平顶上满铺一层水泥砂浆或细石渣混凝土，再整齐地砌上设计规定的压顶石。要求压顶石摆放平顺、整齐，棱边线条通直，石面平整，石间勾缝顺直整洁。

⑨ 补缝勾缝：护坡石铺成的坡面一般都用不着勾缝处理，如果设计上要求一定要勾缝，那么可用M7.5水泥砂浆进行补缝和勾缝。

⑩ 坡面清理：最后工序就是将铺好的坡面清扫干净，并且浇水透底，养护5～7d。

园林护坡既是一种土方工程，又是一种绿化工程；在实际的工程建设中，这两方面的工作是紧密联系在一起的。在进行设计之前，应当仔细踏勘坡地现场，核实地形图资料与现场情况，针对不同的矛盾提出不同的工程技术措施。特别是对于坡面绿化工程，要认真调查坡面的朝向、土壤情况、水源供应情况等条件，为科学地选择植物和确定配植方式，以及制订绿化施工方法，做好技术上的准备。

3.3　湖池工程

园林中的湖池主要有人工湖、庭院水景池、水生植物池等。在一些风景区、旅游度假村中还可能有休闲性质的游泳池、垂钓池。这些湖池工程都是园林绿地内重要的水景工程。湖池水景工程设计中需要重点注意的是水体平面形状的设计和驳岸、水底的构造设计。

3.3.1 湖池形态设计

湖、池都是块状或片状水体，都属于静态水景，二者主要是在面积大小上有所不同。湖的面积大，一般可供水上活动；而池的面积相对较小，一般不作水上活动。

1）湖池平面设计 景观湖池的平面形状直接影响湖池的水景形象表现及其风景效果。湖池水体的平面设计形式可分为规则式、自然式和混合式三种。规则式水体的平面形状都是规则整齐的几何图形；自然式水体的平面变化很多，形状各异；而混合式水体则是介于规则式和自然式两者之间，既有规则整齐的部分，又有自然变化的部分。

(1) 规则式湖池：湖池是由规则的直线岸边和有轨迹可循的曲线岸边围成的几何图形水体。在规则式景观水池设计中，可以通过各种几何形平面的相互组合变化，设计出更多的新的水池平面形状。根据水体平面设计上的特点，规则式湖池形状可分为方形系列、斜边形系列、圆形系列和混合形系列等四类形状(图3-10)。

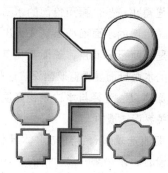

图 3-10 规则式湖池平面示例

① 方形系列水体：这类水体的平面形状，在面积较小时可设计为正方形和长方形；在面积较大时，则可在正方形和长方形基础上加以变化，设计为亚字形、凸角形、曲尺形、凹字形、凸字形和组合形等。

② 斜边形系列水体：水体平面形状设计为含有各种斜边的规则几何形，如三角形、六边形、菱形、五角形和具有斜边的不对称、不规则的几何形。这类池形可用于不同面积的湖池水体。

③ 圆形系列水体：主要的平面设计形状有圆形、矩圆形、椭圆形、半圆形、月牙形等。这类水体形状主要适用于面积较小的水池。

④ 方圆形系列水体：是由圆形和方形、矩形相互组合变化出的一系列水体平面形状，如图3-10所示。

(2) 自然式湖池：岸边的线形是自由曲线，由曲线围合成的水面形状是不规则的和有多种变异的形状，这样的水体就是自然式水体。自然式湖池水体一般都呈块状或片状，水体的长宽比值在 1：1～4：1 之间。水面面积可大可小，但不为狭长形状。在自然式景观湖池设计中需要注意的是：水面形状宜大致与所在地块的形状保持一致，仅在具体的岸线处理方面给予曲折变化；设计成的水面要尽量减少对称、整齐的因素。具体形状可设计为多种不规则形，如肾形、葫芦形、兽皮形、钥匙形、菜刀形、聚合形等(图3-11)。

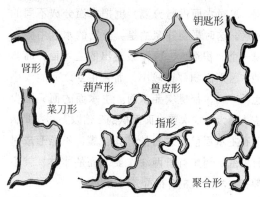

图 3-11 自然式湖池平面示例

(3) 混合式湖池：这是规则式湖池形状与自然式湖池形状相结合的一类水体形式。在园林水体设计中，在以直线、直角为地块形状特征的建筑边线、围墙边线附近，为了与建筑环境相协调，常常将水体的岸线设计成局部的直线段和直角转折形式，水体在这一部分的形状就成了规则式的。而在距离建筑、围墙边线较远的地方，自由弯曲的岸线不再与环境相冲突，就可以完全按自然式来设计。这样形成的水体，就是混合式湖池水体。

2）水面空间设计 水面空间设计是由水面形状及其岸边线围合形式、水体面积和水边景物高度所决定的。湖池水面的岸线和水体大小、宽窄与环境空间的关系十分密切。

（1）岸线设计：岸边曲线除了山石驳岸可以有细碎曲弯和急剧的转折以外，一般岸线的弯曲都不要太急，宜缓和一点。回湾处转弯半径宜稍大，不要小于2m。岸线向水体内凸出部分可形成半岛，半岛形状宜有变化，不要在同一水体中每个半岛都呈指头形状。凸岸和半岛的对岸，一般不要再对着凸岸或半岛，相对的半岛、凸岸宜将位置错开一点。半岛、凸岸上设置亭、榭，获得良好的点景效果和观景效果。岸线构成回湾时，湾内岸上布置曲廊、斋、馆等，能与环境很好地协调。

（2）水面各部分比例的确定：在水面形状设计中，有时需要通过两岸岸线凸进水面而将水面划分成两个或两个以上的水区；或者，通过堤、岛对水面进行分隔，也把水面分成不同的水区。这时需要注意的是：分出的水区中应当有一个面积最大、位置最突出的主水面，而其他水区则面积都比较小，而且相互之间的大小也不一样，都是次要水面。主水面的面积至少应为最大一块次要水面面积的2倍以上。次要水面在主水面前后左右的具体位置，不能形成对称关系。例如有着两块次要水面的水体，就不要在主水面的左右布置成对称状。

（3）空间比例确定：水面的直径或宽度与水边景物高度之间的比例关系，对水景效果影响很大。水面直径小、水边景物高，则在水区内视线的仰角比较大，水景空间的闭合性也比较强，这就可以设计出水面的闭合空间。在闭合空间中，水面的面积看起来一般都比实际面积要小。如果水面直径或宽度不变，而水边景物

降低，水区视线的仰角变小，空间闭合度减小，或者水面直径或宽度大幅度增加，而水边景物高度保持不变，则水体空间的开敞性都会增加，同样面积的水面看起来就会比实际面积要大一些，这样设计的结果，就可获得水面的开敞空间。湖池水面也可以像溪涧河流等带状水体那样产生纵深空间。湖池的这种纵深空间效果可以利用堤、岛及其绿色树木的层次分隔和掩映创造出来。图3-12所示就是成都新都区升庵桂湖园林的主水面由堤、岛、半岛采用多层次分隔而形成纵深空间的情况。

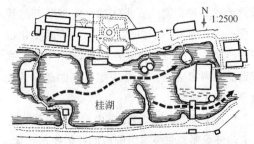

图3-12　水面多层次分隔形成纵深空间的实例

有人对苏州的怡园、艺圃、网师园三处园林中的水体进行了比较和分析，发现怡园与艺圃两处园林中水体的面积大小相差无几，但艺圃的水面明显地让人感到开阔与通透，怡园的水面却要显得小一些。再用怡园的水面与网师园的相比，怡园的水面面积虽然要大出约三分之一，但是大而不见其广，长而不见其深，相反网师园的水面反而显得空旷幽深。这些现象，都是由水面宽度、直径与水边景物高度之间的不同比例关系而造成的。

园林湖池造景设计，还与水体绿化设计、水边建筑设计、水中堤、岛、桥的设计紧密相关。在湖池的平面设计、岸线设计等完成之后，还应当做好这些相关项目的水景要素设计。

3）湖池水景平台设计 为了更好地展现园林湖池风景，更方便游人临水驻足观景，在湖池水边常常需要修建一些观景平台。这类平台一般都是从岸上跨入水中，和水面很接近，视线也可不受阻挡，临水赏景十分方便，因此可称为水景平

台。除了观赏水景的功能之外，水景平台还可作为露天茶饮园地、露天歌舞台等使用。

（1）平台的布置：水景平台的布置位置，一般在临水的建筑如亭、榭、廊等与水面的交接地带。但在堤边、岛屿边和可作为最佳观景点的湖边凸岸前，都可以设置水景平台。在水边布置平台有一个原则，就是平台前面的水面一定要比较广阔或者纵深条件比较好。前方水体空间狭小的地方不适宜设置水景平台。

（2）平台的平面设计：水景平台可根据具体的地形条件和临水条件采用多种规则的平面形状。一般以长方形平面或以长方形为主的变化形状为主，多见长方形、曲尺形、凸字形、凹字形、回字形、转折形等。有时，也可设计为半圆形、半环形、半矩圆形等形状，还可设计成方圆组合的复杂形状（图3-13）。水景平台一般不设计为自然形平面。

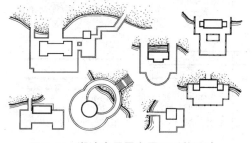

图3-13 湖池水景平台平面形状设计

（3）平台栏杆设计：为了保证安全，水景平台临水的边沿都要设置栏杆。栏杆的构成和尺寸设计如下所述。栏杆最好采用石材制作。石栏杆主要由望柱、栏板、地栿三部分构成。地栿平放设置，直接安装在平台的沿边，其顶面按栏板厚度和望柱截面宽度开凿有浅槽，用以固定栏板和望柱。望柱的形状一般可分为柱身和柱头两部分。柱身的形状很简单，仅有一点浅槽线作装饰。柱头的造型种类很多，常见的有素方头、莲瓣头、金瓜头、卷云头、盘龙头、仙人头、狮子头、麻叶头等。栏板的造型式样分禅杖栏板和罗汉栏板两类，其中禅杖栏板又分为透瓶栏板和束莲栏板两种。平台边的栏杆

也可以用混凝土仿石栏杆构件制作，还可以用金属管材制作。

栏杆的尺寸设计：先均分平台边长为若干份，使每份长度在1.2～1.8m之间，并以此作为相邻两望柱的中线间距。这一尺寸减去望柱直径，就是每一间栏板的宽度。栏板的高度则取其宽度的1/2。望柱的直径可根据柱高确定，应为柱高的2/11。柱头部分的高度不超过全柱高的1/3，柱身部分的高度应为全柱高度的2/3左右。栏杆的设计高度应仔细推敲。望柱总高一般在66～120cm之间；在宽大的水景平台边，栏杆望柱高度可按标准高度90cm设计，但在比较狭窄的平台曲桥部分，栏杆应当矮一些。栏杆地栿的宽度为1.5倍柱径宽，高度则为其宽度的1/2。

（4）平台的结构设计：水景平台一般应为钢筋混凝土结构，即采用钢筋混凝土柱、梁、板构件装配连接而成。具体设计可按建筑设计有关规范进行。

4）湖池水深设计 园林湖池各处的水深通常都不是一样的。距岸边、桥边、汀步边以外宽2m的带状范围内，要设计为安全水深，即水深不超过0.6m。湖池的中部及其他部分水可以更深些，但最深不超过1.5m。超过1.5m水深的湖池，危险性会增大。因此，湖池中深水区的水深一般应控制在1.2～1.5m之间。有游船的湖池，在湖中部的水深也不要浅于0.6m，太浅则在划船时易被船桨挑起湖泥而污染水体。庭院内的水景池不会有划船活动，而是常要在水下栽植荷花、盆植睡莲或饲养观赏鱼等，同时也为降低水池工程造价，水深可设计为0.7m左右。

水体岸边高于水面50cm左右，能取得较好的景观效果。岸边如果太高，在水边游览时的亲水感将大大降低。因此在作湖池岸边设计时，通常就以50cm作为岸边的标准高度，可在50～120cm之间确定，最好不要超过150cm。

3.3.2 湖底构造与做法
园林湖池的水底施工与水体的稳定性和防

渗漏性密切相关。在施工之前一定要做好水底地基的处理，并针对不同水底构造类型进行特殊的水底结构施工处理。

1）水底地基处理　在修建风景湖池之前，应对湖池区域内原有地基的地质情况进行细致的勘察；特别是在大型湖池工程中，勘察地质情况时打下的钻孔要有足够的密度和深度；并要进行坑测，测定土壤的渗水能力。要全面准确地了解地下土质情况，以便制订施工措施，对松软薄弱地基进行加固处理。

水体的底盘最好是黏土、泥灰岩、泥页岩等难透水的基岩层。底盘的底部及四周若有难透水的冲积土、砂质松土或黏土层时，也是相当有利的。黏土的透水能力一般比较小，为0.07～0.09m/s，由黏土底盘形成的潮湿沼泽地，最适宜修建为湖池水体。

如果在水体底盘或其四周有渗水的玄武岩、可溶于水的石灰岩或砂岩沉积物和大颗粒的砾岩或砂子，都可能造成湖池水的大量渗漏。对于将会发生渗漏的水体底盘地基，一定要进行加固和防渗漏处理。

2）湖底渗漏控制　湖底面积大，发生渗漏情况在所难免；但防渗漏做得好的一些湖底，却可以将渗透现象控制在一个比较低的水平上。湖底防水层、隔水层齐全，铺装材料质地均匀，密度一致的，其全年漏水量可以控制在5%～10%之间。而一般构造的湖底，年漏水量多在10%～20%之间。渗漏情况较严重的湖底，则年漏水量可达20%～40%。因此，在砂石地基上修建湖底的时候，因地基就是由渗漏严重的材料所构成，湖底各结构层就一定要加强防水、隔水方面的设计。一定要用防水卷材做防水层，隔水层的黏土厚度要增加，混凝土的强度等级要提高，并按防水混凝土进行配制。抹面砂浆中也要加进防水粉，配成防水砂浆。

3）湖底构造做法　湖池水底的基本构造可分为柔性与刚性两类，具体情况如下：

(1)柔性湖底：湖底的基本材料是以柔性的泥土或松散的砂石为主，湖底能够容许因水压而有稍大的沉降变形；其常见种类有素土防水膜湖底、黏性黄土防水湖底、砂石湖底等。柔性湖底的水生生态受到的破坏较小，能够满足部分水生植物及微生物的生态需要。

柔性湖底的剖面构造一般情况是：从下向上顺序分布有几个构造层次。最下层的是湖池的地基，地基之上常用轻黏土或黏性黄土做一个垫层。柔性的垫层用于铺垫塑料薄膜等防水卷材，在防水材料之上再用黏性黄土铺填并夯实做成一个厚厚的隔水层。黄土隔水层的上面，为保持湖水清澈，常用一个砂石层作为湖底的表层；或者为了栽植水生植物和养鱼的需要，采用一个肥沃栽培土层作为构造表层。

图3-14中绘出了4种简易的湖底构造做法，其中有3种都属于柔性湖底。

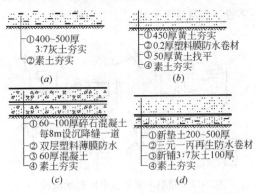

①400~500厚
3:7灰土夯实
②素土夯实
(a)

①450厚黄土夯实
②0.2厚塑料膜防水卷材
③50厚黄土找平
④素土夯实
(b)

①60~100厚碎石混凝土
每8m设沉降缝一道
②双层塑料薄膜防水
③60厚混凝土
④素土夯实
(c)

①新垫土200~500厚
②三元一丙再生防水卷材
③新铺3:7灰土100厚
④素土夯实
(d)

图3-14　湖底的4种简易构造做法

(a)灰土层湖底做法；(b)塑料薄膜湖底做法；
(c)混凝土塑料薄膜湖底做法；(d)旧水池重新翻底做法

(2)刚性湖底：是以硬质材料为主要材料封盖湖底而形成的一种湖底构造，其形态为整体的刚性底板状，具有一定的抗剪能力，但也容易因水底的不均匀沉降而产生底板断裂和漏水现象，而且比柔性湖底的造价更高。刚性湖底由于完全封盖了水底的地基及其泥土，破坏了水底的生态环境，因此不利于水生植物的生活。但这种湖池底板能够保证水体清洗容易，水质能够做到更加清澈。属于这类湖底的种类常见有：混凝土湖底(含钢筋混凝土池底)、砖墁(满铺)池底、石板池底等。

从湖底的断面构造来看，刚性湖底(或池底)自下而上的构造层次及其施工做法是：最下层为经过整理和加固的地基，地基的上面常用碎石层或灰土层作为找平垫层。在找平垫层之上再用60～120mm 厚的混凝土做一个垫层。这个混凝土垫层的作用是用来铺垫氯丁橡胶卷材、聚氯乙烯防水塑料薄膜等防水层材料的。在防水层之上，再用强度等级更高些的混凝土浇筑成为湖底的底板层。底板层是刚性湖底的主要结构层，有时也被设计为钢筋混凝土层。混凝土底板层的外面，是抹面和饰面层。图3-14(a)是构造层次有所简化的混凝土刚性湖底做法，可资参考。

4) 湖底的施工做法 这里以园林湖池工程中比较典型的素土水草湖底、砂石防水塑料膜湖底和混凝土湖底的具体施工做法为主，来学习湖池工程的湖底施工程序与方法。

(1) 素土与水草湖底施工做法：在面积广大的大型湖池工程中，如果能够确保湖池水底不会发生渗漏现象，那么就可直接利用底盘的素土，将水底做成素土及水草湖底。素土湖底的造价很低，可以大大减少园林水体的工程投资，并且能够完全保证水系生态系统的建立和协调发展。

这种湖底的具体做法是：先按照设计的湖池范围和各处湖底的标高数据，进行土方挖掘施工，将各处湖底都挖掘到比设计标高略低 10～20cm 的深度。然后进行地面素土夯实与整平操作，将水底整理成紧实的、基本平整的地面。在夯实的地面再均匀铺填一层厚度约为 15～25cm 的肥沃壤土，使湖底各处土面都达到设计所规定的标高。最后，在土面栽种沉水水草，就做成了素土与水草湖底(图 3-15a)。

(2) 砂石湖底施工做法：与素土湖底相比，砂石湖底的工程造价可能要略微高一些，但它仍然是一种比较廉价的湖池水底类型，而且其水底生态系统也同样能够得到保障。砂石湖底的施工做法与水草湖底大同小异，也是首先挖方施工，做出夯实整平的素土底盘，底盘顶面

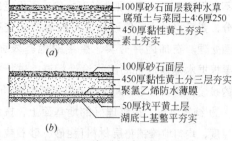

图 3-15 素土与砂石湖底做法

(a)水深植物池塘池底做法；(b)防渗漏的湖底做法

也比设计标高略低 10～20cm。不同的是，在夯实整平的底盘上，并不铺填肥沃壤土，而是铺填一层 10～20cm 厚的砂石，也不栽种水草。铺填的砂石层顶面一般应稍加整平，使湖底平顺整洁。砂石面层可以避免湖池蓄水之后底土因船桨扰动或游鱼的活动而被扬起泥污，始终使湖水保持清洁和透明状态(图 3-15b)。

(3) 混凝土池底施工做法：这种池底的工程造价一般比较高，因此其用途就主要是在面积比较小的庭园或广场的砖水池或钢筋混凝土水池方面。由于采用混凝土材料完全封盖了水底的泥土底盘，因此水底生态系统一般都会受到破坏。但是，这种水底能够保证池水的干净清洁，水景的观赏效果良好，因此在实际的园林工程中应用也十分普遍。面砖水池的混凝土池底施工过程主要可分为地基处理、垫层铺筑和混凝土底板浇制等三个主要环节(图 3-16)。

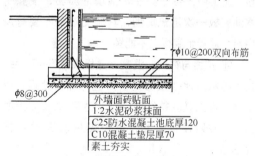

图 3-16 防水钢筋混凝土池底的构造做法

① 地基处理：先按照设计所定范围和标高数据进行挖方施工，待挖方完工并经验收符合各项设计规定之后，再对新挖出的池底地基进行夯实和整平操作，要求夯实地面的平整度数

值不大于4cm。如果发现地基有松软或不稳定的部分，要采用换土、填砂石或打桩等方法进行加固处理。在加固并夯实、整平的地基表面，还要根据水池池底各局部的设计标高，进行初步的找坡，将地基地面大致做出排水坡度来。

②铺筑垫层：在整理好的地基面上，按设计厚度，均匀地摊铺垫层材料(粗砂、砂石或碎石)。垫层材料的松铺厚度应大于设计的垫层厚度。例如，设计的碎石垫层厚度为15cm，则松铺厚度一般应为20cm。垫层材料铺满池底后，要进行刮平、压实、压平处理，使垫层结构紧密、坚实。垫层也可以用混凝土，要求配成C10混凝土，层厚按60～120mm掌握。在铺筑好的垫层上，浇洒一遍清水，便可浇筑池底的混凝土底板了。

③混凝土底板浇制：在水池施工现场，按设计的混凝土强度等级或设计配合比、水灰比来配制混凝土。配制混凝土时，水泥强度等级应不低于325号；采用天然河砂或山砂作细骨料时，应不含泥块及其他杂物，如砂中含泥量超过了规定标准，则应淘洗后才可使用；混凝土的粗骨料为天然卵石或人工碎石，要求质地坚硬、清洁，不含泥块、草木屑等杂物。浇筑混凝土时，要一面浇筑，一面充分振捣，一面对表面刮平，尽量使混凝土层结构紧密，表面平整。施工中，要一次性地铺填混凝土，使整个水池底板一次浇筑成型，其施工过程不要有所中断，混凝土底板上不能留有施工接缝。

④抹面与饰面：混凝土底板浇筑5～7d后，再用防水水泥砂浆对其表面进行抹面处理，以增强防渗漏性。待抹面层硬化达到80%以上的时候，按照设计要求，进行湖底表面的装饰处理。

3.3.3 水池设计与施工

1) 水池设计原则 庭院水池与建筑物的关系很密切，中国古代建筑庭院与园林水体更是相互穿插和渗透的。因此在水池设计中一定要解决好水池与环境的关系问题，要按照下述几条原则进行水池的设计：

(1) 水池要与庭院建筑密切结合。水池与建筑的关系不能是各自独立的，而是在庭院布局中就统一进行规划布置。水池可作为园林建筑的附属工程，在庭院修建中一起进行建设。水池还可以采取穿插、渗透方式参与庭园建筑的造景活动。

(2) 与其他多种景观要素结合，共同造景。水池可以和树木、山石、喷泉、瀑布、雕塑、亭廊建筑等结合起来，共同营造优美的园林水景(图3-17)。

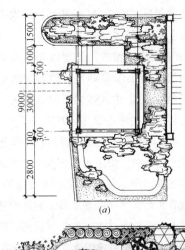

(a)

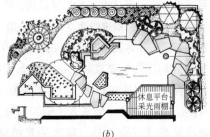

(b)

图3-17 庭院水池的组合造景
(a)水池与亭、石瀑结合造景；
(b)水池与叠瀑、山石、树木组合造景

(3) 增强水池防水能力，确保不渗漏。庭院水池如果经常漏水，将会严重地影响庭院建筑，特别是对于传统园林的木结构建筑及其基础部分的损害往往是致命的。因此，对于庭院水池，一定要按照防水构造的水池进行设计。

(4) 采用循环供水方式，节约用水。庭院水池多数都以城市自来水管网系统作为水源，在水池中的喷泉、瀑布等水景都需要大量用水。如用过之后的水直接排放掉，对水资源来说就是很大的浪费。所以要采用以水泵为中心的循环供水系统，长久而重复地循环使用自来水。

(5) 小水池装饰宜简，大水池可多些变化。水池的形状设计及池壁装饰方面，小水池不能做得太复杂，要强调简洁。而大面积水池的设计形状如果太简单，就可能使水池景观显得很单调、很简陋。因此，大水池的设计形状与池壁装饰可多些变化，而小水池的设计形状及装饰则不能有太多的变化。

2) 水池的布置　水池布置对于协调水池与环境的关系和充分展现其水景效果是直接相关的，所以一定要精心考虑，统筹安排。

(1) 布置位置：大水池与小水池所适宜的布置环境是不一样的。面积较大的水池如喷泉池、主景水池等，适宜布置于空间较为开阔的园景广场上，或者布置在大型庭院的中部。而小水池所适宜的环境则灵活得多，通常可布置于园路端头、园路弯道外侧、路边空间较闭合处、建筑及院墙的内转角处等地方。一些水池还可以与亭廊、花架及花坛组合造景，与游廊、花架相互穿插，密不可分。

(2) 布置要求：水池的布置也要坚持因地制宜原则，主动协调与环境的关系，在适宜的地方布置适宜的水池。水池是要供人观赏游览的水体，因而一般不能布置在偏僻处和人流稀少的地方，常常要布置在突出的位置上。大面积的水池最好采用自然式或混合式的设计形式，小面积的水池如果布置于广场、庭院中部等突出位置时，宜采用规则式的设计。自然式水池的池岸要多有开合变化，突出生动自然的景观特色。如果在水池中放养水生植物，其株数和种类要严加控制，水生植物不可过多。

3) 水池构造与施工做法　下面以典型的喷泉水池修建为例，来了解防水构造的庭院水池构造特点和施工做法。喷泉池常采用砖水池或钢筋混凝土水池形式，但这两种水池在池底的

做法上则往往是相同的，基本上都采用防水混凝土或混凝土加防水层的做法。在池壁的修建方面，两种水池则采用了不同的材料和不同的做法。下面，参照图3-18所示防水喷水池详图，主要从五个方面来介绍防水水池的修建问题。

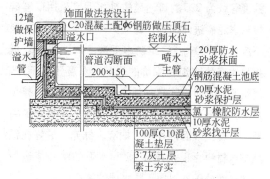

图 3-18　喷水池的构造做法

(1) 水池放线与土方施工：放线时先在地面确定轴心点、圆心点的位置，再按设计图样放出水池边线及土方挖掘范围线。土方施工则按照挖土范围线挖土，直至挖出规定深度的池底地基基面。地基基面应当整平，并应按照池底的设计排水坡度进行初步找坡。水池池壁外挖出的土壁不要挖成垂直壁面，而应当整理成比较平顺的陡坡状。

(2) 混凝土池底底板施工：在做混凝土底板之前，一般均应先铺上一个垫层，然后再浇筑混凝土底板。实际施工做法是：

① 铺筑垫层：垫层材料及其铺筑厚度须按设计规定，可以是粗砂、砂石、碎石或砾石。粗砂、砂石垫层常采用 30～60mm 厚度，而碎石或砾石垫层则多为 100～200mm 厚。将设计的垫层材料顺序摊铺在地基基面，作找平处理之后，再进行压实处理。压实的垫层表面应当达到平整、紧实、无浮砂的基本要求。垫层铺装好之后，用喷水壶均匀地洒水，准备浇筑混凝土底板。

② 混凝土底板浇制：如果是钢筋混凝土水池底板，即应在垫层铺装好后立即扎钢筋网。要根据设计规定来选用钢筋种类、规格和排距，并在钢筋网编扎好后采用水泥砂浆块将其架离垫层顶面约 20～40mm 高。钢筋网的编扎要根据设计

图上标定的水池管道沟和泵坑布置情况，预留管沟泵坑空间，以便修建池底管道沟和泵坑。在钢筋网布置好后，便可开始浇混凝土。如果是一般的素混凝土底板，则不需要编扎钢筋网而直接浇筑防水混凝土。浇制防水混凝土底板的水泥可用强度等级为325的普通硅酸盐水泥或采用矿渣硅酸盐水泥掺进外加剂，每立方米混凝土水泥用量不应少于300kg。浇筑防水混凝土时，要支立模板将池底管道沟和泵坑的形状、深度预定下来。浇筑混凝土时应注意加强振捣，尽量捣实。整个水池的混凝土底板应一次浇筑成型，尽量避免中断。混凝土表面应找平、拍实、抹光，最好在铺贴防水材料之前再用1∶2.5水泥防水砂浆进行一次抹面处理，以便于防水层的施工。

③ 管沟泵坑修建：为了清洗水池和冬季冰冻地区排空池水的需要，在池底最低处应修建排水坑。采用潜水电泵的喷泉池，也要在池底比较隐蔽处修建泵坑。而对于喷水管道系统的安装，也需要在池底修筑管道沟。其中，泵坑和排水坑都要布置在比较隐蔽处。施工过程中，在浇制水池混凝土底板时预留的管道沟和泵坑位置上，先用与底板同样的防水混凝土浇筑管沟沟底和泵坑坑底，并将沟、坑底面抹平。然后用防水砂浆砌标准砖做出沟壁或坑壁，并用塑料短管埋入泵坑壁中，预留出补水管、排水管进出泵坑的孔洞。最后，再用1∶2.5水泥砂浆对管道沟、泵坑的表面进行抹面。抹面一定要平整、光洁，便于在其上面铺贴防水材料。

(3) 防水层铺贴施工：在铺贴防水层材料之前，还要先在混凝土底板的周边砌筑永久性保护墙(图3-18)。永久性保护墙采用1∶2.5水泥砂浆砌120mm厚的砖墙，墙高按设计规定，墙的内面须用防水砂浆抹面。待混凝土底板表面和保护墙内面抹面层硬化、干燥了，便可进行防水卷材的铺贴施工。防水卷材可采用"二毡三油"、氯丁橡胶、三元一丙防水布等。但在施工中一定要注意，池底和池壁交接处，管道沟、泵坑、排水坑的壁、底交接处所铺贴的防水卷材不可有接缝。

池底、池壁保护墙、管道沟、泵坑的表面要一起进行防水卷材的铺贴施工，在池壁部分的卷材应一直铺贴到永久性保护墙的顶部。防水卷材铺贴好后，需要再用防水砂浆对池底、池壁保护墙、管道沟、泵坑进行抹面。经过防水砂浆抹面以后，水池的防水层就做好了。

(4) 池壁砌筑施工：待防水层做好之后，便可接着砌筑砖池壁。砖池壁的砌筑厚度一般为240mm；但因其外侧已有120mm厚的保护墙，所以池壁也可砌成180mm厚。砌墙之前应先用水将砖浸透，并洒水使池底和保护墙的防水抹面层湿润，待水稍沥干时即用1∶2水泥砂浆砌砖做成池壁墙体。砌筑池壁过程中要注意设计所定溢水口、进水管等的位置，当砌筑到这些位置时就要按设计修建出溢水口和留出进水管穿墙的孔洞。待砖池壁的墙体全部砌筑好之后，再将预制的混凝土压顶石或整形天然石压顶石整齐地砌筑在壁顶。

(5) 池壁与池底饰面：喷水池的壁面与池底表面一般采用花岗石、大理石、外墙面砖、广场砖等片状材料进行贴面装饰，一些简易的水池也常只采用水泥砂浆抹面处理。当采用片材贴面装饰时，要先用粗砂配制的1∶2.5水泥砂浆抹面找平，使抹面层表面保持一定粗糙度。当抹面的砂浆硬化后，再用同样的水泥砂浆作为结合料，按设计规定的贴面装饰方式将花岗石、面砖等片材平顺、整齐地铺贴在池底池壁表面。面砖缝口挤出的水泥砂浆要用抹布随时抹掉，并将砖面轻轻擦干净。贴面工序完成之后，可用棉纱蘸满白色水泥粉揩擦砖缝的方式进行抹缝操作。抹缝完成后，应当再一次用抹布将面砖表面揩擦干净。

3.3.4 水生植物池设计

在园林湖池边缘低洼处、园路转弯处、游息草坪上或空间比较小的庭院内，适宜设置水生植物池。水生植物池能以自然野趣、鲜活的生趣和小巧水灵的情趣，为园林环境带来新鲜景象。

1）设计形式 如图3-19所示，水生植物池有下述四种设计形式：

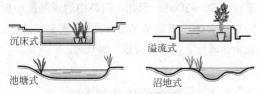

图3-19 水生植物池的四种形式

（1）沉床式：水池边地面低于周围地坪，水池空间明显下陷，水生植物景观以俯视效果为主的水池，就是沉床式水生植物池（图3-20）。

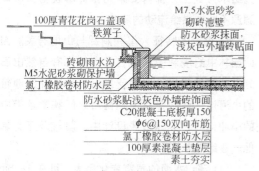

图3-20 沉床式水生植物池的做法

（2）溢流式：池中不设溢水管，水装满后从池壁顶平静溢出，这种水生植物池就是溢流式水生植物池（图3-21）。溢流式水池水景效果特别好。

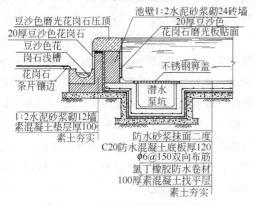

图3-21 溢流式水生植物池的做法

（3）池塘式：是自然式的浅水池塘，水池并不砌筑池壁和池底，是就地挖土做成池塘。池塘面积通常比较小，十余平方米至几十平方米左右，适宜私家庭园采用。

（4）沼地式：仿沼泽地形做水生植物池，无池壁，池底在水面上下起伏不定，由多数积水坑或浅水池以及湿地构成水生、湿生植物区。这种水生植物池实际上是小型的人工湿地。

2）池底形状设计 水生植物池的设计形式不同，其池底的做法也不同。从常见的水生植物池池底做法来看，主要有自然素土池底和混凝土池底两类。但从池底形状来看，则有下列四种池底：

（1）平坦池底：池底平坦，仅有排水坡度，凭肉眼不易看出地面坡度。

（2）阶梯式池底：池底一些局部做成阶梯形，可创造出不同水深的水底区域，需要在不同水深条件下栽植的水生植物最适合在这种池内栽植。如果采用盆栽沉水方式栽植水生植物，池底就做成简单的台阶形。如果采用水底土栽水生植物，则水底需要做成槽状，槽内填土栽植植物（图3-22）。

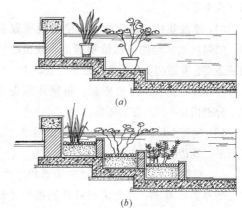

图3-22 两种台阶式池底的构造示意
（a）单纯的台阶状池底；（b）带种植槽的台阶状池底

（3）斜坡式池底：池底做成一面大斜坡，坡度在5%～20%之间，常常采用混凝土做池底。这种池底也能创造出不同水深的区域，适宜需要不同水深条件的植物生长（图3-23）。

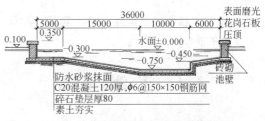

图3-23 斜坡式池底的构造做法

(4) 起伏式池底：池底起伏不定，如沼泽地形。这种池底就是沼地式水生植物池池底。

3) 池底栽植控制 水生植物池中的每一种植物都应当控制在一定范围内生长。如果不对生长进行控制，那么很快就会导致池中植物杂乱不堪，或者许多植株不能扎根稳住，而是浮在水面。所以，在池底设计中做好控制植物生长的安排很有必要。池底控制方法有下列3种：

(1) 水底围堰：在池底用砖砌矮墙作围堰，用于限制一些水生植物的生长范围。

(2) 设水下梯台砖槽：既限制植物根系生长范围，又能适应不同高度植物对水深的要求。

(3) 水底土面覆盖石子：用石子盖住泥土，以免水浑，保证清水；同时也把根部容易浮起来的水生植物压住。

4) 水生植物栽植 水生植物池栽植要注意以下几个要点：

(1) 聚散栽植，疏密结合：植物要有聚有散，如同自然水畔的自然植物群落。栽植的密度要适当，有疏密变化，如同自然生长状态。

(2) 因地制宜，品种搭配：根据水深度不同，分别搭配不同高度的植物品种。

(3) 控制生长，设施配套：池底做围堰，覆盖石子，池边的给水排水设施要配套。

(4) 植物选用：水生植物池主要选用水生、湿生的草类和灌木。具有这些特性的植物可分下列4类：

① 挺水植物：菖蒲、香蒲、慈姑、茭白、水葱、水芹、鸢尾、席草、马蹄莲、旱伞草。

② 浮叶根生植物：荷花、睡莲、王莲、莼菜、菱角、芡实、荇菜等。

③ 漂浮植物：水浮莲、水白菜、槐叶萍、绿萍。

④ 沉水植物：金鱼藻、轮叶黑藻、苦草、马来眼子菜等。

3.4 溪涧工程

溪涧是平面形状为狭长带状的流水水景，水有明显的流动感，属于动态水景。溪涧的宽度明显不如江河，通常都在5m以内，最窄的甚至仅有20～30cm；因此，园林中的溪涧是小型的带状水体。溪涧景观的构成要素是：流水、水声、曲岸、山石、水草、灌丛等。

3.4.1 溪涧的特征与类别

溪涧的平面形状都要做成宽窄变化的狭长带状，其建造材料中都要使用相当数量的天然石。而且，为了保证流水景观的实现，在它们的给水方式上，都需要采用循环水设备为水体源源不断地供给流动的清水。

1) 溪涧的特征 溪和涧都与山地有关。因此园林中的溪涧多布置在假山区或有自然山石分布的其他景区。溪是泛指山谷地区开阔地带的小河沟，涧则专指夹在两山之间狭窄地带中的小冲沟。在实际造景设计中，溪与涧还有其他一些细微差别。

(1) 溪：水面的宽窄变化稍大，可在1～5m之间；水稍深，约为30～70cm。岸边常做成山石驳岸或草树驳岸，坡度较陡，多为陡坡岸或垂直岸。水底纵向坡度处理得比较小，在0.5%～1.5%左右，因此水流速度不快，水的流动声响较小，显得较安静。

(2) 涧：水面宽窄变化的幅度稍小一些，一般在1～3m之间变化。水比较浅，约为10～30cm。岸边多做成缓坡山石岸或石滩岸。在水底纵向坡度处理上，常采用1.5%～3.5%的较大纵坡，因而水流速度相对较快。再加上水底的卵石、山石更多些，所以流水产生的水花也更多，水流动的声响也比较大，水景显得比较喧哗，动态感更强。

作为小型的带状流水水体，溪涧与属于中小型带状流水水体的沟渠也有明显的区别。在园林设计应用中，溪涧的应用偏重于造景和观赏方面，而排洪、灌溉等功能方面则只是附属的。因此，溪涧的设计形式是以曲折的自然式为主，偶尔采用规则式；即使采用规则式，也要做成规则的蜿蜒曲折状。而沟渠就不一样，沟渠在园林设计中主要用于排洪、灌溉等功能方面，用于造景和观赏方面则比较逊色。沟渠在设计中通常被处理为长长的直线状，尽量要减少曲折性，所以总体上属于规则式的水体。即使采用自然式，也只能有微微的弯曲，不会是特别的蜿蜒曲折。关于沟渠水体，在第二章有关排水设计的内容中已经有所涉及，因此在本节中就只讨论溪涧的设计与施工，不再考虑沟渠问题。

在以上所述溪涧的特征与区别中，实际上已经将所讨论到的偏重造景观赏的小型带状流水水体分成了溪和涧两个大类。这里仅以这两大类之下的小类划分做些探讨。

2) 按景观划分溪的类别　根据溪的景观特征来划分，常见的溪有下列5类：

(1) 山石溪：溪中点缀山石，溪岸为自然山石驳岸，景观以流水景和石景为主。山石溪中山石应用较多，重点表现山区的溪景，因此也可简称为山溪。

(2) 卵石溪：溪的宽度稍大，水的深度稍浅于一般的溪，溪底满铺大小卵石，岸为斜坡卵石岸；景观主要是卵石滩地景、大卵石石景、透明而偏静态的流水水景。

(3) 林溪：是在园林风景林下的小溪。其环境光线稍弱，情调清幽，宁静，时有潺潺流水声与鸟啼虫鸣呼应成趣。

(4) 草溪：以各种草类景观和流水景观一起构成主要景观内容，有葳蕤茂盛、生机勃勃的景观特色。如果按照溪景中的不同草类景观来划分，还可以将草溪分为：以香草类为主的芳草溪(如兰溪、香溪)，以溪底及溪边的水草和湿生草类景观为主的水草溪，以草类药用植物为主的药草溪，以高草草丛景观为主的丛草溪，以普通野生草类景观为主的野草溪和在溪两岸遍植多种草花花丛的百花溪等小类。

(5) 花溪：是以木本花木树景观为主而与流水景观配合构成的一种溪景，或可称作花木溪，如海棠溪、芙蓉溪、桂溪、牡丹溪、玉兰花溪等。

3) 按景观划分涧的类别　也按景观特色，将常见的涧分为下列5小类：

(1) 石涧：以动态流水和山石、卵石景观为主的普通涧，称为石涧。这类涧也可再细分为山石涧和卵石涧两小类。

(2) 响水涧：是突出表现流水跳腾、冲击形成较大水声效果的一种涧。这种涧需用较多自然山石来造出水声，因此应当属于石涧一类。但它又比一般的石涧更强调水声效果，其主要景观已经是水的声响而不是山石，因此按照景观特色来分类，还是单独作为一类比较好。

(3) 花木涧：是在涧的岸边点缀配植较多花木植株而构成的一种涧。其花木树最常采用蔷薇科李属的落叶小乔木花树，构成如桃花涧、樱花涧、梅花涧、杏花涧等。另外，还可以采用一些其他花木构成，如石榴涧、紫薇涧、山茶涧、木樨涧等涧景。

(4) 旱涧：是以砂石、卵石和自然山石铺装成自然式带状水体形态而并不引进水源的一种象征性的景观水体。这种"水体"能够明显地让人感到流水的意味，但却并没有真正的水。它的"水体"更像是一种干涸的石涧，但又在岸边石块缝隙中生长着绿色葱茏、生机盎然的草类和灌木丛，又显示出水草丰美而并非干旱缺水地区的景观特色，在造景技巧方面这被称为"水景旱做"(图3-24)，如日本园林中的"枯山水园"也是这样的。

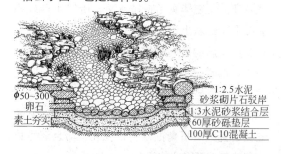

φ50~300
卵石
素土夯实
1:2.5水泥砂浆砌片石驳岸
1:3水泥砂浆结合层
60厚砂砾垫层
100厚C10混凝土

图3-24　旱涧(剖视图)

(5) 玻璃洞：这是在微型石洞上覆盖透明钢化玻璃砖而做成的一种特殊的洞。玻璃洞宽30~100cm，是一种微型的水洞，可布置在室内景园的地面或室外庭园的硬铺装场地下面。其顶面的玻璃砖面可以作为路面供人散步、行走。玻璃砖下洞中的小股流水依靠潜水电泵实现循环供水。

3.4.2 溪涧景观设计

溪涧的景观要素除了有流水水景之外，还有溪涧的平面线型、植物景观、山石景观等。这些景观要素在溪涧设计中都要和流水水景结合起来统筹安排，使水景效果更加多样化，更有变化性，提高水景的艺术性。

1) 溪涧平面设计 溪涧是突出造景功能的小型流水水体，其平面形状为蜿蜒曲折的、宽窄变化的带状。在平面上的变化是溪涧景观设计的一个关键点。在平面设计及水景石布置、植物配植几个方面都要突出和强化其变化性。

根据溪涧岸线的曲直和变化特点，在设计上，溪涧也和其他水体一样，都有自然式、规则式与混合式三种情况。

(1) 自然式溪涧：如图3-25(a)、(c)所示，自然式小溪和自然式石洞的平面形状都应当是曲折回环，婉转多变的。水体两条岸线也应当是不平行的曲线，两线之间的宽度要有收有放，有开有合。在溪涧的任何一段上都不能有对称部分出现。

(2) 规则式溪涧：如图3-25(b)所示，规则式溪涧虽然采用了直线线形，有最基本的规则式特征，但它毕竟不是排水渠，所以也最好不要在平面形状上设计成一条长直渠的样子，而是要在溪涧的直线转折、水体的宽窄变化上多做一些改动，力求使溪涧平面形状更生动些。这一点，正是规则式溪涧与规则式直线沟渠之间的最大差别。因此，规则式溪涧的岸线不单是通过直线转折角的规则性变化，而且还可以有斜线甚至弧形线的组合。

山石岸一定要注意不得砌筑成直线状，岸体山石背面最好先用混凝土填实之后，再用泥土填平。岸体中一般的山石空隙都要用小块山石填实，但也要注意随处留下一些大小不同的孔洞，以使山石岸造型显得空灵些。

(3) 混合式溪涧：是结合了自然式溪涧与规则式溪涧两种特征的溪涧平面设计形式，设计中主要应注意从自然式溪段到规则式溪段之间的过渡和转换一定要处理得很自然。

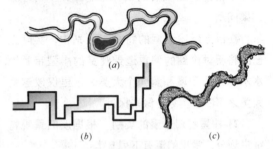

图3-25 溪涧平面的三种形态
(a)自然式小溪；(b)规则式水洞；(c)自然式卵石洞

2) 溪涧水景石设计 溪、涧的景观设计中，水景的变化可从水体宽窄变化、水底陡缓变化及岸边的曲折变化等方面体现出来，但利用水体中石景的点缀和山石对流水的分、拦、挡、切、导来造成水流的更多变化，也是很好的溪涧水景设计技巧。所以，根据溪涧造景设计的需要，还要注意随时在溪涧中插进一些大块的水景石。水景石宜采用风化程度较高并有一定磨圆度的天然山石或大块的巨型卵石。需要插进的水景石种类及其造景作用主要有以下几种(图3-26)：

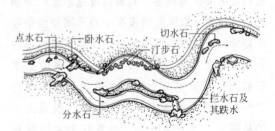

图3-26 溪涧的水景石及其布置

(1) 点水石：是在水面作点缀用的小块山石，采用自然式点缀方法布置在较宽的水面作礁石状，使景观单调的大水面有景可观，可削弱单调感。但点水石不能用得太多，太多则水石景观显得杂乱，反而削弱水景表现。因此，点水石的应用要少而精。

(2) 卧水石：为相对横卧布置在石洞中的两块大石，用以压缩流水宽度，形成细部的隘口激流。卧水石就像两头相对卧水的水牛，把守着一道水门，造成水流速度突然加快，使水景显著变化，水景形象更加丰富，因此，这种水石又叫卧牛石。

(3) 分水石：是独立布置在溪涧中的大石，高出水面，起分流溪水的作用。如图 3-26 所示溪涧中的分水石，就将该段溪流一分为二，分成水面高低不同的两条水流。

(4) 切水石：设置在石洞中部或边缘的，作用是使局部或细部的水流偏转方向的水中山石。切水石在溪涧中可用来导引水流和改变水流方向。

(5) 拦水石：砌筑在石洞某些段落的水面以下，用以提高该段落的水位，并在拦水石后形成跌水景观，如图 3-26 中的拦水石，就将其所拦水流的水面提高了几十厘米，使这个水面与其旁边较宽的水面一高一矮，相互对比，相映成趣。

(6) 垫脚石：是塞垫、支撑大石的较小石头。

(7) 汀步石：布置在水面较窄处，由一列间距 20～30cm 的平顶天然石按自然曲线关系排列组成，可供两岸交通及作水面汀步景观用。

3) 溪涧植物配植 溪和涧的植物配植设计要根据溪涧的类型不同而分别对待。例如，林溪就是在溪边两侧土地上布置风景林，草溪就是配植各种草类，也要根据不同的草溪小类来选用草本植物。

在植物的配植方面，自然式的溪涧应当采用自然式的种植方式，乔木用小型乔木或普通的观花乔木，按自然式风景树丛形式三五成丛，有聚有散地配植在溪涧岸上。要注意尽量不选用高大乔木近岸栽种，这对溪涧景观会产生压制作用。

灌木丛和高草丛应注意和溪涧岸边的山石紧密结合起来，作点缀性的栽植、陪衬性的栽植，植株的大小高矮要明显区别，栽植位置上要自然变化。主要采用树冠比较整齐的灌木配植在岸边，少用树冠松散甚至紊乱的灌木。

在溪涧的水边回湾处，可栽植一些挺水湿生植物和水生植物，如菖蒲、旱伞草、马蔺、香蒲、马蹄莲、石菖蒲、睡莲、泽泻、慈姑等。在一些溪底的水下，还可栽植鱼草、鱼眼子菜、金鱼藻等将水下土面全部用水生植物覆盖起来。

规则式溪涧的植物景观也宜规则式的。例如，在溪涧的岸边或水中，将花坛组合进来，做成岸边花坛、花台或水面上的水花坛等。由于花坛的平面形状都是规则几何形，组合在规则式的溪涧之中就能很好地协调，再加上花坛内色彩缤纷的花卉烘托，就可使规则式溪涧的景观效果大大增强。本章第一节的图 3-1 和图 3-2 中都有溪涧与花坛结合造景的设计实例。

4) 溪涧景观设计要求 溪涧的景观设计是有鲜明特点的，这个特点就是要利用山石、植物和溪涧本身的多种造景要素与流水水景相互结合来造景。下面，将溪涧最主要的几个设计要点再学习一下：

(1) 溪涧的平面线形宜曲不宜直；即使是规则式溪涧，也要多有转折变化。

(2) 溪涧的水面要有宽窄变化与开合变化；水面开合变化，才会有空间的韵律与节奏变化；水面宽窄变化，才更有自然野趣，更显得景观亲切动人。

(3) 水底要有陡缓变化，要善于利用水声；溪涧水底的纵坡坡度可在不同段落中有不同的陡缓变化，因而也可以造成水流的平缓与湍急的变化。同时，也要在水景石的布置中注意创造水声效果。

(4) 要与山石、植物结合造景。溪涧的流水水景也要依靠山石、植物来加以陪衬、烘托，使水景形象能够显得丰富多彩。

例如，以溪涧水景闻名的无锡寄畅园八音

洞(图3-27),就是由带状水体曲折、宽窄变化而获得很好景观效果的范例。在洞的前端,有引水入洞和调节水量的水池,自水池而出的溪洞与相伴而行的曲径相互结合,流水忽而在小径之左,忽而又穿行到小径之右,宽宽窄窄、弯弯曲曲,变化无穷。

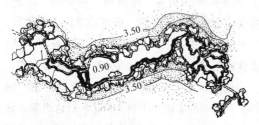

图3-27 无锡寄畅园八音洞平面图

又例如,中国古代园林中的"曲水流觞"水景形式,其水流更是极其曲折,而且还带有很浓的文化内涵。其做法是:在石材铺装的庭园地面开凿窄渠,渠道宽不盈尺,水深仅数寸,引水注入渠中。渠道在地面弯弯曲曲,绕来绕去,构成一种图形纹样,如回形纹、寿字纹、如意纹等,水渠末端则引水到外面将水排放掉。将掛了半杯酒的酒杯放入起端的渠道水面,在酒杯随着渠水流动时,有人开始作诗。当酒杯流到渠道末端时,如诗未作成,则要受罚。这就是"曲水流觞"水景的情况。

3.4.3 溪洞构造与做法

溪洞的结构可以从三个方面来认识。一是溪洞的水底结构层次,二是溪洞的水岸结构,三是循环供水的结构。下面,就这三个方面的结构问题分别进行讲解。

1) 溪洞水底构造做法 在做溪洞水体时,水底施工中可以采用的铺装材料及其施工做法是多种多样的,但最常见的水底形式则主要是卵石底、片石底、石板底、砖底和混凝土底等少数几种。下面分别介绍这几种溪底和洞底的做法。

(1) 卵石洞底:园林绿地中的浅水石洞或旱洞的洞底,最适宜采用卵石底,如图3-24所示。普通卵石洞底的设计可参考图3-28所示石洞断面详图。图3-28所示是卵石洞底的两种典型做法。两种做法的基本结构层次是一样的,只有面层的卵石铺装方法不一样。从自下而上的构造层次来看,两种做法都是在水洞土槽的夯实地基上,用碎石做一个垫层,厚度100mm;然后在刮平、夯实的碎石垫层上盖一层厚120mm的素混凝土作基层,在抹平的基层表面,再按不同的做法来做卵石面层。第一种卵石面层的做法是采用灌浆方法,是在基层上面铺一层卵石并基本压平压实,然后用水泥砂浆灌浆处理,凝固时用扫帚擦掉表面的水泥砂浆(图3-28a)。这种方法工效比较高,但表面的景观效果不如第二种方法。第二种方法是在基层上平铺一层水泥砂浆作为结合层,然后用手工镶面的操作方法,将卵石相互紧贴着立栽或平伏贴面,满铺在表层,即做成了卵石洞底(图3-28b)。

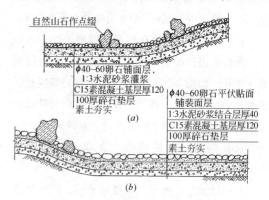

图3-28 卵石洞的两种洞底做法
(a)卵石灌浆刷洗面层;(b)卵石贴面面层

(2) 片石洞底:这种洞底的面层是采用天然片状石材的碎片,以水泥砂浆作结合料铺砌在洞底混凝土垫层之上的(图3-29)。其做法是,在整平的洞槽地基上直接铺一层厚80~120mm的C10混凝土垫层,并将混凝土捣实、刮平、抹光。待混凝土凝固、硬化以后,再用厚20mm的1:2.5水泥砂浆铺面作结合层。在铺上结合料后,马上用片石铺贴面层。片石应相互靠紧,尽量缩小石缝。较大的石缝要用小片石将其镶满。片石的顶面应尽量找平,努力使洞底十分平整。石与石间要用水泥砂浆抹缝,缝口一般采用平缝形式。抹缝完了再将石面通通清扫一遍，使洞底表面清洁整齐。

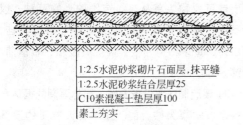

图3-29 片石洞底的构造做法

（3）石板溪底：在地基为砂石土质且容易发生渗漏的情况下，采用石板做溪涧的底板有助于减少渗漏现象。石板溪底的做法基本上与片石洞底差不多，但溪底面层材料不使用片石而是采用整形的青石板、红砂石板或黄砂石板。石板要事先加工整形为长方形的，规格尺寸可为 900mm×600mm×50mm、750mm×500mm×50mm、600mm×400mm×40mm 等。要求石板两面平整光洁，四周棱边挺直无破损。

（4）砖墁溪底：这种溪底一般采用青砖墁地作为溪涧的底板，施工做法与片石洞底大同小异。即在溪底基槽的土面做混凝土垫层，待垫层硬化后再按照海墁地面的做法用 1∶2.5 水泥砂浆平砌青砖作为溪底的面层，面层砖缝用水泥砂浆抹平缝。

（5）混凝土溪底：用混凝土作溪底可以有效地防止水底渗漏，因而这种溪底比较适宜于在砂土类易渗漏地基上修建溪涧。其结构做法是：在溪底基槽土面上铺垫一层碎石作垫层，并且要整平压实。然后在碎石层上采用细石混凝土做一个找平层，厚度可在 30～60mm 之间。当找平混凝土凝固硬化后，在其上面做出钢筋混凝土结构层。钢筋混凝土层可用直径 8mm 的钢筋编扎成双向布筋的、钢筋间距为 150mm×150mm 的方格钢筋网，混凝土用 C15 的即可。最后，对混凝土溪底底板进行抹面处理即可。

2）溪涧岸边构造做法　由于与山地环境的密切关联性，溪涧的岸边设计中采用天然石、树、草来造景的情况就比较普遍，例如做成山石岸、石滩岸、素土岸等。下面简单介绍这几种溪涧岸体的施工做法。

（1）山石岸：由于溪涧的水较浅，岸很低，在采用山石岸时都直接从洞底砌筑自然山石做成岸体，而不像一般湖池山石驳岸那样，要把水下部分做成砖石壁，水上部分才做成山石岸。山石岸的构造做法是：在溪底或洞底的两边缘用 1∶2.5 水泥砂浆砌山石作岸壁。在水位线以下部分选用形状平淡的墩状山石，采取前后错落、有进有退的方式，把大小不同的山石砌筑成自然曲折状的岸体。山石岸的构造做法如图 3-30 所示。

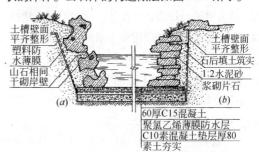

图3-30 山石溪岸的两种做法

(a)土石结合的岸壁；(b)片石叠砌岸壁

（2）石滩岸：溪涧的岸边可以仿照自然卵石滩、砾石滩做成石滩岸。石滩岸实际上就是被卵石或砾石覆盖着的缓坡岸。因此，在做这种岸边的时候，先要将岸边的土基挖填、筑实、修整成缓缓起伏的、紧实的、平顺的、光洁的倾斜土坡坡面，其坡度处理为3%～12%。在整形完成的缓坡坡面上，再铺垫一层厚度为60mm 左右的碎石作垫层，并用 C10 混凝土 80～120mm 厚作为岸边主要的结构层。在混凝土层之上，用水泥砂浆作结合料，采用卵石或砾石进行贴面施工(图 3-31)。

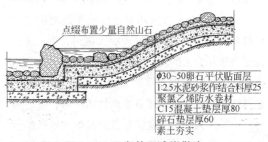

图3-31 石洞的石滩岸做法

(3) 素土岸：这类岸体是以素土为主要材料，并且以培土方式为主建造起来的溪涧岸体。在已经做好的石板涧底或素土溪底的两侧，用黏性较强的素土进行培土操作，一面培土一面筑实，将两岸做成结实的土壁岸体或陡坡岸体。为了增加岸体的牢固性，还可在素土岸壁中加进一些片石作为护土筋，或者采用片石与素土层交替叠压的方式构成土石结合的岸体(图 3-30a)。当岸体培土并堆叠到设计高度时，再对新做成的土壁进行抹面处理。土壁的抹面方法是：先用喷水壶向岸体土壁洒水至透湿，然后用铁抹子挑上泥浆从下至上用力地进行抹面，一面抹一面用力压，使抹面后的土壁表面更加致密和光滑。为了使抹面层硬度更大一些，还可在对土壁洒水后再撒上一些石灰粉，利用石灰粉和着泥浆一起进行抹面，这样形成的岸体表层今后会像硬壳一样对岸土起到保护作用(图 3-32)。

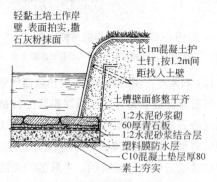

轻黏土培土作岸壁，表面拍实，撒石灰粉抹面
长1m混凝土护土钉，按1.2m间距找入土壁
土槽壁面修整平齐
1:2水泥砂浆砌60厚青石板
1:2水泥砂浆结合层
塑料膜防水层
C10混凝土垫层厚80
素土夯实

图 3-32 溪流的素土岸做法

在素土岸上栽种草皮或树木，可以利用密集的植物根系把溪涧的岸土紧紧抓住，也能起到很好的护岸作用。通常情况下，采用花木树或草丛集中配植在素土岸上，所起到的护土效果和景观效果都很理想。这样的素土岸又可称作花木或草丛岸。

(4) 花木岸：在采用素土岸的溪涧两侧集中栽植某种花木树，使岸边景观以花树为主；这种以植物景观为主的溪涧岸体，就是花木岸。花木岸的岸体材料和做法可完全按照素土岸来操作，也可按照前述山石岸或石滩岸的情况进行实际操作。不同的只是：一定需要针对具体花木树的生态习性，将其栽植到最适宜生活的地势位置上。

(5) 草丛岸：直接在素土岸的岸顶培植草丛或草皮，利用草皮、草丛保护岸边土壁，这种素土岸可以称为草丛岸。选作护土的草种，以根系发达的或具有匍匐茎的耐湿性草类为佳，如白茅、黄茅、狗牙根、匍茎剪股颖、石菖蒲、马蹄金等。

3) 溪涧循环水设备安装 园林溪涧的循环水设备是以水泵为核心的。在需要大流量的溪涧中，可采用普通的农用离心式水泵；而在流量要求不太大的溪涧中，则可采用潜水电泵。离心式水泵的噪声比较大，一般可安装在地下泵室中使用。潜水泵无噪声，必须放置在水下使用。利用离心式水泵或潜水泵，可将溪涧下游的流水吸入泵中加压并提升水头高度，然后通过出水管将流水输送到溪涧上游的出水口并释放到溪涧中，从而能够实现溪涧内源源不断的循环流水景观。

水泵一般需要安装在溪涧下游的泵室或集水坑中，因此在溪涧施工中还要根据所用水泵的种类，在下游适当地方修建地下泵室(离心式水泵)或水下泵坑(潜水泵)。潜水泵的水下泵坑最好用片石稍作掩盖，不要直接露出。泵室泵坑修好以后，再将水泵安装在泵室的基座上或将潜水泵放置于水下泵坑内。

离心式水泵安装时，其基础一定要平整坚实，在其底部与基础的接触面上一定要把橡胶垫铺好，并将每一个固定螺栓都充分旋紧，不可有松动。进水管至水泵泵体之间不要有连接弯头，要使进水管保持直管并尽量缩短其长度。进水管路的安装要求绝对密封，而且一定要有支撑，要避免把管路的重量传递到水泵体上。在自吸泵及抽气引水水泵的进水管口处，不要安装底阀，而应安装网篮状的滤水器，用以防止杂物或鱼类等被吸入水泵中造成不良事故。在出水管路的转弯处也要用支座加以支撑，不能将管路的重量传到泵体上。最后，将出水管引到较高处，与埋在溪涧旁的给水管相通，再将埋地的给水管引至溪涧上游的出水口处。

安装潜水电泵比较简单。首先对泵体进行全面检查，看密封部分是否做到了密封，电线及其接头处绝缘情况是否良好，要求做到绝对密封和良好地绝缘。检查合格后直接把泵体放入水下泵坑内隐藏起来，使进水管伸直，管口滤网无破损，进水无阻挡。在引出电源线和出水管路时要适当注意隐蔽。电源开关也要安装在岸上隐蔽处的控制箱内，箱外要上锁。出水管与通到溪涧上游的给水管之间的连接口，要注意密封好，不得漏水。

3.5 瀑布跌水工程

瀑布、跌水和壁泉、滴泉等落水泉类都属于动态的落水水景。不论采用何种方式，只要将水源提升到一定高度，并使其依靠自身重力向下坠落，便可形成这些落水水景。在这些落水水景之中，瀑布是水量更多，引水最高，落差更大，景观效果更强烈的一类水景形式。

3.5.1 瀑布跌水的类别

瀑布类落水水景的形式比较繁多，但大体上都可根据落水形式的不同而分为瀑布、跌水和落水泉三个水景类别。这三类落水水景又可各自按照不同的分类标准而分出一些不同的水景小类。

1) 瀑布的分类 根据不同的划分标准，可以分出各不相同的瀑布种类。本书从瀑布的落水方式、瀑布口与落水水形、瀑布落水朝向和方位三个方面来对瀑布进行分类。

(1) 按落水方式分：按照落水的具体方式，将瀑布分为直瀑、滑瀑、叠瀑和挂瀑四类。

① 直瀑：全称直落瀑布。其瀑布流水是从落水口向下不间断地直落到底，落水过程在悬空坠落方式下完成，中途没有停顿与间断。

② 滑瀑：全称滑落瀑布。流水从瀑布口落

下后并不悬空坠落，而是顺着陡峭的瀑布斜壁向下滑落。水流在落下过程中有不同的表现：当落水水层比较薄，流速较慢时，就是一般的滑落；当水量较大、水层较厚、水流急速奔泻而下时，叫泻落；当水流分成多股流下，水形为曲折的带状、线状，并顺着凹凸不平的陡峭山石壁自上而下披散落下时，称为披落。

③ 叠瀑：即叠落瀑布。瀑布落水呈 2~3 段层叠落下，其中至少有一层落水高度在 2m 以上。叠瀑与二叠泉、三叠泉的区别主要是水量大得多，落水口宽得多，落差也要大一些。

④ 挂瀑：就是挂落瀑布，或被叫做水帘瀑布。瀑布口是一根悬挂的水平多孔管，从管中落下的水形呈悬挂水帘状。挂瀑没有瀑布壁，是依靠水平多孔管两端的钢管立柱支起多孔管而成悬挂状瀑布口的。根据挂瀑落水形状不同，挂瀑的落水状态又分为线落、丝落和滴落三种(图 3-33)。

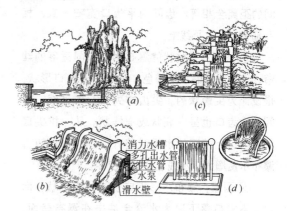

图 3-33 瀑布的落水方式分类
(a)直落瀑布；(b)滑落瀑布；(c)叠落瀑布；(d)挂落瀑布

(2) 按落水口形状和落水水形分：从落水口形状和水形很容易将瀑布分为 6 类(图 3-34)。

① 布瀑：瀑布的水像一片又宽又平的布片一样飞落而下，瀑布口的形状设计为一条水平直线，称平直口。瀑布口直线是否水平状和瀑布口之后的水源是否能够平稳溢出，影响到瀑布水形是否能形成整齐的布片状。

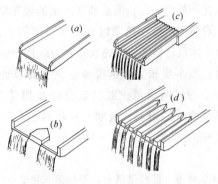

图 3-34　瀑布口与瀑布类别

(a) 平直口：布瀑；(b) 平分口：分瀑；

(c) 尖齿口：线瀑；(d) 平齿口：带瀑

② 分瀑：是分流瀑布的简称，又叫双瀑。它是由一道瀑布在落水口处被突出的分隔物从中间阻挡，瀑布水一分为二，形成两道并行的落水水流，其瀑布口采用了平分口形式。

③ 带瀑：从瀑布口落下的水流，组成一排水带整齐地落下。瀑布口设计为多槽状或多齿口状，齿口排列为一条整齐的间断直线，齿口之间的距离全相等。齿间的平齿口宽窄一致，相互都在一条水平线上。

④ 线瀑：排线状的瀑布水流如同垂落的丝帘，这是线瀑的水景特色。线瀑的瀑布口形状，是设计为尖齿状的。尖齿排列成一条直线，齿间的小齿口也呈尖底状或窄线状。从一排尖底状小齿口上落下的水排成整齐的细线形。随着瀑布水量增大，水线也会相应变粗。

⑤ 雨瀑：瀑布水形不成整齐的布匹状，而是从落水口落下时大水流全冲击在瀑布壁面，由冲击作用而成无数密集而散碎的水点，如密集雨滴般向下洒落。

⑥ 射瀑：由冲击力强的水流从瀑布壁向下喷射而出。水流是向下斜射的，水景效果比较生动。射瀑多用于假山瀑布等自然形的环境之中。

(3) 按瀑布的方位和朝向分：从瀑布的朝向和方位方面，可将其分为 4 个类别。

① 正瀑：是正面与观赏方向相对的主景瀑布，多数瀑布均属于这种类型。

② 侧瀑：以侧面对着观赏方向和人流繁多的地方。

③ 偏瀑：水流从落水口冲出，水形在飞落过程中发生偏转，由正瀑变为侧瀑或成为扭曲状的瀑布，这就是偏瀑。偏瀑的景观效果也比较生动有趣，多用于自然式山地环境。

④ 对瀑：两瀑布相互面对，都朝向对方，形成一对水景。作为对瀑的两道瀑布可以一样高、一样大，成左右对称状；也可以有大有小，有主有次。

2) 跌水的类别　跌水是指水流在低落差状态下跌落而形成的落水水景。跌水的水量较大，落水幅度稍宽，落水位置较低，每一跌落水高度均不超过 2m；其落水前方通常有大小不等的水池。按照跌水的分段情况可将这类落水水体分为三小类，即：

(1) 单级式跌水：是只有一段落差在 2m 以下的落水景观，其水体内的水面有高低不同的两种高程，一个高程是跌水之下水池的水面高程，另一个高程是跌水上方水面的高程。

(2) 二级式跌水：流水分为两段跌落，每一段落差都不超过 2m。水体内存在着高低不同的 3 种水面高程。

(3) 多级式跌水：流水作多层次跌落，每一层次落水高度常在 30cm 以下(图 3-35)。古代西方园林中的"水扶梯"就属于多级式跌水，但它的每一级跌水水体均作槽状，且落水高度级差在 60cm 以下。

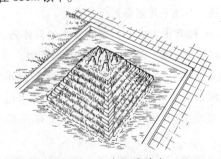

图 3-35　多级式跌水

跌水常布置在陡坡处，有自然式山石跌水和规则式砌体跌水两种形式。在设计中要求密切联系环境及地形条件的特点，根据水量、落差确定跌水形式，并要注意与山石、植物等其他景物结合起来造景。

3) 落水泉的类别　落水泉类水体的水量很小，落水细而狭窄，落水位置可高可低，泉下有承接落水的小型泉池。其具体种类又有：

(1) 叠泉：是层叠状落水的水景形式，其水流分 2～3 层跌落，二层的称二叠泉、三层的称三叠泉。叠泉与叠瀑的区别主要在于水量小，水形不为布片状而成狭窄的带状或线状。

(2) 壁泉：在墙壁上设落水孔而形成的泉水景观称为壁泉。园林中仿造的壁泉，一般布置在庭院中或路边树丛前，作为园林小景致使用，但也可兼作净手处。在广场喷泉群旁边也可布置壁泉。壁泉的背景，设计为假山石壁、乱石墙、砖墙都可以(图 3-36)。

图 3-36　壁泉设计效果图

(3) 滴泉：流水不成线状而呈滴落状的泉水就是滴泉。滴泉出水量较小，水滴分散或滴水成线。滴落在下面的水池中叮咚有声，别有情趣。

(4) 管泉：是落水口为管状的落水泉，其水形一般为线状。管泉的落水管可采用竹管，也可用不锈钢管或铜管。如果在管泉之下设置钵盂接水，即被特称作盂泉(图 3-37)。

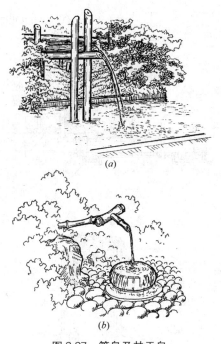

图 3-37　管泉及其盂泉

(a)管泉；(b)盂泉

3.5.2　瀑布的构造做法

1) 瀑布的构成　瀑布是落水水景的主要形式。如图 3-38 所示，瀑布的一般构成部分和结构方式是：

(1) 水源：在城市园林绿地中的瀑布大多数以城市自来水为水源，少数有天然条件的地方也可能引用山地溪涧、农用灌溉支渠的水作为瀑布水源。

(2) 落水池：在瀑布下面，一定有一个承接落水的水体，这个水体通常是一个落水水池，但也可能是湖、水潭、河流、溪涧等。在落水池内，布置有潜水泵坑、泄水口、溢水管、排水管等设施。

(3) 瀑布壁：落水水体的后部是瀑布壁。瀑布壁起到抬高和支承落水点的作用，常见采用假山石壁形式，但也有采用砖砌壁面、石砌墙体等其他形式的。设计上可采用自然式，也可采用规则式。

(4) 瀑布顶：瀑布顶在瀑布壁的中上部位或壁顶部位，是瀑布落水点所在的位置。瀑布顶

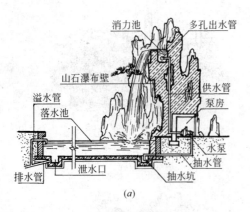

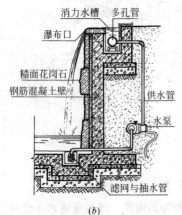

图 3-38 瀑布的一般构造

(a)仿自然瀑布；(b)人工瀑布

又包含三个重要的结构部分：

① 瀑布口：又叫落水口或泻水口，是瀑布水从水平溢出状态向落水状态转换的关键点。瀑布口的位置、方向、形状、宽度等因素对瀑布水形效果具有决定作用。

② 消力水槽：或者是消力小池，位于瀑布口之后，是瀑布给水的出口。瀑布给水系统将水提升到瀑布顶之后，首先进入消力水槽，消减水的冲力，以平静溢出的方式流向瀑布口。无冲力的水在瀑布口落下去，才能保证水形成整齐的片状而不是散乱的水流。

③ 多孔出水管：是在消力水槽底部成水平布置的一种多孔管，也是起消减水力作用的。多孔管与给水管的末端相连。给水管的水从多孔管中流出，被多孔管分散和消减了冲力后，再从消力水槽或消力小池溢出。

(5) 循环供水系统：是瀑布水提升、坠落的最终动力来源。循环供水系统从瀑布落水池汲取水源或从自来水管网引入补充水源，并将水加压提升到瀑布顶，从瀑布口落下成为瀑布水景。落到水池中的水又被供水系统抽提起来，源源不断地供给瀑布，从而实现循环供水的功用。循环供水系统的构成包含下列几个主要部分：

① 水泵：是循环供水系统的核心设备，是瀑布的动力来源，起抽水和提升水流的重要作用。在瀑布中广泛应用的水泵分两类：一类是潜水电泵，能提供的流量和扬程稍小，但静音效果良好，安装简便，占用空间小，在水下工作。第二类是离心式清水泵，提供较大的流量，扬程也较高，但工作时噪声很大，占用空间也较大，需修建专用的泵房。

② 配电设备：是为潜水电泵提供电力支持的各种电气设备。

③ 管道：包括给水管、抽水管、回水管、补给水管和溢水管等。

④ 管件：有各种阀门、弯头、三通、四通、异径接头、水表等。

2) 瀑布落水池施工　瀑布工程的施工程序是按照自下而上的原则安排的，即修建顺序是：落水池、瀑布壁、瀑布顶、供水设备安装与调试等。瀑布下面的落水池一般应按照防水水池的要求修建，其水深可在 500～1200mm 之间。若是采用潜水电泵为小型瀑布循环供水，则应在池底靠近瀑布壁的地方做出泵坑；泵坑的长、宽、深尺寸可为 1000mm×600mm×400mm。

在接近瀑布壁处的池壁修建中，要注意按设计位置留出补水管、抽水管或循环给水管出入水池的孔眼。在比较隐蔽的池壁上，要按设计做好溢水口，安装好溢水管。为方便今后清洗水池，在池底最低处应修建排水坑和安装排水管，排水坑上应安装铁篦子或滤网，在排水管通到池外的阀门井中应安装排水阀门。

如果瀑布是采用自然山石建成的假山上的

瀑布,那么,落水池的池边宜做成山石驳岸形式,与假山瀑布一致,保持自然山水园的景观特征。

3) 瀑布壁施工 瀑布的支撑壁可采用山石材料做成山石壁,或采用砖石材料修建成砖墙或石墙,或采用其他材料来代替砖、石做出瀑布壁。当瀑布壁修建成直立、斜立、台阶状或采用悬挂的瀑布管代替瀑布壁时,便可形成直瀑、滑瀑、叠瀑和挂瀑等水景效果各具特色的瀑布形式。

采用自然山石做瀑布壁时,要注意按假山施工技术方法进行施工,并结合整个假山的造型要求,使瀑布壁与假山其他部分在结构上、造型上和景观特征上都能浑然一体,协调统一。而瀑布壁部分的造型最好能做成悬崖绝壁状,壁底有一定的收缩和虚空,但结构上、视觉观感上又能做到十分牢固与稳定。

而以装饰型砖墙做的瀑布壁则常常是与建筑相结合的,是建筑墙面的一部分,其壁面施工中一定要注意做好防水处理。在进行砖墙墙面的找平层、抹面层施工时都要采用防水水泥砂浆,并且采用花岗石等片材贴面装饰时要做到砂浆饱满、缝口密实、隔水性能良好。

挂落瀑布没有真正的瀑布壁,是采用立柱支撑方式代替瀑布壁,依靠给水管来抬高落水口位置的。挂瀑的给水方向不但可以从下向上,而且也可以从上至下给水,即把给水管从上一楼层引到下一楼层的顶棚下面,将水平多孔管悬吊起来形成挂瀑(图3-39)。

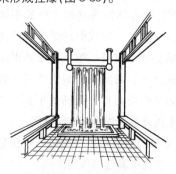

图3-39 悬吊挂瀑

瀑布壁是瀑布施工中工作量最大的结构部分。在瀑布壁施工过程中,为了瀑布建成后能够实现循环供水,就必须在适当的位置上及时安装瀑布循环水系统的一些管道,如抽水管、给水管、补水管等。这些预先安装的管道的管口都要装上临时性的堵头,以免有杂物落入管道中。当这部分管道安装好后,才进行瀑布顶设施的修建和安装。

4) 瀑布顶施工 瀑布顶的主要设施包括消力小池或水槽和瀑布口两部分。施工中应先修建消力水槽或消力池,后修建瀑布口。

(1) 修建消力水槽:在水口宽度较大、落水面较宽的滑落瀑布或大型瀑布的瀑布顶上,则应修建整齐的消力水槽。水槽宽250~600mm,深300~600mm。槽壁、槽底的表面也要做出砂浆防水层。在槽底则安装一根两端堵头、中央接通出水管管口的水平多孔管,作为消力出水管。在安装出水管及多孔管的时候,要注意做好水槽内壁穿管处的密封处理,避免漏水。在石山瀑布或水形宽度较小的瀑布顶上,则只需要修建一个消力小池或小水坑作为消减水管管口出水的冲力。小池或小水坑的尺寸宜为350mm×350mm×400mm~500mm×500mm×500mm或直径350~500mm,深400~500mm。在小池内壁及底部要用防水砂浆抹面,做成砂浆防水层。在小池底部或下部侧壁引出的水管出水口上,要安装多孔莲蓬头或多孔立管,作为出水口消减水力的设施。

(2) 做瀑布口:瀑布口的形状一般要做成有一点悬挑的、稍稍伸出瀑布顶边缘的水平水口状,有的时候还要根据瀑布类型的不同而进行卷边处理。水口的后方一定要做成很平整、很光滑的水平面。但是,水形设计不同的瀑布又要求瀑布口形状也做得不同,在这方面主要有布瀑、分瀑、带瀑和线瀑四种不同的瀑布口做法(图3-34)。

布瀑的落水口是水平口,施工中要用水平尺进行测量控制,将落水口做成水平直线状或水平弧线状。

分瀑的水口形状属于分水口。其施工做法是：在瀑布口的中央设一块分水石或分水埭，迫使流水在水口处一分为二，成为两条并行的稍小的布瀑。被分开的两个并行水口可以做得相互平行，成为平行分瀑；也可以做成一正一斜、一高一矮的状态，成为偏正分瀑；而偏正分瀑的水景效果变化要更好一些。

带瀑的落水口形状属于平齿口，水形成若干条宽窄一致的水带，并且排列整齐。在做平齿口时，要将水口做成城墙垛口形或平顶、平底的平齿形。每一个齿的宽度和齿底小平口的宽度都要保持一致，其齿底都要做得与其他齿底保持在同一条水平线上。

线瀑的瀑布口是尖齿口形状，与带瀑的平齿口相似，所不同的只是：线瀑水口是若干的尖齿加若干个的尖底口组成。施工中需要注意的是：每一个尖齿口的尖底都要做得和其他尖齿的尖底一样高矮，要在同一水平线上。这才可保证每一个尖口都能流下粗细一致的水线。

5) 循环供水设备安装 瀑布的循环供水设备安装需要根据瀑布类型、流量及其瀑布规模大小、水泵的选型和管道具体布置情况而确定。在安装中，潜水电泵应当直接放入池底的泵坑中，只要其上面至少保持30cm水深即可；水也不要太深，水深太大则泵体受到的压力也太大，安全性会有问题。水泵的电缆线要经过检查确保完全绝缘之后才能放入水中与电泵连接。电泵的进水管管口外要用细目钢丝网作为滤网包起来。如果是大型瀑布中选用的离心式水泵，则应将水泵安装到瀑布壁后或落水池旁专门修建的泵室内。离心泵基础必须充分牢固，水泵要牢牢地固定在基座上面。水泵的进水管穿越落水池池壁的出入口处一定要密封好，要确保不会漏水。出水管与补水管应当采取固定安装方式，并与水泵连接牢固。对水质要求较高的瀑布，可在泵室水管系统中安装加氯箱，用于净化水质。其他设备的电缆和电器开关都要采

用固定式安装，不能随意牵连在泵室中。当水泵及其管道系统全部安装完后，瀑布就可通水进行试运行了。

6) 瀑布水形调试 在瀑布正式交付使用前，要通盘检查一下落水池中、瀑布壁前还有没有需要补充的地方。例如，有时在瀑布壁前设置几块承瀑石、溅水石、拦水石、滚水石及其他种类的礁石，可顿时使瀑布水景显得更加生动有趣、真实可爱。在瀑布最后完工前，还要进行水形的调试工作。水形调试就是一边进行通水试运行，一边检查、调试和改进各瀑布口的流水情况。当发现有的水口流水太猛而有的水口却没有水时，就要用水泥砂浆把流水猛的水口垫高一点，再用扁凿将没有流水的水口凿低一点，以便使所有水口都能流下厚薄均匀的瀑布水片。水口重新加工后，还要再一次地通水试运行，当瀑布流水完全符合设计要求时，瀑布工程即可算最后完工，在经过检查验收之后，便可以交付使用了。

3.6 喷泉工程

喷泉是园林绿地中应用最为广泛的一种动态水景，对一般园林环境都有很强的美化装饰作用，而且在影响小环境的空气温度、湿度等方面，还有较显著的生态改良作用。喷泉工程就是设计、建造喷泉水景的一项专门工程。

3.6.1 喷泉的作用与布置

喷泉，是在水池或水渠中依靠不同构造的喷头及其不同组合方式而形成多样性变化的水形而得到的喷水水景。喷泉是园林理水造景的重要形式之一，常应用于城市广场、公共建筑庭园、园林广场或作为园林的小品，广泛应用于庭园室内外空间作为装饰性景观。

1) 喷泉的功能作用 喷泉不仅仅是一种观赏水景，它还有其他的作用。

（1）造景作用：从造景作用方面来讲，喷泉

首先可以为园林环境提供动态水景，丰富城市景观。这种水景一般都被作为园林的重要景点来使用。例如在西方传统的大规模宫廷园林中，喷泉群以及依附于喷泉的大型雕塑，就总是园林的主要景物，总是在园林中广泛布置着。因此，喷泉的造景作用决定了它能够装饰美化城市环境，作为环境中的重要景观或主景。

(2) 生态作用：喷泉对它旁边一定范围内的环境质量具有改良作用。它能够增加局部环境中的空气湿度，并增加空气中氢离子的浓度，减少空气尘埃，有利于改善环境生态质量，有益于人们的身体健康。

(3) 精神作用：喷泉有一定的调节人们情绪的作用。喷泉可以陶冶人们的情操，振奋精神，愉悦人心，培养环境审美意识和情趣，发挥应有的社会作用。

2) 喷泉位置的确定　在选择喷泉位置，布置喷水池周围的环境时，首先要考虑喷泉的主题与形式。所确定的主题与形式要与环境相协调，把喷泉和环境统一起来考虑，用环境渲染和烘托喷泉，以达到装饰环境的目的。或者，借助特定喷泉的艺术联想，来创造意境。喷泉的位置选择方面有两个特点：

(1) 大中型喷泉一般布置在环境的轴心、中心、端点、焦点位置，作为环境中最重要的景观设施，甚至作为主景。

(2) 小型喷泉的位置通常灵活确定，是根据具体的地形环境特点而有针对性地选定的。

3) 喷泉的环境要求　喷泉与环境的关系很密切，喷泉只有在与环境高度协调时才能发挥最大的观赏效应，因此，喷泉的环境一定要处理好。

(1) 不同类型喷泉的环境要求：大型喷泉要求环境宽阔、开敞，因此非常适宜城市广场、园景广场和宽阔的园林湖面等区域布置应用。小型喷泉则要求空间较为宁静，闭合度稍大，容易创造特定环境氛围与情调；所以可在公园、花园式住宅区的局部地方应用。造型大方、装饰华丽的喷泉，要求环境现代化氛围较浓，空

间开朗、动态十足；这类喷泉色彩斑斓，水景变幻，多彩多姿，适宜现代化的商业广场、大型商业街、大型娱乐城以及车站、码头、机场等人流集中的场所。精巧的喷泉，则要求环境幽静，环境景观较单纯，近旁有休息设施，因此比较适合公园中景观道路两侧、休息场地和建筑庭院中应用，也适合花园式住宅区、别墅区非中心地带和一些局部环境中布置应用。

(2) 喷泉的观赏视距要求：合理的观赏视距能够使喷泉水景最好的景观效果充分展现出来，因此在布置喷泉时一定要注意观赏视距。按照经验，观赏视距为最大喷水高度的3.3倍、为喷水水形最大宽度的1.2倍时，喷泉的全景观赏效果最好。而一些小型喷泉比较适宜观赏细部，这时视距确定为最大喷水高度的$1 \sim 2$倍，细部水景的观赏就会取得很好的效果。

3.6.2　喷泉的分类

喷泉有很多种类和形式，采用不同的划分标准，就会分出很不相同的喷泉类型。本书是从喷水景观特征、喷头种类及组合方式两个方面来对喷泉进行分类的。

1) 按喷水景观特征分类　喷泉喷水形成的水景形态是千变万化的，但其水景景观构成中却有一些相对不变的形式特征。利用这些相对稳定的景观特征，可以把喷泉分成几大类别。

(1) 普通喷泉：是由常见的射流喷头及各种变形喷头相互组合喷水，从而形成普通的水花图案及各种水景形象，这类喷泉就是普通喷泉。普通喷泉的景观，就是由喷头变形喷出特殊水形和由喷头组合喷出的组合式水景。

(2) 自控喷泉：是利用电子技术，按设计程序来控制喷水、灯光和音乐的变化，从而形成变幻多姿的奇异喷水水景。其景观特征主要表现在声、光、电与喷水景观的一体化和水景变化控制的自动化。按照控制方式的不同，这类喷泉又可分为声控喷泉（即音乐喷泉）、光控喷泉和程控喷泉三个小类。

(3) 雕塑喷泉：即与雕塑相结合的喷泉，喷泉的各种喷水造型都与雕塑紧密结合在一起，既是喷泉艺术，又是雕塑艺术。其景观特征就是喷水景观与雕塑景观的高度结合。

(4) 水雕塑：这种喷泉内没有真正的雕塑，而是通过特殊设计使喷泉的水形姿态带有雕塑一样的造型，即利用特殊的水形来塑造雕塑形象和刻画雕塑的抽象意义，因此常常具有明显的抽象雕塑特点。水雕塑的景观特征就是用水造型，用水来表现雕塑景观。

2）按喷头特点分类　按照喷头结构的不同和喷头组合方式的不同，首先可以将喷泉分为射流喷头喷泉和变形喷头喷泉两大类，然后再根据喷头的不同组合情况或喷头的不同变形结构，细分出一些喷泉小类。

(1) 射流喷头喷泉：一般统称为射流式喷泉，是采用没有特殊构造的射流式喷头（图 3-40）相互组合喷水而形成的一类喷泉。根据喷头组合情况的不同，射流式喷泉又可分为下述 6 个小类（图 3-41）：

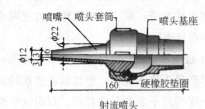

图 3-40　射流式喷头的构造

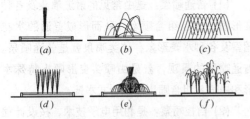

图 3-41　射流式喷泉的类别

(a)单射流；(b)散射流；(c)排射流；
(d)集射流；(e)组合射流；(f)旱射流

① 单射流喷泉：采用一个大型的远射程射流式喷头，直立或斜立喷水，形成高大的单水柱景观，水柱可高达 20 余米。采用单个近射程

射流式喷头喷水形成小水柱或水线景观的，仍属于单射流喷泉。

② 散射流喷泉：又叫射泉，是用若干个小型射流式喷头向着不同方向、采取不同俯仰角度一起射水，形成不整齐的、散漫的、生动活泼的喷水景观。

③ 排射流喷泉：又叫排射泉、水拱廊，是采用整齐排列为一条直线或弧线的单行射流式喷头，按相同方向和相同的俯仰角度一起斜射喷水，在整齐的喷水线下形成一条水线拱廊。

④ 集射流喷泉：若干射流式喷头按整齐的行列式关系集中排列起来，一起喷水，形成整齐一律的群聚式水形，有威武雄壮、气势磅礴的景观表现。

⑤ 组合射流喷泉：以多数射流式喷头整齐排列起来，按计算好的喷水方向和喷水俯仰角度有规律地喷水，使喷出的水线相互组合，构成优美的水形花式和图案。组合射流喷泉所用的喷头可有两种，一种是固定式的射流喷头，另一种是摇摆式的射流喷头。因此这类喷泉又可分为固定式组合射流喷泉和摇动式组合射流喷泉两类。

⑥ 旱射流喷泉：简称旱喷泉，是采用若干射流式喷头布置在砂石地、硬铺装场地等旱地环境而并不在水池中的一类特殊喷泉。

(2) 变形喷头喷泉：又叫变形喷泉或造型喷泉，是采用特殊构造的各种变形喷头喷出各种特殊水形的一大类喷泉的统称。采用不同的变形喷头，就会喷出不同的水形，也就形成了不同种类的变形喷头。根据变形喷头的不同，将常见的变形喷泉分为如下一些种类（图 3-42、图 3-43）：

图 3-42　各种变形喷头（一）

图 3-43　各种变形喷头(二)

① 鱼尾泉：也称扇形泉，是用扇形喷头喷水形成扇面状水形的一种喷泉。

② 涌泉：采用环形喷头，喷头在水下，喷水从水面以下翻涌而出，成低矮的水柱状、蘑菇状。涌泉主要用作装饰性水景。

③ 柱状泉：以较大口径的环形喷头喷出高大的环形水柱。

④ 牵牛花喷泉：采用带反射挡板的筒状变形喷头，喷出水膜构成喇叭状水形。

⑤ 扶桑花喷泉：也用带反射器的筒状变形喷头，但反射挡板下面分为 5 个导流瓣，喷出的水膜构成 5 裂的喇叭状花冠，形如扶桑花。

⑥ 半球泉：仍采用带反射器的筒状变形喷头，但反射器挡板向下方的弧度更大，喷出的水膜构成透明的半球状，如玻璃空心球。

⑦ 雾泉：也叫雾状喷泉，采用变形喷头中的喷雾喷头，这种喷头内部装有一个螺旋状导流板，使水具有圆周运动，水喷出后，形成细细的弥漫的雾状水滴。每当天空晴朗，阳光灿烂，在太阳对水珠表面与人眼之间连线的夹角为 40°36′~42°18′ 时，明净清澈的喷水池水面上，就会伴随着蒙蒙的雾珠，呈现出色彩缤纷的虹。

⑧ 树状喷泉：采用的是吸力式变形喷头。吸力喷头是利用喷筒内部的特殊构造，在高速水流喷出时，使喷口附近形成负压区，把喷头外的空气和下方喷水管的水一起吸入喷嘴外的

环套内，并向上高速喷出，最后形成混有大量细微气泡的不透明的白色水沫，再由白色水沫构成如冰雪覆盖的圣诞树状水形。吸力喷头又有吸水喷头、加气喷头和吸水加气喷头等不同的品种。

⑨ 蒲公英喷泉：是由特殊造型的蒲公英型喷头构成的喷泉。蒲公英形喷头在圆球形壳体上，装有很多同心放射状喷管，并在每个管头上装有一个莲蓬式变形喷头。因此，它能喷出像蒲公英一样美丽的球形或半球形水花。

⑩ 旋花喷泉：其喷头采用的是旋转喷头，它利用压力水由喷嘴喷出时的反作用力或其他动力带动回转器转动，使喷嘴不断地旋转运动，从而形成了旋转花式的水形。

⑪ 菊花喷泉、孔雀喷泉：是采用多孔喷头构成的喷泉。多孔喷头可以由多个单射流喷嘴组成一个大喷头，也可以由平面、曲面或半球形的带有很多细小孔眼的壳体构成喷头，能喷射出菊花状、孔雀尾状的美丽水花。

⑫ 组合花式喷泉：所用喷头为组合式喷头。这种喷头是由两种或两种以上形体各异的喷嘴，根据水花造型的需要而组合成的一个大喷头，它能够形成较复杂的水花形状。

3.6.3　喷泉设计与施工

喷泉工程有技术和艺术两方面的内容，在设计与施工中这两方面的工程内容都有充分的表现。在技术方面，喷泉工程既有土木建筑方面的工作，也有水工方面的工作。在艺术方面，喷泉工程主要通过水形设计来创造多姿多彩的水景形象。

1) 水形设计方法　喷泉水形是由不同种类的喷头、喷头的不同组合与喷头的不同俯仰角度几个方面因素共同造成的。从喷泉水形的构成来讲，其基本构成要素，就是由不同形式喷头喷水所产生的不同水形，即水柱、水带、水线、水幕、水膜、水雾、水花、水泡等。而由

这些水形要素按照设计的图样进行不同的组合，就可以造出千变万化的水形来。

水形的组合造型也有很多方式，既可以采用水柱、水线的平行直射、斜射、仰射、俯射，也可以使水线交叉喷射、相对喷射、辐状喷射、旋转喷射，还可以用水线穿过水幕、水膜，用水雾掩藏喷头，用水花点击水面等。

2）基本水型样式 喷泉的水型样式是由不同种类的喷头及其不同组合方式创造出来的。从水型的角度可将喷头分为三类，即独立喷头、组合类喷头与排射流喷头。不同类别的喷头能够喷射出不同造型的喷泉水型景观。常见的水型样式有下述几种：

（1）独立喷头的水型：利用扇形喷头、喷雾喷头等独立喷头所喷出的水型有单射型、牵牛花型、半球型、孔雀型、扇型、旋转型、喷雾型等喷水造型（图3-44）。

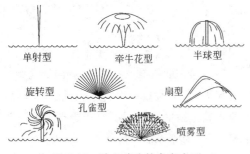

图3-44　独立喷头的参考水型

（2）组合类喷头的水型：采用组合喷头、多孔喷头、蒲公英喷头等组织的喷泉水型有洒水型、吸力型、多层花型、蒲公英型等（图3-45）。

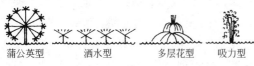

图3-45　组合类喷头的参考水型

（3）排射流喷头的水形：采用射流式喷头组织成排射流形式，可以造出的水型要多些，常见的有水幕型、编织型、圆弧型、圆柱型、拱顶型、向心型、蘑菇型、篱笆型、屋顶型等（图3-46）。

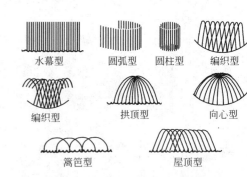

图3-46　排射流喷头的参考水型

3）喷泉的给水方式 喷泉的水源应为无色、无味、无有害杂质的清洁水。因此，喷泉除用城市自来水作为水源外，也可用地下水。喷泉的给水方式有下述3种：

（1）自来水直接给水：对于流量在2～5L/s以内的小型喷泉，可直接由城市自来水供水。这种给水方式比较浪费水，只宜用于小型喷泉，如涌泉、射泉、喷水盘等。

（2）水泵循环供水：自来水或井水经过水泵加压，供给喷泉使用；用后的水重新抽回水泵再加压，从而实现循环供水。为了确保喷水具有必要的、稳定的压力和节约用水，对于大型喷泉，一般采用循环供水。水泵可用离心泵和潜水泵，离心泵供水需要设水泵房，而且要作降噪声设计。

（3）高位水体供水：在有条件的地方，可以利用高位的天然水塘、河渠、水库、高位水箱、水塔等作为水源向喷泉供水，水用过后排入园林湖池作为湖池的补充水源。

喷水池的水应定期更换。在园林或其他公共绿地中，喷水池的废水可以和绿地喷灌或地面洒水等结合使用，作水的二次使用处理。

4）喷泉构筑物的组成 喷泉工程的构筑物是以喷水池为主体的地下或地面的工程设施，除了喷水池之外，喷泉构筑物还包括水泵房和阀门井。

喷泉水池的设计与构造做法在本章第三节中已经介绍过，因此在这里就只对喷水池各部分的施工做法要点进行补充说明。喷水池的设计形状可为规则式，也可是自然式。池的宽度应保证在喷水最大高度的3倍以上，池水的深度可在0.6～1m之间。下面，参考图3-47所示喷泉水池及其设备的平面布置图，来了解喷水池各构造部分的基本做法要求。

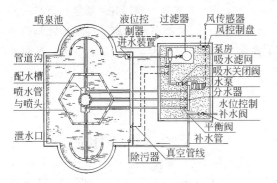

图3-47　喷泉水池及其设备平面图

(1) 基础：可用混凝土做基础，基础层厚150～250mm。混凝土基础之下可用级配砂石或碎石层做垫层。此外，也可采用60～100mm厚的3:7灰土夯实做成基础，灰土基础厚度按300mm准备即可。

(2) 防水层：喷水池内的防水层一般采用氯丁橡胶、三元乙丙防水布或改性沥青防水卷材铺设而成。此外，设计上也常需采用其他材料作为辅助防水材料。如：采用沥青涂料或合成树脂涂料作为防水涂料，以硅酸钠防水剂等作为注浆材料，以水泥砂浆加3%防水粉作为防水砂浆等。

(3) 池底：在池底之下，先用素混凝土做出防水层的垫层，在防水层材料全铺设之后，再用钢筋混凝土修建池底，钢筋混凝土厚度应在200mm以上。为防止不均匀沉降的破坏，池底需要每隔10～12m设变形缝一道。

(4) 池底附属设施：喷水池的池底与一般水池是不同的，它要修建主喷水管的管道沟、潜水泵的泵坑或循环抽水用的集水坑。其他设施如泄水口、溢水口等，也要根据需要做出。

(5) 池壁：喷泉池的池壁可用砖或钢筋混凝土制作。砖砌池壁，厚可为240mm或370mm，

表面以面板材料贴面装饰或做抹面装饰。钢筋混凝土池壁：厚150～200mm，可用直径8～10mm的钢筋按排距200mm双向布筋，混凝土强度等级为C20。

(6) 压顶石：高出池外地面100mm以上，用天然石材凿制或以砖砌并用面板贴面装饰均可；其断面形状可设计为平顶式、拱顶式或挑伸式；表面的质感和色泽要美观。

5) 喷泉的管道系统　管道系统是喷泉的一个重要组成部分，喷泉的管道系统是以给水管和喷水管为主的一套系统。了解喷泉的管道系统应从管道种类、管道供水方式和管道布置要求三方面入手。

(1) 管道种类：喷泉工程的管道系统主要由给水管、补给水管、喷水管、泄水管、溢水管、排水管等构成。

(2) 管道供水方式：在喷泉池内布置的给水管是池内的主管道，需要布置在池底的管道沟内，其供水方式有两种。一种是环形管道供水，给水主管成十字形居中布置，喷水管成环状布置于给水主管的端头。第二种是组合式配水管供水，采用了分水箱配水的组合方式。

(3) 管道布置要求：喷泉的管道布置工作应按照下列7方面的要求进行：

① 按具体条件布置管道；

② 设溢水口：面积应为进水口的2倍；

③ 补水管与城市供水管网相连；

④ 泄水口在池底最低处；

⑤ 管道纵坡不小于2%；

⑥ 管道安装好要通水试验和调整；

⑦ 大型自控喷泉应设中心控制室。

6) 喷泉泵房安排　大型喷泉需要修建泵房来安装离心式抽水泵。泵房的作用是保护水泵，维护水泵运行中的安全性，减弱噪声影响，不影响喷泉景观，保证喷泉景观的单纯性，也能方便对整个喷泉系统运行的管理与监护。

(1) 建筑形式：喷泉泵房的建筑形式可分为地上式、地下式和半地下式三种。无论哪种形

式，都要有所隐蔽，不能完全暴露出来影响喷泉环境景观。地上式泵房常修建于喷泉池边假山或其他景观建筑的背后，甚至修建于假山的底部，周围还有绿树围绕掩藏。地下式泵房通常可修建在喷水池的下面，只开辟一个地下通道从池边通向地面，这样可节约用地。半地下式泵房一般修建在池边，与水池紧密结合，并采用较好的造型来衬托喷泉水景。

（2）管线布置：泵房内要以水泵为核心，布置必须的管道设备，其中主要包括吸水管、出水管、回水管、分水器及各种阀门等（图3-48）。在布置泵房管线时要注意的3个问题是：泵房进、出水管的管径应适当加大，要在水泵与管道之间设渐变管，泵房内要安装进风风扇，注意通风和室内地面的排水。

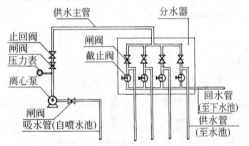

图3-48　泵房管线及设备布置示意图

7）喷泉水泵选择　水泵是喷泉系统的核心部件，是喷水的动力来源。水泵的选择与喷泉规模大小及水景造型需要密切相关。在确定水泵时的主要考虑因素是水泵的性能和水泵类型的选择。

（1）性能确定：根据喷泉水形设计的需要，首先确定水泵型号；再按照喷泉喷头种类、流量、数量来计算喷泉系统所需的流量；并根据喷水的设计高度确定喷水需要的扬程和喷水允许吸上高空的高度数值。

（2）泵型的选择：根据对喷泉所需流量的计算结果，选择符合流量需要的水泵。在考虑流量的同时，还要根据喷泉喷水高度来选择和确定所选水泵的扬程，最后再根据流量和扬程而选定完全符合需要的某种水泵产品。

8）阀门井配置　阀门井是喷泉构筑物的附属构成部分，主要分给水阀门井和排水阀门井两种。给水阀门井内主要安装截止阀，而排水阀门井中则主要安装泄水阀。

复习思考题

（1）应当如何认识水景的功能与作用？怎样对园林水景进行分类？

（2）园林水体岸坡所处环境可分为哪几个层段？影响岸坡稳定性的因素有哪些？

（3）浆砌条石驳岸和铺石护坡工程的施工程序与方法是怎样的？

（4）园林湖池水景平台的设计要注意些什么？

（5）刚性湖底和柔性湖底在构造做法上各有哪些特点？

（6）喷泉池等防水水池的构造与施工做法一般是怎样的？

（7）水生植物池的类型和池底做法情况如何？

（8）如何对溪涧进行更细的分类？溪涧的水景石有哪些种类？如何应用？

（9）怎样对瀑布进行分类？瀑布一般的构造做法是怎样的？

（10）瀑布的施工程序和技术方法要领是什么？

（11）怎样按照不同的喷头形式来对喷泉进行分类？

（12）喷泉构筑物的组成情况如何？有什么突出的特点？

第4章 园林砌体工程

园林砌体工程除了园林建筑附属砌体之外，主要是花坛砌体和各类挡土墙砌体两部分。花坛砌体工程主要是指花坛边缘石矮墙体的砌筑施工；而园林挡土墙工程，则主要包含陡坎挡土墙和水体岸边挡土墙等的砌筑工程。花坛修建与挡土墙修建有很多相通之处。本章将主要介绍花坛砌体工程的设计和施工，同时也对挡土墙工程进行必要的了解。

4.1 花坛砌体工程

花坛是草本花卉用于环境美化装饰的主要栽植形式，这种栽植形式所用的种植床，就是花坛。在花坛的周边，都有用砖石材料砌筑起来并进行饰面的边缘石砌体。边缘石的设计形状和表面装饰情况，对整个花坛的观赏效果有很大影响。

4.1.1 花坛砌体材料

砌体工程的基本材料是砖、石和砂浆，花坛砌体也是以这三类材料为基础砌筑起来的。在学习花坛砌筑技术之前，必须要掌握这三大类材料的种类、规格、性能和使用特点。

1）砖材 砖是砖砌体的基本材料，在花坛边缘石砌体中一直得到广泛应用。用于砌体工程的砖可分为烧结黏土砖、其他烧结砖和不烧结砖三类。

(1) 烧结黏土砖：是烧结普通砖中最常用的一类，是以黏土为原料，按照全国统一的规格标准烧结而成的。

① 砖的统一规格：

标准砖的尺寸规格为：240mm×115mm×53mm；

小砖的尺寸规格为：220mm×105mm×43mm。

② 砖的抗压强度等级：常用 MU10 和 MU7.5 两个抗压强度级别，其他的四个级别如 MU30、MU25、MU20、MU15 都不常用或达不到该强度等级。

③ 砖的种类：黏土砖分为实心砖、空心砖和多孔砖三种，各自特点如下所述：

实心砖：是无孔的砖，规格尺寸按标准砖和小砖尺寸。实心砖按生产方法不同而分为手工砖和机制砖两类；按砖的颜色不同而分为青砖与红砖两类，一般来说青砖比红砖结实，并且更耐碱，耐久性更好。

空心砖：又称为大孔砖，砖体有 3 或 5 个大孔。黏土空心砖有三个规格型号，分别是：

KP_1，标准尺寸：240mm×115mm×90mm；

KP_2，标准尺寸：240mm×180mm×115mm；

KM_1，标准尺寸：190mm×190mm×90mm。

其中，KP_1、KP_2 型号的空心砖可以与标准砖同时使用，而 KM_1 型的砖则无法与标准砖同时使用。使用这种规格的砖，必须生产专门的"配砖"才能解决砖墙拐角、丁字接头处的错缝问题。空心砖主要用来砌框架围护墙、隔断墙等非承重墙。

多孔砖：是为了节省烧砖用土和减轻砌体自重而由实心砖改进而来的，可以用来砌筑承重的砖墙。其规格尺寸为：240mm×115mm×90mm。

(2) 其他烧结砖：这一类烧结砖主要是指除开烧结黏土砖之外的其他采用烧结方法生产的烧结普通砖，包括烧结煤矸石砖和烧结粉煤灰砖。烧结煤矸石砖是采用煤矸石为原料烧制而成的；烧结粉煤灰砖的原料则是粉煤灰加部分黏土。这一类烧结砖的规格尺寸与强度等级都和烧结黏土砖相同。

(3) 不烧结砖：不烧结砖是由硅酸盐材料压制成型并经高压釜蒸压而成的，因此又称硅酸盐类砖。与烧结普通砖相比，不烧结砖化学稳定性不强，耐久性较差，其应用没有烧结砖广泛。硅酸盐类砖的规格尺寸也与烧结黏土砖相同，强度等级在 MU7.5～MU15 之间。其种类主要有灰砂砖、粉煤灰砖、矿渣硅酸盐砖等。

2）石材 自然界的三大岩类都有石材在园林工程建设中广泛应用，如岩浆岩类的花岗石、正长石，沉积岩类的石灰石、砂岩岩石，和变质岩类的大理石、石英石、片麻石等。其中有的石材强度可以达到很高水平，因此石材的强度等级远远高于砖类。石材的强度等级有：MU200、MU150、MU100、MU80、MU60、MU50等。用于砌体工程的石材从外观形状上可分为料石和毛石两类。

(1) 料石：也叫条石，是由人工或机械开采出来，并经过凿琢整形加工的、形状比较规则的六面体石块。按照石块表面加工后的平整程度，料石被分为下列四种：

① 毛料石：石块厚度不小于20cm，长度为厚度的1.5~3倍；石面稍加修整而基本平整。

② 粗料石：石块厚度和宽度均不小于20cm，长度不大于厚度的3倍，石面凹凸深度（平整度）不大于2cm。

③ 半细料石：石块长度、宽度、高度均与粗料石相同，石面凹凸平整度不大于1cm。

④ 细料石：石块长、宽、高均同粗料石，石面应细加工，平整度不大于0.2cm。

(2) 毛石：毛石是由人工采用撬凿法或爆破法开采出来的、形状不规则的石块，有时被称作块石。由于岩石层理的关系，石块总有一个面或两个面比较平整，因此可用于基础、墙脚、矮墙墙体、挡土墙、驳岸、护坡、堤坝等的砌筑。

3) 砂浆　砂浆是由骨料、胶结料、掺合料和外加剂加水拌合配制而成的。其中的骨料、胶结料成分不同，则砂浆的种类也就不同，不同种类的砂浆，其使用性能也有很大差别。

(1) 砂浆的性质：砂浆的性质主要是指砂浆的强度、粘结力与稠度。

① 抗压强度：砂浆按其抗压强度分为7个等级，即：M15、M10、M7.5、M5、M2.5、M1、M0.4。其中，砌体工程常用M10、M7.5和M5三种强度的砂浆，砖砌体最常用的砂浆强度是M7.5级别的。

② 砂浆的粘结力：砂浆对砌体材料表面附着力的大小，就是砂浆的粘结力。砂浆的粘结力与砂浆中水泥含量和水分含量（水灰比）有关。水泥含量适度，水灰比稍大，则砂浆粘结力就较强。水泥含量不足，含水量少，砂浆比较干，则砂浆的粘结力就小。

③ 砂浆的稠度：或叫工作度、和易性。砂浆的稠度是在砌筑过程中砂浆流动性的大小。砂浆应当具有适宜的稠度，砌筑操作才能够比较方便，砌体材料之间砂浆的充满度才高，砌体质量才有保证。表4-1列出了不同砌体对砂浆稠度的要求。

不同砌体砂浆的稠度　　　表4-1

砌体种类	砂浆稠度(mm)
烧结普通砖砌体	70~90
烧结多孔砖、空心砖砌体	60~80
空斗墙砌体 普通混凝土小型空心砌块砌体 加气混凝土砌块砌体	50~70
石砌体	30~50

砂浆对砌体工程的质量有着重要的影响。在砌体工程的不同过程中需要不同的砂浆。砂浆类别不同，其性质就有差别，砂浆用途也就不同。

(2) 砂浆的类型：按照用途的不同，砂浆可分为砌筑砂浆、抹面砂浆、勾缝砂浆、防水砂浆等类型。而按照胶结材料及配合比方面的差异，则可将砂浆分为下述5类：

① 水泥砂浆：是由水泥、砂和水按一定质量的配合比例配制搅拌而成的砂浆，以水泥作胶结剂。水泥砂浆的强度较高，粘结力强，凝固硬化速度快，但砂浆稠度稍差，配制好后必须马上使用。常用的水泥砂浆强度等级与相应的砂浆配合比如表4-2所示。

常用的水泥砂浆配合比　　　表4-2

水泥强度等级	砂浆强度等级			
	M10	M7.5	M5	M2.5
32.5	1:5.5	1:6.7	1:8.6	1:13.6

② 石灰砂浆：石灰砂浆的组成材料是石灰膏、砂和水，用这三种材料按一定比例拌合均

匀便得到石灰砂浆。石灰砂浆强度较低，一般只有 0.5MPa 左右，凝固、硬化的时间较长，但和易性(稠度)较好。石灰砂浆可作临时性墙体的砌筑砂浆，不能用作水下、地面以下或防潮层以下砌体用的砂浆。

③ 混合砂浆：以水泥作胶结剂，石灰膏作掺合料，砂为骨料再加上水，按一定配合比混合并搅拌均匀，就是混合砂浆。混合砂浆的和易性好，用于砌筑容易做到砂浆饱满，砂浆凝固、硬化时间适中，砌体强度高，可用作质量要求较高的永久性墙体的砌筑砂浆。

④ 防水砂浆：是在 1∶3～1∶2 水泥砂浆中掺加水泥质量 3%～5% 的防水粉或防水剂并搅拌均匀而配制成的砂浆。这种砂浆主要用于防潮层抹灰、水池内外抹灰，可以加强防水层的防水效能。

⑤ 勾缝砂浆：是用水泥和细砂按 1∶1 的比例拌合均匀，再加适量的水并充分搅拌而配制成的砌体勾缝专用砂浆。这种砂浆主要用于清水墙面的勾缝装饰。

(3) 组成砂浆的材料：组成砂浆的材料主要是水泥、石灰膏和砂，但在配制不同种类砂浆时，还可能使用其他一些外加剂、掺加剂等。下面分别对这些材料的简单情况作些了解。

① 水泥：是水硬性材料，具有容易吸潮硬化的特点，在储藏、运输时要注意防潮，使用之前都要进行质量检验。

② 石灰膏：由块石灰经水化生发而熟化成的白色膏状体，要求在化灰池中沉淀熟化时间不少于 7d。化灰沉淀池中的石灰膏应防止干燥、冻结、污染和硬化。砌筑用的砂浆严禁使用已经脱水硬化的石膏。

③ 砂：是粒径在 5mm 以下的石质颗粒，用作砂浆中的骨料和混凝土中的细骨料，分天然砂和人工砂两类，但在砌筑施工中通常按砂粒的平均粒径将砂分为粗、中、细、特细四类。粗砂的平均粒径大于 0.5mm；中砂的平均粒径为 0.35～0.5mm；细砂的平均粒径在 0.25～0.35mm 之间；

而特细砂的平均粒径则小于 0.25mm。砂在配制砂浆使用前要过筛，去除草根杂物。砂的含泥量不能太高。

④ 微沫剂：是一种憎水性的有机表面活性物质，由松香与工业纯碱熬制而成，用于增加水泥的分散性，减少石灰用量。微沫剂的用量是按水泥用量的 50ppm(百万分之五十)。

⑤ 防水剂：是与水泥结合形成不溶性材料而填充和堵塞砂浆中的孔隙和毛细通路的一类化学剂。其常用的种类有硅酸钠类防水剂、金属皂类防水剂、氯化物金属盐类防水剂、硅粉等，应用时要根据品种、性能和防水对象的特点而定。

⑥ 食盐：作冬期施工所用砌筑砂浆的抗冻剂。

⑦ 水：应洁净无污染、酸碱中性。

4.1.2 花坛饰面及其材料

花坛边缘石砖砌体的表面装饰方法有：砂浆勾缝装饰、片材贴面装饰和表面抹灰装饰等。不同饰面方法所用的装饰材料也不同。

1) 花坛勾缝饰面 清水砖砌体或细料石砌体的表面装饰可采用勾缝的方式。这种饰面方法在花坛边缘石的饰面中比较罕见，但在一些装饰要求简单的花坛或强调乡土特色的花坛边缘石砌筑中，也偶尔能够看到这种饰面方法。

(1) 勾缝类型：如图 4-1 所示，砖砌体的勾缝有以下一些形式：

① 平缝：砂浆缝口表面与两侧砖面基本相平；这种勾缝也有人叫做"平齐"。

② 斜面缝：也有称作"风蚀"的。缝口表面抹成斜坡面，有单斜面和双斜面两种。双斜面分内斜与外斜两种情况。图 4-1(b)中的两种勾缝形式就是斜面缝，一个是双坡的内斜面缝口，另一个是单坡的仰斜面缝。

③ 圆凸缝：也称"突出"，缝口向外突出，缝口断面形状为外凸的半圆形或小半圆形。

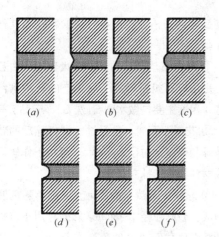

图 4-1　砖砌体的勾缝类型

(a)平缝；(b)内斜面缝；(c)圆凸缝；(d)圆凹缝；

(e)浅圆凹缝；(f)方凹缝

④ 圆凹缝：缝口断面呈凹陷的半圆形，有人叫做"钥匙"。

⑤ 浅圆凹缝：缝口凹陷，断面形状为浅浅的小半圆形，或称"提桶把手"。

⑥ 方凹缝：缝口凹陷，且下陷较深，缝口断面形状为矩形。

以上所列是砖的六种勾缝类型；这些勾缝类型也可用在石砌体表面，但勾缝形状略有不同(图 4-2)。

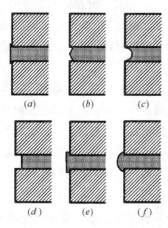

图 4-2　石砌体的勾缝类型

(a)平缝；(b)外斜面缝；(c)圆凹缝；(d)方凹缝；

(e)方突出；(f)圆突出

(2) 勾缝装饰方法：在采用选定的勾缝类型进行勾缝操作的过程中，可同时采用一些具有装饰作用的勾缝手法来处理缝口表面。其中，主要的方法有下列 5 种：

① 做"蜗牛痕迹"：在缝口表面划平行线与缝口线垂直，形成纵横交错的浅纹线，如蜗牛爬行痕迹。

② 做"圆形凹陷"：即用卵石在缝口按印出凹坑。

③ 抹双斜边：缝口呈棱线形，断面如鸟喙状。

④ 刷纹处理：砂浆硬化之前将缝口刷出细纹。

⑤ 做"方形凹陷"："凹陷"本来就是方槽状的。

2) 花坛贴面装饰　采用片材贴面装饰花坛边缘石砌体，要选好贴面材料的种类、规格大小和颜色。不同种类的片材用于花坛饰面的效果是很不相同的。实际工程中，常用于花坛贴面装饰的材料有饰面砖、饰面板、青石板、水磨石饰面板等几类。

(1) 饰面砖：适宜花坛砌体表面装饰的饰面砖类主要有三种：

① 外墙面砖：又称墙面砖，其常见规格有：300mm×200mm×6mm、200mm×100mm×12mm、200mm×60mm×6mm、150mm×75mm×12mm、75mm×75mm×8mm、108mm×108mm×8mm 等。砖表面分釉面的和无釉的两种。

② 陶瓷锦砖：即俗称的马赛克，是以优质瓷土烧制的正方形小瓷片。小瓷片规格为20mm×20mm×3mm，整齐粘贴于 300mm×300mm 的正方形垫纸上备用。

③ 玻璃锦砖：又叫玻璃马赛克，是以玻璃材料烧制的正方形小片状面砖，有乳白色、灰色、蓝色、紫色和有金属光泽的多种花色。

(2) 饰面板：用饰面板装饰花坛砌体表面的效果比饰面砖好，但造价也要高一些。花坛工程可用的饰面板有人造石饰面板、水磨石饰面板和花岗石饰面板三类。

① 人造石饰面板：是仿石质的人造饰面板

材，采用石粉作细骨料，水泥加胶水作胶粘剂，再有一些外加剂和颜料加入，经过拌料、浇筑、凝固、锯片、刨面、切块等工艺，在工厂中生产出来。其产品多为长宽300~500mm不等的矩形板。所仿的岩类多为砂岩类，石材的质感比较逼真。有仿青石、仿红砂石、仿黄砂石等品种。

② 水磨石饰面板：采用大理石的石渣加水泥、中砂、颜料等各种原料，经过选配制坯、养护、磨光和打亮而制成。色泽品种较多，表面光滑，美观耐用。

③ 花岗石饰面板：采用天然花岗石经过锯切、研磨、抛光及切割而成厚度20mm左右的装饰面板。由于加工方法和加工工序方面的差异，花岗石饰面板又分为4种。一是剁斧板：表面平整而粗糙，有规则的条纹状斧头剁击痕。二是机刨板：板面平整，有平行刨纹，防滑性能较好。三是粗磨板：表面磨平，亚光，不磨光。四是磨光板：表面磨平磨光，光亮如镜，透出石质的晶体结构。

④ 天然青石饰面板：多为开采的细砂石，经锯切、研磨等工序加工成矩形面板，其色泽多为青色、灰青色，质地较硬，也有质地偏松软的。其使用规格有500mm×300mm、500mm×250mm、300mm×300mm、300mm×200mm等，加工中不要求边缘十分挺直，石面露出的内部层理可仍然留下，使石材的质感更好。天然青石的板面平整，无光亮，作庭园铺地防滑性能好，作花坛边缘石的饰面也有古朴的特点，能与环境高度协调。

3）花坛抹灰装饰 砌体表面的装饰抹灰适宜花坛砌体断面设计形状变化较大的情况。装饰抹灰不全用水泥砂浆，而是要在砂浆中加入颜料、石粉、石渣等一起配制成抹灰材料，使抹灰处理之后的花坛砌体表面质感、颜色都比较美观。

(1) 花坛抹灰材料：花坛抹灰材料的种类比较多样，但除开普通砂浆材料之外，主要的材料就是彩色石渣、花岗石石屑、彩砂和其他材料4类。

① 彩色石渣：石种大多为大理石、白云石等，是用碎石机打碎加工后生产的各种颜色的石渣，用途主要是做水刷石（洗石）、干黏石等。

② 花岗石石屑：是经过机械打碎后的花岗石砂砾和碎屑，粒径2~5mm。可用于作斩假石面层材料和特殊抹灰状况。

③ 彩砂：天然石的质地，由细小彩色瓷砂粒构成，砂砾粒径1~3mm。彩砂可用于园林墙面、柱面作仿石效果的喷涂饰面，也可在花坛施工中作为复杂断面的边缘石饰面方式之一。

④ 其他材料：花坛抹灰装饰还需要用到的其他材料有：矿质颜料、108胶、水泥掺料、有机硅憎水剂（抹完灰后喷用）、氯偏磷酸钠分散剂等。

(2) 花坛抹灰程序与方法：以斩假石、水磨石的做法为例，花坛抹灰饰面的工艺流程是：基层（结构层面）处理→做灰饼→抹底层砂浆→设置标筋→抹中层灰→粘贴分格条→抹素水泥浆一遍→抹水泥石屑浆→养护→斩剁面层形成假石面（打磨形或磨石面）。

装饰抹灰一般应分层进行，即分为底层、中层和面层三道工序。底层主要起到与基体粘结的作用，中层起找平作用，面层则是作装饰用的。

抹灰所用材料的产地、品种、批号、色泽应力求相同，能做到专材专用。在配合比上要统一计量配料，并达到色泽一致。砂浆所用配比应符合设计要求，如设计无规定时则按规范及本地成熟的、质量可靠的配比施工。施工前要检查基体表面的粗糙度和平整度，凡有缺棱掉角的应修补整齐。施工前还要做抹灰样板，按设计图纸要求的图案、色泽、分块大小、厚度等做成若干块样板，供设计方、建设方选择定型。

装饰抹灰必须分格，分格条要事先准备好，粘贴前要在水中浸泡湿透。条子应平顺通直。

贴条在中层达到六七成干燥时进行。施工缝留在分格缝、阴角或单独装饰部分的边缘。在底层、中层的糙板均已做好，并符合质量要求时，再进行面层的抹灰装饰。面层抹灰的厚度、颜色、图案等均应按设计图纸的要求进行施工，施工顺序应是从上到下进行，要注意避免抹灰墙面的交错污染。

4.1.3 花坛图案设计

在花坛的植物种植设计中，由花卉组成的图案纹样的设计是一个重要的环节。花坛景观的艺术效果如何，很大程度上取决于花坛的图案设计是否美观，取决于图案纹样所采用的植物品种是否恰当。这一点在模纹花坛中显得尤其突出。作为模纹花坛来讲，所选用的植物一般要求为多年生的草本或常绿矮小灌木，植株要矮小，枝叶比较细密，萌发性强，耐修剪整形，花或叶的观赏期长，如银叶菊、血苋、红绿草、长寿花、四季海棠、雀舌黄杨、龙船花等。具有这些特点的花卉植物才容易做出细腻、整齐而精美的图案纹样。如果是一般的盛花花坛(花丛式花坛)，由于其图案纹样比较简单，所选用的植物应具备的条件也就不同。盛花花坛选用的植物应当是繁花品种，花期长，花序高矮一致并且呈水平方向展开，如瓜叶菊、石竹、高雪轮、三色堇、藿香蓟等。

花坛的图案多种多样，主要根据设计决定，但也有一些图案类型是比较常见的。如图 4-3、图 4-4 所示，这些图案类型有：

1) 花朵型 在整个花坛坛面上用多种颜色的花卉排成一个大花朵图案。采用这种图案类型的通常是圆形、正六方形、正八方形等多轴对称的几何形。

2) 花叶型 是在花坛坛面上由花卉组成有叶有花的一至几株花卉的形象，这种图案最常见采用半圆形、扇面形、长方形等花坛形状。

3) 花边型 花边型图案都是在狭长形状的花坛或大面积花坛的周边部分采用的，其图案

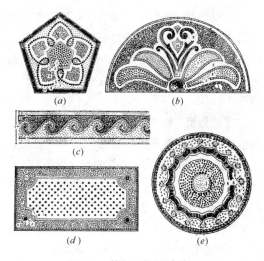

图 4-3　花坛图案设计(一)

(a)花朵型；(b)花叶型；(c)花边型；
(d)框套型；(e)花环型

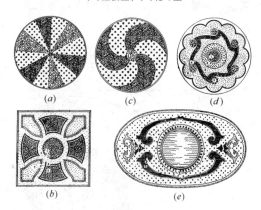

图 4-4　花坛图案设计(二)

(a)、(b)放射型；(c)中心旋转型；
(d)环绕旋转型；(e)色带型

是由一个至少数几个简单的图形单元或线条单元整齐而重复排列构成链式、连锁式图案。

4) 花格型 花格型的花坛图案纹样是由一种颜色的花卉作为底色植物大面积覆盖坛面，而以 1~3 种不同颜色的花卉作为网线植物排列在底色植物的坛面上，因而构成网格状图案纹样。

5) 花环型 在花坛上用不同颜色的花卉组成一圈一圈的花环状，花环按同心圆方式构成多层次的内外相套的图案形象。花环型图案多在圆形、椭圆形花坛上做出。

6）框套型 采用不同颜色的几种植物排列构成多层次的内外嵌套式的图案，这些图案是闭合的框状而不是闭合环状。框套型花坛平面主要采用长方形、正方形或由长方形变化而来的形状。

7）放射型 植物图案自花坛中央向外侧成辐射状伸出，在圆形、椭圆形、正方形、正五边形、正六边形等花坛中都常采用这类图案。

8）旋转型 花坛坛面的植物图案构成单方向旋转状。根据旋转花纹在坛面上的位置不同，旋转型图案又分为中心旋转型和环绕旋转型两类。旋转型图案也常见在圆形、正六边形等多轴对称几何形的花坛中。

9）色带色块型 花坛坛面由一种花卉大面积覆盖作为底色，在其上面采用其他颜色的植物构成色带、色块，使花坛凸现色彩装饰效果。

10）图徽图标型 是以不同的花卉品种排列组成某种含义明确、有一定思想意义的图形、图徽或图标。这种图案类型主要在标题式花坛中常见。

11）文字型 文字型图案的主体部分就是由花卉植物构成的含有一定思想意义的文字，这类图案也是在标题式花坛中常见采用的，如标语花坛、日历花坛等。

12）抽象型 抽象型图案是指采用不同品种、不同颜色的花卉排列组成具有一定抽象意义和能够引起联想的图形。抽象图形的特点是介于相似和不相似、既像又不像之间。

个体花坛施工图及其图案设计图的绘制方法如图 4-5 所示。

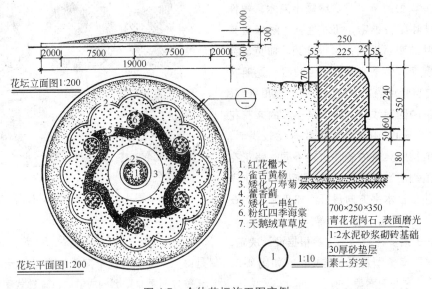

图 4-5 个体花坛施工图实例

4.1.4 花坛施工

修筑花坛的主要工程内容，是花坛边缘石的砌筑、装饰与花坛种植床的铺设和整形。但其施工工序则包含了定点放线、边缘石墙体砌筑、饰面、种植床清理整形等多项内容。

1）定点放线 开始花坛修筑施工之前，先要按照设计平面图定点放线。

（1）定点方法：花坛或花坛群施工中首先需要在地面确定的点是轴心点、中心点、圆心、角点、轴线端点等。确定这些特征点的方法有两种：一是根据周围参照物，使用皮尺或钢卷尺，按直线丈量的方式进行定点。二是依据地面坐标系统，采用经纬仪、小平板仪等测量仪器定点。在所定的点上，一般应打下小木桩或用白灰画十字表示点的准确位置。

（2）定点放线程序：花坛或花坛群定点放线的一般程序可按下列顺序确定：①定轴心点、圆心点；②定轴线端点；③定花坛各角点；④放出纵横轴线；⑤放出花坛边线。花坛或花坛群的轴线、中心线可用白灰在地面画出点画线来表示。花坛的边线则在地面用白灰画实线表示。

（3）不同形状花坛的放线：正方形、长方形、圆形、半圆形或扇形的花坛，只要量出边长和半径，都很容易放出其边线来。下面对照图 4-6，只就放线稍有不同的三角形、椭圆形、正多边形花坛的放线方法给予说明。

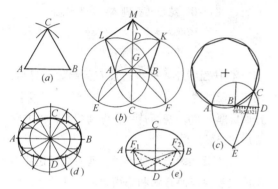

图 4-6　各种几何形花坛的放线方法

① 三角形花坛：如图 4-6(a)所示，用角度交会法放线，先按照设计图所定三角形花坛的边长，在地面画出一条边线，从边线 A、B 两端点分别以边长为半径画弧，使两弧线相交于 C 点，连线 AC 和 BC，即完成三角形花坛的放线。

② 正五边形花坛：如图 4-6(b)所示，以 A 及 B 为圆心，AB 为半径，作圆交于 C 及 D。以 C 为圆心，CA 为半径，作弧与两圆分别交于 E 及 F，与 CD 交于 G，连接 EG 及 FG 并延长之，分别与两圆交于 K 及 L。

③ 正多边形花坛：如图 4-6(c)所示，正九边形花坛的放线。已知一边为 AB，延长 AB，使 BD = AB，并分 AD 为几等分（本例为九等分），以 A 及 D 为圆心，AD 为半径，作弧得交点 E；以 B 为圆心，BD 为半径，作弧与 E4 的延长线交于 C；过 A、B 及 C 点的圆即正九边形的外接圆。

④ 椭圆形花坛：如图 4-6(d)所示，已知长短轴 AB、CD，以 AB、CD 为直径作同心圆。作若干直径，自直径与大圆的交点作垂线与小圆交点作水平线相交，即得椭圆轨迹。

⑤ 椭圆形花坛的简易放线法：如图 4-6(e)所示，在纵轴线 AB 上各取一点 F_1 和 F_2，使两点间距等于短轴 CD 长度，并与轴心保持等距。在 F_1 和 F_2 点打下两小木桩；再取一根绳子，两端结在一起构成环状，绳子长度为 F_1 和 F_2 两木桩间距的 3 倍。将环绳套在两个木桩上，绳上拴一根长钢钉用来在地面画线。牵动绳子转圈画线，椭圆形就画成了。画圆时，绳子一定要拉紧，先画一侧的弧线，再翻过去画另一侧的弧线。

2）花坛边缘石墙体砌筑　在地面放出花坛平面大样线条之后，花坛边缘石砌体的施工做法按下述要求进行：

（1）边缘石种类：根据砌筑材料的不同，花坛边缘石可分为砖砌与石砌两类。

① 砖砌边缘石：用于砌筑边缘石的砖材料主要是烧结普通砖，如烧结煤矸石砖、烧结粉煤灰砖、烧结黏土砖等。

② 石砌边缘石：采用天然石材开凿加工成边缘石砌体材料，或采用人造石作为边缘石材料。天然石材作为砌体材料时，应当采用半细料石和细料石，少数情况下可采用粗料石。

（2）施工程序与方法：图 4-7 所示为两种花坛边缘石砌体的施工做法详图，下面再来讲解边缘石的砌筑施工。普通砖砌边缘石和石砌边缘石的砌筑施工程序和方法是差不多的，主要有下述几个步骤：

① 挖基槽：花坛边缘石为低矮的墙体，基本不承重，墙体下的基础厚度较小或不做基础，因此施工时对基槽的要求就比较低。一般要求是：基槽开挖宽度比基础宽度大 10～20cm 即可，槽深按设计所定，槽底要平整，也要基本夯实。

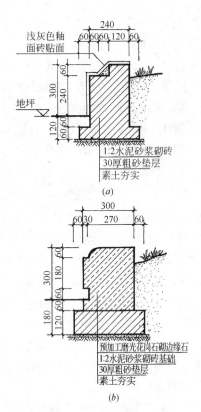

图 4-7　两种花坛边缘石砌体的构造做法

(a)砖砌体边缘石；(b)石砌体边缘石

参考图 4-8 所示几种花坛砖石砌体的断面形式。

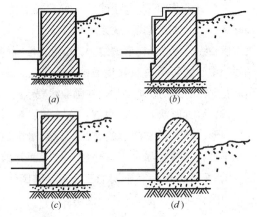

图 4-8　花坛砖石砌体的参考断面

(a)矩形断面；(b)阶状断面；

(c)悬出断面；(d)垅状断面(石砌体)

② 砌基础：先在槽底铺一层厚度为 30～50mm 的粗砂或细土作找平垫层，再平整地摆上第一层砖，然后用 1∶2.5 水泥砂浆或 M2.5 混合砂浆砌砖基础，或浇筑 C7.5、C10 素混凝土100mm 厚作基础。

③ 砌边缘石墙体：根据砌石或砌砖的不同要求，首先沿着边缘石外皮纵向挂线。砌石的挂线位置应在边缘石顶面高度的外侧边线上，而砌砖的则在砖墙体每一层砖的外侧边线上。石砌体材料可用磨光成型的花岗石、青石，也可用其他细料石、半细料石等，结合料可用M7.5 或 1∶2.5 的水泥砂浆。砖砌体材料一般采用 MU7.5 标准砖，用 M7.5 或 1∶2 水泥砂浆，也可用 M10 混合砂浆砌筑边缘石。

用砖、石材料砌筑边缘石墙体应按施工图的设计断面及其规定尺寸、材料、做法进行。在没有设计图的条件下砌筑花坛边缘石，也可

④ 抹面找平：砖砌边缘石的胎体做好后，用粗砂配制的 1∶2.5 水泥砂浆对墙体抹面找平。抹面层厚 5mm，表面抹平，保持粗糙，以方便之后的饰面处理。

3) 花坛边缘石墙体饰面　有关花坛边缘石墙体的各种饰面方法和饰面材料，按前面的叙述掌握。除了石砌的边缘石之外，凡是砖砌的边缘石都要有饰面处理。饰面方法主要有抹灰和贴面两种。

(1)抹灰装饰：抹灰方法的实际应用方式有普通抹灰、干黏石饰面、做洗石面(水刷石饰面)、水磨石饰面、做斩假石面、喷涂饰面等。

① 抹面材料：普通抹灰是采用水泥砂浆作抹面材料。而干黏石饰面、洗石饰面、水磨石饰面及做斩假石面等，所用的抹面材料则主要是水泥和石渣。石渣是大理石、花岗石、白云石、方解石等的细小碎屑；其中的花岗石石渣，粒径 2～5mm，主要用于做斩假石面层。喷涂饰面所用的主要材料是彩砂，为天然石质的细砂或彩色瓷粒组成的细砂，粒径 1～3mm，用于喷涂在普通抹灰层表面做成仿石效果。抹面装饰还可能用到一些辅助材料，如矿质颜料、108胶、水泥掺料、有机硅憎水剂、氯偏磷酸钠分散剂等。

② 干黏石抹面：先用1∶3水泥砂浆对花坛边缘石作底层抹面并找平，待硬化后洒水湿润表面，再用1∶2.5水泥砂浆抹面厚10mm作为结合层，并按设计间距粘上玻璃分隔条，在水泥砂浆表面均匀撒布细石渣至盖满表层，最后用平整的木板条在表面作压平处理。

③ 做水刷石(洗石)面：仍用1∶3水泥砂浆作花坛边缘石的底层抹灰，厚5～7mm；在底层抹灰表面刮水灰比为0.37～0.40的水泥浆一道作为结合层。用1∶1水泥石渣浆或1∶0.5∶1.3水泥石灰膏石渣浆抹面厚20mm作为面层，并对表面压平。待表面灰浆凝结后，用软毛刷蘸水刷掉面层水泥浆，露出石粒；然后再用喷雾器一边喷水一边刷洗第二遍，使石渣骨料露出1/2；最后用清水冲洗干净。

④ 做斩假石面：用1∶2.5水泥砂浆对边缘石抹面作为基层，再用1∶2水泥浆在硬化后的、并且表面划毛的基层上抹面做出中层。待中层初步硬化时，浇水湿润表面，再满刮素水泥浆一道，用1∶1.25的水泥花岗石石渣浆罩面两遍。罩面层收水后再用木抹子压实抹平。待罩面层硬化后，表面浇水湿润，用剁斧均匀地进行斩剁操作，做出仿石质的斩假石面效果。

⑤ 水磨石饰面：首先用1∶2.5水泥砂浆对花坛边缘石墙体作底层抹面，凝固后在表面密集划痕。面层采用水磨石混合料盖面装饰。混合料用方解石作骨料时，以普通灰色水泥来配制。以各种颜色的大理石碎屑作骨料，需使用彩色水泥来配制抹面混合料。施工时，先在水泥砂浆抹面层表面刷上一道素水泥浆，再用盖面混合料铺作面层，厚约15mm左右。面层要用抹子压实抹平。3d以后，当水泥石子面已初步硬化时，接着进行表面打磨处理。打磨可用砂轮以手工方式进行。第一遍打磨后要用相同颜色的水泥浆涂刷一遍，待硬化后再进行第二遍打磨，并作表面磨光处理。

⑥ 喷涂饰面：这种方法在花坛边缘石饰面中应用比较少一些。其方法是：按饰面设计要求在花坛边缘石上抹灰，分别做出底层抹灰和中层抹灰。在做喷涂面层之前，先用1∶3～1∶2的108胶水溶液喷刷一遍，然后再用砂浆输送泵和喷枪，将预先配制好的聚合物白水泥石英砂浆或聚合物彩色瓷粒混合砂浆喷涂在抹灰层表面，粒状喷涂应连续进行三遍，使喷涂层的总厚度为3mm左右。局部流淌处要用木抹子抹平，或者刮掉重喷。

(2) 贴面装饰：花坛边缘石贴面装饰可用外墙面砖、锦砖(马赛克)及各种石质饰面板。

① 外墙面砖贴面：先用1∶2.5水泥砂浆作底层抹灰，硬化后在湿润状态下用1∶2水泥砂浆作结合层材料，挂上线之后，在表面整齐粘贴外墙面砖，使面砖缝线横平竖直，顶面平齐，并用抹布随时抹净砖面的砂浆污渍。外墙面砖可采用规格为200mm×60mm×6mm、150mm×75mm×6mm和75mm×75mm×6mm的条形或方形釉面砖或无釉面砖。

② 锦砖(马赛克)贴面：用陶瓷锦砖或玻璃锦砖都可以。施工时，先在花坛边缘石的找平抹灰层上洒水保持湿润，用1∶2水泥砂浆作结合层平整地抹面，然后将锦砖纸背向外，使锦砖片平贴在结合层上面，与其他锦砖片相互对齐；再用一平整木板靠在锦砖纸背外面，以木锤轻轻敲打、振动木板，使锦砖片之间保持顶面平齐状态。养护3d之后，浇水使锦砖纸背湿润软化，揭去纸背，略为清洗锦砖表面即可。锦砖贴面装饰的花坛边缘石，在以后可能会有少量锦砖小块脱落现象，因此这种饰面方式有一定的缺陷。

③ 饰面板贴面：可用于花坛边缘石的饰面板常见的有各种花岗石面板、青石面板、"文化石"面砖和各种颜色的人造石、水磨石面板等；其中以花岗石面板饰面效果更好一些。根据石面加工情况的不同，花岗石面板分为剁斧板、机刨板、粗磨板和磨光板四种。贴面仍用1∶2水泥砂浆作结合料，在底面抹灰层上划痕、洒水湿润、挂线，然后按照挂线镶贴饰面板；饰

面板用手提式电动切割机锯截加工，其里面应当比较粗糙。贴面时水泥砂浆结合料必须垫平、压实，做到砂浆饱满，缝口狭窄挺直。镶贴好之后马上用抹布将石面水泥污渍擦干净。

在采用上述某种方法对边缘石饰面处理完成的时候，要随时清理饰面区域，墙面的水泥、胶粘剂、泥沙污迹等要及时清除掉，可用扫帚清扫、抹布揩擦，使边缘石饰面层达到清洁的要求。有些花坛边缘石的顶上还可能设计有压顶石或装饰性矮栏边饰，要在边缘石砌筑好之后进行安装。压顶石通常采用花岗石、青石、汉白玉等天然石材加工成型，再到现场砌筑安装。矮栏边饰也是先按照设计图样将构件做好，再到现场进行装配组合，用水泥砂浆浇筑固定在花坛边缘石顶上。

4) 种植床整理 花坛边缘石施工完成之后，经过5～7d的养护，便可进行种植床的整理。种植床整理工作包括整地、床面整形和表土整理三部分。

(1) 整地：整地工作主要包括以下几项内容：

① 土地翻耕：如果花坛内的原有土壤质地较好，只是比较板结，但可以直接用于植物栽种，那么就需要进行土地翻耕。土层翻耕深度应为30～40cm，翻起的土块要经过2～3d的晾土处理，晾土之后再进行打碎整细。

② 清除杂物：翻土时被翻出的树苑、草根、碎砖、灰块等杂物，必须全部清除掉，不得埋入花坛下层土中。

③ 换土：如原有土壤的土质已受到破坏而不能用于栽植植物，就需要换土处理。换土时，应将所有劣质土挖起来运走，换上疏松肥沃、理化性能良好的客土，然后再做成种植床。

④ 改土施肥：对于花坛原有土壤质地稍有恶化，但经过改良后仍可用于花坛植物栽植的，可进行改土处理。土质板结并且黏性太强的，可在翻耕时掺进粉砂以增加土壤的透气性和疏松性，但掺砂量要很大才有改善土壤通气性的效果，掺砂量一般都会大于细质黏土的量。在

土壤翻耕之后或在清除劣质土之后而换土之前，用迟效性的有机肥料如饼肥、骨粉、泥炭等作为基肥施用到花坛的下层土壤中并充分混合，既改善土壤的团粒结构，又能给花坛植物提供较长时间的肥力保证。土壤因受污染而碱性太强的，需要施用硫磺粉作加酸处理；土壤酸性过高的，可施用石灰粉降低酸性。

⑤ 填土：在原有土壤经翻耕、施肥之后仍不够填满花坛的情况下，需要另外运来肥沃的客土填入花坛中，一起做成种植床。

(2) 做床面：土壤准备好之后，要挨个地将较大土块打碎整细，并将土面初步耙平。如果花坛今后采用滴灌方式灌溉，要同时按设计要求在下层土中埋设滴灌软管，然后再进行种植床表面的整形。种植床床面的整形要求是：花坛土面要整理为前低后高、周边低中央高的坡面形状，保证土面有5%以上的排水坡度，而且在种植床边缘的土面高度要低于边缘石顶面5～7cm。种植床床面的整形形式可有弧面型、坡面型和平面台阶型三种，如图4-9所示；其中的坡面型又可有单坡面、双坡面、四坡面等形式，平面台阶型的床面也有5%左右的排水坡度。

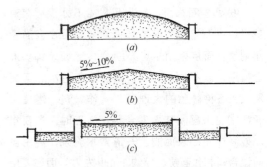

图4-9　花坛种植床断面形式
(a)弧面型；(b)坡面型；(c)平面型

(3) 表土整理：经过整形的床面，还要在保证土面坡度不变的前提下，进行土面的整细和耙平操作。表土的土块直径应耙细到20mm以下，而且要将土面耙成平整的斜平面形状，保持既定的土面坡度。

园林工程

4.2 挡土墙砌体工程

挡土墙是广泛应用于园林山地、堤岸、路桥、假山、房屋地基等处的工程构筑物。在山区、丘陵区的城市园林中，挡土墙是最重要的地上构筑物；而在平原地区的园林中，挡土墙也常常在园山、园林护坡中起着重要作用。

4.2.1 挡土墙断面选型

挡土墙一般用砖石、混凝土和钢筋混凝土等硬质材料筑成。挡土墙的断面形式与其筑墙材料密切相关，采用不同的筑墙材料，就要选用不同的断面形式。挡土墙常用的断面形式有下列6种：

1) 重力式挡土墙 这类挡土墙依靠墙体自重取得稳定性，在构筑物的任何部分都不存在拉应力，砌筑材料大多为砖砌体、毛石和不加钢筋的混凝土。用不加筋的混凝土时，墙顶宽度至少应为200mm，以便于混凝土浇筑和捣实。基础宽度则通常为墙高的1/3或1/5；从经济的角度来看，重力墙适用于侧向压力不太大的地方。重力式挡土墙的断面有直立式、倾斜式和台阶式三种(图4-10)。

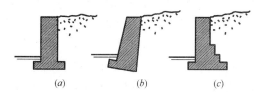

图 4-10 重力式挡土墙的断面形式

(a)直立式；(b)倾斜式；(c)台阶式

2) 半重力式挡土墙 这是在重力式挡土墙的局部添加钢筋，使该局部抗侧压能力提高，从而可不增加墙体厚度，达到节约材料、降低造价的目的。钢筋加强的局部常常是在结构上较易损坏的地方，如转角处、挡土高度局部增大处等(图4-11a)。

3) 悬臂式挡土墙 其断面通常作L形或倒T形，墙体材料都是用混凝土。墙高不超过9m时，都是经济的。3.5m以下的低矮悬臂墙，可以用标准预制构件或者预制混凝土块加钢筋砌筑而成。根据设计要求，悬臂的脚可以向墙内一侧、墙外一侧或者墙的两侧伸出，构成墙体下的底板。如果墙的底板伸入墙内侧，便处于它所支承的土壤下面，也就利用了上面土壤的压力，使墙体自重增加，可更加稳固墙体(图4-11b)。

4) 后扶垛式挡土墙 当悬臂式挡土墙设计高度大于6m时，在墙后加设扶垛，连起墙体和墙下底板。扶垛间距为1/2~2/3墙高，但不小于2.5m。这种加了扶垛壁的悬臂式挡土墙，即被称为扶垛式墙；扶垛壁在墙后的，称为后扶垛挡土墙(图4-11c)；若在墙前设扶垛壁，则叫前扶垛挡土墙。

5) 桩板式挡土墙 以预制钢筋混凝土桩，排成一行插入地面，桩后再横向插下相互之间以企口相连接的钢筋混凝土栏板，这就构成了桩板式挡土墙。这种挡土墙的结构体积最小，也容易预制；而且施工方便，占地面积也最小。

6) 砌块式挡土墙 按设计的形状和规格，预制混凝土砌块；然后用砌块按一定花式拼装成挡土墙。砌块一般是实心的，也可做成空心的，但孔径不能太大，不然挡土墙的挡土作用

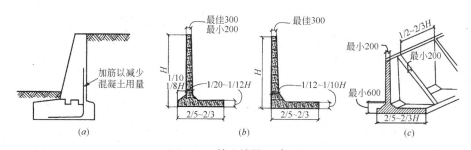

图 4-11 挡土墙的三种形式

(a)半重力式挡土墙；(b)悬臂式挡土墙；(c)后扶垛式挡土墙

就降低了。这种挡土墙的高度，以在 1.5m 以下为宜。用空心砌块砌筑的挡土墙，还可以在砌块空穴里充填树胶、营养土，并播种花卉或草籽，保证水分供应；待花草长出后，就可形成一道生趣盎然的绿墙或花卉墙。这种与花草种植结合一体的砌块式挡土墙，被特称作"生态墙"。

4.2.2 挡土墙设计

在上面，已经对各类挡土墙的断面形式和基本构造情况作了介绍。这里仅以比较典型的两类挡土墙，即重力式墙与悬臂式墙作为例子，来认识挡土墙的构造设计。

1）挡土墙的尺寸确定　重力式墙的设计断面大多为梯形，上窄下宽；其断面的结构尺寸，如墙的底宽和顶宽，可根据墙的高度来确定，表 4-3 中所列数据可供参考。对于 5m 以上的挡土高墙，其断面尺寸及结构做法应由结构工程师计算之后确定。

浆砌块石挡土墙的尺寸(cm)　　　　　　　　　　　　　表 4-3

类别	墙高	顶宽	底宽	类别	墙高	顶宽	底宽
	100	35	40		100	30	40
	150	45	70		150	40	50
	200	55	90		200	50	80
	250	60	115		250	60	100
1：3 石灰砂浆砌墙	300	60	135	1：3 水泥砂浆砌墙	300	60	120
	350	60	160		350	60	140
	400	60	180		400	60	160
	450	60	205		450	60	180
	500	60	225		500	60	200
	550	60	250		550	60	230
	600	60	300		600	60	270

挡土墙的基础埋深应符合地基强度和稳定的要求，最小埋深不小于 0.8m，当然，若在坚硬岩石地基上时，也不要小于 0.15m。墙体部分，按间距 10m（素混凝土挡土墙）、10～30m（钢筋混凝土挡土墙）和 10～20m（浆砌砖石挡土墙）设置沉降与伸缩缝，缝宽 20～30mm，缝中以浸过沥青的木板或沥青麻筋等填塞，填塞深度 10～15cm 即可。

2）挡土墙的材料要求　砌筑挡土墙的材料主要是砖石、混凝土、砂浆等，对这些材料的基本要求如下：

（1）石材：应是质地坚硬、不易风化的花岗岩、砂岩、石灰岩等的毛石或料石，其强度等级应大于 MU10。卵石不用于干砌挡土墙，也不用于地震区砌筑挡土墙。

（2）混凝土：用普通混凝土筑墙，基础部分可用强度等级 C10 的混凝土，而墙体部分的混凝土强度等级则采用 C15 或 C20。

（3）砌筑砂浆：用强度等级 M15 的砂浆砌筑挡土墙。

3）挡土墙的排水处理　为了保持挡土墙的长久稳定，必须要采取措施消除降水和地下水对挡土墙的破坏性影响，也就是要做好挡土墙的排水处理。实际工作中，可以采用的排水措施是：

（1）墙后设截水沟截水：在墙体之后的坡顶布置截水沟，拦截并引开上坡方向流下来的雨水。在墙后的回填土之中，用乱毛石做排水盲沟，盲沟宽不小于 50cm。经盲沟截下的地下水，再经墙身的泄水孔排出墙外。有的挡土墙由于美观上的要求不允许墙面留泄水孔，则可以在墙背面刷防水砂浆或填一层厚度 50cm 以上的黏土隔水层；并在墙背盲沟以下设置一道平行于墙体的排水暗沟，暗沟两侧及挡土墙基础上面，用水泥砂浆抹面或做出沥青砂浆隔水层，做一层黏土隔水层也可以；墙后积水可以通过盲沟、暗沟再从沟端被引出墙外。

（2）墙后地面封闭处理：在挡土墙后的坡顶至挡土墙顶之间的坡面，用 20～30cm 厚黏土夯实压紧，并在表面撒上石灰粉和清水，用钢板抹子进行抹光处理，使黏土表层形成一层稍硬的壳，使土面封闭起来，不容许雨水从上面渗入挡土墙之后侧的土中。

（3）墙面留泄水孔：泄水孔一般宽 20～40mm，高以一层砖石的高度为准。在墙面水平方向上每隔 2～4m 设一个泄水孔，竖向上则每隔 1～2m 设一个。混凝土挡土墙可以用直径为 5～10cm 的圆孔或用毛竹竹筒作泄水孔。

（4）墙前做散水及明沟：在挡土墙前的墙脚处，用混凝土铺装或用砖铺装做成散水，散水宽 0.9～1.5m，用于保护墙角不被地表径流冲刷。在墙脚处还应布置一道排水明沟，收集从挡土墙上面流下的雨水，明沟距墙脚的平均距离应不近于 1m。

（5）其他方法：还可以通过护坡处理、混凝土封闭、导流槽引流等方法来解决排水问题。

4.2.3 条石挡土墙的砌筑

条石挡土墙就是采用料石砌筑的重力式挡土墙，这种挡土墙在园林工程建设中应用比较广泛（图 4-12）。

1）石料要求 条石材料常用粗料石和半细料石，要求石质坚硬，耐压强度高，形状平正，石面平整。石料规格按设计选用。

2）砌筑基本要求 下面参考图 4-12 所示，了解条石挡土墙砌筑施工的基本要求。

（1）要保证地基充分稳固：条石挡土墙的地基应为实土层或老土层，地基土密度大，不易变形。如果是在回填土的地基上做挡土墙，则要采取分层填方、层层夯实的方式，并采用其

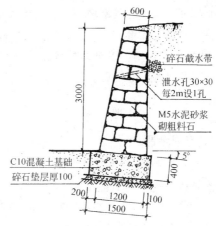

图 4-12　条石挡土墙的砌筑做法

他一些加固措施进行处理。

（2）砌筑用砂浆应有合理的配比：砂浆配合比要能够适应条石挡土墙砌体强度的需要，因此可采用的配合比是：水泥∶石灰膏∶砂＝1∶1∶5 或 1∶1∶4。

（3）墙体砌筑宜采用向后倾斜式，条石砌筑应有丁有顺：墙体向后倾斜，能够更好地平衡墙后土坡的推力，挡土墙稳定性可得到保证。条石砌筑采用有丁有顺方式，上下条石之间错缝压叠，石间不出现通缝，挡土墙的整体性增强，整体的抗力也会大大提高。

（4）按需要设置泄水孔和泄水缝：要在挡土墙沿水平方向每隔 2～4m、垂直方向上每隔 1～2m 距离就设一个泄水孔。或者在挡土墙面沿水平方向每隔 3～4m 设一道泄水缝，泄水缝宽 20～30mm，缝的深度直抵墙体后背的填土区。

（5）挡土墙顶应有压顶石：压顶石的大小由设计确定，砌筑时应向外挑出 6～8cm。

（6）挡土墙的施工原则是："宁大勿小，宁缓勿陡；宁低勿高，宁曲勿直。"挡土墙的基础宽度、墙体厚度、体积、重量等，都宁可做得大一些，而不能做小了。墙面的坡度则宁可做得平缓一些，不能做得更陡。墙体高度在能够做低一些的时候，就不用做高了。挡土墙的平面形状确定中，因地形条件限制时，宁可使墙

线弯曲增长，砌墙工程量增加，也不要勉强拉直墙线，降低工程量。总之，条石挡土墙砌筑施工的总要求就是：以砌体的稳固和安全为第一原则，以工程质量为施工考量的第一标准。

复习思考题

（1）花坛砌体工程常用的砖材种类及其尺寸规格和强度等级情况如何？

（2）砌筑砂浆有哪些种类？各种砂浆的主要特性是什么？砂浆的强度等级如何？

（3）砌体工程所用石材分哪些类别？如何区分这些石材类别？

（4）花坛砌体勾缝的类型和方法是怎样的？

（5）花坛边缘石可用哪些材料和方法进行饰面？

（6）花坛植物图案设计的主要形式有哪些？

（7）如何进行规则式花坛群平面的定点放线？

（8）花坛施工程序和主要的方法是什么？

（9）园林挡土墙的断面形式及其特点有哪些？

（10）怎样进行条石挡土墙的施工？挡土墙的施工原则是什么？

第5章 园 路 工 程

园林道路简称园路。园路与场地是造园要素之一，是园林绿地中游人的主要活动空间，在园林工程设计中占有重要地位。本章对园路场地工程的学习，重点是放在园路的结构做法和各种路面铺装方法上。我们将首先对园路、场地的基本情况进行粗略了解，然后再分别学习园路工程设计与施工方法。

5.1 园路类别与功能

园路是采用建筑材料在园林地面修筑起来的、兼顾游览和交通功能的道路。园路的游览性是第一位的，而交通性是第二位的。园林绿地内要保证有足够的路面面积和道路密度，才能满足园林绿地的各项功能需要。园路的功能与其类别是紧密联系在一起的。

5.1.1 园路的功能

园林道路既有交通方面的功能作用，又有游览、观景甚至造景的作用。园路系统是任何园林绿地都不能缺少的重要功能部分。没有园路系统，园林绿地的其他功能也全都不能实现。而了解园路的功能，则给更好地应用园路、设计园路打下了良好的基础。从园路的基本工程特点入手进行分析，我们可以看到园路具有如下一些主要的功能作用：

1) 划分、组织园林空间 园路通过道路线的分割、穿插与围合，使园林地块形状得以成型，同时也使得地块上的空间具有一定形状和一定的大小。

2) 组织交通和导游 通过道路宽窄变化和路端景物的引导，使园路具有导游性，既便于游人在园内的交通，又适合游人游览、观景。

3) 作休息、活动场所 园路场地是游人在园林内的主要活动区和主要的户外休息场所。园路上的一些节点、园路两侧和与园路紧紧相连的一些场地，都是安排休息、活动设施常用的地方。

4) 组织地面排水 部分园路路面可作为地面排水的渠道。

5) 参与园林造景 在参与园林造景方面，园路能够：①渲染氛围，创造意境；园路路面艺术铺装、园路布局上的"曲径通幽"等，都对环境艺术氛围和意境深化产生影响。②参与风景序列的构成；园路是布置景观序列的风景带。③影响空间比例；园路通过铺地材料尺寸、路面纹理对比等可起到空间比例尺的作用。④统一空间格调；相同的路面铺装可统一园林环境的格调。⑤构成个性空间；不同的路面铺装而使空间个性化。

5.1.2 园路的分类

一般而言，园路是狭长形的线状铺装地面。不同类型的园路承担不同的功能，对园路的线形、宽窄、路面铺装方式等都有不同的要求。而这些不同的要求都可以作为园路分类的依据。但是，本书仅从园林工程实践中最常用的几种划分依据出发，来对园路进行简要的划分。

1) 按园路的重要性分类 按照园路在功能上的重要性和宽度级别，可将园路分为下述四类：

(1) 主路：又称主园路，在风景名胜区中也叫主干道，是贯穿园林绿地内所有游览区或所有景区的，起主导作用的园路。主园路常作为导游线，对游人的游园活动进行有序的组织和引导；同时，它也要满足少量园务运输车辆通行的要求。普通公园内的主路宽度为 4～6m。

(2) 次路：又叫次园路、支路、游览道，是宽度仅次于主园路的，联系各重要景点或风景地带的重要园路。次路有一定的导游性，主要供游人游览观景用，一般不设计为能够通行汽车的道路。次路的宽度为 2～4m。

(3) 小路：即游览小道或散步小道，其宽度仅供 1～2 人漫步或可供 2～3 并肩散步。小路的布置很灵活，平地、坡地、山地、水边、草坪上、花坛群中、屋顶花园等处，都可以铺筑小路。在园林绿地的一般环境中，小路的宽度被确定在1.2~2m之间。

(4) 专用路：是为园林绿地园务管理及苗圃生产专门配置的通车道路，一般布置在公园边缘地带。其宽度根据实际需要而在1.2~5m之间。

2) 根据筑路环境来分类 以园路所处的环境特点和筑路的条件来划分，公园绿地和风景名胜区内常见的道路类型至少可以分出如下7类：

(1) 平道：即在平坦园地中的道路，是大多数园路的修筑形式。

(2) 坡道：在坡地上铺设的，纵坡度较大但不作阶梯状路面的园路。

(3) 梯道：坡度较陡的坡地上所设的阶梯状园路，其中最陡的也被称为磴道。

(4) 栈道：建在绝壁陡坡、宽水窄岸处的半架空道路。

(5) 索道：主要在山地风景区，是以凌空钢索传送游人的架空道路线。

(6) 缆车道：在坡度大、坡面长的山坡铺设轨道，用钢缆牵引车厢运送游人的道路。

(7) 廊道：由长廊、长花架覆盖路面的园路，都可叫廊道。廊道一般布置在建筑庭园中。

3) 按园路断面形式分类 主要是按照园路路面与路面以外的两侧地坪之间的组合关系来划分园路。根据这一点，园林道路可分成下述4个种类(图5-1)：

(1) 平地型园路：绿地中最普遍的园路形式，其路面基本与两侧地面持平。

(2) 坡地型园路：其路面高于一侧的地坪，同时又矮于另一侧地坪，园路在坡地环境中；在风景区和公园的山地区常见这种园路。

(3) 路堑型园路：其路面明显低于两侧地坪，园路如在沟堑的底部。

(4) 路堤型园路：路面明显高于两侧地坪，园路路基构成堤状。

4) 按园路面层材料分类 园路的面层铺装材料不同，则园路的交通功能和景观效果也有很大不同。因此可根据路面面层铺装方式和主

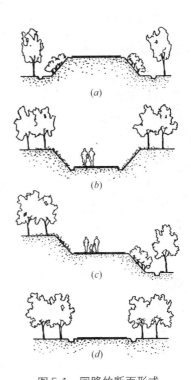

图5-1 园路的断面形式

(a)路堤式；(b)路堑式；(c)坡地式；(d)平地式

要铺装材料对园路进行分类。从这个角度，园路可被分成如下5种：

(1) 整体现浇园路：采用铺路材料在现场配制、拌合，并现场浇筑成整体性路面。采用这种铺装方式的路面有水泥混凝土整体现浇路面和沥青混凝土整体现浇路面。

(2) 板块料园路：用预制的铺路板或铺路砌块作为面层材料，直接铺装在路面上而形成的一种园路。其板块材料可以按不同方式相互组合，构成不同的路面纹理。

(3) 块料嵌草园路：以块状材料铺装面层，块料间留缝，嵌种绿草的道路。

(4) 碎料园路：采用砾石、卵石、砖瓦等碎粒状材料或小块状、片状材料镶嵌、拼花做成道路的面层的路面。

(5) 简易园路：采用素土、灰土、碎石土或煤灰土等简易材料铺装，路面结构层有较大简化的园路。这类道路是临时性道路、施工道路、边缘地带游览小道等常采用的一种类型。

5.2 园路线型设计

园路设计的主要工作内容有：园路平面与立面线型设计、园路结构设计和路面铺装设计。园路路线的平面线型和纵断面线型设计，直接关系到园路的规划设计形式、路景效果和功能的发挥。合理设计园路的线型，对园路各项功能的实现具有较为重要的意义。

5.2.1 线型与园路系统

园林道路和场地的平面是由直线和曲线组成的，规则式园路、场地以直线为主，自然式园路、场地以曲线为主。从道路的线型设计方面来说，要注意园路布局形式的线型种类与园路系统布局形式之间的相互联系。

1) 园路的基本线型 园路从平面线型来讲，基本上可分为两大类，即由直线和弧线构成的规则式线型，和由自由曲线构成的自然式线型。但在两大类线型应用于园路平面设计时，则又各自派生出一种变化的线型，这就使园路实际上具有4种基本的线型，即：规则型路线、规则自由型路线、自然型路线和流线型路线(图5-2)。

(1) 规则型园路：道路线型为直线或有统一半径的规整弧线，路边线两相平行，路面宽窄一致(除路口、转弯处外)。这种路面常能创造出整齐大方、秩序井然的景观效果。规则型路面的施工放线最为方便。对于直线道路，只需将道路中心线画出，并按照设计宽度，从中心线向两侧均等量出一半路宽，就可放出道路的边线。对于规整弧线形园路，则首先在相应位置找到该段弧线的圆心点，按照道路内侧和外侧的设计半径，根据圆心就能够在地面划出该段弧线形园路的内侧边线和外侧边线。

(2) 规则自由型园路：道路边线为直线，且两相平行，但不同路段的路面宽度不同，一些路段路面放宽成为小场地，道路形状虽规则，但也有很多自由变化。这种路面在公共花园和

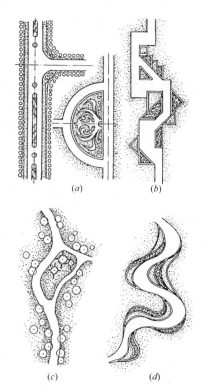

图5-2　园路的四种基本线型
(a)规则型园路；(b)规则自由型园路；
(c)自然型园路；(d)流线型园路

小游园中比较常见，其景观效果则既有和谐整齐的秩序感，又有收放自如的变化性。在道路施工中，规则自由型路面的放线也很简单，只要从图上量出道路各段边线的长度，再按比例在地面放大画出即可。

(3) 自然型园路：道路线型为自由曲线，两边线相互平行，路面宽窄一致(路口、转弯处除外)。这种园路具有轻松活泼、生动自然的景观效果，适宜作游览道和休闲散步道路。但在施工放线时，自然型道路则稍复杂些，一般需要利用坐标方格网首先将道路中心线放大到地面，然后再根据道路中心线和路面设计宽度，在地面放出道路边线来。

(4) 流线型园路：道路线型为自由曲线或有轨迹可求的规整曲线，路边线并不相互平行，路面宽窄变化很大，道路总体上成流线型。这种道路的生动性特点最强，属于一种动态路面。

在施工放线中，流线型道路仍然需要根据坐标方格网来直接将道路边线放大到地面。

2) 园林场地基本线型　按照地块的平面形状，园林场地可划分为以下4种场地线型及其地块形式(图5-3)。

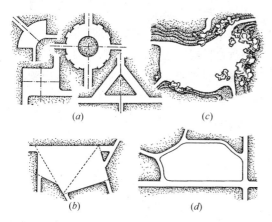

图5-3　园林场地的四种基本形式

(a)规则几何式场地；(b)不规则几何式场地；

(c)自然式场地；(d)混合式场地

(1)规则几何式场地：场地为规则的几何形，有明显的中轴线和对称性；场地边线为直线或规整的圆弧线。这种场地的景观一般显得庄重、严正、开朗。规则几何式场地在施工放线时，最重要的是首先在地面放出纵轴线和横轴线，然后根据纵横轴线和设计图标注的场地各部分尺寸，再放出场地的全部边线，并在轴线和边线上设立标高桩，以控制场地施工中排水脊线和汇水边线处的施工高度。

(2)不规则几何式场地：场地形状是没有对称轴的不规则几何形，由不规则转折线作为场地边线。从场地形状给人的观感来说，不规则几何式场地可能会具有一种较为紧张的、急促的、刚硬的景观效果。在施工放线时，先是在地面画出这种场地的一条长边，然后利用角度交会法确定场地边线的各个转折角点，再用直线连接各角点，即放出场地的全部边线。

(3)自然式场地：平面形状为不对称的自然形状，场地边线为自由转折的曲线。这种场地亦有生动活泼、亲切自然的景观特点，一般在假山区或园林山水景区常有布置。自然式场地的施工放线要利用方格网放大法，但在准确性要求不高的粗放施工情况下，也可以按照设计图所绘的范围，在地面用徒手画出大概相似的场地边线来。

(4)混合式场地：这是规则式与自然式相结合的一种园林场地形式。场地边线的线型中，既有规则的直线和圆弧线，也有局部的自由曲线。在场地形状方面，有些局部是规则形的，有些局部却是自然形的。施工放线时，先放出规则部分的场地边线，然后采用徒手近似绘出或局部方格网控制绘出的方式，在地面画出自然式部分的场地边线。

3) 园路系统布局形式　风景园林的道路系统不同于一般的城市道路系统，它有自己的布置形式和布局特点。园路系统主要是由不同级别的园路和各种用途的园林场地构成的。一般所见的园路系统布局形式是网格式、套环式、条带式和树枝式(图5-4)。

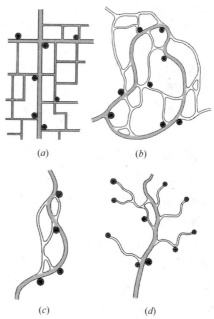

图5-4　园路线型与布局形式

(a)网格式园路系统(规则式园林)；

(b)套环式园路系统(自然式园林)；

(c)条带式园路系统(自然式或规则式园林)；

(d)树枝式园路系统(仅用于山地沟谷风景区)

(1) 网格式园路系统：园路的网格式布局属于规则式园林的园路基本布局形式，如西方园林、伊斯兰园林都采用这种形式。其道路线型多采用直线，主路、次路和小路构成纵横交织的方格网状、蛛网状或斜线网格状。

(2) 套环式园路系统：这种园路系统的特征是：由主园路构成一个闭合的大型环路或一个8字形的双环路，再由很多的次园路和游览小道从主园路上分出，并且相互穿插连接与闭合，构成又一些较小的环路。主园路、次园路和小路构成的环路之间的关系，是环环相套、互通互连的关系，其中少有尽端式道路。因此，这样的道路系统可以满足游人在游览中不走回头路的愿望。套环式园路是最能适应公共园林环境，并且在实践中也是得到最为广泛应用的一种园路系统。但是，在地形狭长的园林绿地中，由于受到地形的限制，套环式园路也有不易构成完整系统的遗憾之处，因此在狭长地带一般都不好采用这种园路布局形式。

(3) 条带式园路系统：在地形狭长的园林绿地上，采用条带式园路系统比较合适。这种布局形式的特征是：主园路成条带状，始端和尽端各在一方，并不闭合成环。在主路的一侧或两侧，可以穿插一些次园路和游览小道。次路和小路相互之间也可以局部地闭合成环路，但主路是怎样都不会闭合成环的。条带式园路布局不能保证游人在游园中不走回头路。所以，只有在林荫道、河滨公园等带状公共绿地中，才采用条带式园路系统。

(4) 树枝式园路系统：以山谷、河谷地形为主的风景区和市郊公园，主园路一般只能布置在谷底，沿着河沟从下往上延伸。两侧山坡上的多处景点，都是从主路上分出一些支路，甚至再分出一些小路加以连接的。支路和小路多数只能是尽端式道路，游人到了景点游览之后，要原路返回到主路再向上行。这种道路系统的平面形状，就像是有许多分支的树枝一样，游人走回头路的时候很多。因此，从游览的角度

看，它是游览性最差的一种园路布局形式，只是在受地形限制时，才不得已而采用这种布局。

5.2.2　平面线型设计

园路与场地的平面线型主要取决于中线或轴线。园路的中线是规则的直线或弧线，那么园路基本线型就是规则式的；园林场地如果具有中轴线，则场地也就是规则式的。园路中线如果是自由曲线，园林场地如果没有中轴线，而且线型也不为规则形线，那么，就一定会形成自然式园路或场地。在平面线型设计中，中线与道路的平曲线、转弯半径等问题是分不开的。

1) 平曲线与转弯半径　园路平面线型为曲线时，称为平曲线；平曲线不但存在于一般的曲线路段上，也存在于园林的弯道处和交叉口处。

(1) 园路平曲线的特点：曲线形园路是由不同曲率、不同弯曲方向的多段弯道连接而成的，其平面的曲线特征十分明显；即使在直线形园路中，其道路转弯处一般也应设计为曲线形的弯道形式。园路平面的这些曲线形式，就叫园路平曲线。

(2) 园路平曲线设计：在设计自然式曲线道路时，道路平曲线的形状应满足游人平缓自如转弯的习惯，弯道曲线要流畅，曲率半径要适当，不能过分弯曲，不得矫揉造作。一般情况下，园路用两条相互平行的曲线绘出，只在路口或交叉口处有所扩宽。园路两条边线成不平行曲线的情况一般要避免，只有少数特殊设计的路线才偶尔采用不平行曲线。

(3) 平曲线半径的选择：除了风景名胜区的旅游主干道之外，园林道路上汽车的行车速度都不高，多数园路都不通汽车。所以，一般园路的弯道平曲线半径都可以设计得比较小；只供人行的游览小路，其平曲线半径还可以更小。表5-1所列，就是设计园路时可以采用的平曲线半径参考值。园路的平曲线造成了园路的曲折

性，但这种曲折性应适度，不可为曲折而曲折。主路、大路弯曲程度宜小，呈缓和的S形弯曲即可；而小路则可更曲折些，但也不要过分。影响园路平面线半径大小的因素有：①造景的需要：平曲线使视线能够左右摆动，便于观赏更多方向上的景观。②地形地物条件的限制：地形地物有否形成阻碍等，要影响平曲线的半径。③行车安全的需要：要考虑转弯安全和行车安全。

园路内侧平曲线半径参考值(m)　　表5-1

园路类型	平曲线半径(R)取值	
	一般情况下的半径	最小半径
游览小道	3.5～20.0	2.0
次园路	6.0～30.0	5.0
主园路	10.0～50.0	8.0
通车主园路	15.0～70.0	12.0
风景区主路	18.0～100	15.0

(4) 转弯半径的确定：园路交叉口或转弯处的平曲线半径，又叫转弯半径。合适的转弯半径可以保证园林内游人能舒适地散步，园务运输车辆能够畅通无阻，也可以节约道路用地，减少工程费用。转弯半径的大小，应根据游人步行速度、车辆行驶速度及其车类型号来确定。比较困难的条件下，可以采用最小的转弯半径。最小转弯半径是指弯道内侧路边线的半径，不同车型的最小转弯半径不是相同的：小型车为6m，中型车为9m，大型车为12m(图5-5)。

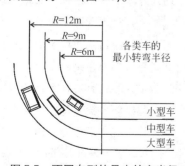

图5-5　不同车型的最小转弯半径

(5) 曲线加宽：在通行汽车的、转弯半径较小的园路路面及在山坡急弯处的风景区道路路面，于弯道内侧对路面作加宽处理，就叫曲线加宽。一般公园里的园路，通车是次要的，车速也不会很快，可以不考虑加宽。加宽值应加在弯道的内侧，其数值与车长的平方成正比，与弯道半径成反比，弯道转弯半径大于等于200m时不加宽。为使直线路段的宽度逐渐过渡到弯道处的加宽部分，在弯道与直线路段连接处可设一加宽缓和段。在不设超高的弯道前，加宽缓和段可直接取10m长。此外，在园路的交叉口处，路面也要加宽(图5-6)。

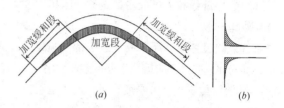

图5-6　园路的曲线加宽
(a)弯道内侧加宽；(b)交叉口加宽

2) 园路平面设计　园路平面线型及路线的设计应当是在园林规划阶段就已经初步完成了的，而在园路的技术设计阶段则是进一步细化，进一步落实到按施工需要来做出设计。因此，园路设计就是以满足施工需要为目的。在园路平面设计中需要重点注意的有下面几点：

(1) 规则型园路的直线路段应避免延伸太长：在规则型园林中，除了主路或景观大道之外的其他直线道路，都不要太长。直线路太长将会使景观缺少变化，容易显得单调。因此，如果有某一段直线支路或小路延伸太长，就要考虑在路段中安排一个节点或一个转折点，将长直路中断一下。节点是一个小水池、中央花坛，或者是一个雕塑、休息亭都可以。一般的次路和小路的直线路段最长以不超过150～200m为宜。

(2) 自然型园路的线型弯曲要注意与环境协调：以自由曲线为主的自然型园路，在一些以直线为主的环境中有可能会有不协调的表现，例如在屋顶花园上，或在规则型的带状地块中设计的自然型园路，就常常出现与环境的冲突现象。在设计中要特别注意道路的曲线应随势而弯，随环境而变，主动与环境中的建筑、墙垣、河岸等相协调。

(3) 自然型园路弯曲程度要适当：自然型园路具有轻松活泼、悠闲自如的环境格调，这是由于其自由曲线的线型所致。路线的弯曲是必须的，但却不可过分弯曲。这方面的尺度可按下列3点要求来把握：

① 一般主路：微弯，少曲折；主路常常是园林中的导游线和人流最多的道路，承担的交通功能比一般支路、小路要多一些。因此，主路不宜大幅度弯曲，而只应是缓缓的、小幅度的弯曲变化，并且其转折频率也不宜太多。

② 流线型主路：大幅度转折；流线型主路的特色就是动态感特别强烈的大弯大曲大转折，因此不能像一般园路那样限制路线的弯曲。

③ 次路、小路、山路：曲折稍多，但不得过分；这三类园路都可以比主路、大路更曲折，弯曲幅度也可以更大些，但也不是无限度的，也不能过分曲折(图5-7)。

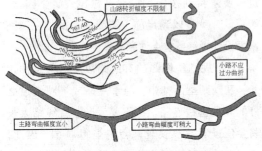

图5-7 园路线型曲折性的把握

(4) 自然型园路边线应为平行曲线：一般情况下，自然型园路用两条相互平行的曲线绘出，只在路口或交叉口处有所扩宽。园路两条边线成不平行曲线的情况一般要避免，只有少数特殊设计的路线(如流线型园路)才偶尔采用不平行曲线。

(5) 近距离并行的两园路之间要有捷径相连：如果两条园路处于并行状态并且距离很近，就要考虑在两条路之间进行连通处理，即每隔一段距离就设一处捷径。或者，经过认真分析后发现两条路确实没有必要在近距离位置上相互并行，就可以去掉其中一条路，使路线更简洁一些，游人也会感到更方便一些。

(6) 路线的开辟要照顾观景和借景的需要：弯曲的园路比直线园路更适于观赏两侧的多处景观，在道路不同路段上所看到的前方对景，会随着步伐的移动而不断变换，容易达到"步移景异"的艺术效果。如图5-8所示。

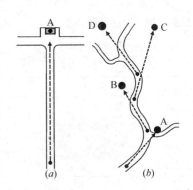

图5-8 曲直园路的对景比较

(a)直路对景单一；(b)曲路对景多变

3) 路口平面设计 在本章第5.2节中，我们了解到园林道路系统有网格式、套环式、条带式和树枝式四种布局形式。这四种园路系统中，道路与道路相交叉，道路与场地相贯通，道路与建筑相连接，都必定会产生许多的路口。路口是园路建设的重要组成部分，必须精心设计，做好安排。

从规则式园路系统和自然式园路系统的相互比较情况看来，规则式园路系统中十字路口比较多，而自然式园路系统中则以三岔路口为主。在自然式系统中过多采用十字路口，将会降低园路的导游特性，有时甚至能造成游览路线的紊乱，严重影响游览活动。就是在规则式园路中，从加强导游性来考虑，路口设置也应少一些十字路口，多一些三岔路口。在路口处，要尽量减少相交道路的条数，避免因路口过于集中，而造成游人在路口处犹豫不决、无所适从的现象(图5-9)。

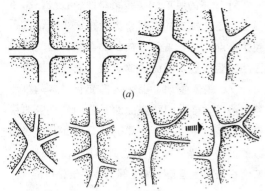

多条路相交　路口太密集　路口密集需修改　减少主路的路口

(b)

图 5-9　园路交叉口比较

(a)合理的园路相交方式；(b)需改造的园路相交情况

道路相交时，除山地陡坡地形之外，一般均应尽量采取正相交方式。斜相交时，斜交角度如呈锐角，其角度也要尽量不小于60°，锐角部分还应采用足够的转弯半径，设计为圆形的转角。路口处形成的道路转角，如属于阴角，可保持直角状态；如属于阳角，则应设计为斜边或改成圆角。

园路交叉口中央设计有花坛、花台时，各条道路都要以其中心线与花坛的轴心相对，不要与花坛边线相切，如图5-10所示。路口的平面形状，应与中心花坛的形状相似或相适应。具有中央花坛的路口，都应按照规则式地形进行设计。

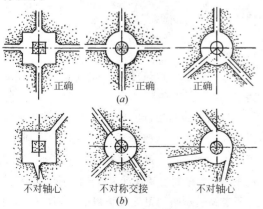

图 5-10　园路与带中央花坛的路口相交

(a)正态交接方式；(b)不好的交接方式

4) 园路与建筑物的交接　在园路与建筑物的交接处，常常能形成路口。从园路与建筑相互交接的实际情况来看，一般都是在建筑近旁设置一块较小的缓冲场地，园路则通过这块场地与建筑相交接。多数情况下都应这样处理，但一些起过道作用的建筑，如路亭、游廊等，也常常不设缓冲小场地。根据对园路和建筑相互关系的处理和实际工程设计中的经验，可以采用以下几种方式来处理二者之间的交接关系(图5-11)。

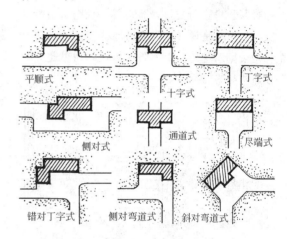

图 5-11　园路与建筑的交接方式

(1) 平行交接：建筑的长边与园路中心线相平行，园路与建筑的交接关系是相互平行的关系。其具体的交接方式还可分为平顺型的和弯道型的两种。

(2) 正对交接：园路中心线与建筑长轴相垂直，并正对建筑物的正中部位，与建筑相交接。根据正对交接形成路口的情况，这种交接方式还可以有十字式正交、丁字式正交、通道式正交和尽端式正交等四种具体处理方式。

(3) 侧对交接：园路中心线与建筑长轴相垂直，并从建筑正面的一侧相交接；或者，园路从建筑的侧面与其交接，这些都属于侧对交接。因此，侧对交接也有正面侧交和侧面相交两种处理情况。

实际处理园路与建筑的交接关系时，一般都应尽量避免以斜路相交，特别是正对建筑某一角的斜交，冲突感很强，一定要加以改变。对不得不斜交的园路，要在交接处设一段短的直路作为过渡，或者将交接处形成的锐角改为圆角。

5) 园路与园林场地的交接 园路与园林场地的交接，主要受场地设计形式的制约。场地形状是规则式的，则园路与其交接的方式就与和建筑交接时相似，即可有平行交接、正对交接和侧对交接等方式。对于圆形、椭圆形场地，园路在交接中要注意，应以中心线对着场地轴心(即圆心)进行交接，而不要随意与圆弧相切交接。这就是说，在圆形场地的交接应当是严格地规则对称的；因为圆形场地本身就是一种多轴对称的规则形(图5-12)。

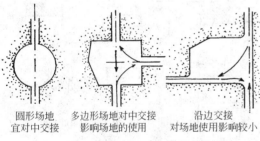

圆形场地　　多边形场地对中交接　　沿边交接
宜对中交接　影响场地的使用　对场地使用影响较小

图 5-12　园路与园林场地的交接

若是与形状不对称的场地相交接，园路的接入方向和接入位置就没有多少限制了。只要不过多影响园路的通行、游览功能和场地的使用功能，则采取何种交接方式完全可依据设计而定。以图5-12中园路与场地交接情况为例，园路若从场地正中接入，则使路口左右两侧的场地都被挤压缩小，对场地本身的使用就会有很大的影响；若从场地一侧接入，则场地另一侧保留的面积比较大，场地功能所受的影响就比较小了。

5.2.3　竖向断面线型设计

园路竖向断面的线型是指纵向的竖曲线和横向的路拱曲线，这两种曲线分别代表园路纵断面和横断面的形状。园路竖向的线型设计就是要安排好这两种曲线。

1) 园路的竖曲线 园路路面中心线在纵断面上为连续相折的直线；为使路面平顺，在折线的交点处设置为竖向的曲线状，这就叫做园路的竖曲线。竖曲线的设置，使园林道路多有起伏，路景生动，视线俯仰变化，游览散步感觉舒适方便。园路竖曲线又分为凸型竖曲线和凹型竖曲线两种。如图5-13所示，凸型竖曲线的圆心在地下，凹型竖曲线的圆心在空中，二者在路面上坡与下坡之间的转换是相反的。

图 5-13　园路的纵断面线型

2) 竖曲线设计 竖曲线设计的主要内容是确定其合适的半径。园路竖曲线的容许半径范围比较大，其最小半径比一般城市道路要小得多。半径的确定与游人游览方式、散步速度和部分车辆的行驶要求相关，但一般不作过细的考虑。竖曲线设计的主要要求是：

(1) 随地形而起伏：随形就势，根据地形设计竖曲线。

(2) 尽量使线型平顺：避免纵坡过大，折点过多。

(3) 与环境中高程衔接合理：与环境高点自然衔接。

(4) 配合地面排水：竖曲线及其纵坡有利于路面排水。

(5) 使平、竖曲线尽量错开：水平方向与竖向兼顾。

(6) 应满足行车的要求：以行车方便、安全为准。

3) 园路路拱设计 为了使雨水能迅速地流出路面，通过雨水暗管或排水明沟顺利排除，除了人行道、路肩需要设置排水横坡外，园路的主体部分路面也要设计为有一定横坡的路面。由于道路横断面的路面线坡度是从路中线向两侧逐渐增大的，因而就使道路横断面上的竖向曲线形成了拱形，这种结构断面上的拱形竖曲线就叫路拱。路拱的设计，主要就是确定道路的横坡坡度及横断路面线的线型。

路拱基本设计形式有抛物线型、折线型、直线型和单坡型四种。抛物线型路拱是最常用的路拱形式，其特点是路面中部较平，愈向外侧坡度愈陡，横断面线呈抛物线型。折线型路拱，是将路面做成由道路中心线向两侧逐渐增大横坡度的若干短折线组成的路拱。这种路拱的横坡度变化比较徐缓，路拱的直线较短，近似于抛物线型路拱。直线型路拱常由两条倾斜的直线所组成。单坡型路拱，其路面单向倾斜，雨水只向道路一侧排除。在山地园林和风景区的游览道中，常常采用单坡型路拱。

4) 弯道超高 弯道超高就是在园路的弯道外侧加高路面，使路面向着内侧倾斜布置，以克服车辆转弯时的离心力。在弯道处进行超高处理时，要先保持道路曲线路段的中线标高不变，逐渐抬高弯道外侧路缘的标高，使这部分路面的横坡达到超高的程度，变双坡路面为单坡路面。为了使道路能较平顺地从直线段的双坡路面转变到曲线段具有超高的单坡路面，就需要在其中插进一个坡度逐渐变化的直线路段，这个直线路段叫做超高缓和段(图5-14)。在同时需要设置超高和加宽缓和段的弯道上，缓和段的长度按超高缓和段长度定。需要说明的是，除风景区主干道之外，园林道路中的绝大部分弯道，都不需要设置超高和加宽，当然也没有缓和路段了。

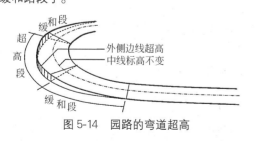

图5-14 园路的弯道超高

5) 园路纵横坡度设计 园路纵坡就是其纵断面线的坡度。道路纵向坡度的大小，对游览活动影响较大；在设计中要根据不同的路面形式和交通需要来考虑。在一般情况下，保持一定的园路纵坡，有利于路面排水和丰富路景。虽然园路可以在纵向被设计为平坡路面，但为排水通畅考虑，还是应保证最小纵坡不小于0.3%～0.5%。纵坡坡度过大，也会不利于游人的游览和园务运输车辆的通行。通车的园路，纵断面的最大坡度，宜限制在8%以内，在弯道或山区还应减小一点。可供自行车骑行的园路，纵坡宜在2.5%以下，最大不超过4%。轮椅、三轮车宜为2%左右，不超过3%。不通车的人行游览道，最大纵坡不超过12%，若坡度在12%以上，就必须设计为梯级道路。除了专门设在悬崖峭壁边的梯级磴道外，一般的梯道纵坡坡度都不要超过100%。

园路纵坡较大时，其坡面长度应有所限制，不然就会使行车出现安全事故，或者使游人感到行路劳累。表5-2表明了园路纵坡与限制坡长之间的关系。当道路纵坡较大而坡长又超过限制时，则应在坡路中插入坡度不大于3%的缓和坡段；或者在过长的梯道中插入一至数个平台，供人暂停小歇并起到缓冲作用。

园路纵坡与限制坡长　　　表5-2

道路类型	车道			游览道				梯道
园路纵坡(%)	5～6	6～7	7～8	8～9	9～10	10～11	11～12	＞12
限制坡长(m)	600	400	300	150	100	80	60	25～60

5.3　园路结构设计

园路所需的承载能力比一般城市街道低，因此在其结构做法方面的要求也相应低一些。园路路面各结构层次的设计厚度、采用的材料和具体做法要求等，都与一般城市街道有较多的不同。从构造上看，园路是由路基和路面两大部分构成的。而路面的典型结构又分为垫层、基层、结合层、面层等结构部分。下面，根据不同地方的不同情况对路基和路面各部分的基本结构情况进行简要的说明。

5.3.1 路基设计

路基是路面的基础，为园路提供一个平整的基面，承受地面上传下来的荷载，是保证路面具有足够强度和稳定性的重要条件之一。根据周围地形变化和挖填方情况，园路路基有下列3种设计形式：

1) 填土路基 这种路基是在比较低洼的场地上填筑土方或石方做成的。路基的顶面一般都高于两旁的地坪，因此也常常被称为路堤。园林中的湖堤道路、洼地车道等，都有采用路堤式路基的。

2) 挖土路基 即沿着路线挖方后，其基面标高低于两侧地坪，如同沟堑一样的路基，因而这种路基又被叫做路堑。当道路纵坡过大时，采用路堑式路基可以减小纵坡。在这种路基上，人、车所产生的噪声对环境影响较小，其消声减噪的作用十分明显。

3) 半挖半填土路基 在山坡地形条件下，多见采用挖高处填低处的方式筑成半挖半填土路基。这种路基上，道路两侧是一侧屏蔽另一侧开敞，施工上也容易做到土石方工程量的平衡。

根据园路的功能和使用要求，路基应有足够的强度和稳定性。路基的取、弃土应尽量避免影响周围场地的绿化和园林设施的安全。要结合当地的地质、水文条件和筑路材料情况，整平、筑实路基的土石，并设置必要的护坡、挡土墙，以保证路基的稳定。要留够绿化用地，利用绿化树木保护和美化园路。还要根据路基具体高度，设置排水边沟、盲沟等排水设施。路基的标高应高于按洪水频率确定的设计水位0.5m以上。

对路基的设计要求是：土质一致，松实均匀，做坡整形，夯实整平，能受重压。当路基有些部分是回填土时，要作加固处理。加固可用1:9或2:8的灰土铺填在地基表面，夯实厚

度至15cm。

5.3.2 路面设计

路面是用坚硬材料铺设在路基上的一层或多层的道路结构部分。路面应当具有较好的耐压、耐磨和抗风化性能；要做得平整、通顺，能方便行人或行车。作为园林道路，还要特别具有美观、别致和行走舒适的特点。

1) 路面的类别 按照路面在荷载作用下工作特性的不同，可以把路面分为刚性路面和柔性路面两类。

（1）刚性路面：主要指现浇的水泥混凝土路面。这种路面在受力后发生混凝土板的整体作用，具有较强的抗弯强度。其中，又以钢筋混凝土路面的强度最大。刚性路面坚固耐久，保养翻修少，但造价较高；一般在公园、风景区的主园路和最重要的道路上采用。

（2）柔性路面：是用黏性、塑性材料和颗粒材料做成的路面，也包括使用土、沥青、草皮和其他结合材料进行表面处治的粒料、块料加固的路面。柔性路面在受力后抗弯强度很小，路面强度在很大程度上取决于路基的强度。这种路面的铺路材料种类较多，适应性较大，易于就地取材，造价相对较低。园林中人流量不大的游览道、散步小路、草坪路等，适宜采用柔性路面。

2) 路面的层次结构 从横断面上看，园路路面是多层结构的，其结构层次随道路级别、功能的不同而有一些区别。一般园路的路面部分，从下至上结构层次的分布顺序是：垫层、基层、结合层和面层。其中，主要的结构层是基层与面层。下面，结合图5-15所示，对这几个层次的设计情况分别进行说明。

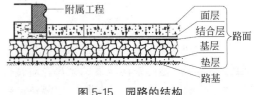

图5-15 园路的结构

（1）垫层：在路基排水不畅，易受潮受冻情况下，就需要在路基之上设一个垫层，以便有利排水，防止冻胀，稳定路面。在选用粒径较大的材料做路面基层时，也应在基层与路基之间设垫层。做垫层的材料要求水稳定性良好，一般可采用煤渣土、石灰土、砂砾等，铺设厚度8～15cm。当选用的材料兼具垫层和基层作用时，也可合二为一，不再单独设垫层。垫层设计的基本要求是：材料质地细密，容易找平。

（2）基层：基层位于路基和垫层之上，承受由面层传来的荷载，并将荷载分布至其下各结构层。基层是保证路面的力学强度和结构稳定性的主要层次，要选用水稳定性好，且有较大强度的材料来做，如碎石、砾石、工业废渣、石灰土等。园路的基层铺设厚度可在 10～30cm 之间。对基层设计的要求是：结构坚实，耐压，承重性好。

碎石基层的做法是：最好采用级配碎石，在垫层之上平铺 15～30cm 厚，表面耙平，压实厚 10～25cm。铺装厚度应根据路面承重能力而确定。级配碎石做基层的效果很好，结构稳定，坚实，适合通车的园林主路采用。

灰土基层的做法是：材料配合比按石灰：素土＝3：7(或 4：6)；做一步灰土的基层夯实厚 15～20cm，如果做两步灰土基层，则夯实厚 30～40cm。灰土基层的耐潮湿能力较差，因此在基层之下可先铺一层隔湿材料作垫层。用砂石层作隔湿层的效果很好，但造价较高，不太经济。也可再用一层灰土作为防潮垫层，但其密度小，易冻胀。如果用煤渣石灰土或矿渣石灰土作隔湿层，则隔湿效果好，也能防冻胀，且比较经济。煤渣石灰土的材料配合比为：煤渣：石灰：素土＝7：1：2。

（3）结合层：在采用块料铺砌作面层时，要结合路面找平，而在基层和面层之间设置一个结合层，以使面层和基层紧密结合起来。对结合层的设计要求是：粘结性强，充满度好，与基层、面层结合紧密。结合层有两种不同的做法。一是采用砂浆材料湿法施工，即采用 M5 水泥砂浆或 M2.5 混合砂浆，在整理好的基层上面满铺一层厚 20～30mm，并刮平表面，然后将面砖、面板材料铺贴在砂浆结合层上面。用砂浆湿法施工的结合性好，但造价较高，适于对路面作贴面装饰时应用。第二种方法是用灰砂干法施工，即采用水泥砂或石灰砂作结合层材料，在基层之上满铺一层 30～60mm 厚，表面刮平，然后砌筑板块状面层材料。灰砂干法施工的密实性较好，不易产生"空鼓"现象。

（4）面层：位于路面结构最上层，包括其附属的磨耗层和保护层。面层要采用质地坚硬、耐磨性好、平整防滑、热稳定性好的材料来做：有用水泥混凝土或沥青混凝土整体现浇的，有用整形石块、预制砌块铺砌的，也有用粒状材料镶嵌拼花的，还有用砖石砌块材料与草皮相互嵌合成园路的。总之，面层的材料及其铺装厚度，要根据园路铺装设计来确定。有的园路，在面层表面还要做一个磨耗层、保护层或装饰层。磨耗层厚度一般为 1～3cm，所用材料有一定级配，如用 1：2.5 水泥砂浆(选粗砂)抹面、用沥青砂铺面等；保护层厚度一般小于 1cm，可用粗砂或选择与磨耗层一样的材料。装饰层的厚度可为 1～2cm，可选用的材料种类很多，如花岗石面板、地面砖、水磨石等，也要按铺装设计而定。总之，在设计上，对面层提出的总体要求就是：要平整、坚固、耐磨、防滑。

路面结构层的组合，应根据园路的实际功能和园路级别灵活确定。一些简易的园路，路面可以不分垫层、基层和面层，而只做一层，这种路面结构可称为单层式结构。如果路面由两个以上的结构层组成，则可叫多层式结构。各结构层之间，应当结合良好，整体性强，具有最稳定的组合状态。结构层材料的强度一般应从上而下逐层减小，但各层的厚度却应从上而下逐层增厚。不论单层还是多层式路面结构，其各层的厚度最好都大于其最小的稳定厚度。常见的园路路面结构层组合，如图5-16 所示。

137

混凝土整体现浇路面 | C15混凝土80~150厚 / 80~120厚碎石 / 素土夯实

沥青混凝土整体现浇路面 | 中粒沥青混凝土40厚 / 80厚碎(砾)石间层 / 100厚碎(砾)石间层 / 素土夯实

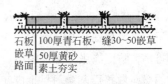

石板嵌草路面 | 100厚青石板，缝30~50嵌草 / 50厚黄砂 / 素土夯实

预制混凝土方砖路面 | 500×500×100 / C15混凝土方砖预制 / 50厚M2.5混合砂浆 / 3:7灰土150~250厚 / 素土夯实

卵石铺装路面 | 70厚混凝土栽小卵石 / 40厚M2.5混合砂浆 / 200厚碎砖三合土 / 素土夯实

图 5-16　几种常见的园路构造做法

3) 园路附属设施　在路面的上述结构层之外，位于路面边缘地带或道路中某些路段的一些附属设施，也属于路面的结构部分。这些部分中主要的附属设施有道牙、明沟、台阶等。

(1) 道牙：道牙的作用是保护路边和与路面之外地坪的高程相衔接。其制作材料有混凝土、料石、砖瓦，甚至大卵石等。其种类则有立道牙、平道牙、带浅沟道牙等(图 5-17)。

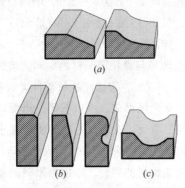

图 5-17　道牙(路缘石)的种类
(a) 平道牙；(b) 立道牙；(c) 带浅沟道牙

(2) 明沟、雨水井：是道路边缘附属的排水设施，应按园林排水设计布置。

(3) 台阶、梯道类：台阶、梯道实际上是道路的一个路段，只是路面由阶梯状的砌体材料修筑起来，起衔接前后两段高差过大的路面的作用。

① 台阶(梯道)：在园路路面纵坡超过 12% 时，就不能再采取坡道形式，而应当采用梯道形式。梯道如果太长，级数太多，则要在每10~18 级之间设一过渡平台。梯道的阶级尺寸应是：每阶高 12~17cm，宽 28~38cm，踏面向外斜的坡度为 1%～2%(图 5-18)。

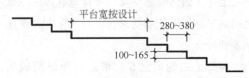

平台宽按设计　280~380　100~165

图 5-18　园路梯道阶级的尺寸

② 礓磜：是道路某一段所设置的齿槽状斜坡路面，其作用是在坡度较陡处行车的防滑。采用礓磜的路段应在通车道路的纵坡达到 8%～10%，且坡长不超过 30m 的地方布置。

③ 磴道：坡度大、路面窄而陡的供攀登的小道就是磴道，因此磴道是用在陡峭的山地或坡度太大的小道上的。设置磴道要注意防滑，路旁应布置扶手栏杆。

5.3.3　园路结构设计原则

平面线型设计、纵断面设计和横断面设计确定了园林道路的基本工程要素和工程量，是道路修筑施工的主要技术依据。而道路的结构设计则是直接针对施工需要，具体解决施工做法的技术关键环节。为保证园路结构设计质量，必须要注意下述几点原则性要求：

1) 按园路的实际功能需要进行设计　在游览道等仅供人行的园路设计中，因没有车辆碾压，不需要园路基层承受很多荷载，因此在园路结构设计中就可以不用配齐所有的构造层次，甚至于将基层与面层合二为一，只用一个结构层。结构层的配置及其材料选用、设计厚度的确定等问题，最终还是要根据实际功能需要而做出设计。

2）要坚持"薄面、强基、稳基土"的原则

薄面，即为道路面层不用设计太厚，只要能够耐磨、防滑、抗风化，就可设计得薄一些。强基，就是加强基层，因为道路荷重能力的高低主要取决于基层。稳基土，则要求路基土层要稳定，设计上要注意采用路基的加固措施。

3）就地取材，节约工程费用 筑路材料在园林建设工地及附近地区有出产的，在园路设计中可以直接选用。本地的材料在材料费、运输费方面都要低很多，可以大大降低工程成本。

4）结构设计要有利于预防园路"病害" 对于园路"病害"，应当以设计、施工中的预防措施为主，而以病害出现之后的治理维修为辅。园路"病害"种类及其产生原因有：

（1）裂缝、凹陷：这种病症是由于路基不坚实，路基土层密度不一致或者园路使用中荷载超重等因素造成的。设计中要防止这种病害发生，就要强化对路基的加固处理。

（2）啃边：路边出现残缺、破碎和悬空现象，这是由长期的雨水冲蚀或车辆碾压造成的。要预防这种现象发生，就要在设计中安排好道牙及路边的护土筋、挡水石等设施。

（3）翻浆：表现为路面出现拱起的裂缝，基土冰冻，挤出泥土。这是由于冬季严寒，路基土层水分结冰形成冻土，由路基土层的冻胀作用而致使路面破坏。在园路结构设计中，要注意排水边沟的设置和路面各结构层排水坡度的设计，同时在垫层、基层材料的选择中注意选择排水性能强的材料。

（4）空鼓：道路饰面层局部隆起，敲击有空响声。这种病害产生的原因较多，有结合料配比设计方面的，也有施工操作方面的，主要原因就是饰面层与其下面结构层之间的结合不好。在结构设计中要防止这种病害的发生，主要是在结合料的设计上采取各种预防措施。

5.4 园路铺装设计

园路路面对面层的装饰性要求比较高，从面层材料的选用、材料在路面的组合方式，到路面颜色搭配、纹理图案设计和质感的表现等方面，都要讲究一定的艺术性，都要能够对环境艺术氛围产生积极的影响。

5.4.1 园路铺装的要求

1）路面装饰性应更强 从路面铺装的形式、尺度、材料、颜色、质地等方面都要体现出比一般城市道路更强的艺术装饰性。

2）要使路面光线柔和，减少反光 路面反射的光线要柔和，多数铺装材料应当是不反光的。铺地材料颜色的变化也要比较柔和，要避免对比感过于强烈。

3）与地形、植物、山石等结合造景 路面铺装设计中应多加入地形因素和使植物、山石共同参与造景，有时在硬铺装的路面上保留一两块深埋状的自然山石，反而会使路面景观更加生动自然。

4）保持路面平顺、防滑 使路面便于人们散步行走，不易产生路滑摔倒现象。园林中一些比较潮湿地方的路面，不要采用表面光滑的材料铺装。即使是整体现浇混凝土路面，也要在表面处治上安排刻纹、压花等装饰方法，以增加路面的防滑性能。

根据路面铺装材料、装饰特点和园路使用功能，可以把园路的路面铺装形式分为整体现浇、板块铺装、砌块嵌草、碎料镶嵌铺装和简易铺装等五类。各类路面铺装设计的具体情况如下文所述。

5.4.2 整体现浇路面铺装

整体现浇路面是采用水泥、沥青等凝固性材料直接在现场施工而形成的整体性的板状地面，其面层是现浇的。这类地面的装饰，主要是在施工中对道路表面进行各种方法的处治，使地面具有一定的质感、纹理和颜色。根据地面面层采用整体现浇的特征和道路表面的不同装饰处治方式，可将园林绿地内的整体现浇地面分为水泥混凝土地面、沥青混凝土地面、水磨石地面和片材铺贴地面等四种形式。

1) 水泥混凝土路面 是采用水泥混凝土作道路面层材料，并同时采用表面处理方法进行装饰的一类地面。根据地面抹面材料和施工工艺的不同，这类地面又分为普通水泥路面、水泥模纹路面、混凝土露骨料路面、水磨石路面、混凝土片材贴面的路面(图5-19)。

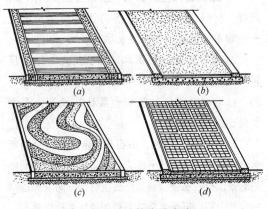

图 5-19 几种整体现浇路面

(a)水泥混凝土路面；(b)沥青混凝土路面；
(c)水泥混凝土水磨石路面；(d)水泥混凝土片材铺贴路面

(1) 路面结构与做法：园林中水泥混凝土路面的基层可用 150～200mm 厚碎石层，或用 200～250mm 厚大块石层，在基层上面可用 30～50mm 粗砂作间层。面层则一般采用 C20 混凝土，做 120～230mm 厚。路面每隔 10m 设伸缩缝一道。混凝土采用现浇做法，表面抹平不抹光。

(2) 表面装饰设计：水泥混凝土表面装饰的方法很多，但主要的有下面几种做法：

① 路面抹灰装饰：用人工抹面或机械打磨方法饰面，抹灰层的水泥砂浆中可加氧化铁红调制成紫砂色，或加铬黄、铬绿、白水泥等调制成其他颜色。用彩色水泥砂浆抹面，可做成彩色水泥路面。

② 表面纹样处治：路面用普通水泥砂浆或有色水泥砂浆抹面，待抹面层稍凝固之后，进行纹理装饰处理。纹理做法有：刷纹：即在路面抹面层稍凝固时，用宽平的刷子均匀地刷出纹理来。刮纹：是用平直的长木条在水泥抹面层上轻轻刮出纹理。锯纹：则是用长木板的棱边在抹面层收水后从前往后顺序地来回锯割，将路面加工出平行的直线槽纹。压花：采用刻花模板对未干硬的混凝土表面施压，依靠模板上的浮雕式凹凸模纹，在路面上压出各种图案花纹。滚花：用外表套有凹凸模纹的橡胶皮滚筒在水泥抹面层上面滚动做花。

③ 表面露骨料处理：可采用两种方法露出面层混凝土中的石子骨料。一是在抹面层刚做好，趁水泥砂浆尚未凝固和干燥之时，用 2～2.5cm 直径的洁净小卵石(豆石)，均匀撒布在混凝土表面上，并用直木条刮平。然后用长木板平放其上，将石子平整地压入。第二种是采用刷洗方法露出混凝土骨料，是在混凝土面层浇筑好并将表面抹平之后，待混凝土凝结并开始变硬时，进行刷洗，使石子骨料露出来。

④ 水磨石饰面：彩色水磨石地面是用彩色水泥石子混合料对混凝土地面进行罩面处理，再经过抹面和表面磨光而做成的装饰性地面。在配色水泥中参加的骨料，可有方解石和大理石碎屑等。如果用方解石作骨料，并且用普通灰色水泥来配制，可做成一般的灰色水磨石。如果以方解石或各种颜色的大理石碎屑作骨料，并采用彩色水泥来配制抹面混合料，就可做出各种颜色的水磨石地面。彩色水磨石地面的施工工序有：混凝土面层清理、金属条弹线分格、刷水泥浆、彩色水泥细石子浆铺面、滚筒滚压、表面抹平、表面打磨、表面刷浆修补、二次打磨、二次刷浆修补、三次打磨、表面磨光、打蜡出光等。

⑤ 片材铺贴饰面：这类路面的面层结构部分仍然采用水泥混凝土进行铺装，但道路表面则采用了各种薄片状材料进行铺贴装饰。根据所铺贴的不同片材种类，这类地面可分为：装饰面板铺地、面板碎拼路面、陶瓷地面砖、广

场砖地面以及地面砖碎拼路面等。其中，装饰面板铺地是采用花岗石或大理石的面板贴面装饰。面板碎拼路面也是采用花岗石或大理石面板，但却是用面板打碎后的碎片进行路面铺装，因此被叫做花岗石碎拼路面或大理石碎拼路面。同样，用陶瓷地面砖的报废碎片贴装饰路面，也能做出地面砖碎拼路面。采用片材贴面对路面进行饰面处理的工艺流程是：混凝土面层清理，洒水湿润，纵横挂线，水泥砂浆结合料铺面、找平，片材铺贴、振平，表面清洁，路面养护。

2) 沥青混凝土路面 这种地面是采用沥青混凝土作为地面面层材料，并以沥青拌砂作为表面处治材料。沥青混凝土是由一定比例的粗、细骨料及填料按规定级配，并与沥青在加热状态下充分拌合而形成的一种混合料，能够适用于部分种类的园林铺装道路作为面层材料。用沥青混凝土作面层的路面，就叫做沥青混凝土路面，它属于整体现浇施工的一种柔性路面。

(1) 路面结构与做法：沥青混凝土路面的一般构造层次按自下而上的顺序排列就是：路基、沥青下封层、基层(用碎石等)、低黏度沥青透层、沥青粘层、沥青混凝土面层、沥青上封层。其中，沥青混凝土面层的做法有单层式、双层式和多层式，在每两层沥青混凝土之间都要先涂刷一道沥青粘层，起粘合作用。按照沥青混凝土所含骨料最大粒径的不同，这种路面的面层分为微粒式、细粒式、中粒式和粗粒式四种形式。

(2) 表面装饰设计：沥青混凝土园路面层材料与做法不同，则路面的装饰类型和效果也就不同。根据面层材料特点，沥青混凝土路面的装饰方式有以下5种：

① 普通沥青混凝土饰面：就是采用一般的沥青混凝土作为道路面层材料，经整体现浇铺筑而成的并无特殊处理情况的黑色沥青路面。

② 透水性沥青路面装饰：即采用透水性沥青混凝土作面层材料，面层具有一定透水、透气功能。这种路面不适宜用作通车的园路，一般只在游览道、人行道、建筑庭院内部道路中应用。

③ 彩色沥青路面装饰：这是在面层施工中采用彩色的沥青材料或彩色沥青混凝土进行表面处理的一类装饰性沥青路面，其路面颜色常见做成红色、浅褐色、灰绿色或浅蓝色。根据面层着色方式的不同，彩色沥青路面可分为三个种类。其一，是在厚度约为 20mm 的细粒式沥青混凝土面层中加入颜料而铺筑而成的加色沥青路面。其二，是直接在已做好的沥青混凝土面层上，加涂彩色沥青混凝土液化面层材料而成的覆盖式彩色路面；这种路面的面层施工应在室外温度为 7℃ 以上时进行，以免路面出现斑纹。其三，则是采用脱色方法，将沥青混凝土面层材料褪色成为浅褐色的脱色沥青路面。

④ 无缝环氧沥青塑料饰面：将天然河砂、砂石等填充料与特殊的环氧树脂等合成树脂混合后作为道路面层材料，现场浇筑在沥青混凝土或水泥混凝土路面上，并抹光至 10mm 厚，即做成了现浇无缝环氧沥青塑料路面。这种路面表面平滑而兼具天然石纹样和色调，装饰性很强，一般用于园路、广场、池畔小路、人行过街天桥等的路面铺装。

⑤ 沥青弹性橡胶饰面：是利用特殊的胶粘剂，将橡胶垫粘合在基础材料上做成橡胶地板，然后再铺设在沥青混凝土路面或水泥路面上而做成的一种室外高级路面。

5.4.3 板块料路面铺装
用预制的铺路板、铺路砌块等板块状材料作为面层结构部分的路面，称为板块路面。板块路面所采用的材料是各种预制的板块材料，而不是现浇的混凝土。其道路表面可由预制板块直接拼成各种纹理或图案，观赏性比较好，不需要再作其他的装饰处理(图5-20)。

1) 路面结构与做法 板块料路面的结构层次比较特殊，常常是直接用板块材料替代基层和面层，主要结构层合二为一。这种路面的结构做法按从下向上顺序是：最下面是夯实、整平的路基，路基上做一个基层或仅做一个垫层；

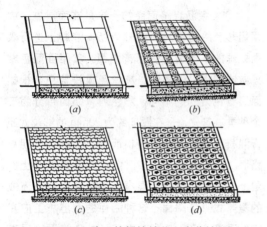

图 5-20　路面的板块铺装和嵌草铺装

(a)预制混凝土板铺地；(b)预制混凝土方砖铺地；

(c)混凝土花砖铺地；(d)空心砌块嵌草地面

基层常用碎石层，垫层则常以水泥稳定碎石土或灰土来做。基层或垫层之上，采用 1：5～1：3水泥砂浆铺面、找平作为结合层。在结合层之上就直接铺设板块材料作为面层。这是完全结构的做法。在园林人行道及小路的铺装中，有时会将其中基层或垫层做法取消，直接在路基上铺填结合料并干砌板块材料。

2）路面铺装种类及设计　用于路面铺装的板块材料不同，则在设计方式方法和施工处理方面就有很大的不同。常见的几种板块材料铺装路面情况如下所述。

（1）混凝土铺路板铺装：预制的混凝土铺路板一般为长方形和正方形，厚 100～200mm，加钢筋时厚度可为 70～150mm；混凝土强度等级常选用 C20 或 C25。混凝土铺路板的型号规格很多，其中比较常见的尺寸规格如下（以 mm 为单位）：600×450×70、600×600×70、600×750×80、600×900×100 等。根据板材的顶面处理情况，混凝土铺路板又分如下三个品种：

① 普通混凝土铺砌板：其板面是经过抹面处理或采用水泥砂浆抹面处理的，表面平整度好，易清洁，耐磨，但防滑性能稍差。

② 露骨料混凝土铺砌板：多采用液压机加压制作或用喷水和刷子刷洗的方法手工制作，顶面出露混凝土的骨料，防滑性、耐磨性、耐

风化性和质感效果均比较好。

③ 水磨石面混凝土铺砌板：是在普通的混凝土板顶面制作一个水磨石表层。水磨石层厚5～7mm，用白水泥加颜料并掺进彩色细石屑做成，可为黄、绿、红各色；其制作方法与一般水磨石地面的施工方法相似。

预制混凝土铺路板一般用在园林主要游览道、庭院地面、园林休息场地等环境中。其路面效果整洁平顺、美观大方。

（2）整形石板路面铺装：采用预制加工的硬质砂石、花岗石等天然石板材铺地，石板为长方形，厚 60～150mm。其加工尺寸规格常见的有（单位：mm）：997×497×70、697×497×70、597×347×60、597×597×70、497×497×60等。整形石板铺装主要用于寺庙、宫殿等古代建筑庭院地面铺装和现代园林绿地的游览道、休息场地及广场地面的铺装。所用石材种类有青石、红砂石、黄砂石、花岗石等。其路面效果比混凝土铺路板更好一些。

（3）混凝土方砖路面铺装：混凝土方砖路面是采用预制的混凝土方砖铺地，方砖顶面有井字形的排水凹线或其他图案装饰。还有工厂生产的混凝土彩色方砖，是在方砖的顶面附加做出一个彩色饰面层。这种混凝土方砖常用于人行道地面、小游园地面和花架、游廊的地面作铺装材料，装饰效果比较好。

（4）混凝土花砖路面铺装：混凝土花砖地面是采用异形预制混凝土砌块进行拼花而做成的地面。因这些混凝土花砖形状相互咬合，环环相扣，因此也被称为混凝土连锁砖。预制混凝土花砖砌块的尺寸大小随设计而多有不同，其长度或宽度一般在 200mm 左右，尺寸最大者可达 500mm，最小者则在 120mm 以上。砌块的厚度一般在 70～120mm 之间。砌块被设计为各种比较复杂的形状，再用彩色水泥掺加细石屑做成厚5～7mm 的彩色饰面层，经表面的抹光处理，做成彩色水泥花砖。花砖之间形状相互吻合，能够拼成各种美观大方的纹理图案。砌块

常用来铺装小游园、休息场地、人行道等的地面，是一种比较好的室外铺地形式(图5-20)。

5.4.4　块料嵌草路面铺装

块料嵌草路面是以块状材料作为道路面层，并在块料之间留缝种草而形成的一种生态路面形式。这种路面的渗透性良好，雨水能够顺利渗透到路面之下，供草类和微生物类生活所需，因此这是路面的一种特殊的生态绿化铺装。采用这种铺装的地面也很美观，整齐排列的绿色草点、草线很有韵律感。在城市环境设计中，块料嵌草铺装方式被广泛应用于停车坪、人行道、游览道和其他休闲、散步用的道路场地中。

1) 路面构造做法　在路面的构造做法方面，块料嵌草路面与板块料路面比较近似。但嵌草路面下的垫层、基层不能采用碱性的水泥、石灰类材料，不能形成隔水的硬底层。因此，块料嵌草路面合理的构造做法就是：在最下面的路基，仅作夯实、整平即可。路基之上可采用1：1碎石土充分拌匀，铺填在路基之上，经夯实和找平之后作为垫层。碎石土垫层的压实厚度可在150～300mm之间。在垫层之上，用30～50nn厚的粗砂或砂土替代结合料，作为找平、干砌混凝土块料的材料。在砂找平层之上，就是砌块和草本植物构成的面层(图5-21)。

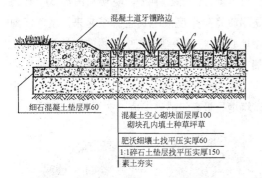

混凝土道牙镶路边

细石混凝土垫层厚60

混凝土空心砌块面层厚100
砌块孔内填土种草坪草
肥沃细填土找平压实厚60
1：1碎石土垫层找平压实厚150
素土夯实

图5-21　空心砌块嵌草路面的断面构造做法

块料嵌草路面所用块料仍以各种形状的混凝土砌块和专为嵌草路面设计的空心砌块为主，草种则选耐践踏、耐干旱的禾本科草类。

2) 嵌草铺装种类与设计　按照块料的不同种类，可将块料嵌草铺装形式分成下述3种：

(1) 空心砌块嵌草铺装：空心砌块嵌草地面是将预制混凝土砌块的形状设计为空心的，用空心砌块铺装成砌块路面之后，在砌块空心处填土，播种或栽植草棵，培植成嵌草路面。这种路面所用空心砌块的尺寸一般都比较小（以mm为单位），常为247×247×100、247×197×100、197×197×80、197×147×80等，混凝土用强度等级为C25的，砌块壁体最薄处不小于30mm，空心部分直径不大于100mm。砌块的平面形状设计与砌块之间组合方式的设计对铺装完成后地面纹理图案具有决定作用，设计好，则铺装效果好，路面的景观就更美。空心砌块嵌草路面的草，是呈绿色草点形式整齐排列在路面上的。

(2) 实心砌块嵌草铺装：这种铺装方式是采用实心的砌块材料来铺装成路面的面层，砌块与砌块之间留出宽30～50mm的缝隙，缝中填土，作为种草的位置。其所用实心砌块的规格尺寸通常比空心砌块大（以mm为单位），有297×197×100、297×297×100、397×397×120、497×497×120等。路面铺装的纹理效果取决于砌块形状和不同的组合方式，其路面生长的草，不是以草点，而是以草线的形式整齐排列，构成路面绿色的草线网格，也是很美观的。

(3) 块石冰裂纹嵌草铺装：这种路面铺装并不采用规则整齐的预制砌块材料，而是采用形状不规则的毛石(块石)作为块料。铺装过程中，选择块石最平的一面向上，石底用小石塞垫稳定，石顶面与其他块石的顶面一起相互紧靠着，干砌成基本平整的块石路面。路面形成后，用富含营养的栽培细土在路面上扫缝，填满块石间的缝隙。然后浇水沉降，再撒细土扫缝；最后再种草或播种，清洗路面。用这种铺装方法培植出的嵌草路面上，草仍然是以草线的形式构成线网状纹理，但这种草线纹理是不规则的，形如绿色的冰裂纹，所以用其铺装做成的路面被称为冰裂纹嵌草路面。

5.4.5 碎料镶嵌路面铺装

以碎粒状和小块状的砖石类材料作为面层材料，采用组合、镶嵌、拼花方式进行的路面铺装，就是碎料镶嵌路面铺装。无论是用碎粒状材料或使用小块状材料，其路面结构方式和施工工艺过程都是相同的。

1) 路面构造做法 碎料镶嵌路面构造的最特殊部位还是在其面层上，面层以下各构造层次的做法与其他路面类型区别不大。碎料路面在断面上自下而上的构造层次及各层次的基本材料与做法如图 5-22 所示。

(1) 路基：无特殊要求，夯实、整平、做出排水坡度即可。

(2) 垫层：可用一步灰土做出，即采用 3：7 灰土松铺一层达 30cm 厚，刮平、夯实之后约 18cm 厚。在要求不高的路面上，这一层灰土还可再薄一些，压实厚度在 10cm 也可以。

(3) 基层：2：8 石灰稳定土、1：4：4 水泥碎石土均可作基层材料，基层厚度根据埋入基层的侧立砖块高度而定，一般在 90mm 左右。基层的铺装要在砖线瓦花全都排好之后进行，需要将砖瓦的下部包埋入基层中 (图 5-22)。

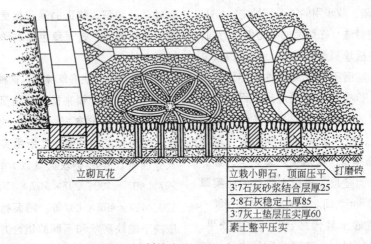

立砌瓦花
立栽小卵石，顶面压平 打磨砖
3:7石灰砂浆结合层厚25
2:8石灰稳定土厚85
3:7灰土垫层压实厚60
素土整平压实

图 5-22 碎料镶嵌路面的一般构造做法

(4) 结合层：用 1：3 水泥砂浆或 3：7 石灰砂浆作为结合料摊铺在基层上面，厚度 25mm 左右，结合层表面应刮平。结合层也可用干料来做，就是采用上述配比的材料不加水拌合均匀，成为水泥砂或石灰砂，用这些灰砂铺面作为结合料进行干法施工。

(5) 饰面层：就是用砖、瓦、砾石、卵石等碎料、小块料镶嵌拼花做成的路面面层。

2) 碎料铺装种类与设计 按照饰面层实际采用材料的不同，碎料镶嵌铺装可分为砖墁路面铺装、花街铺地铺装和小石子路面铺装三类不同的做法。

(1) 砖墁路面铺装：在古代庭院道路及地面铺装中，把用砖作为地面面层材料，按照不同拼砌花式而铺装地面的做法叫做"墁地"(图 5-23)。如果是用砖将整个庭院地面全铺装起来，就叫"海墁地面"。根据墁地施工中应用的砖材及其加工情况，砖墁地面又可细分为糙墁地面、细墁地面、淌白地、金砖墁地等四种做法。其中，金砖墁地是最高级的砖铺地，主要用于宫殿及其

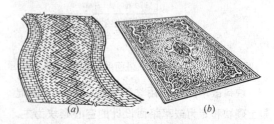

图 5-23 碎料镶嵌路面铺装的两种方式
(a)砖墁地面；(b)花街铺地地面

他高等级建筑的室内铺地。所采用的砖是名家特制的精品砖，而且在铺地施工中还要经过打磨、出光等精细的工艺处理。

砖墁路面的装饰效果主要由于砖块不同的排列组合方式而形成。中国古代工匠在这方面创造了许多美观而又富于文化含义的砖纹图式。例如：在室外庭园传统的砖铺地做法中，砖块及砖缝的排列形式就有：错缝式、直缝式、方砖斜墁、条砖斜墁、席纹、人字纹、八锦方、万字锦、中字锦、拐子锦、梯子蹬、双笔管、一顺一横式、二顺一横式、龟背锦、八卦锦、筛子底等。

（2）花街铺地铺装：花街铺地就是采用碎粒状材料在地面镶嵌、拼花，做出精美图形纹样的一种地面铺装方式。从图5-22所示花街铺地的实际做法可以了解到：在花街铺地中，是用青砖及其打磨加工成异形的砖材在地面仄立砌筑，做出较粗的直线图案或曲线图案；用立砌的瓦做出较细的弧线或直线，并拼成梅花、菊花、兰花及其他曲线图形；再用不同颜色的小石子在砖、瓦构成的图形轮廓中进一步镶嵌拼花，或作分区分色填底；最后，就可在地面拼出精美的纹样、图案、图形，使园林路面成为拼花路面。

在古代庭院地面铺装和现代仿古庭院铺装中，应用花街铺地方式来做路面铺装的情况是很多的。从长期的工程实践中也创造出了很多传统的纹样及图案，如：几何纹、太阳纹、卷草纹、莲花纹、蝴蝶纹、云龙纹、涡纹、宝珠纹、如意纹、席字纹、回字纹、寿字纹等。还有镶嵌出人物事件图像的铺地，如：胡人引驼图、奇兽葡萄图、八仙过海图、松鹤延年图、桃园三结义图、赵颜求寿图、凤戏牡丹图、牧童图、十美图等。

（3）小石子路面铺装：这一类碎料铺地所用材料全是小卵石或小砾石，不用砖、瓦及其他材料。在做地面镶嵌拼花过程中，主要采用分色的石子来镶嵌出图案、纹样和填底。一般情况下，采用深色的石子拼出线条或图形的轮廓，再用不同颜色的石子分别镶嵌填入不同图形的轮廓中，形成不同的色块和不同颜色的图形。小石子路面铺装主要是做出纹样和图案来装饰地面，能够做出的图形都比较简单，不适于镶嵌复杂的图形，在这一点上和花街铺地是有距离的。

前面介绍了园林绿地中常见的地面类型及其主要的铺装特点。除了这些地面铺装方式之外，在园林绿地中还有如图5-24所示的许多具体的铺地做法。园路铺装设计详图的示例如图5-25所示。

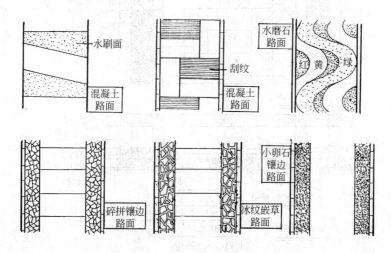

图5-24(a) 园路铺装参考类型(一)

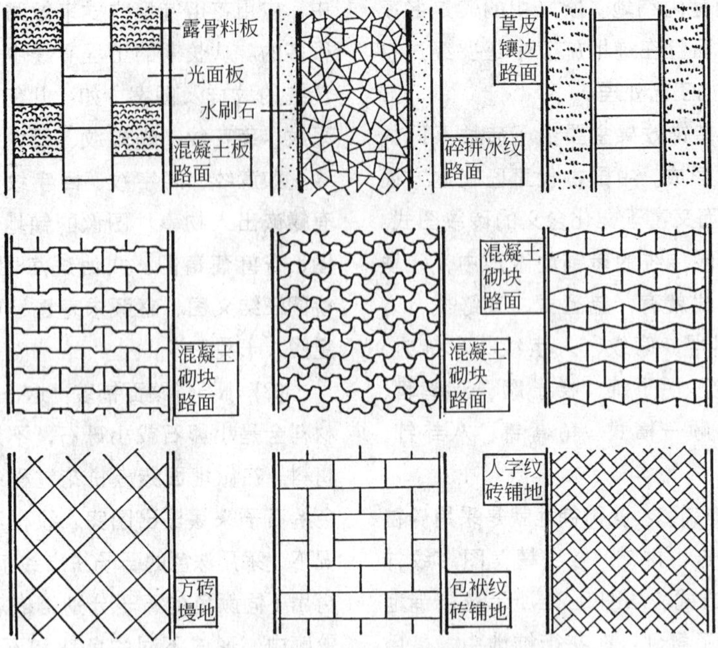

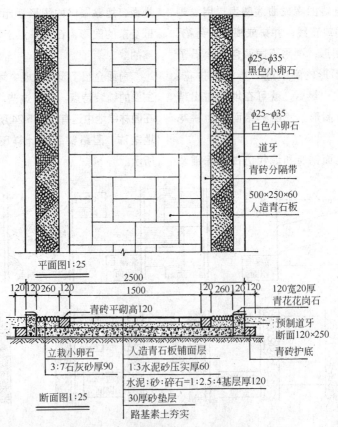

图 5-24(b) 园路铺装参考类型(二)

ϕ25~ϕ35
黑色小卵石

ϕ25~ϕ35
白色小卵石

道牙

青砖分隔带

500×250×60
人造青石板

平面图1:25

2500
1500
120 120 260 120 120 260 120 120

120宽20厚
青花花岗石

青砖平砌高120

预制道牙
断面120×250

青砖护底

立栽小卵石
3:7石灰砂厚90

人造青石板铺面层
1:3水泥砂压实厚60

水泥:砂:碎石=1:2.5:4基层厚120

30厚砂垫层

路基素土夯实

断面图1:25

图 5-25 园路铺装设计详图参考

5.5 园路工程施工

园林工程施工的一个显著特点是：在施工过程中常常会根据环境的实际变化情况，而对设计中没有考虑到的细节，进行创造性的变通处理，从而在园林工程的细部出现许多新的变化，使园林景观更加丰富多彩。园路的施工也是这样，局部的、细部的创造性发挥给工程的最后结果带来了许许多多设计上无法预测到的新景象和新趣味。

5.5.1 园路施工的基本流程

园路施工除了在基本工序和基本方法上与一般城市道路相同之外，还是有自己的一些特殊技术要求和独特的技术方法的。特别是道路面层施工中，有许多工序都要人工一点一点去做，不好用机械施工；比如花街铺地的操作，就纯粹是手工操作。因此，园路施工往往比城市道路施工更需要操作者具有纯熟的手工操作技能。

就施工的工艺流程来看，园路施工也还不是完全相同于城市普通道路施工的。下面列出的园路施工基本工艺流程就能够说明这一点。园路施工的基本流程是：①园路定点与放线→②开挖路槽→③路基夯实、整平、整形→④垫层铺设、夯压→⑤基层铺料、夯压、做坡、整形→⑥结合料摊铺、刮平→⑦挂线、面层铺装施工→⑧面层整理、清扫→⑨路面养护。具体流程还可见图 5-26 所示。

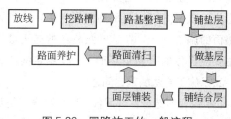

图 5-26 园路施工的一般流程

5.5.2 路基与基层施工

园路施工一般都是结合着园林总平面施工一起进行的。园路工程的重点，在于控制好施工面的高程，并注意与园林其他设施的有关高程相协调。施工中，园路路基和路面基层的处理只要达到设计要求的牢固性和稳定性即可，而路面面层的铺装，则要更加精细，更加强调质量方面的要求。

1) 施工准备与放线 根据设计图，核对地面施工区域，确认施工程序、施工方法和工程量。勘察、清理施工现场，确认和标示地下埋设物。确认和准备路基加固材料、路面垫层、基层材料和路面面层材料，包括碎石、块石、石灰、砂、水泥或设计所规定的预制砌块、饰面材料等。材料的规格、质量、数量以及临时堆放位置，都要确定下来。在开工之前，对照园路设计图进行定点放线。放线可按下列 3 步进行(图 5-27)：

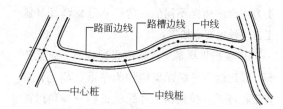

图 5-27 园路的定点与放线

(1) 定中线桩：在端点、交叉点、中线转折点定桩，在中线上每隔 20～50m 定桩。

(2) 放中心线：在中线桩之间连线，即放出道路中线，可用白灰将中线画在地面上。

(3) 定边线桩：放路边线及路槽边线。可不放出路面边线，而直接在路面边线位置向外加30cm 放出路槽边线(即挖土边线)，将挖土线用白灰划在地面。

2) 挖路槽与地基整理 园路路槽开挖与地基处理的主要工作是：

(1) 确认坐标和水准点高程：要检查施工坐标桩及其坐标数据，确认施工现场的水准点及高程。确认正确无误后方得进入下一步工作。

(2) 在路边线向外放宽 30cm 的路槽边线处开挖路槽：挖土深度按路面各结构层总厚度确定，挖土范围以挖掉路槽边线为止。

(3) 检查路基土质情况，标明土质软弱处的范围，进行路基加固、整平、做坡：要求路基表面平整度不大于 2cm，横坡按 2%～3% 整理。

(4) 路基夯压，表面整形：对路基作初步整平后进行夯压，达到规定的土壤密实度、平整度和表面坡度要求。

3) 基层施工 基层的材料及其规格、配比、厚度等要按设计规定执行。基层的施工程序与基本方法按下述要求进行操作：

(1) 做垫层：按设计要求的材料及结构厚度，将垫层材料运到现场，摊铺开来，使松铺厚度达到要求。再对材料进行拌合。充分拌匀后，将材料层表面刮平，使层厚保持一致。然后进行压实或打夯，并将夯实的表面再整平。

(2) 做基层：基层的材料、规格、厚度仍需要按设计要求执行。但是不同的基层材料其施工方法程序也是不同的。常见基层材料及其施工方法程序要点如下：

① 级配集料基层：采用级配碎石、级配砾石、级配砂石等级配集料作为基层材料的，其施工程序是：按集料设计配比备料→集料运抵路基并按设计厚度摊铺→对集料洒水使其湿润→均匀撒布石屑→拌合集料至充分混匀→按设计路拱横坡对基层材料整平和整形→碾压或夯实基层→最后对基层表面进行整理并达到整形要求。

② 水泥稳定土基层：水泥稳定土是以水泥作为稳定剂，以素土为基本配料的、物理性质十分稳定的一类筑路材料，一般是在素土中拌入 8%～16% 的水泥配制而成。以水泥稳定土为基层材料的施工方法程序是：下承层（即路基）整理→施工放线→按设计配比作水泥稳定土备料→摊铺集料之后再摊铺水泥稳定土→拌合集料与稳定土至充分均匀→进行基层的整形→碾压夯实基层至整修成型→最后养护 7d 以上。

③ 石灰稳定土基层：石灰稳定土是以石灰作为稳定剂，以素土为基本配料的一类铺路材料，通常由石灰与素土按 3：7 的配比配制而成。

石灰稳定土基层的施工程序一般如下述：准备下承层→施工放样→粉碎土或运送、摊铺集料→洒水闷料→整平和轻压→运送和摊铺石灰→材料拌合→加水湿拌→整形→碾压→接缝和调头处的处理→养护。

④ 煤灰稳定土基层：煤灰煤渣稳定土基层是将粉煤灰、煤渣、石灰和土按合适的比例、最佳的含水量及合理的工艺过程拌合均匀而成的稳定土道路基层。煤灰煤渣石灰稳定土可分为粉煤灰石灰土和煤渣石灰土两类。其中，粉煤灰石灰土又分为二灰土（石灰和粉煤灰简称二灰）、二灰砂砾、二灰碎石、二灰矿渣等。二灰土中粉煤灰与石灰的配比在 4：1～1：1 之间。这类稳定土基层的施工程序是：下承层整理→道路放线→煤灰稳定土备料→运输和摊铺稳定土→机械拌合材料→按初平、细平两步耙平→找平稳定土层→基层碾压夯实→洒水养护 7d 以上。

5.5.3 园路面层施工

园路面层施工的程序和方法随面层铺装类型的不同而有很大不同，但在面层之下一般都有结合层这一点还是基本相同的。研究园路面层施工的重点，当然还是在不同类型面层铺装的不同施工方法和不同程序方面。下面，先了解结合层的施工，然后再重点考察不同面层的施工。

1) 结合层施工 结合层是介于园路基层和面层之间，主要起结合作用的一个结构层。结合层施工质量好坏，关系到面层的稳定性和整个路面的施工成败。在这一结构层的施工过程中主要应抓住的有两个环节，一是结合料的选用，二是施工方法的确定问题。

(1) 结合料选择：选用什么结合料当然是在设计图中就已经确定了的。一般的园路设计图在路面结合层的设计中可能选用的结合料有如下几种：

M7.5 混合砂浆：适合一般园路应用，其粘结力强，充满度好，施工质量比较高。

M10水泥砂浆：砂浆强度较高，适宜强度也较高的整形石面层、花岗石饰面板、地面砖、广场砖、片材碎拼面层之下用作结合料。

1:3石灰砂浆：在面层材料为白色或施工工期要求不急等情况下可考虑用作结合料，在花街铺地、小石子铺地等碎料面层铺装中也还是比较常用的。

1:3水泥砂：不加水拌合，可用作板块类面层材料之下或砖墁地面、花街铺地面层之下作为结合料。

3:7石灰砂：也是不加水拌合，而承担与水泥砂相同的作用。

(2) 施工方法：结合料用于粘贴道路面层材料，有湿法施工和干法施工两种应用方式。

① 湿法施工：即采用砂浆类作为结合料，结合料在湿润状态下用于施工。在用砂浆粘贴片材类饰面材料时，先要洒水使下面的基层保持湿润，并预先将面层材料浸水湿润，在上下层材料均已充分湿润但水渍已干时，才用砂浆进行施工。一般情况下，砂浆铺垫到基层之上并基本刮平后，就要及时铺贴面层材料，不能放很久才铺贴。面层的片材铺上之后，要挑拨对齐，然后再用橡皮木锤轻轻敲击片材顶面，将片材振平，与其他铺面材料相互之间保持横平竖直、板面平正的状态。但敲击振动板面不可太久，否则可能将板底水泥砂浆的清水提上来，使板底出现翻砂现象，造成空鼓。

② 干法施工：以不加水拌合而成的水泥砂、石灰砂作为结合料用于粘贴板块类面层材料的方式。干法施工比湿法施工要方便些，因此生产上被广泛用于混凝土铺路板、砌块、方砖等类面层材料的铺装施工。施工过程中，可以将水泥砂摊铺很大面积之后才开始铺贴面层板块，而不用摊铺一团就必须马上铺贴一块面材，施工的效率更高些，也更容易找平，提高铺贴施工质量。

这里，我们仍然按照5.4节中讨论的四类面

层铺装方式，来分别了解其道路面层各自的施工程序与方法要点。

2) 水泥路面面层施工　水泥路面的面层施工，就是其混凝土工程的施工。混凝土工程施工具有工期较急，必须保持连续施工而不能中途中断等特点。因此在施工程序安排上、人员的集中调配上、施工过程的掌控上，都要照顾到混凝土施工的特点。

(1) 施工程序：混凝土路面面层施工的程序是从道路基层的检查开始的。其钢筋混凝土路面的一般施工过程和工序情况是：基层检修、备料及准备机具→测量放样、混合料配比检验→模板安装、混凝土拌合→布置钢筋、胀缝板、运输混凝土→混凝土摊铺→振捣→道路表面修整→路面养生→切缝→填缝→道路开通放行。如果是素混凝土路面，则没有布置钢筋的工序。在这些程序中，支模板、混凝土摊铺与浇筑、振捣刮平、路面修整、养生等几个环节是最基本的。因此经过简化之后的混凝土路面施工的主要程序如图5-28所示。

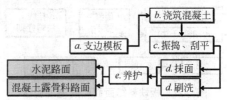

图5-28　水泥路面的主要施工过程

(2) 饰面方法：在园林绿地内的水泥路面面层施工过程中，道路表层的饰面处理也很重要。饰面方法的应用在本章第5.4节中已经有所提及，主要是通过滚花、压纹、锯纹、刷纹等纹理抹灰方法和彩色水泥抹面、水磨石抹面、露骨料饰面、片材贴面等方法来创造较好的路面装饰效果。在施工中，最重要的是技术工人的操作水平要比较高，特别是路面滚花、刷纹等需要手工操作的饰面方式，关键就在工人的操作上。

3) 板块料路面面层施工　这类路面的面层多数是比较厚的混凝土板块或天然石材板块，

面层材料是预制的，施工时运到现场铺砌到路面即可。但在这一过程中，还是有一些技术环节需要认真把握好的。

(1) 施工程序：预制板材或砌块路面的施工工作还是要从基层的检修、清理开始，使基层情况良好，给面层的施工奠定一个好的基础。具体的施工程序是这样的：首先，要做好施工准备，对道路的基层进行检修，使其表面达到平整和密实要求。施工材料要全部运到现场，工具、机械也要准备好。其次，按设计配合比制备砂浆或砂灰。第三，在基层上面摊铺结合料并找平，注意做出道路的横坡。第四，按照挂线做板块料的摆砌铺装。第五，对摆砌的板块进行调正、振平。第六，路面勾缝或扫缝。第七，清扫面层。第八，路面养生。这一系列施工工作所展现的板块料路面面层的施工工艺流程如图 5-29 所示。

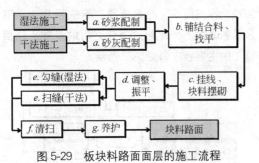

图 5-29　板块料路面面层的施工流程

(2) 饰面方法：板块类路面的饰面主要是以面层板块之间采用不同的组合方式，而在路面构成不同的纹理表现来实现的。不同的砌块形状，砌块不同规格之间的搭配和砌块采用不同的组合方式，都能在路面形成新的纹理变化，从而创造出新的地面景观形象来。因此，板块类路面的饰面方法很简单，就是纹理装饰方法。在施工基本方法上，板块类路面既可采用砂浆材料作湿法施工，又可采用水泥砂、石灰砂等作干法施工。两种基本施工方法已在前文交代过，可作参考。

4) 块料嵌草路面施工　无论用预制混凝土实心砌块、空心砌块，还是用不规则的破碎石片作为道路面层材料，都可以铺装成块料嵌草路面。这样铺装的路面形式分别是：混凝土砌块嵌草路面、混凝土空心砌块嵌草路面、石片冰裂纹嵌草路面等。

(1) 施工程序：在砌块嵌草路面之下，可以不做基层，或是不做含水泥、石灰类碱性材料的基层。只要路基土压实质量可以达到要求，那么只对路基整平压实处理后，就可进行砌块嵌草路面的铺装施工。参考前文图 5-21 所示空心砌块嵌草路面的断面构造做法和这里的图 5-30 所示嵌草路面施工流程，可知这类路面的施工程序在道路断面上仍然是从下向上展开的，即首先从最底层的路基做起。其施工程序顺序为：路基整平、压实、找坡→摊铺、找平粗砂或砂土做垫层→用碎石土压实、整形做基层→在基层之上铺肥沃细土作结合层→干砌空心或实心砌块做面层→面层块料调正、振平→栽培土填空或填缝→在空心的孔中或砌块间隙中播种草籽→路面浇水、养生 15d。

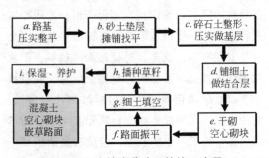

图 5-30　砌块嵌草路面的施工流程

(2) 施工方法：铺装施工时，所有构造层次的材料配比中都不宜含有碱性的和凝固后能形成隔水层的材料，如石灰、水泥及其配成的砂浆、混凝土等，这些材料会严重伤害植物的根系，影响嵌草路面的成功。但很多情况下又要求嵌草路面能够有一定的抗重压能力，如停车场的嵌草路面即是如此。解决这个矛盾的办法就在基层材料的选择上。用碎石土作基层材料是个好办法。这种混合土以碎石作为骨料，又含有可供植物生根的土壤，经压实后也有一定的承重能力，虽然在压实状态下植物生根会受影响，但这种影响比起硬化的、隔水的砂浆层与混凝土层来说，还是要轻许多的。

在垫层材料、基层材料和面层孔隙填充中用到的泥土，最好都选用肥沃的营养土和保水保肥的壤土，尽量改善路面下层的生态条件。

在砌块铺砌过程中，先要在基层之上挂线，沿道路中轴挂一道固定的中线，再与中线相垂直，挂一道横线，横线随着铺砌过程可向前移动调整位置。砌块从中线向两侧排起，使两侧的砌块成对称状。砌块要随时调正，做到横平竖直，整齐一律。每一砌块都要垫平垫实垫稳，顶面要相互平齐。空心砌块之间不留缝隙，要紧贴着铺砌。实心砌块面积较大，砌块间必须要留缝，缝宽30～60mm。为保护砌块嵌草路面或场地的边缘部分，使路面始终保持稳定和整齐，则应当在铺装的边缘地带安装道牙或边缘石。

当砌块基本铺装好之后，再用振平木板盖到砌块面层之上，以铁锤稍稍用力击打木板，振平砌块，使整个砌块面层保持平整。然后，将预先准备好的肥沃栽培土填进砌块之间的缝隙中或空心砌块的空腔中，并且稍加筑实，填土筑实的厚度以砌块高度的2/3为宜。

最后，在砌块留缝或空心处的填土土面均匀点播或撒播草籽，草籽上面覆盖厚约1cm的细土，再用扫帚将路面清扫干净。最后洒水湿透路面，在保湿状态下养护15d左右，待新草生长超过5cm以上高度时，就可进入竣工验收和办理交工手续的程序了。

5）碎料镶嵌路面施工　碎料镶嵌路面铺装实际上就是砖石嵌花地面铺装，由于工作内容细致，艺术性较强，且基本上全依靠手工操作，工效不高，施工进程缓慢，因而这类路面铺装就主要用于面积较小的庭院甬路及庭地的铺装和较狭窄的园林局部游览小道的铺装。

（1）施工程序：碎料镶嵌铺装地面是直接在夯实的路基或庭地土基上铺设一个垫层，并在垫层上采用灰土、碎石土等作为基层，在基层

材料中部分包埋面层材料中的砖、瓦材料。其基本的路面结构做法可见前面图5-23(b)所示花街铺地的情况。其施工的一般程序和方法则见下面的叙述（图5-31）。施工程序是：石子分选、清洗、分类堆放备用→路基清理、检修→铺设垫层并找平→图案放大样、挂施工线→砖、瓦初砌图案纹样和图形轮廓→填筑基层材料并压实→填结合层材料并找平→小石子分色镶嵌填底、做花→面层振动、压平→面层用灰砂扫缝→路面洒水养护10d以上。

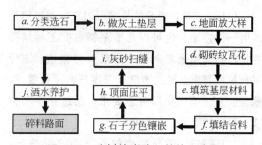

图 5-31　碎料镶嵌路面的施工流程

（2）施工方法：各结构层次的施工都要进行找平，并层层筑实。结构层不好用夯压方法压实，只能用手锤挨个地进行筑实操作。图形放样主要针对轮廓线，图样的细部线条不用放出。在垫层上挂线主要是控制石子镶嵌高度，使面层尽量平整。在垫层上按照大样图形砌砖线和瓦花，可用1:3石灰砂浆或1:4水泥砂浆托底砌结，使砖、瓦固定在仄、立状态上。在填充基层、结合层材料时操作要小心，不得碰歪砖瓦图形。在表面进行小石子镶嵌拼花时，要从图样中心做起，逐渐倒退着操作，不能踏上刚拼成的区域。在镶嵌铺装好一片之后，用一块较宽较厚的木板轻放在铺装面层上，用木锤敲击振平。镶嵌铺装完成后进行灰砂扫缝，所用灰砂的材料及其配合比应与结合层相同。灰砂应填满石子间缝隙，多余的灰砂应清扫出去。路面洒水应当用细孔喷水壶喷淋，不能用高速水流冲击洒水。路面养护几天后，可用稀草酸水涂刷路面露出的石子顶，腐蚀残留的水泥污渍。最后，用清水冲洗路面，洗净草酸和浮砂。

5.5.4 附属工程施工

园路的一些地面附属工程对于园路很好地发挥功能作用也有较大的影响。其中，有的可以保护路边不受破坏，使路边线条整齐美观，有的能够在雨天迅速地排除路面雨水，使雨停后的园路马上就可以恢复使用。所以，搞好园路附属工程也是很有必要的。

1) 道牙施工　道牙的作用和种类在前面已经讲过，这里只就施工做法进行简单了解。道牙施工主要包含 3 个工作环节。

(1) 挖基槽：道牙的基槽可以在挖掘路槽的同时一并挖出，也可以在道路铺装完工后单独挖槽，实践中通常采用的是后一种做法。道牙基槽挖掘要求土槽的宽度、深度符合设计要求，槽线通直，槽底标高符合要求；通过整平与夯实，保证槽底平整、密度均匀。

(2) 砌筑：道牙的砌筑按下面 3 步进行：①铺垫结合料：在槽底铺垫一层 2～3cm 厚的 M5 水泥砂浆，并略作找平。②安放道牙：道牙一块一块安放落槽，要相互对齐、靠紧，底部要垫稳，保持平正；道牙前侧要紧靠路面的边线。③填实后背：砌好一长段道牙之后，用灰土填筑道牙后背并夯实。

(3) 勾缝：在每两块道牙石之间进行勾缝，用 M10 勾缝砂浆，缝宽 1cm。缝口砂浆要饱满，缝线要挺直。道牙表面残留的泥砂、水泥污渍要清除干净。

2) 雨水口与排水明沟施工　雨水口和排水明沟都是附属于园路的排水设施。这两种设施的修建都可以在园路铺装完成之后单独进行。但在修建施工中也要注意避免破坏铺装路面。雨水口和排水明沟的施工主要从下述 4 点去把握：

(1) 注意保护原雨水口：原道路雨水口要特别注意保护，被车辆压坏的也要恢复起来。

(2) 雨水口顶面宜稍低些：为便于收集雨水，雨水口铁篦子的顶面要做得以比周围地坪低 2～5cm 为准。雨水口的深度按排水工程的要求执行。

(3) 明沟砌筑前要夯压实在：明沟在园路两侧，挖槽完成后就应当清理明沟的沟底，经初步整平后进行夯筑施工，使沟底、沟壁被夯压实在。

(4) 明沟砌筑可采用 M2.5 水泥砂浆砌 MU7.5 标准砖或砌 80～100mm 厚块石做成。要求砌筑砂浆饱满，不留漏水缝。沟底纵坡及两侧斜壁坡度应符合设计要求。明沟砌筑后要求勾缝采用平缝形式，使沟底、沟壁表面平整、光洁，有利排水。明沟内壁及沟底表面可以用水泥砂浆抹面，但一般是采取清水壁面做法，不抹面。

5.5.5 园路铺装标准

园路铺装施工应当按照国家和地方正式颁布的建设法律、规范、标准、条例、规定实施，特别是有关道路施工的一系列技术标准、规程、规范等，更是要严格遵照执行。

1) 园路施工相关的国家标准　园路修筑施工所涉及的国家和地方的标准比较多。在应用标准时，要按先国家标准后地方标准的原则来执行。目前应当遵照执行的国家标准及规范有：GB 50209—2002 建筑地面工程施工质量验收规范；GBJ 300—88 建筑安装工程质量检验评定统一标准；GBJ 97—87 水泥混凝土路面施工及验收规范；GB 50092—96 沥青路面施工及验收规范；CJJ 4—97 粉煤灰石灰类道路基层施工及验收规程；CJJ/T 80—98 固化类路面基层和底基层技术规程；CJJ 79—98 连锁型路面砖路面施工及验收规程；CJJ 1—90 市政道路工程质量检验评定标准；JGJ 104—97 建筑工程冬期施工规程等。

2) 园路铺装质量要求与检查标准　园路的施工质量需要按国家标准和规范来加以控制，而施工企业也要主动按照国家标准来组织施工和生产活动。在控制施工质量方面，下述一些有关园路质量标准控制和检验的规定是需要在施工活动中严格把关的。

(1) 铺装要符合设计：园路各结构层的坡

度、厚度、标高和平整度等都应符合设计规定。

（2）强度与密实度要符合规定：园路各构造层次及其材料的强度、密实度以及上下层的结合强度等都要符合设计规定。

（3）变形缝的质量过关：路面变形缝的位置、宽度、块料间隙大小，以及填缝质量等都要通过检验，达到设计要求。

（4）面层的结合性及图案要好：园路面层与下面结构层次之间的结合性要好，结合料充满度高，粘结力强。面层的纹理、图案应按设计规定做出。

（5）坡度偏差不大于30mm：各结构层表面对于水平面或设计坡度的允许偏差不应大于30mm。供排除液体用的带有坡度的面层应作泼水试验，以能排除液体为合格。

各层表面平整度的允许偏差　　表 5-3

项次	层次	材料名称		允许偏差 (mm)
1	基土	土		15
2	垫层	砂、砂石、碎(卵)石、碎砖		15
		灰土、三合土、炉渣、水泥混凝土		10
		毛地板	拼花木板面层	3
			其他各类面层	5
			木搁栅	3
3	结合层	用沥青玛琋脂做结合层铺设拼花木板、板块和硬质纤维板面层		3
		用水泥砂浆做结合层铺设板块面层以及铺设隔层、填充层		5
		用胶粘剂做结合层铺设拼花木板、塑料板和硬质纤维板面层		2
4	面层	条石、块石		10
		水泥混凝土、水泥砂浆、沥青砂浆、沥青混凝土		4
		缸砖、混凝土块面层		4
		整体及预制普通水磨石、碎拼		
		整体及预制普通水磨石、碎拼大理石、水泥花砖和木板面层		3
		整体及预制高级水磨石面层		2
		陶瓷锦砖、陶瓷地砖、拼花木板、活动地板、塑料板、硬质纤维板等面层		2
		大理石、花岗石面层		1

（6）各结构层的表面平整度，应用2m长的直尺检查，如为斜面，则应用水平尺检查。各层表面对平面的偏差，不应大于表5-3的规定。

（7）面层块料间高差按表5-4掌握：块料面层中，每相邻两块面料间的高差，不应大于表5-4的规定。

块料面层中相邻两块料间的
高低允许偏差　　表 5-4

序号	块料面层名称	允许偏差 (mm)
1	条石面层	2
2	普通黏土砖、缸砖和混凝土板面层	1.5
3	水磨石板、陶瓷地砖、陶瓷锦砖、水泥花砖和硬质纤维板面层	1
4	大理石、花岗石、木板、拼花木板和塑料地板面层	0.5

（8）块料及贴面材料不得"空鼓"：水泥混凝土、水泥砂浆、水磨石等整体性面层和铺在水泥砂浆上的板块面层以及铺贴在沥青胶结材料或胶粘剂上的拼花木板、塑料板、硬质纤维板面层的结合应良好，应用敲击方法检查，不得有空鼓现象。

（9）面层无裂纹、脱皮、起砂：道路面层在表面不应有裂纹、脱皮、麻面和起砂等现象。

（10）块料接缝直线在5cm长度内允许偏差不应大于表5-5的规定。

（11）厚度偏差不大于层厚的10%：路面各层厚度对设计厚度的偏差，在个别地方不得大于该层厚度的10%，铺设过程中应注意检查。

各类面层块料行列(接缝)
直线度的允许值　　表 5-5

序号	面层名称	允许偏差 (mm)
1	缸砖、陶瓷锦砖、水磨石板、水泥花砖、塑料板和硬质纤维板	3
2	活动地板面层	2.5
3	大理石、花岗石面层	2
4	其他块料面层	8

复习思考题

(1) 园路分类方法有哪些？各种方法的具体分类情况如何？

(2) 园路的基本线型有哪些？园路系统有哪些布局形式？

(3) 什么叫园路的曲线加宽？怎样加宽？如何确定园路的转弯半径？

(4) 什么叫园路的弯道超高？怎样进行弯道超高处理？

(5) 园路的典型结构层次是怎样的？各主要结构层次的基本作用是什么？

(6) 园路路口的平面设计要求是什么？园路与园林建筑的交接形式有哪些？

(7) 怎样才能正确掌握园路的结构设计原则？

(8) 园路路面的铺装形式有哪些？什么是花街铺地？花街铺地的施工程序、做法怎样？

(9) 园路施工的基本流程和主要施工做法如何？

(10) 应当如何理解园路铺装的施工标准？

第6章 假山工程

假山工程是中国园林特有的一种人造地形与人造山水景观工程，从假山艺术上集中体现了东方园林崇尚自然、改造自然的山水景观环境意识。假山工程不同于一般的园林土石方工程，它在山石堆叠施工中十分讲究砌体的艺术造型和山地环境的艺术再现。本章主要介绍假山工程的一般知识，包括假山与置石的形式种类和假山造型施工技术等。

6.1 假山功能与分类

假山是由人工构筑的仿自然山形的土石砌体，是一种仿造的山地景观与环境。假山可以作为园林内的重要观赏品，也可以作为可憩可游可攀登的园景游览设施。在园林艺术的长期历史发展中，假山艺术也发展出一些具有不同功能作用和不同造型特点的类型来。

6.1.1 假山的作用

假山实际上是一种人造的、为人们休息游览和观赏风景服务的地形环境，具有与人们休息游览活动直接相关的多方面的作用。

1) 主景作用 假山可作为山水园、假山园等局部空间的主景，可构成局部地形骨架。在园林中，凡是人造地形的地方都是以假山为主的。

2) 配景与背景作用 小型假山与置石都可作为其他主景的配景，而且也常常是以配景石形式存在的。大型石假山及土山在园林中都可用作景区及全园的背景，也都可以作其他主景的背景。

3) 点景作用 作独立石景或作散点衬石。点缀于庭地、草坪、水面、桥边、建筑旁。

4) 空间组织作用 在园林规划布局中，可以利用假山来分隔、划分园林空间，使空间对比变化，呈现开合、深浅、宽窄等不同变化的空间形象。

5) 环境生态作用 使地形变化，形成不同生态条件和局部小气候环境，也创造出局部生态的多样化表现，给不同种类的园林植物生活、生长提供很好的环境和生态条件。

6) 实用小品作用 山石可作为园林小品应用，如作为：山石墙、山石花台、树坛、景名石、路标石、其他小品等。

7) 器具陈设作用 可利用山石作为室外起居设施，如造型为山石桌凳、山石床、山石门、山石楼梯、自然式石缸等。

6.1.2 假山的类型

从不同的角度，按不同的标准，可对园林假山进行很不相同的分类。下面介绍常见的三种分类方法，即根据园林用途、土石材料和造型特点来分类。

1) 根据园林应用分 以假山在园林绿地中所起到的主要作用和常见布局位置作为划分条件，可将园林假山分为园山、池山等常见的8类，其中每一类都有自己不同的作用和常见布局位置。

(1) 园山：占地宽广，可登，可游，山上有亭可供休憩，通常位于园林中后部，以土山为主或以带石的山地景观为主。如北宋时期开封府著名的山水宫苑寿山艮岳的人造山系，就是典型的园山(图6-1)。

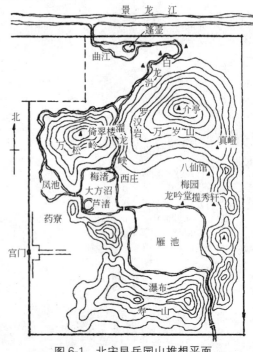

图 6-1 北宋艮岳园山推想平面

（2）池山：面积小，作水中远观石山景，不供人攀登游览，仅作为水面上的重点景物。如汉代建章宫"太液池"中的蓬莱山、方丈山、瀛洲山构成的"一池三山"假山景观，就是对中国古代山水宫苑造园格局产生过深远影响的池山类型的代表（图6-2）。

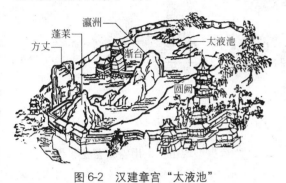

图6-2　汉建章宫"太液池"

（3）屏障山：专用于屏障视线的石山。常位于庭园入口以内，作为障景而分隔入口空间。

（4）庭院山：庭地、院落中点景的假山。用于营造建筑环境内部的自然山石景观，与植物、水体一起构成自然景观和建筑景观相互渗透的格局。

（5）墙壁山：即自然山石墙。是用长带状的假山作为庭园内的分隔墙，墙体用自然山石不规则地砌成。

（6）楼梯山：在室外作为楼梯磴道的石山。常见于古代建筑的楼旁，用于联系楼房的上下层空间。

（7）瀑布山：专门支承瀑布的假山。山前临水，山上以瀑布景观为主，是附属于瀑布并起到支撑瀑布作用的假山。

（8）石门山：作山石院门造型的假山。是古代和近代民居建筑庭园中都有所见的在两院子之间的假山。

除了以上8类假山是园林中较为常见的之外，在园林的其他环境还有承担其他功能的一些假山类别，如用于掩饰公共卫生间的假山、用于包藏配电设施的假山、用于修饰园桥成为山石桥的假山等。

2）根据土石比例分　这种划分方法是根据造山的主要材料在山体中所占比例来划分假山的，具体来说就是以用于造山的泥土和山石两类材料相互之间的比例来作为划分假山类型的依据。从这方面来分，可以将假山划分为5类。

（1）石山：几乎全为石材，土很少。假山材料主要是山石材料，因而山脚陡峭，山形突兀，山高与山底宽的比值较大，造型变化也更多。

（2）带土石山：石为主，土为辅。石材占2/3～3/4，土占1/4～1/3的假山属于此类。

（3）土石山：土、石大致各占一半。这类假山既有很好的山石景，又有丰茂的植物景。

（4）带石土山：以土为主，石为辅。土占2/3～3/4，石占1/4～1/3的假山属于此类。

（5）土山：筑山材料几乎全为土。这类假山山脚坡度较小，山势舒缓，山高与山底宽的比值较小，山的造型主要在水平面上多有变化。

3）根据造型特点分　根据基本造型特点，一般将人造的自然山石景观分为"假山"和"置石"两大类，然后再各自细分为几个小类。

（1）假山类：山石造型具有山的形态或具有山地环境氛围，能让人看到或感觉到山景的一类自然山石景观，就被看做是假山。假山的几个细分小类是（图6-3）：

① 仿真型假山：如真山山形，"写实"。这种假山的造型是模仿真实的自然山形，山景如同真山一般。峰、崖、岭、谷、洞、壑的形象都按照自然山形塑造，能够以假乱真，达到"虽由人作，宛如天开"的景观效果。

② 写意型假山：以形表意、抒情。其山景也具有一些自然山形特征，但经过明显的夸张处理。在塑造山形时，特意夸张了山体的动势、山形的变异和山景的寓意，而不再以真山山形为造景的主要依据。

③ 透漏型假山：假山体玲珑剔透，如湖石。山景基本没有自然山形的特征，而是由很多穿眼嵌空的奇形怪石堆叠成可游可行可攀登的石山地。山体中洞穴、孔眼密布，透漏特征明显，

157

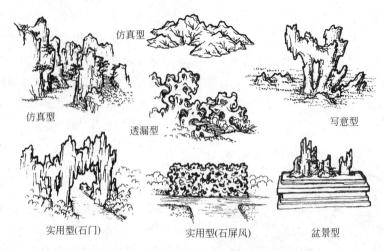

仿真型　仿真型　透漏型　写意型　实用型(石门)　实用型(石屏风)　盆景型

图6-3　假山造型类别

身在其中，也能感到一些山地境界。

④ 实用型假山：有兼顾实用功能的造型。这类假山既可能有自然山形特征，又可以没有山的特征，其造型多数是一些庭院实用品的形象，如庭院山石门、山石屏风、山石墙、山石楼梯等。在现代公园中，也常把工具房、配电房、厕所等附属小型建筑掩藏于假山内部。这种在山内藏有功能性建筑的假山，也属于实用山一类。

⑤ 盆景型假山：采用特大型盆景形式。盆景中的山水景观大多数都是按照真山真水形象塑造的，而且还有着显著的小中见大的艺术效果，能够让人领会到咫尺千里的山水意境。

(2) 置石类：山石造型不具有山的形态或山地环境氛围，只表现"奇峰异石"的石景，是采用自然山石布置成景的，因此就叫置石。置石的细分小类有(图6-4)：

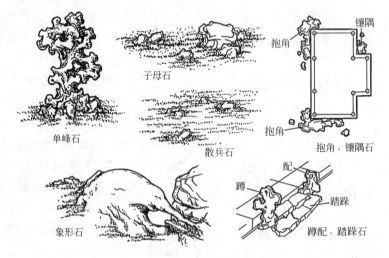

单峰石　子母石　散兵石　镶隅　抱角　抱角、镶隅石　象形石　配　蹲　踏跺　蹲配、踏跺石

图6-4　石景的类别

① 单峰石：大块怪石独立成景。也可由几块山石组合成一块大的怪石，成为一个独立的景物，可作为抽象雕塑式的景观小品。

② 子母石：聚散结合，以聚为主，有主石。

石的布置有聚有散，间距较小，有明显的主次之分，有主石作为一组景石的布置核心，山石团聚特征明显。

③ 散兵石：聚散结合，以散为主，无主石。

石的布置有聚有散，间距较大，无明显的主次之分，山石布置结构松散，有"散漫为之"特点。

④ 象形石：形如人、动物、器物等的山石。

⑤ 踏跺石：是作为阶梯踏步石的山石。一般设置在建筑入口处作为台阶踏跺。要求：石面平顺，结合紧密，每阶高度相近。

⑥ 蹲配石：布置在如意踏跺两侧起护卫装饰作用的一对石景就叫"蹲配"；其中，高大者为"蹲"，矮小者为"配"。一定要由高矮有别的一对山石组成"蹲配"。

⑦ 角隅石：布置在建筑台基转角处的山石小景就是角隅石。根据位于转角处具体位置的不同，角隅石又分抱角石和镶隅石两种。抱角石是位于建筑台基阳转角处的山石，抱角即包砌阳角的意思。镶隅石是位于建筑台基阴转角内起填充台基死角的作用。

6.2　假山材料与工具

假山是由实体性材料仿照自然山石景观建造起来的具有立体形象的艺术品，所用的材料都是十分具体的物质材料。了解和熟悉假山材料的种类、特性与假山施工工具的应用特点，是学习假山技艺必须的环节。制作假山的材料主要是天然山石材料，其次也有一些起辅助作用的建筑材料。假山工具则多是土木建筑各工种常用的传统工具和中小型机电类工具。

6.2.1　山石材料

山石材料是建造假山最主要的材料，它不同于建筑所用的石材，在形状、色泽、质地、加工性能等方面都有许多独特的地方。

1) 假山石的选料要求　假山艺术的一个原则就是要"做假成真"、"以假乱真"，这就要求用作假山材料的山石必须具备一些能够使假山"成真"的形态特点和质地特征。

（1）山石贵有天然的"皮"。这种皮，就是自然山石在长期风化和天然生成过程中形成的原始的石面，是山石的自然性特征。能仿造出这种石面的材料也可用。

（2）石体以条状、片状为主。条、片状山石易于组合造型，而块状、墩状山石则只宜用在山脚或隐蔽处；薄板状的山石也可用，但组合造型效果有点显出规则型。

（3）石形最好能"瘦、漏、透、皱"。这四个字是品评奇石的传统标准，所选山石最好能够具备。瘦：是指形体不臃肿，有骨力，有劲道；漏：专指山石形态上有悬垂、滴漏状态，有惊险处；透：即石体有透穿的孔洞，形象玲珑剔透；皱：指的是石面凹凸不平，皱褶多，皱纹形态复杂，密集分布。

（4）山石应有足够硬度。摩氏硬度在3.5度以上，大概相当于铜币级别及其以上硬度，不能被手指甲划动，可或不可被小刀划动。

（5）每石块质量在5000kg以下。多数石块质量在1000kg以内，能由人抬动或由起重葫芦链吊起；少数大石则要求能被普通起重机吊起。在能够吊得起的前提下，尽量采用大块山石。

（6）石内不含有害物。石的化学性质不稳定者不用，石质太酸太碱将影响假山上植物生长；石内含有害金属的也不能用，石的放射性要符合环保要求。

（7）合成的非石质材料可选。可由人工仿造出上述特点的材料如水泥、玻璃钢等，也可作假山原料。

2) 假山石材种类　下面按照石材的形态和产地情况介绍一些山石种类(图6-5、图6-6)。

（1）太湖石：灰白色，形体透漏，质较硬。湖相粉砂岩成因，具有玲珑奇巧、婉转嵌空、线条圆润的形状特点；原产太湖地区。

（2）英石：灰黑色，密皱褶，多角棱，质硬。石灰岩风化成因，石形多孔洞、皱褶，有大皱、小皱之分，且常含白色斑晶；产广东英德县，又名英德石。

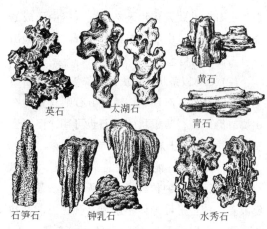

英石　太湖石　黄石　青石　石笋石　钟乳石　水秀石

图 6-5　假山的山石材料(一)

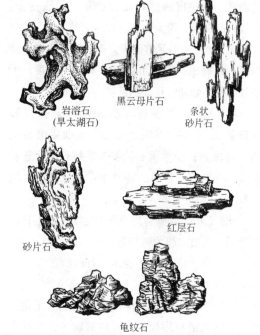

岩溶石（旱太湖石）　黑云母片石　条状砂片石　砂片石　红层石　龟纹石

图 6-6　假山的山石材料(二)

（3）钟乳石：乳白至乳黄色，钟乳状，质脆硬。石灰岩岩溶成因，属石灰华类；石形多变，更有帘状、分枝状、兽状等形；多产于南方石灰岩溶洞。

（4）水秀石：褐黄色，含泥砂草根，质较松。与钟乳石成因相似，石形块状及异形；全国湿润石灰岩地区均产，有称砂积石者。

（5）黄石：黄褐色至锈黄色，平正敦实，厚重，质硬。属黄色细砂岩类，石形浑厚沉稳；产

（6）青石：青灰色，厚实长片状，质硬。属灰黑色细砂岩；石形层片错落、峰棱挺秀；产北京西郊，又称青云片；其狭长大石又有称"慧剑"笋的。

（7）石笋石：灰黄至灰绿色，柱状含砾石。属柱状砾岩成因，石形如长笋，产浙江、江西；别称有：白果笋、虎皮石、剑石。此石有两个品种：①龙岩笋：表面所含砾石外凸，未风化。②凤岩笋：表面砾石风化，呈内陷的石窝状。

（8）灵璧石：灰黑色，有白色筋脉，质脆硬；石灰岩风化成因；石形浑厚且多孔，石色清润，质纯者可作磬石；安徽灵璧县产。

（9）宣石：本色白色，石形浑厚块状，质较硬。刚出土时带铁锈色，可刷洗至白色。产安徽宣城、宁国县，又叫宣城石、马牙宣。

（10）房山石：本色灰黑，含密集小孔及孔洞，质硬而重。石灰岩质地，石形多为块状产出，如太湖石，表面常染灰红泥土色；产北京房山区。

（11）乌炭石：灰黑色，柱状或片状，质较硬。属煤矸石类山石；各地煤矿区有产出；其柱状山石形如石笋，又有称作乌炭笋的。

（12）黄蜡石：蜡黄色，石形浑圆，光滑，质细软；变质岩成因，条状、块状产出，可作点景或与植物一起组合成景；产广东。

（13）岩溶石：又称旱太湖石。石色灰白至灰黑，形体透漏，多孔洞窝槽，质硬。石灰岩经岩溶作用生成，石形浑厚而透漏生奇，变化特别大，多有形如太湖石、英石、龟纹石者；我国多数偏湿性石灰岩地区的地表都有这类山石产出。

（14）龟纹石：灰白至灰黄色，石面多交错龟裂纹，质硬。石灰岩风化成因，石形敦实厚重，石纹错综苍古；产全国各地石灰岩山区。

（15）黑云母片石：灰黑色有云母光泽，长板状，质较软。属黑云母板岩岩石，石形修长板状；产四川西北岷山山区。

（16）红层石：灰红褐色，厚层片状，质较硬。河流相沉积成因；石内水平层理，石面较平整；产于四川盆地。

（17）红砂石：紫红灰色，风化块状石，质较软。属沉积成因的红色砂岩岩石，条状、片状、块状都有产出，以表面有较多风化的大石作为假山材料；产四川盆地。

（18）砂片石：青色至灰黄色，长片状或条状，质较硬。是河流相沉积成因的表生砂岩，产成都平原。

3）山石备料　山石备料是假山施工准备最主要的工作之一，这时需要解决假山石怎样备料和备料量两个问题。

（1）山石用量估算：山石用量常以质量表示。假山质量受其体积和不同石种的单位密度两个因素影响。

① 山石密度：石灰岩类中的龟纹石与部分岩溶石等墩状石的密度为：2200～2400kg/m³；石灰岩的湖石状山石密度：2000～2200kg/m³，如房山石和部分岩溶石；属于石灰华的钟乳石：密度 1900～2100kg/m³；水秀石：密度 1760～1900kg/m³。砂岩类山石如黄石、青石、砂片石等：密度2080kg/m³；花岗岩类，即花岗岩的风化石：密度2480kg/m³；含黑云母的岩类黑云母板岩、黑云母片麻岩等产出的黑云母片石：密度2000kg/m³。

② 山石质量估算方法：假山体积乘以密度。假山石形状不规则，体积计算难于精确要求，只能大概估算，即假山工程山石用量 T 等于假山体积 V 与密度 ρ 的乘积。

$$T = V \cdot \rho$$

体积 V 的估算，可将山体先归入某种几何体形状，然后按相应的几何体积计算公式近似地算出来。估算值应稍大于实际使用山石的量，一般 10%～20% 都是合理的。

（2）山石备料注意点：在山石备料中主要的注意点有：

① 石种、石质、石色要统一：同一座假山最好只用同一种山石；若一定要用两种石材，也要求在质地、颜色方面比较相近，而且必须以一种山石占绝对优势。

② 石形、石面皴纹与山石形状组合效果要相互协调：这在选石中就要注意。

③ 山体中下部多用墩状石：所选山石应能承重。

④ 山体中上部多准备长形、片状山石：长形或片状的山石在施工中容易理顺线条，使山石组合协调。

⑤ 要预留、先选重点部位用石：如峰顶、山洞门、山前、突出的山脚等部位，都要先选好石材。

⑥ 山石在现场分类摊放供选：要将山石最好的石面向上摊放开来，以便施工中选择石材；不要作堆放状态。

6.2.2　假山辅助材料

假山施工中除了山石材料之外的其他消耗材料都属于辅助材料，这里简单介绍其中常用的材料。

1）主要辅助材料　下列几类材料是假山施工中用量比较大或者是比较常用的主要辅助材料：

（1）水泥：是假山石的主要粘结材料。假山所用品种主要是普通硅酸盐水泥，偶尔用白色硅酸盐水泥。水泥在假山工程中的用途有两方面：一是用来配制砂浆，作胶粘剂或抹缝用；二是配制混凝土，作基础或"填肚"用。水泥的用量按山石质量的 8%～10% 计。根据山石种类不同水泥用量也有不同。石面粗糙的用量要多些。

（2）石灰：用生石灰配制假山基础的灰土材料；有时也用石灰膏配制混合砂浆，但用量少。在古代，假山的粘结料主要采用石灰配制成的糯米石灰浆、纸筋麻刀灰等。

（3）砂：采用河砂或山砂，以河砂最好。用量按水泥质量的 3 倍准备，也可稍多一点。

(4) 砾石、卵石：用于配制混凝土，做假山基础或用于假山"填肚"，用量根据基础或填肚量而定。

(5) 镀锌钢丝：捆扎、固定山石必须用镀锌钢丝，通常采用的钢丝规格为 8 号或 10 号钢丝。用量按每吨山石用 8～10kg 钢丝来估算。

(6) 结构铁件：在假山内部作山石间连接用，种类有：铁爬钉、铁扁担、铁吊架、铁锭扣（银锭扣）等；应根据石材质地软硬而选用（图 6-7）。

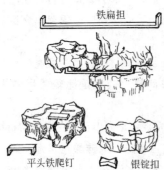

图 6-7　假山施工用的铁活构件

2）其他辅助材料　假山施工中还需要厚 4～7cm 的木板或竹跳板，抬石上下坡需用。也要准备一点脚手架材料，包括铁管架及其扣件、木架板等，也可租用。水也是假山施工必不可少的，需要准备无污染、酸碱中性的干净水，水源应接通至现场。最后还有颜料，如炭黑、铁红、铬黄、铬绿等，在配制彩色砂浆时要用。

6.2.3　工具与机具

1）手工工具　这一类工具是指施工中采用手工操作时需要用到的、不需要电气或燃油驱动，而仅仅以人力操作应用的工具（图 6-8）。

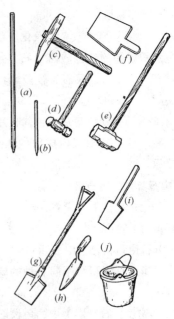

图 6-8　假山施工的手工工具

(a)大钢钎；(b)錾子；(c)小山子；
(d)榔头；(e)大铁锤；(f)灰板；
(g)铁铲；(h)柳叶抹；(i)砖刀；(j)灰桶

(1) 琢镐：假山工专用的带木柄的琢、砍工具；一端尖头、一端斧口，有地方称作"小山子"。

(2) 铁锤：长柄大锤，准备 2 把；手锤（或榔头），准备 4 把。

(3) 大钢钎：长 1～1.4m。准备 2～5 根。

(4) 钢錾子：长 30～50cm。准备 8～12 根。

(5) 钢丝钳：用大号的。准备 10 把以上。

(6) 断线钳：剪断钢丝所用。需要 1 把。

(7) 木杠：抬石用。准备 10 根以上。

(8) 铁锹：铲拌砂浆、混凝土用。需 10 把以上。

(9) 木撑棍：长 60～150cm，长短兼备，临时支撑山石用，需 20 根以上。

(10) 灰桶：装运砂浆、混凝土用。需 10 个以上。

(11) 灰板：砂浆操作用。木制，16 个以上。

（12）扁担：6条以上。

（13）砖刀：6～8把。

（14）柳叶抹：8～10把。

（15）其他：如钢丝刷、竹刷、扫帚、抹布等。

2）电动工具（图6-9）

（1）电锤：石上钻孔用，准备1～2件即可。

（2）电圆锯：山石细部切割用，准备1～2件。

3）起重设备（图6-10）

（1）起重机：采用汽车式起重机。需用时租借1～2台。

（2）起重吊链葫芦：用起重2～5T的吊链葫芦，需2～3套。

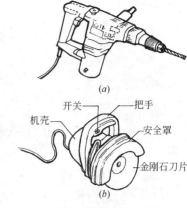

图6-9　假山的电动工具

(a)电锤；(b)电圆锯

（3）起重架：作葫芦吊链架或用木杆做成人字架，以吊秤，起吊山石。

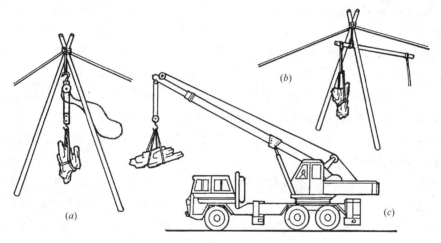

图6-10　假山的起重设备

(a)人字架与葫芦吊链；(b)人字架与吊秤；(c)起重机

6.3　置石施工

石景是由独立的大块山石或山石组合体构成的奇峰异石景观，基本不具有山形特征的园林景物形式。石景创作中，除了利用山石组合体造型之外，人为对山石形体进行加工的情况是比较少的，通常都只是对石景的姿态和布置状态进行调整，使景物最大限度地展现其艺术观赏价值。由怪石构成的园林石景，在中国古代的流行称谓是"置石"。置石，就是指石景的艺术化布置。

6.3.1　置石的基本方式

石景布置的基本方法，就是根据具体的环境特点，按照已经在艺术上比较成熟的置石方式来布置石景。基本的置石方式主要有：孤置、特置、对置、群置、散置、陪置、器设置石等，如图6-11所示。

1）孤置　用大块怪石孤立独处地直接在空旷处而不用基座的置石方式，就是孤置。大石下无基座。山石孤置在选材方面的要求是：石

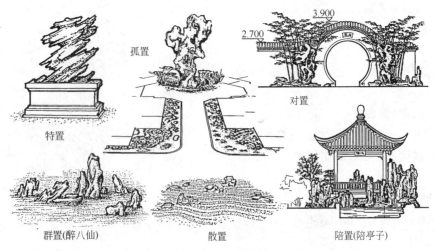

孤置　　　　3.900
2.700　　　对置

特置

群置(醉八仙)　　　散置　　　陪置(陪亭子)

图 6-11　置石的基本方式

要高大，奇特，能独立成景。形态完整，要有"透、漏、瘦、皱"的特点和特立独行的气势，要"气韵生动"。

（1）造景应用：孤置石经常布置的环境及其布置方法是：①在水面上：面向主视线方向布置，作水面上的重要景物，削弱水面景观的单调感，丰富水景。②在草坪上：位点自由选择，但要避免居中。③在路边、路口、路端头：作游览道旁的重要装饰景物或对景，汇集风景视线，成为视觉焦点。④在庭地周边及转角处：作庭院内点景用。

（2）处理方法：在环境处理方面，要使环境适当空旷，保持一定的开敞性；石景的布置状态也保持孤立独处的状态，其近旁不能有超过石景一半高度的其他景物。石景孤立，才会显得突出。布置孤石的地点，其地势宜较高敞，石景位置宜高不宜低。在形体、姿态安排上，孤石能够按上大下小的状态布置时，就不要以小头向上布置；石景姿态要有悬、险特点，孤置石最忌讳布置成四平八稳、平淡无奇的姿态。

2）特置　将大块怪石特别置于一种基座上，使其更显得奇特和突出的置石方式，就是特置。特置就是特殊布置，其特殊点就在于基座。特置与孤置所不同之处，也就是有无基座的问题。在选材方面，特置石需要石形奇异、能够独立成景，属大中型山石，一般应具备"瘦、漏、透、皱"特点，但要求可稍低于孤置石，体形也可稍小些。

（1）造景应用：特置石主要被当做主景用。可布置在正对庭院入口处，作入口区的对景，对景也就是该入口区的主景。特置石还可以用作庭院中央主景，成为整个庭院向心空间的视线焦点和视觉中心。在园林道路的路端、交叉口中心，特置石也可布置作对景和主景。在其他主景景物两侧，特置石还可作为主景的陪衬布置，既特置，又对置，用特置山石的方式对置作配景用。此外，特置石还可以用作台景，即在特置的台座上用山石组合造景。

（2）处理方法：由于特置石是有基座的，因此在置石处理方面重点是安排好基座和处理好山石在基座之上的形体姿态。形态及韵味特别好的怪石，基座可采用石砌须弥座；一般的特置石也可用普通的石砌基座或砖砌基座，或者用山石废料拼砌成自然式基座。基座顶面中部要预留凹坑，作埋没石景的基部；凹坑形状要根据大石底部形状预留。对于上大下小的、采用榫眼固定的大石，除了在基座顶面要开凿榫孔之外，在大石底部还要先凿出榫头来。用起重机吊起大石材，调整好石体的朝向和姿态，对准榫孔落下石体，然后将石底塞紧垫稳，再用水泥砂浆灌满，使砂浆与石底、基座紧密粘结起来，如图6-12所示。

图6-12 山石特置作品

3) 对置 在对应的位置上布置一对石景的方式叫对置。对置采用的两个单峰石或两个石景组，略成对称状态布置。对置山石一般用作环境中的配景。在选材方面，对置山石主要应注意：用同种山石，不用不同种山石；山石形态要有对应性，能构成一对；山石体量较大或通过组合能形成巨石状；石形要怪异，观赏性要比较强。

对置石通常用在园林入口、路口两侧，庭院大门两侧，或在主景、对景的两侧。布置上可对称，亦可不对称，只要能构成一对就行。如果布置在主景或对景两侧，还要注意与主景保持适当的距离，既不能太靠近，也不能距离太远。

4) 群置 一组景石有聚有散，但以聚为主，而且主次分明的置石方式，就是群置。群置的山石有明显的主次结构关系，在景物类型上则属于子母石景观，主石作为结构核心的关系相当明确。群置的山石要按下述三点选石：

(1) 选自然风化的山石，要有"石皮"。

(2) 石的形状不要重复，要有变化。

(3) 石的大小区别明显，主次分明，母石突出。

群置山石最重要的是石景组合呈现十分自然的分布状态，有聚有散，疏密结合。因此要做到：按不等边三角形法则布置山石，最大石距小于主石的2倍直径，石距小，则呈聚合状；山石立面要高低错落变化，有高低错落才有自然状；石底应埋深1/4～1/3(图6-13)。

图6-13 园路边的群置山石

5) 散置 一组景石有聚有散，但以分散为主，且没有明显的主次关系，这种置石方式就是散置。散置石景呈散漫布置状态，结构上的主次关系不明确，没有结构核心，在景物类型上属于散兵石景观。在选材上，散置山石应当注意的有下列三点：①选同种山石，便于使山石协调统一；②石有自然风化面，不用碎块石；③石的大小差别不宜太大，无明显母石。

散置山石最重要的是石景组合呈现自由散漫的分布状态，有聚有散，疏密结合，但以疏、散为主。因此要做到：按不等边三角形法则布置山石；最小石距大于平均石径的一半，石距大，则分散状明显；山石要有立斜俯仰蹲卧等不同姿态，姿态各异，不统一。要以"散漫理之"为基本置石方法，仿佛是不经意地布置山石。

6) 陪置 陪置是以自然山石陪衬其他种类主景的一种置石方式。在陪置山石中，石景是处于从属地位的，起陪衬主景、强化主景的作用。山石陪置所针对的对象有：陪树：配成树石小景；陪建筑：即作为亭廊榭等的陪衬；陪园桥：是在桥头、桥墩配石作桥景的陪衬；陪门窗：作园林门窗装饰及配成框景、漏景；陪园墙：如在照壁墙前置石构成山石粉壁景观等。

（1）选材：山石陪置要求按下列四点进行选石：①根据主景的特点选石；与主景保持高度的协调统一，注意突出主景而不要突出石景，所选山石应能够与主景相配。②石形奇特或特别自然；有些主景需要配奇特的山石，但也有主景只能配形状普通的自然风化山石。③大小山石都要有。山石形状、体量变化多，才容易与不同的主景配合组景，组合的变化也才比较多。④一般只采用一种山石。特殊情况下可再酌情选用一种辅助石材，但必须由一种石材占绝对优势。

下面，就陪置山石的几种典型情况再进一步加深了解。本段先介绍陪树置石和陪园桥置石两种陪置方式，而其他三种陪置情况则因为都与建筑相关，将安排在下一段专门讨论。

（2）陪树置石：即与树木配合组景，作为树景的陪衬。山石陪置树景有两种方式：一是将山石陪置在树下。在树下，片石适宜卧式布置，条状石适宜斜式布置，形状弯曲的山石可采取翘式布置，而较小的几块山石则通常可成散点状布置。二是在树木侧后陪置山石，可使山石倚树布置，与树景相互倚靠；也可采用衬树布置方式，使山石作为树景的背景陪衬。陪树置石的基本要求是：石底需埋入土中 1/3～2/3 深，山石要与树蔸紧密结合，但不妨碍树根伸展。

（3）陪园桥置石：用自然山石点缀布置来烘托园桥景观，使桥景更具自然、古朴的格调。山石陪置园桥有如下两种方式：一是将山石陪置在桥头，即具体位置是在桥头外侧，桥栏抱鼓石之外。布置形式是山石紧贴桥侧而倚桥置石，或顺着岸坡具体情况置石的倚坡置石形式。二是将山石陪置在桥墩处，以小块自然山石贴在桥墩外包砌桥墩，或者用大块山石做成桥墩、替代桥墩。用山石陪置园桥的主要要求是：山石应当不对称布置，尽量自然一些，在桥两侧、桥两头的山石都不能对称。陪置的山石要有高低错落，要多一些变化。同时也要注意，置

石不得影响桥体稳定，一定要确保桥体的安全。

7）器设置石　器设置石就是以山石替代生活用具作为露地布置的器设。山石器设布置在私家庭园中较为常见。这类置石方式的特征是：有实用性的山石小品，是具体承担某种使用功能的自然山石小品，既是石景，又是用具。器设置石的常见种类有：坐卧类的石凳、石椅、石床，可供坐憩或仅作象征而不必实用；基座类的石桌、石几、石座，形状必须是不规则的自然山石形状；围隔类的石屏风、石围栏；花台类的山石花台、山石树坛等。

不同类别的山石器设有不同的布置特点。坐卧类与基座类置石既可独立布置，又可组合布置，布置时总是要将山石最平整的一面向上布置，如石几、石桌、石凳、石床等的布置就是如此（图6-14）。围隔类器设置石是由山石成列围隔的，形如山石路栏、围栏；或者使山石透漏壁立，如山石屏风、影壁。花台类器设置石要注意的是：在平面上应有凹凸、转折变化，在立面上要错落起伏，避免整齐。花台、树坛的边缘处理要注意做坡、做坎、上悬、下收等变化。

图6-14　公园里的黄蜡石桌凳

6.3.2　建筑环境置石

在上面所讲的山石陪置方式中，陪建筑、陪门窗、陪院墙三种置石方法都属于建筑环境中的置石。除此之外，这类环境中还有山石阶

梯置石等。

1) 亭边置石 采用陪置方式在亭边置石，要注意发挥山石的烘托陪衬作用，使亭子的主景地位得到明显加强。亭边置石选用的山石根据置石状态不同而有区别。平卧布置时，宜选条形石及片石。直立布置，应多选条形石。堆垒布置，则可用块状、墩状石。山石的布置形式分三种情况：一是用山石包砌、掩盖台基；二是使山石倚亭而立，与亭相伴；三是以山石作登亭梯道。

亭边置石的基本要求是：亭前山石应较低矮，形状透漏奇巧或层叠如云；姿态生动，宜取卧式、蹲式、奔趋式。亭子侧面的山石可较高，由块状、墩状山石垒叠而起，或由条状山石立置成景；姿态可立、可斜、可与亭相倚。亭后置石可采用敞开方式，也可采用叠石作壁立状。

2) 廊间置石 山石陪置廊间可有三种方式：一是在廊边布置，在廊边有聚有散、疏密结合、高低错落地布置山石，并同时采用孤置、群置、散置等方式。二是在廊的节点处布置，即在廊的转折点内外侧、天井、回抱处、与亭榭交接处等特殊位置布置石景。三是在廊端布置山石，并且在廊的始端末端布置重点山石景观。

在布置方法上，廊间置石首先要求所用山石应大小错杂，山石体量大小有变化，形状姿态也要多样化；要立与卧、正与斜相结合，动与静、虚与实相结合。山石要进、退自如，与廊边分分合合，若即若离。廊边山石也要与树、草结合造景，在多处做成一些树石小景、草石小景，如松石景、菊石景、兰石景等。

3) 榭旁置石 在榭旁置石的具体形式是：榭入口处的正中位置可布置踏跺与蹲配；在台基转角处安排抱角石与镶隅石；在建筑的山面作点缀置石或做出楼梯山；在水榭的临水平台边，将山石点缀布置在平台支柱及平台边缘。榭旁置石的目的，就是陪衬水榭和使景观在建筑与平台之间、平台与水面之间、建筑与水岸之间、平台与水岸之间进行渗透与过渡；同时丰富水景(图6-15)。

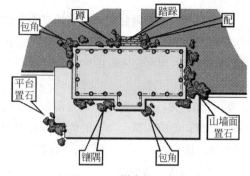

图6-15 榭旁置石方法

4) 室外山石阶梯置石 这类置石的特点，就是在建筑物的室外做山石阶梯，利用建筑室外山墙头，砌筑假山石梯磴道，以代替室内楼梯。室外山石阶梯的作用有三方面：一是当做楼阁的石梯，二是作登亭石阶，三是作假山磴道。在采用山石阶梯置石的时候，要注意的主要问题是：要按石山要求来做阶梯的造型，阶梯登山路线要适当曲折，不要求坡度一致；梯道两侧可做石栏；梯级应有显有隐。

6.4 假山工程设计

假山的设计与施工在古代被叫做"掇山"，即拾掇、堆砌假山的意思。我国古代掇山艺人具有十分丰富的假山造型经验，也流传下来许多宝贵的掇山方法、技艺，是我们继承中国假山艺术传统的一笔难得的财富。掇山涉及许多方面的艺术理论和工程技术，需要遵循一定的艺术规律去进行创造性的设计与施工。

6.4.1 假山造景原则

假山设计就是从图纸上规定今后假山的基本模样、造型。大型假山工程应当先有设计，然后再根据设计进行施工。小型假山工程也可在施工之前做一个简单的草图设计，作为施工中的参照，避免盲目施工。假山工程是一项环境艺术工程，在造型方面必须要遵循一定的环境艺术原理、规律和原则。假山造景设计的原则是：

1) 山水结合，相得益彰　假山造景要有山有水，山水相依；山景水景，相得益彰。山因水而活，树因水而生，只有山水结合，景观才能"活"起来。

2) 选址合宜，造山得体　选址要照顾地形与环境特点；山的体量大小、形体塑造都要与环境协调。这一原则实际上就是因地制宜。

3) 巧于因借，混假于真　要善于借景，巧借远山近水作假山的背景侧景；在真山上造假山，难辨真假。多借景，巧借景，使假山融于真山的景观环境中，达到做假成真的目的。

4) 主次分明，相辅相成　要求主景突出，有结构核心；配景与主景紧密结合，使景观形象体系完整。宾主关系是任何艺术作品的最基本结构关系，一定要注意突出主体。

5) 三远变化，移步换景　要强化假山景观的景深层次，做到步移景异，可借用"三远法"造景。三远法是解决景观层次方面很有用的艺术手法，是高远、深远和平远三种方法的合称。三远法及其特征是：高远法：创造仰视效果的山景层次；深远法：造成平视效果的山景层次；平远法：所造成的山景层次有俯视的景观效果。

6) 远看山势，近观石质　假山造型要兼顾远观近看的效果。在远处，可观假山的大势、轮廓和总体造型；而在近处，也要有细部的丰富变化能够引人注目。

7) 寓情于石，情景交融　要利用山石的形体变化来抒发情感，在一山一石中蕴含丰富的情感特色，使山景有比较深的寓意，努力创造意境。

6.4.2　假山造型设计

假山艺术是立体空间艺术，假山造型应当从三维空间观念入手，分别进行平面的布局设计和立面的造型设计。

1) 平面布局与设计　假山平面布局设计应当注意的问题比较多，但对假山造型整体影响比较大的则只有下述几个方面问题：

(1) 环境处理：假山造型要与环境密切结合，做到因地制宜。要以静态环境为主，避开闹区。要注意与高大建筑保持距离，以免受压。造山与理水要同步进行，山水结合造型。

(2) 布局处理：在布局上要主次分明，主体突出，有明确的结构核心。布局结构体系要完整，山体及其脉络关系清楚，无缺陷。山体的景观层次要明显，远中近景观层次应适当拉开距离。在假山用地分配方面也要注意用地的经济性，合理用地，高效用地。

(3) 功能安排：假山一般的功能就是其观赏功能。但在大型假山和以土山为主的大规模人工山地中，其他功能也是不能缺少的。从总体上来看，假山能够有的功能主要是：①造景功能：即利用不同的假山形象如峰、崖、洞、亭景等来造景。②游览功能：大型假山区可供游览，在功能安排上就要确定山路的路线走向，充分发挥其游览功能。③休息功能：在假山布局设计中，在面积较大的假山区确定一些地点，布置亭、轩、观景台等休息、观景设施。小型假山没有游览、休息功能，当然只是做出造景方面的安排。

(4) 平面形状设计：在假山的平面形状设计上，要注意使假山平面形状生动，富于变化；要自然得体，不得规则对称；要做到"凹深凸浅"，进退自如；山脚线转折弯曲，形状不重复。

2) 平面处理手法　在处理假山平面时，既要照顾到平面布局上的自然变化，又要考虑到平面形状对假山立面造型的影响和制约作用。在这一个大前提下进行平面布局，解决假山平面形状设计问题。为了达到这一目的，在设计上就要按下述几个方面的技巧进行处理：

(1) 转折：山脚线要自由转折，山下沟谷线形也应为回转自如的形状，山脚边线要避免出现长直线。

（2）错落：山峰相对位置、山脚凸出点之间、散点山石之间等布局时都要注意错落有致。

（3）断续：平面有连续也有断开部分，虚实相生。

（4）延伸：即山脚与山脚之间的相互延伸和穿插。

（5）环抱：平面既要有凸出部，也要有回湾、山坳。

（6）平衡：在各部分之间加强联系，使构图平衡。

3）立面造型设计要点 在立面上的造型设计直接关系到假山立面艺术形象，要充分掌握立面设计要点。假山立面造型设计是在平面图基础上进行的，要按照平面图的对应关系来进行立面设计。设计要点是：

（1）要顺中有变：山石关系顺为主，变为辅，顺变结合，多样统一。

（2）要高低错落：山形轮廓多变化。

（3）要层次分明：山要有层次深度，竖向上也要创造出鲜明的层次感。

（4）要动静相济：山势、情调或以动为主，辅之以静，或以静为主，蕴含着动；动中有静，静中生动，动静结合造景。

（5）要藏露结合：山体立面上前山掩后山，绿树蔽山腰，藏露结合，欲扬先抑。

（6）努力创造意境：山体的立面造型也要注意突出形象的感染力，要做到情景交融。

4）立面设计步骤与方法 假山立面造型设计与绘图需要有比较好的山水绘画功底，对自然山水的形象状貌也要有较深的理解；但山水绘画功底也不是一两天就能练成的。因此，在这里就只能介绍假山立面设计的方法步骤，解决会不会设计的问题，至于设计得好与坏，留待以后逐步学习提高。假山立面造型设计方法和步骤如下：

（1）立意：就是根据所用山石特点而确立假山设计意图。需要确定假山立面造型样式、结构类型、山景特色等基本造型问题和假山控制

高度、宽度、厚度及大概工程量等。

（2）主立面构图：在平面图上方对应位置用铅笔做草图进行假山立面构图；先勾勒山形轮廓草图，注意使线形能够体现石种外形特点；再研究立面轮廓与平面的对应关系，并与平面相对应修改轮廓。如果发现修改假山立面轮廓会引起其他不好的变化时，就不改立面轮廓，转而对平面图进行修改。接下来，在初步设计成型的图形轮廓之内添绘皴纹线，通过皴纹线绘出立面凹凸形状。在立面图初步绘成后，再添绘配景，即加上一些植物景、亭台景以及山路等，择重要的绘出，不必求全，其余的可在施工中酌情添加。经过修改之后将构图最后确定下来，用墨线清绘出立面图。

（3）侧立面构图：根据侧立面与平面、主立面的对应关系，进行侧立面的构思、想象和作图。构思与构图的方法步骤按上述主立面的方法步骤。可只做一个侧立面的构图，其他侧立面可做可不做，根据工程规模大小和实际出图需要而定。

（4）背立面构图：大型假山工程需要做假山背立面设计，而中小型工程则可省略此图。背立面图较易绘制，绘制方法是先做主立面图的镜像图（反相图），然后根据背立面与平面相应部位的对应关系，改绘镜像图皴纹线，使背立面山形与平面图基本吻合。

（5）正式作图、标注，完成设计：清绘全部图形，并按规范标注假山水平方向的控制尺寸和竖向的控制标高，作出正式的假山立面图。

6.4.3 假山结构设计

普通假山的结构都较简单，主要分基础、山体、山洞、山顶几个部分，结构设计就是对这几部分的设计。其中最重要的是山体、山洞的结构设计。

1）基础类型与做法 假山基础是假山的承重结构部分，将地面以上山体传下的重量承受

下来，并均匀地向下传递到地基，由地基将压力消解。当山体不高，山的重量较小，或者山体不高而山底面积又很大的时候，直接由地基就可承受山体的压力，这时就可以不要基础，如高度在3.5m以下的石假山和一般的土假山，都不用做基础。特别是土山，通常都是不做基础的。而高度在4m以上的石假山，或在湖池水中高度2m以上的石假山，则一般都需要做基础了。假山基础有几种类型，可适应不同的环境条件，在基础选型时应根据具体条件而选定。

(1) 混凝土基础：混凝土基础施工方便，抗压强度高，耐水湿环境，能够适应大多数园林地面条件，包括水下地面。做混凝土基础一般可采用C10或C15的混凝土。要根据假山重量大小而决定混凝土基础的厚度，基础厚度通常在200～500mm之间。在混凝土基础之下，常常需要有一个垫层。垫层可用60～150mm厚的砂石层，也可用100～150mm厚的碎石层。在地基土质条件较差的地方，可以在混凝土基础中加上钢筋，做成钢筋混凝土基础。钢筋可用$\phi8$～$\phi12$的，按双向布筋，钢筋排距200～250mm即可。

(2) 浆砌块石基础：这种基础是以毛石为基本材料的，要求毛石坚硬，抗压强度高。浆砌块石基础的承重特点和适应环境特点都与混凝土基础相近。其基础层厚度要大一些，可根据山高和山体重量而确定，一般在300～600mm之间。基础的做法有两种。一种是直接用1：3水泥砂浆砌筑大块石，使块石基础顶面保持基本平整即可。第二种是采用手摆大块石和水泥砂浆灌浆处理而做成块石基础。采用灌浆法时仍用1：3水泥砂浆，但提高水灰比配成流动性良好的浆状，作为灌浆材料。

(3) 灰土基础：用灰土做基础的优点是材料价格较低，施工做法简便。但灰土材料抗潮湿性能不强，因此不适宜在湿地下及水下环境中作为假山基础材料，而在旱地、高燥地则是比

较好的基础类型。灰土材料的配比按3：7或4：6均可，一般采用3：7灰土。基础层夯实厚度应为300～500mm，即采用二步灰土或三步灰土的做法。

(4) 桩基础：在水底为软土或淤泥的园林湖池水下做假山基础，可考虑用桩基础，桩基础所用的桩有混凝土桩、木桩(梅花桩)和灰桩等。①混凝土桩：长1.5m，断面150mm×150mm；下端尖头；混凝土强度等级C20。适宜水下松软地基条件采用。②梅花桩：用木桩，长1～2m，径100～150mm，下端尖头；按梅花桩法排列，桩间距50～70cm；桩顶之间可用密集石钉打入土面，使表土紧实。木桩基可在旱地区用。③灰桩。在夯实地基上均匀打孔，孔径200～300mm，深1m或1.2m，孔距60～100cm；然后在孔内分层填进石灰并层层夯实。灰桩基础不适宜水下地基和潮湿地基。

(5) 垫脚石：垫脚石是假山底部砌筑的第一层山石。垫脚石在基础之上，虽然不是基础，但与基础的作用也有相似之处。在不做基础的假山山底，垫脚石层实际上就起着基础的作用。垫脚石层用假山山石材料中的块状、墩状的硬石，以1：3水泥砂浆砌筑。这一层山石的砌筑，在假山施工中叫做"拉底"。

2) 山体结构设计 在基础的垫脚石层之上，即是包括山脚在内的山体。山体设计应注意选择合适的结构形式和山石种类。山体结构形式即山体中山石与山石之间的结合状态与样式，普通假山具有的五种结构形式及其设计方法如下(图6-16)：

(1) 环透式结构：山形透漏孔窍状。玲珑剔透，变化多端，生动自然，有山的氛围感觉但缺少山的形态。在结构设计上，石块之间横、竖、斜、翘叠放，是多样化的结体方式。这种结构比较适用于采用太湖石、房山石、岩溶石、英石等为材料的假山。

(2) 竖立式结构：山直立或斜出，有真山形态。这种结构的假山多按真山的形象、轮廓造

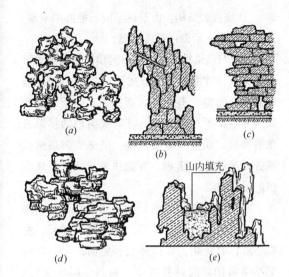

图 6-16 假山山体的结构形式
(a)环透式结构;(b)竖立式结构;(c)层叠式结构;
(d)垒叠式结构;(e)填充式结构

型,山势挺拔,雄伟高耸。其叠山的石材都采用竖直叠垒的方式,山石保持直立或斜立,突出竖向线条感和竖向构图。竖立式结构的假山比较适用于青石、钟乳石、水秀石、砂片石等堆造的假山。

(3)层叠式结构:采用片状山石水平层叠放置。崖石层叠,参差错落,前后、左右、高低参差不齐,山势生动。山石采用水平直纹,石体水平叠放。层叠式结构适宜片状或条状山石,如青石、乌炭石、云母片石、红层石等。

(4)垒叠式结构:山石垒叠状,如真山形。山体沉实、厚重、稳固;岗峦起伏,峰谷连绵;山势雄浑,气韵苍古。设计上强调横竖直纹构图,使山石重叠堆垒起来构成浑厚的山形。以黄石、龟纹石、岩溶石、红砂石等为造山材料的假山比较适合采用这种结构形式。

(5)填充式结构:是填充山体内部的隐藏结构部分。在设计上的处理通常是:小直径的峰体内填充,考虑用混凝土;大直径山峰内部填充,可用废料灌浆方式填满,如采用乱石、碎砖、渣土、石灰砂浆等填充。大面积山体内部填充,一般用泥土为材料来填充,而且泥土填

充可为种植植物提供条件。

3)假山洞的类型 假山洞的结构与其山洞类型有关,不同类型的假山洞,其结构情况有所不同。但是,对假山洞类型的划分却有很多种方法。常用的方法就有下列 6 种:

(1)从洞口数分:按照洞口的数目,假山洞可以分为单口洞、双口洞和多口洞三类。

(2)从洞道数分:按照洞道的数目来分,假山洞又分为单洞和复洞两类。

(3)根据洞道纵坡分:这种分法是将假山洞分成洞道为平路的平洞和洞道有上坡、下坡的爬山洞两类。

(4)根据洞楼层分:根据山洞内有无楼层而将假山洞分为两类。第一类是洞内无楼层的单层洞;第二类是洞内有楼层的,即洞上有洞的多层洞。

(5)根据洞中水源来分:以山洞内有无水源为准,将假山洞分为没有水的旱洞和洞中有泉水或有地面流水的水洞两类。

(6)其他:在假山洞的一些局部位置还存在着一些其他的山洞形式,比如可供暗洞获得光线的采光洞,可为闭塞山洞引进新鲜空气的换气洞,洞道自下而上成井筒式的通天洞等。

4)假山洞结构设计 假山洞是假山山体的一个特殊部分,其结构与山体其他部分很不相同,设计中需要特殊对待。假山洞的结构形式决定其最根本的结构承重体系和承重能力,可以从洞壁和洞顶两个方面来了解假山洞的结构形式。

(1)洞壁结构设计:洞壁是假山洞的主要承重部分,又是洞内景观构成的最重要部分。根据其承重方式的不同,可将洞壁的结构形式分为下述三种(图 6-17):

① 墙式结构:这是以山石墙作为承重的洞壁,具有结构比较稳定、承重力强的特点。

② 柱式结构:是以山石柱作承重构件的洞壁形式,结构灵活,便于洞内造景。

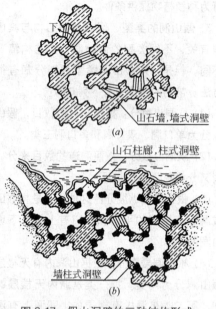

图 6-17 假山洞壁的三种结构形式

③ 墙柱式结构：山石柱与山石墙共同承重，先起山石柱，后做山石连系墙。

（2）洞顶结构设计：假山洞顶的结构形式可分盖梁式、挑梁式和拱券式三种（图 6-18）。盖梁式洞顶的做法有单梁、双梁、丁字梁、三角梁、井字梁等结构方法。挑梁式洞顶的挑梁方法有单挑、双挑和重挑三种。拱券式洞顶是以拱券作洞顶承重结构，有圆拱、尖拱、不规则拱的不同做法。

5）假山洞布置 设计假山山洞要注意：同一山洞的洞口应各有不同，洞口要有前后、左右不对称的变化，洞口形式、朝向、大小高低都不得雷同。洞道要宽窄、曲直、起伏变化，洞道宽窄收放自如，路线有曲有直，路面有起有伏，有坡道有平路。洞道内部空间要开合变化，洞内空间大小、形状、高低、宽窄都要多

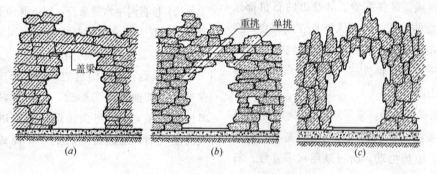

图 6-18 假山洞顶的结构形式

（a）盖梁式；（b）挑梁式；（c）拱券式

样化，空间的流通性要比较强，没有空间死角。洞壁、洞顶不得平整规则，要凹凸起伏变化。洞底景观要多样化，洞下可安排石室、石笋、石柱、石兽、石洞、池潭、装饰型路面等景观。山洞设计还要保证山洞结构安全，洞壁、洞顶结构选型正确且跨度合理，洞柱布置密度恰当，承重山石质地坚硬。

6）假山山顶设计 假山山顶可分为峰顶、峦顶、崖顶三种基本形状，每种山顶又各有几种收顶方式，下面简单介绍三类山顶的收顶方式与方法。

（1）峰顶设计：峰顶的收结方式有：①分

峰式：是同一座山按两个以上峰头进行收顶的形式。②合峰式：是两个以上峰头合为一体的收顶方法，峰头只有一个。③剑立式：山峰收结方式是单个峰石按上小下大形式竖立山顶构成立峰，这种收顶方式适宜竖立式山体结构。④斧立式：与剑立式相反，斧立式是收顶的单峰上大下小立于山顶，适宜环透式山体结构。⑤流云式：峰石平放，层层压叠构成平顶峰头，适宜层叠式结构的山体。⑥斜立式：单峰斜立状，形态生动，适宜倾斜的竖立式结构山体。以上峰顶收结方式还可见图 6-19 所示。

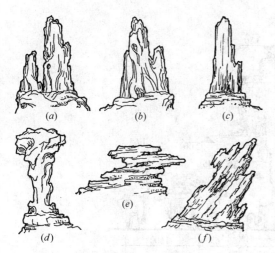

图 6-19 峰顶的收结方式

(a)分峰式；(b)合峰式；(c)剑立式；

(d)斧立式；(e)流云式；(f)斜立式

(2) 崖顶设计：山体顶部为平顶状，山体一侧为陡壁的就是崖顶。崖顶有4种收结方式(其中3种见图6-20)。一是平坡式崖顶：山顶为平顶崖造型，崖壁垂立，呈陡崖景观，可用于层叠式结构的高崖作收顶形式。二是斜坡式崖顶：山顶是斜坡顶，崖壁陡立，展现峭崖景观，适宜倾斜层叠式结构的一般山崖作收顶形式。三是悬垂式崖顶：崖顶前悬而后坚，成悬崖状，适宜钟乳石、水秀石、岩溶石等创造悬崖景观时作为收顶形式。四是悬挑式崖顶：顶石层层出挑，崖顶悬出。崖壁参差错落，具有很强烈的悬崖意境，适宜层叠式结构的山体作为收顶形式。

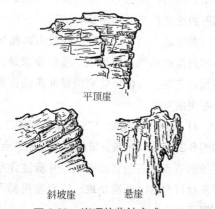

平顶崖

斜坡崖　　　　悬崖

图 6-20　崖顶的收结方式

(3) 峦顶设计：起伏度较小，形状圆浑的山顶就是峦顶。这种山顶常见于底盘宽大、山势雄厚的假山山体。由于峦顶并不陡峭，因此在其上面比较容易安排山亭或观景小平台。按峦顶形状的不同，这种收顶方法又分为圆丘式、梯台式、玲珑式和灌丛式共4种形式。

① 圆丘式峦顶：峦顶形状浑圆。但不得为规则的半球形、椭圆球体形，形状要多变化，不得对称。

② 梯台式峦顶：峦顶呈梯台形。由墩状石层堆叠而成，峦顶多呈方丘梯台状，适宜占地面积大的假山。

③ 玲珑式峦顶：是多孔洞的峦顶。常用太湖石、房山石、岩溶石等收顶，峦顶形状玲珑剔透，占地面积不大。

④ 灌丛式峦顶：峦顶由灌木覆盖。山顶填土作丘，丘上灌木覆盖而成峦顶，这种山顶适宜土石结合的假山。

6.4.4　假山设计图绘制

假山设计图一般应当按照建筑制图标准绘制。但假山立面图及平面图的主要线型都需要手绘作图，因此有些地方的绘图可能没有规定的标准，需要按通行的惯例画法来绘图。假山设计图的种类主要有：平面图、立面图、剖面图和节点详图几种。

1) 平面图绘制　如图6-21之下图所示，比例采用1：50、1：100或1：200。图纸内容有基本地形绘制，如等高线、山路、环境中的建筑物、构筑物及其他地物等；也有假山投影平面图形和植物配植及景观、功能设施的布置。在线型要求方面：山体平面轮廓用标准实线(宽度为 b)或中粗实线绘制；水体岸线用外粗内细的双线，粗实线为岸壁线，细实线作水际边线或水位线，两线之间的线距表示岸坡坡度。其他线条全用细实线绘制，如假山的皴纹线、图例线、道路边线、植物平面图线、引出线、尺寸线等。在平面图上需要标注尺寸，但标注的

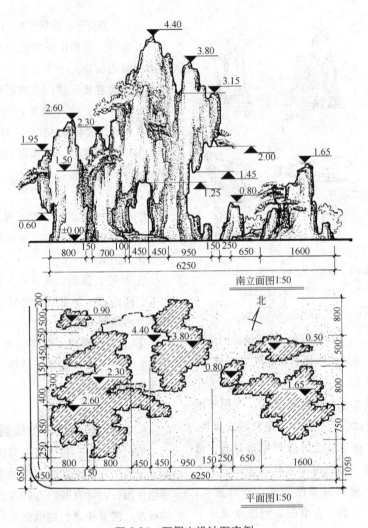

图 6-21　石假山设计图实例

园林工程

尺寸是控制性的，在施工中作为重要的参考，根据实际情况可以进行改动。施工中也允许有适当偏差；偏差常控制在 15cm 以内。

2) 立面图绘制　如图 6-21 之上图所示；立面图比例通常与平面图保持一致，只有特殊情况除外。假山立面图有正、侧、背三种，设计中根据实际需要酌情出图。图中的线型要求是：山体轮廓线用标准实线。地坪线：用粗实线绘制并表示对地面的剖切。其他线：都用细实线。

假山立面图的尺寸与标高绘制情况是：在水平方向上，标注横向控制尺寸；在竖向上，用高程箭头法标注特征点标高，即标注主要山峰峰顶、山谷谷底、山洞的顶和底等特征点位

置的参考高度。

3) 剖面图画法　某些假山工程需要绘出剖面图，如图 6-22 所示。除开特殊情况之外。剖面图的比例应与立面图保持一致，剖切位置应在典型处取剖面，以剖面反映假山内部构造关系和典型地点的山体形状。线型要求是：剖面线用粗实线，山体外轮廓用标准实线；其他线则都用细实线。

4) 节点详图绘制　节点详图即施工详图，如图 6-23 所示。一般采取断面图绘制节点详图，要绘出节点细部的详细形状，并标注详尽的尺寸及材料做法。断面切取、线型应用都可参考剖面图画法。

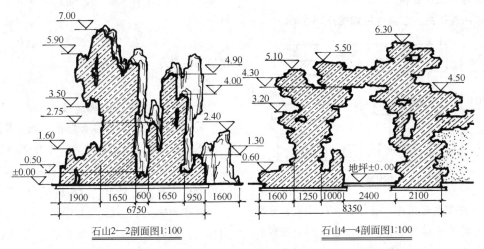

石山2—2剖面图1:100   石山4—4剖面图1:100

图6-22　假山剖面图的画法

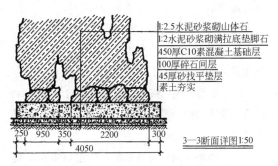

1:2.5水泥砂浆砌山体石
1:2水泥砂浆砌满拉底垫脚石
450厚C10素混凝土基础层
100厚碎石间层
45厚砂找平垫层
素土夯实

3—3断面详图1:50

图6-23　假山基底节点详图示例

6.5　假山工程施工

假山施工是技术性比较强的一项工作，也是艺术性要求比较高的一种工程活动。由于假山是由不规则的自然山石材料建造的，在有了好的设计之后，还是要有施工人员多方面的再创造，在施工过程中不断补充和丰富假山细部的造型和工程技艺内容。

6.5.1　假山施工准备

1）假山施工程序　假山工程施工和一般土建工程施工一样，都是按自下而上的程序展开的。也就是说，施工程序的第一步就是地基处理。通过开挖基槽、基土加固、整平和夯实，为假山工程提供一个稳固的地基条件。在这种地基上，按设计所定材料、厚度铺设找平垫层并夯实；然后进行基础施工。设计的基础类型不同，则施工方法也不同。基础做好之后一般要养护几天，才开始假山砌筑施工。

正式进行假山砌筑施工是从拉底开始的。拉底，就是在基础上铺砌垫脚石层，以拉底的垫脚石层作为山底第一石层。按满拉底和周边拉底两种方式砌筑好垫脚石层，便可在其上做山脚。山脚石层就是拉底之上的第二层山石，可以用点脚法、连脚法和块面脚法等三种方法来砌筑山脚石层。山脚做好后，便进入山体的堆叠施工。因山洞在假山中的位置与山体是一致的，因此山洞施工往往和山体施工同步。在这一阶段中，分别按山体结构形式和山洞结构形式砌筑山体和山洞，在砌筑手法上则按相同的手法，如竖立结构的山体采用剑、榫、撑、接、拼等手法，层叠与环透结构的山体采用安、压、错、搭、接等手法。山体、山洞砌筑施工进行到山顶部位时，要准备收顶的施工。要确定山顶收结方式，按照山体、山洞已经完成的砌筑模样，顺势收结，做好不同形象的山顶、崖顶等。

最后，对在施工过程中没有同时勾缝的山体、山洞部分进行勾缝，修饰假山外观形象。勾缝完成后，对假山作品进行通体的清扫或清洗，做好竣工及验收、交工准备。

假山施工的工艺流程可如图6-24所示。

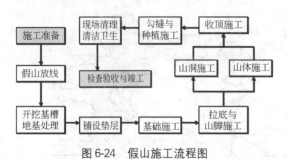

图6-24 假山施工流程图

2) 施工准备工作 在假山施工之前，必须做好各项施工准备工作。要创造条件，按照轻重缓急的区别进行材料、人员、现场以及施工技术等方面的准备，使假山工程能够具备顺利开工的条件。施工准备的工作内容主要是：

(1) 石料准备：按假山设计要求选石，对石材种类、石形、颜色、质地等各方面的特点进行选择，并适时采运，备足石料。石料进场后不得堆放，要分类摊放在工地周边地带，使每一块山石最好的一面向上，以方便选石。

(2) 选石：选石是假山工程准备工作的一个很重要的工作内容，在施工开始之前要选石，施工开始之后，还要一面堆叠施工，一面继续选石。选石的方法和要点是：①多选长形石和片状石，少选或不选墩状石、球形石。②所选石种、石色、石质要统一。③选用的山石在石形、皱纹两方面都要比较接近。④预选、预留重点部位用石。⑤有些短石可以在施工之前先粘结为长石备用。

(3) 辅料准备：推算水泥、砂、钢丝、铁爬钉、铁扁担、铁吊架等的用量，并运送到现场，注意防潮和保管。

(4) 工具、机具准备：手工操作工具、起重葫芦、起重支架、冲击电锤、电圆锯、起重机(临时租用)等都要准备好，起重支架还要架立起来，将拉绳拴牢。

(5) 现场准备：现场清理、场地整平、进料通路开辟、搭设跳板、水源电源接入、工地现

场围护、工具保管安排等，都要统筹计划，安排落实。

(6) 定点放线：按设计图或现场设计，在整平的基面定点、打桩、放线。

6.5.2 基础与山脚施工

假山底部的工程内容有地基整理、基础施工、垫脚石拉底和山脚砌筑等四个方面的工作。其中，地基和基础工程是隐蔽工程，要在施工过程中控制好施工质量。拉底施工和山脚砌筑是山底露明部分的山石砌筑工程，是假山堆叠的开始，对以后的假山造型有很重要的影响。因此，在山底部分的所有工作中；都要严格把好质量关。

1) 地基处理 假山应建筑在稳固的地基之上，在堆叠假山之前必须对地基进行整理、加固和整平。其主要的工作分下述三步进行：

(1) 基槽开挖：按假山基础边线向外放30cm挖槽；要求槽壁平整、垂直，槽深按设计基础高度确定。

(2) 地基加固：对地基的软土进行更换或对松软地基进行加固处理，加固方法主要有夯压、打灰桩、地表打石钉、铺设碎石垫层等。

(3) 地基夯实、整平：地基不得用回填土。

2) 基础施工 假山基础应在地基加固处理和整形之后进行，应先做一个找平垫层，然后再按设计要求的类型和基础做法做出基础。

(1) 做找平垫层：为了使基础充分落实，最好在地基与基础之间做一个垫层。垫层可用级配砂石做，厚度80～150mm，砂石要按配比级配，并要充分拌匀。也可用灰土做垫层，灰土按3：7比例配制，做一步平铺并稍加压实。此外，一些要求比较简单的基础，还可以只用粗砂做垫层，粗砂垫层厚30mm，顶面刮平并稍加镇压。

(2) 做基础：如图6-25所示，假山基础常见的四种类型及其施工要点如下所述：

园林工程

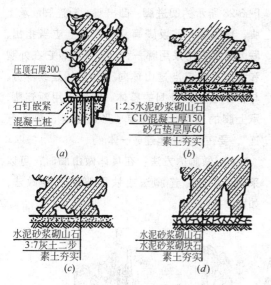

图6-25 假山基础的几种做法

(a)桩基础；(b)混凝土基础；

(c)灰土基础；(d)浆砌块石基础

① 混凝土基础：按设计配合比配制混凝土并充分拌匀，一次性现浇于基槽内，振捣紧实，并抹平表面。

② 浆砌块石基础：使石平面向上，平齐，石底塞垫稳定；砂浆饱满。砌石一定要使顶面平齐，石间相互嵌紧，石底塞实垫稳，砂浆填满石缝。

③ 灰土基础：夯填结合，填一步夯一步，步步夯实。所用石灰应充分熟化，不再发热膨胀。

④ 简易基础：尖头石钉密集夯入地基，上铺灰土压实。这种基础叫石钉夯土基础，适宜山体高度在4m以下的假山。

3) 拉底施工 拉底，即在基础上山脚线范围内砌筑一个山石垫层作为垫脚石层，以拉底的垫脚石层作为山底第一石层。拉底有两种方式，即：

(1) 满拉底：就是在山脚线的范围内用山石满铺一层，适宜基底面积较小的假山。

(2) 周边拉底：周边拉底是先用山石在假山山脚沿线砌成一圈垫底石，再用乱石碎砖或泥土将石圈内全部填起来，压实后即成为假山底

层。这种拉底方式适宜山底面积较大的假山。

拉底施工中，首先，要注意选择适合的山石来做底层，不得用风化过度的松散的山石。其次，拉底的山石底部一定要垫平垫稳，保证不能摇动。第三，石与石之间要紧连互咬，紧密扣合一起。第四，山石之间要不规则地断续相间，有断有连。第五，拉底的边缘部分要错落变化，使山脚线弯曲时有不同的半径，凹进时有不同的凹深和凹陷宽度，从而避免山脚的平直和浑圆形状。

4) 起脚施工 山脚施工的主要任务是对山脚进行造型，包括起脚与做脚两个基本步骤。在垫底的山石层上开始砌筑假山，就叫"起脚"。起脚石也要选择质地坚硬、形态安稳、少有空穴的山石材料，以保证能够承受山体的重压。

(1) 山脚的处理方式：起脚时，山脚线可按两种方式处理：第一，露脚，即在地面上直接做起山底边线的山脚石圈，使整个假山就像是放在地上似的，这种方式可以减少一点山石用量和用工量，但假山的山脚效果稍差一些。第二，埋脚，是将山底周边山石埋入土下20cm深，可使整座假山仿佛是从地下长出来的。不论采用露脚还是埋脚，都要使实际景观效果符合环境特点。

(2) 起脚大小控制：除了土山和带石土山之外，假山的起脚安排是宜小不宜大，宜收不宜放。起脚一定要控制在地面山脚线范围内，宁可向内收一点，也不要向山脚线外突出。即使因起脚太小而导致砌筑山体时局部结构不稳，还有可能通过补脚来加以弥补。如果起脚太大，以后砌筑山体时造成山形臃肿、笨重、没有一点险峻的态势时，就不好挽回了。

(3) 山脚雏形塑造：在做山脚第一层山石时，选石、定点、摆线要突出重点。先选山脚突出点的山石，并将其沿着山脚线先砌筑上，待多数主要的凸出点山石都砌筑好了，再选择在砌筑平直线、凹进线处所用的山石。这样，

既保证了山脚线按照设计而成弯曲转折状，避免山脚平直的毛病，又使山脚突出部位具有最佳的形状和最好的皱纹，增加了山脚部分的景观效果。

5) **做脚施工**　做脚就是在假山上部山形大体施工完成以后，用山石补充和完善山脚，使山脚具备一定的造型。假山山脚的造型与做脚方法如下所述：

(1) 山脚的造型：假山山脚造型应与山体造型结合起来考虑。在施工中，山脚可以做成如图 6-26 所示的凹进脚、凸出脚、断连脚、承上脚、悬底脚、平坂脚等几种形式。应当指出，假山山脚不论采用哪一种造型形式，它在外观和结构上都应当是山体向下的自然延续部分，与山体是不可分割的整体。即使采用断连脚、承上脚的造型，也还要"形断迹连，势断气连"，要在气势上也连成一体。

(2) 做脚的方法：在具体做山脚时，可以采用点脚法、连脚法或块面脚法三种做法，如图 6-27 所示。

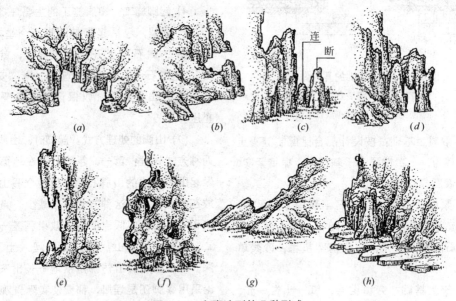

图 6-26　山脚造型的几种形式

(a)凹进脚；(b)凸出脚；(c)断连脚；(d)洞穿脚；(e)承上脚；(f)悬底脚；(g)斜坡脚；(h)平板脚

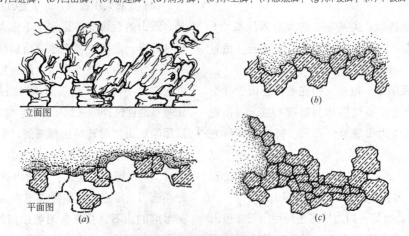

图 6-27　假山山脚做法

(a)点脚法；(b)连脚法；(c)块面脚法

① 点脚法：所谓点脚，就是先在山脚线处用山石做成相隔一定距离的点，点与点之上再用片状石或条状石盖上，这样，就可在山脚的一些局部造出小的洞穴，加强了假山的深厚感和灵秀感。在做脚过程中，要注意点脚的相互错开和点与点间距离的变化，不要造成整齐的山脚形状。同时，也要考虑到脚与脚之间的距离与今后山体造型用石时的架、跨、券等造型相吻合、相适宜。点脚法除了直接作用于起脚空透的山体造型外，还常用于如亭、廊、桥、峰石等的起脚。

② 连脚法：就是做山脚的山石依据山脚的外轮廓变化，成曲线状起伏连接，使山脚具有连续、弯曲的线形。一般的假山都常用这种连续做脚方法处理山脚。采用这种山脚做法时，应注意使做脚的山石以前错后移的方式呈现不规则的错落变化。

③ 块面脚法：这种山脚也是连续的，但与连脚法不同的是，坡面脚要使做出的山脚线呈现大进大退的形象，山脚突出部分与凹陷部分各自的整体感都要很强，而不是连脚法那样小幅度的曲折变化。块面脚法一般用于起脚厚实、造型雄伟的大型山体。

(3) 做脚要求：在山脚部分施工中，起脚宜小不宜大；起脚大了，今后改造起来难度大；起脚小，则有利于后来山脚的修改和弥补。山脚宜曲不宜直；曲则生动，直则不自然。脚石要坚硬结实；可多用块状石、墩状石，石质要硬；石形普通即可，不要求特别美观。山石应放平垫稳；石底要刹垫固定，保证结构安全。石间砂浆要饱满。石缝要填满，粘结要牢固。

山脚施工质量好坏，对山体部分的造型有直接影响。山体的堆叠施工除了要受山脚质量的影响外，还要受山体结构形式和叠石手法等因素的影响。

6.5.3　山体堆掇施工

古代人将人工堆造假山称为"掇山"或"叠山"，即建造、拾掇、堆叠假山的意思。

假山山体施工主要是通过吊装、堆叠、砌筑操作，完成假山的造型。由于假山可采用不同的结构形式，在山体施工中也就相应要采用不同的堆叠方法。下面，就对这些施工方法进行深入了解。

1) 山石的固定与连接　在叠山施工中，不论采用哪一种结构形式，都要解决山石与山石之间的固定与连接问题，而这方面的技术方法主要有支撑、捆扎、铁活固定、刹垫、填肚、抹缝等(图 6-28)。

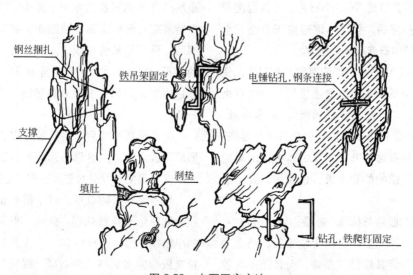

图 6-28　山石固定方法

（1）支撑：山石吊装到山体一定位点上，经过位置、姿态的调整后，就要将山石固定在一定的状态上，这时就要进行支撑，使山石临时固定下来。支撑材料以木棍为主，用木棍上端顶着山石的某一凹处，木棍下端则斜着落在地面，并用石头将棍脚压住。每块较大的山石一般都要用2～4根木棒支撑，此外也可以使用铁棍或长形山石作为支撑材料。用支撑固定方法主要是针对大而重的山石，这种方法对后续施工操作将会有一些阻碍。

（2）捆扎：为了将调整好位置和姿态的山石固定下来，还可采用捆扎的方法。这种方法最适宜体量较小的山石的固定，对体量较大的山石则还应辅之以支撑方法。山石捆扎一般采用8号或10号镀锌钢丝，用单根或双根钢丝做成圈，套上山石，并在石与石的接触面抹上水泥砂浆后进行捆扎。捆扎时钢丝圈先不必收紧，适当松一点，然后再用小钢钎（錾子）将其绞紧，使山石无法松动。

（3）刹垫：山石固定方法中，刹垫是用平稳小石片塞进山石底部，使山石保持平稳状态。操作时，先将山石的位置、朝向、姿态调整好，再把水泥砂浆塞入石底。然后用小石片轻轻打入不平稳的石底缝中，直到石片卡紧为止。一般在石底周围要打进3～5个石片，才能固定好山石。刹片打好后，要用水泥砂浆把石缝完全塞满，使两块山石连成一个整体。

（4）填肚：山石接口部位有时会有凹缺，使石块的连接面积缩小，也使连接的两块山石之间成断裂状，这时就需要"填肚"。所谓填肚，就是用水泥砂浆把山石接口处的缺口填补起来，一直要填得与石面平齐。如果山体内部形成的空腔影响到了结构的稳定性，也要用混凝土进行填肚。

2）山石的胶结与抹缝 在叠山施工过程中，经支撑、捆扎和刹垫固定的大块山石，还必须采用结合材料将其胶结成整体，而且还要对胶结缝进行加工处理，才能使假山山体既稳定和安全，又有整体感和自然感。因此，山石与山石之间的胶结、抹缝技术就是假山山体施工中必须掌握的最基本技术之一。

（1）胶结材料：古代工匠在堆砌假山时，有采用素土泥浆、纸筋石灰、明矾石灰、桐油石灰和糯米浆拌石灰等作为山石之间胶粘剂的，但现在这些材料都不用了。现在主要是用水泥砂浆或水泥石灰混合砂浆来胶结假山山石。水泥砂浆是用普通灰色水泥和粗砂，按1∶2.5～1∶1.5比例加水调制而成，主要用来胶合山石、填充山石小缝隙和为假山抹缝。有时，为了增加水泥砂浆的和易性和对山石缝隙的充满度，可以在其中加进适量的石灰浆，配成混合砂浆。但混合砂浆的凝固速度不如水泥砂浆，因此在需要加快叠山进度的时候，就不要使用混合砂浆。

（2）胶结前的洗石：山石胶结之前，要对山石胶合面进行刷洗。刷洗的目的是洗掉石面的泥砂并湿润石面，以便水泥砂浆能够胶合得更牢固。一般用竹刷刷洗并且同时用水管冲水，待胶合面刷洗干净并沥干余水后，就可进行胶结。

（3）山石胶结操作：山石胶结的操作要点是：水泥砂浆要现场配制现场使用，不要用隔夜后已有硬化现象的水泥砂浆砌筑山石。最好在待胶结的两块山石的胶结面上都涂上水泥砂浆后，再相互贴合与胶结。对已经捆扎固定好的山石，要用水泥砂浆把石缝灌满，不留空隙，并且用水泥砂浆在缝口表面抹缝，使山石连成一体。

山石胶结完成后，自然就在山石结合部位形成了胶合缝。胶合缝必须经过处理，才能最大限度地避免对假山的艺术效果产生不良影响。

用水泥砂浆砌筑后，对于留在山体表面的胶合缝要给予抹缝处理。抹缝一般采用柳叶形的小铁抹，即以"柳叶抹"为工具，再配合手持灰板和盛水泥砂浆的灰桶，就可以进行抹缝操作。

(4) 抹缝操作形式：抹缝时要注意，应使缝口的宽度尽量窄些，不要使水泥浆污染缝口周围的山石表面，尽量减少人工胶合痕迹。对于缝口太宽处，要用小石片塞进填齐，并用水泥砂浆抹平。在假山胶合抹缝施工中，抹缝的缝口形式一般采用平缝和凹缝两种(图 6-29)。

图 6-29　假山石的抹缝形式

平缝是缝口水泥砂浆面与两旁石面相平齐的形式。应当采用平缝的抹缝情况有：两块山石采用"连"、"接"或数块山石采用"拼"的叠石手法时、需要强化被胶合山石之间的整体性时、结构形式为层叠式的假山竖向缝口抹缝时、结构为竖立式的假山横向缝口抹缝时等。

凹缝是缝口水泥砂浆表面低于两旁石面的缝口形式。凹缝能够最少地显露缝口中的水泥砂浆，而且有时还能够被当做石面的皱纹或皱折使用。可以采用凹缝抹缝的情况一般是：需要增加山体表面的皱纹线条时、结构为层叠式的假山横向抹缝时、结构为竖立式的假山竖向抹缝时、需要在假山表面特意留下裂纹时等。

(5) 缝口表面处理：假山所用石材如果是灰色、青灰色山石，则在抹缝完成后直接用扫帚将缝口表面扫干净，同时也使水泥缝口的抹光表面不再光滑，从而更加接近石面的质地。对于假山采用灰白色湖石砌筑的，要用灰白色石灰砂浆抹缝，以使色泽近似。采用灰黑色山石砌筑的假山，可在抹缝的水泥砂浆中加入炭黑，调制成灰黑色浆体后再抹缝。对于土黄色山石的抹缝，则应在水泥砂浆中加进柠檬铬黄。如果是用紫色、红色的山石砌筑假山，可以采用氧化铁红把水泥砂浆调制成紫红色浆体再用来抹缝等。

除了采用与山石同色的胶结材料抹缝处理可以掩饰胶合缝之外，还可以采用砂子和石粉来掩盖胶合缝。通常的做法是：在水泥砂浆硬化之前，马上用与山石同色的砂子或石粉撒在水泥砂浆缝口上，并稍稍揿实，水泥砂浆表面就可粘满砂子。待水泥完全凝固硬化之后，用扫帚扫去浮砂，即可得到与山石色泽、质地基本相似的胶合缝口，而这种缝口很不容易引起人们的注意，这就达到了掩饰人工胶结痕迹的目的。采用砂子掩盖缝口时，灰色、青色的山石要用青砂，灰黄色的山石要用黄砂，灰白色的山石则应用灰白色的河砂。采用石粉掩饰缝口时，则要用同种假山石的碎石锤成石粉使用。这样虽然要多费一些工时，但由于石质、颜色完全一致，掩饰的效果良好。

掌握了上述山石固定、衔接、胶结和抹缝方法，就可以进一步学习假山山体的堆叠技术。假山山体的叠石方法基本上可分为层叠与环透技法和竖立式叠石技法两类，前者适用于层叠式结构和环透式结构的假山，后者在竖立式假山中比较适用。

3) 层叠与环透叠石技法　环透式结构与层叠式结构的假山在叠石手法上基本是一样的，例如下述的一些叠石手法，在两种结构的假山施工中都可以通用(图 6-30)。

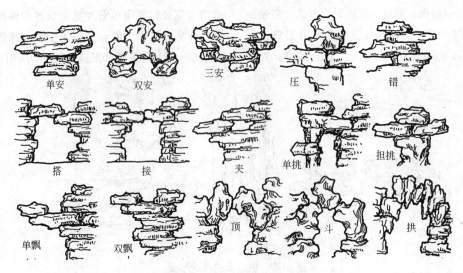

图 6-30　层叠与环透叠石法

（1）安：将一块山石平放在一块至几块山石上的叠石方法就叫做"安"。所安之石一般应选择宽形石或长形石。"安"的手法主要用在要求山脚空透或在石下需要做眼的地方。根据安石下面支承石的多少，这种手法又可分为单安、双安和三安三种形式。

（2）压：为了稳定假山悬崖或使出挑的山石保持平衡，用重石镇压悬崖后部或出挑山石的后端，这种叠石方法就是"压"。压的时候，要注意使重石的重心位置落在挑石后部适当地方，使其既能压实挑石，又不会因压得太靠后而导致挑石翘起翻倒。

（3）错：即错落叠石，上石和下石采取错位相叠，而不是平齐叠放。根据错位堆叠方向的不同，"错"的手法又有以下两种形式：第一，左右错，山石向左右方向错位堆叠，能强化山体参差不齐的形状表现。第二，前后错，山石向前后方向错位堆叠，可以使山体正面和背面更有皱折感，更富于凹凸变化。

（4）搭：用长条形石或板状石跨过并盖压在两分离山石之上的叠石手法称"搭"。搭的手法主要应用于做石桥和对山洞盖顶处理。所用的山石形状一定要避免规则，要用自然形状的长形石。

（5）连：平放的山石与山石在水平方向上衔接，就是"连"。相连山石在连接处的茬口形状和石面皱纹要尽量相互吻合，吻合的目的不仅在于求得山石外观的整体性，更主要是为了在结构上浑然一体。在连接处的茬口中，水泥砂浆一定要填塞饱满，而接缝表面则应随着石形变化而变化，要抹成平缝，以便使山石完全连成整体。

（6）夹：在上下两层山石之间，塞进比较小块的山石并用水泥砂浆固定下来，就可在两层山石间做出洞穴和孔眼。这种手法就是"夹"的叠石方法。其特点是两石上下相夹，所做孔眼如同水平槽缝状。此外，在竖立式结构的假山上也可以用"夹"的方法。

（7）挑：是利用长形山石作挑石，横向伸出于其下层山石之外，并以下层山石支承重量，再用另外的重石压住挑石的后端，使挑石平衡地挑出。这是各类假山都运用很广泛的一种山石结体方法，一般在造峭壁悬崖和山洞洞顶中都有所用。甚至在假山石柱的造型中，为了突破石柱形状的整齐感，也可在柱子的中段出挑。实际施工操作中，"挑"法有单挑、担挑和重挑三种应用情况（图 6-30）。

（8）飘：在出挑的山石端头置一小石如飘飞

状，即为"飘"的叠石法，应用飘法可使挑石形象变得更加生动。飘的形式也有两种，即单飘和双飘。

（9）顶：立在假山上的两块山石，相互以其倾斜的顶部靠在一起如顶牛状，这种叠石方法叫做"顶"。"顶"的方法主要用于做孔洞，最好选形状弯曲的山石来做。

（10）斗：用分离的两块山石的顶部，共同顶起另一块山石，如同争斗状，这就是"斗"的叠石手法。"斗"的方法也常用来在假山上做透穿的孔洞，它是环透式假山最常用的叠石手法之一。

（11）拱：就是用山石作为券石来起拱做券，所以也叫拱券。用自然山石拱券做山洞，可以

像真山洞一样。

（12）卡：在两个分离的山石上部，用一块较小山石插入两石之间的楔口而卡在其上，从而达到将两石上部连接起来，并在其下做洞的置石目的，这就是"卡"的手法。

（13）托：即从下端伸出山石，去托住悬、垂山石的叠石做法。应用"托"法，不但可以增加结构的稳定性，而且还可以做孔洞，做石缝，使假山局部形状更有变化。

4）竖立叠石技法 竖立式假山的结构方法与环透式、层叠式假山相差较大，因此其叠石手法的相通之处就要少一些。常见的竖立式叠石法如下所述（图6-31）：

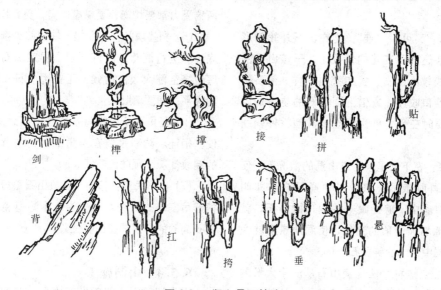

剑　榫　撑　接　拼　贴
背　扛　挎　垂　悬

图6-31　竖立叠石技法

（1）剑：用长条形峰石直立在假山上，作假山山峰的收顶石或作为山脚、山腰的小山峰，使峰石直立如剑，挺拔峻峭，这种叠石手法被叫做"剑"。在同一座假山上，采用"剑"法布置的峰石不宜太多，太多则显得如"刀山剑树"般，是假山造型应避免的。剑石要大小有别，相互之间的布置状态应多加变化，要疏密相间、高低错落。

（2）榫：是将木作中做榫眼的方法用于假山石作，利用在石底石面凿出的榫头与榫眼相互扣合，将高大的峰石立起来。这种方法多用来

竖立单峰石，做成特置的石景。

（3）撑：又有称作"戗"的，是在重心不稳的山石下，用另外山石加以支撑，使山石稳定，并在石下造成透洞。支撑石要与其上的山石连接成整体，要融入整个山体结构中，而不要为支撑而支撑，不能现出支撑的人为痕迹。

（4）接：短石连接为长石称为"接"，山石之间竖向衔接也称为"接"。接口处石面平整时可以接，接口虽不平整但两石的茬口凸凹基本吻合者，也可相接。如平斜难扣合，则用打刹相接。接口处在外观上要依皱连接，至少要分

出横竖纹来。

(5)拼：用小石组合成大石的技法，就是"拼"。有一些假山的山峰叠好后，发现峰体太细，缺乏雄壮气势，这时就要采用"拼"的手法来"拼峰"，使山峰雄厚起来。拼法主要用于直立或斜立的山石之间相互拼合。

(6)贴：在直立大石的侧面附加一块小石，就是"贴"的叠石手法。采用"贴"法，能够使原本平直、单调的大石石面形状有所变化，能消除掉大石上太长直的线和太宽平的面。

(7)背：在采用斜立式结构的峰石上部表面，附加一块较小山石，使斜立峰石的形象更为生动，这种叠石状况有点像大石背着小石，所以称之为"背"。

(8)挎：又可叫"挂"，是在山石外轮廓形状单调而缺乏凹凸变化的情况下，于该山石的肩部挎一块较小山石，犹如挎包一样。挎石要充分利用茬口咬压，或借上面山石的重力加以稳定，必要时在受力处用钢丝或其他铁件辅助进行固定。

(9)悬：在下面是环孔或山洞的情况下，使某山石从洞顶悬吊下来，这种置石方法即叫"悬"。在山洞中，随处做一些洞顶的悬石，就能够很好地增加洞顶的变化，使洞顶景观就像石灰岩溶洞中倒悬的钟乳石一样。

(10)垂：这种手法是使山石从一个大石的顶部侧位倒挂下来，形成下垂状态。其与悬的区别在于，一为中悬，一为侧垂。与"挎"之区别则在于以倒垂之势取胜。"垂"的手法往往能够造出一些险峻状态，因此多被用于立峰上部、悬崖顶上、假山洞口等处。

熟练运用以上所述环透、层叠和竖立式的叠石手法，就完全可以创造出许许多多峻峭挺拔、优美动人的假山山体景观来。

5)山体砌石技术要求 山体砌石在技术上要求比较高，既要照顾到假山造型的需要，又要保证结构的牢固。由于山石材料形状不规则，而且又不能整齐地砌筑，因此在结构安全方面

存在较大的困难，一定要在山体砌石过程中认真克服。在山体砌石方法上的主要技术要求是：

(1)接石压茬：接石应严密合缝，接缝要压以重石，以压为稳固山石的基本手段。山石前悬则后压，左挑则右压，下垂则上压。

(2)偏侧错安：上下层山石之间有偏有错，两端参差不齐，每安一块山石都要有偏错。

(3)仄立避"闸"：山石不可仄立如闸门，立石之间要有前后错落变化、上下高低变化、左右宽窄变化，总之要求突出多样性变化，避免规则形状。

(4)等分平衡：每一块山石的重心都要落在其基底边线之内，要稳住中心。每一块山石的两端受力都要均衡，要前虚后实，受力均衡。

(5)刹垫填肚：每立起一块山石，都要在石底边缘进行刹垫，即打石楔子固定山石。当石底边缘空隙太大的时候，还要用小石和砂浆填满抹平，即要填肚。

(6)搭角防断：搭角就是在山石之间搭接，使其相连。防断是要在搭角中密切注意长条石的裂纹情况，预防山石断裂。

(7)抬吊忌磨：移动、安放山石最好用起重机起吊安装或人力抬动安装，尽量避免采用将山石磨动的方式调整山石位置。

6.5.4 山洞施工

大中型假山一般都做有山洞。在假山洞施工做法上，要注意洞口、洞道、洞壁、洞顶各部分的不同造型要求，分别做出相应的处理。

1)洞口处理 洞口处理，首先应使洞口的位置相互错开，由洞外观洞内，似乎洞中有洞。洞口布置最忌讳造成山洞直通透亮和从山前一直看到山后的状态。洞口要比较宽大，不要成"鼠洞蚁穴"状。洞口以内的洞顶与洞壁要有高低和宽窄变化，以显出丰富的层次，从洞外向洞内看的时候，就会有深不可测的观感。

洞口的外形要有变化，特别是黄石做的洞口，其形状容易显得方正呆板，不太自然，要

注意使洞口形状多一点圆弧线条的变化。但也要注意，不能使洞口过于圆整，否则又显得不自然了。所以，洞口的形状既要不违反所用石种的石性特征，又要使其具有生动自然的变化性。

2) 洞道布置　布置假山洞的洞道，要求在平面上有曲折变化，其曲折程度应比一般的园林小路大许多。假山洞道最忌讳被做成笔直如交通隧道式，而要做成回环转折、弯弯曲曲的形状。同时，洞道的宽窄也不能如一般园路那样规则一致，要做到宽窄相济、开合变化。洞顶也不得太矮，其高度应在保持一个合适的平均高度前提下，有许多高低变化。

3) 洞底铺装处理　在一般地基上，假山洞洞底可以采用两步灰土夯实作基础。山洞洞柱的承重量最大，其基础应更加坚实些。洞柱下面可采用比较坚固的毛石基础，基础的宽度应比柱脚直径宽一倍左右。

洞底可铺设不规则石片作为路面，在上坡和下坡处则设置块石阶梯。洞内路面宜有起伏，并应随着山洞的弯曲而弯曲。此外，洞底的路面也可以做成混凝土整体现浇路面。在洞内宽敞处，可在洞底随意设置一些石笋、石球、石柱、石桌凳、石床等，以丰富洞内景观。

如果山洞是按水洞形式设计的，则应在适当地点挖出浅池或浅沟，用小块山石铺砌成石泉池或石涧。石涧底部及岸壁一般可用防水水泥砂浆抹面，以免漏水。溪涧一般应布置在洞底一侧的边缘，平面形状宜蜿蜒曲折，还可从一侧转到另一侧。有溪涧的洞道段落上，其旁的洞壁或洞顶要留出采光孔，使溪涧处于比较明亮的地带。

4) 洞柱砌筑　从位置上看，洞柱有连墙柱和独立柱两种。连墙柱就是洞壁内包含的洞柱，独立柱则是洞内石厅中的支撑柱。连墙柱可用形状、质地稍差的山石砌筑，独立柱则应该用形状较好的山石做成，以增加洞内的观赏性。根据洞柱的结构做法来分，洞柱有直立石柱和

层叠石柱两种做法。直立石柱是用长条形山石直立起来作为洞柱，在柱底有固定柱脚的座石，在柱顶有起连接作用的压顶石。层叠石柱则是用块状山石错落地层叠砌筑而成，柱脚、柱顶也可以有垫脚座石和压顶石。这两种洞柱的做法如图6-32所示。

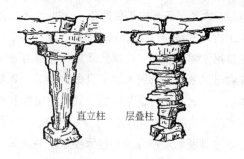

直立柱　　层叠柱

图6-32　两种石柱的砌筑方法

5) 柱间墙砌筑　柱间墙是连系洞柱并起分隔空间作用的自然式山石墙。由于其承重的作用并不重要，因此在布置中比较灵活与方便，而且可以用较小的山石来砌筑成薄墙。为了加强洞壁的凹凸变化，使洞内形象更加自然，柱间墙的位置就要有所讲究。从图6-33中可以看出，洞壁的柱间墙对洞柱的连接有三种方式可选。一是在柱间直线连接，这种方式所砌筑的墙体最短，但不利于造成洞壁的凹凸变化。二是在洞柱内侧连接，其墙体长度有所增加，有利于造成洞壁的凹凸形状。三是在洞柱外侧连接，所需砌筑的墙体往往最长，但对于洞壁的凹凸变化可以提供比较好的条件，而且能够在一定程度上扩大洞道空间。洞柱和柱间墙的砌

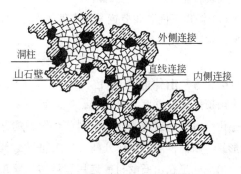

外侧连接

洞柱
山石壁

直线连接

内侧连接

图6-33　柱间石墙的三种连接方式

筑，都要求有所参差错落，这一方面是为了保持洞壁的不规则形状，另一方面则是为了柱与墙的连接更加紧密，使洞壁的整体性更好。

洞底与洞壁做好后，就可接着进行洞顶的施工。

6）洞顶施工　由于一般条形假山石的长度有限，大多数条石的长度都在 1~2m 之间。如果山洞为 2m 左右宽度，则条石的长度就不足以直接用作洞顶石梁，这就要采用特殊的方法才能做出洞顶来。从洞顶的常见做法来看，其基本结构方式有三种，就是盖梁式、挑梁式和拱券式。三种洞顶结构的特点在前面已经了解过，这里主要说明洞顶施工的技术要求。洞顶施工要求如下所述：

(1) 山洞要有高低、宽窄变化：在保证跨度适宜的前提下，洞内一些局部可以做得高一些或宽一些，另外一些数量较少的局部则可做得矮一些或窄一些，有的局部甚至可做成关口状或瓶颈状。

(2) 洞顶不可太平整：一般可多一些挑梁式、拱券式结构，少用盖梁式洞顶做法。

(3) 洞顶形状要多有变化：要减少洞顶重复的形状，多一些不常见的变化。

(4) 挑石悬出不超过 1/2：在挑梁式中，挑石挑出部分一般应当在石长的 1/2。

(5) 石梁先压实后挑出：特别是重挑的多层山石。

(6) 洞下设支架辅助施工：支架可采用木板，铺装后能方便洞顶施工操作。

(7) 洞顶石间砂浆要饱满：在砌筑洞顶时，石间的水泥砂浆要尽量填得满一些。

6.5.5　山体收顶施工

山顶是假山立面上最突出、最能集中视线的部位。山顶的造型直接关系到整个假山的艺术形象，因此，对山顶部分精心施工是很必要的。山顶施工在山石材料的选用和具体的峰顶形象处理方面最为重要。

1）选石　山顶用山石对于整个山峰形象塑造至关重要，最好使用在施工准备中预先留用的山石，并且要按照预定编号和预定使用部位选用。在没有足够的预留山石可用时，就尽量选大块山石。由于到山顶之后叠山操作会越来越困难，选用大石困难更大，但也要坚持使用大石，这时应当调用起重机配合施工。所选大石的形状要适合作山体收顶用，要有峰头、崖顶或峦顶的特征。

2）做山顶　山顶的施工造型应按设计所定的峰、峦、崖等不同的形式来做，设计图上绘制的山顶形状要尽量做好。山顶在假山上的位置最高，许多方向上都可以被看见。因此做山顶要照顾到四方都可观赏，山顶形状无明显的正面、背面之分。

有的大石立上去以后，可能仍然显得比较薄弱，可以用形态相近的其他大石进行拼合，使山顶增厚、更加雄壮和有气势。大石立在山顶最高处后，由于周围缺少固定的支点，因而采用钢丝捆扎的固定方法就有困难。这时主要靠刹垫和支撑来固定大石。在调整好大石的方向和斜正姿态以后，再仔细支撑、刹垫，使大石立稳。在顶石底部用水泥砂浆把缝隙全部填满，使顶石与下面山石之间连接成整体，但顶石底的水泥砂浆粘结缝不得露出来。粘结缝外可以用其他山石加以掩藏。

在山顶收结施工过程中，还要注意预留种植穴。种植用的孔穴最好是腹大口小，而且比较深，以便盛更多土壤。土壤应当用富含营养的栽培土，将种植穴大部分填满即可。

6.5.6　假山造型与施工禁则

在假山造型设计与施工中，无论是在山脚、山体，还是在山洞、山顶方面，都要力求按照假山造景原则展开工作。同时也要借鉴前人的假山工程经验和教训，发扬好的方面，避开不利因素的影响。因此，了解一下假山造型与施工的禁则还是必要的。下面是这些禁则或可认为是忌病的一些情况：

1）忌对称居中 假山是充分自然性的艺术，造型中不能要对称居中的规则形式。

2）忌重心不稳 在力学上与视觉感受上，假山的结构重心都要保持稳定。

3）忌杂乱无章 山系脉络要有条理，景物不因多而乱，也不因少而不怕乱。

4）忌纹理不顺 山体纹理有规律可循，要理顺，要符合特定自然环境的真实性。

5）忌"铜墙铁壁" 假山立面不能平淡无奇，平板一块，要有进退，凹凸变化。

6）忌"刀山剑树" 应做到"江山有千峰，峰峰各不同"，山头形状姿态不要太多重复，要多作变化。

7）忌"鼠洞蚁穴" 山洞可有高低宽窄变化，但也不要太矮小，要按人的习惯尺度处理。

8）忌"叠罗汉" 山石之间不要简单堆叠，而要进行组合，石间连接要紧密，整体感要强。

在假山设计和施工方面遵循造型禁则而进行假山创作，以及假山设计和假山工程完成情况的一个参考实例，如图 6-34 所示。

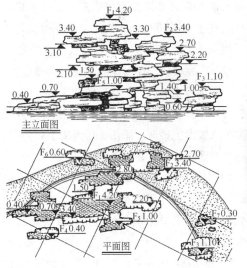

图 6-34 假山工程设计与施工实例

6.6 人工塑山

采用非自然山石类材料，以人工塑形方式仿造自然石山景观的园林工程做法，叫做人工塑山。这种塑山方式采用的材料，常见的主要有普通水泥、玻璃纤维强化水泥、玻璃钢等，所塑造的一般都是峥嵘挺拔的石山景观。

人工塑山是采用"塑"的方法而不是堆叠的方法来建造假山。塑山要求施工人员对自然山石及其特征的把握，比叠山更要高些。本节主要介绍人工塑山的特点、材料、方式、方法、技术等相关情况。

6.6.1 塑山特点与类别

用人工塑造的方式制作大型的岩石及假山景观，可以满足如屋顶花园、室内景园等山石造景的需要，并能用以掩藏如配电房、水泵房、厕所、工具房等庭园功能性设施。为了用好人工塑山这种造景形式，应当对其工程特点和基本结构做法进行深入了解。

1）人工塑山的特点 相比用自然山石堆叠假山的传统做法，人工塑山在下述几方面有明显的特点：

（1）方便：人工塑山的材料可直接从市场上购买，取材、运输容易，不需远程采石。

(2) 省时：用人工塑山方法做假山所需工期较短，山体成型快，做大山亦用时不多。

(3) 体轻：人工塑山可以做到山体外实内空，实际重量大大减小，可用在荷载较小处。

(4) 高强：用人工塑造的山石强度较高，能抗冲击，抗压、抗撞、抗拉能力都比较强。

(5) 灵活：在造型方面，采用人工塑山方法造型自由，可以随心所欲造型，限制较少。

(6) 逼真：在施工技艺水平较高时，人工塑山能够做假成真，做出高度仿真的山石景观。

(7) 技高：人工塑山要求操作人员的技艺水平较高，是技术活儿。

2) 人工塑山的分类　塑山材料和工艺方法不同，就有不同的人工塑山。一般可从材料及结构做法方面来划分人工塑山的类别。根据这种划分方法，可以将人工塑山分为三类。

(1) 砖石水泥结构塑山：砖石材料及其他建筑废料作假山的内部构造材料，假山表面用水泥砂浆人工塑造出山石形态。

(2) 钢筋水泥结构塑山：用钢架结构及钢丝网作山石骨架，用水泥砂浆做表面仿石塑形。

(3) 玻璃纤维强化结构塑山：有钢架结构的骨架，再以玻璃纤维强化水泥或玻璃纤维强化树脂做表面仿石塑形。

6.6.2　普通水泥材料塑山

普通水泥材料塑山是指假山内部采用砖石结构和钢筋钢丝网结构，而外部采用普通水泥砂浆抹面塑形的人工塑山。这种塑山所采用的水泥是普通的硅酸盐水泥，其制作工艺可分为基架建造、底层抹灰、石面塑形、抹面修饰等几个步骤。

1) 建造基架　人工塑山的基架，就是其山石形体内部的基本骨架，是决定山体外观形态的最根本结构部分。这种基架可以采用砖石材料、混凝土材料或轻钢材料制作。

(1) 砖石做基架：用砖石材料做假山的基本骨架，有价格低廉、表面操作更加方便、结构稳

定等优点，但也有重量较大的不足。其基本材料可用拆旧墙及旧建筑所得旧砖、废砖，或采用毛石、粗料石或者其他石料加工中废弃的乱石材料。其基本制作方法是：按设计的山体形象，用砂浆砌砖石做成山体的坯形，即为假山的基架。

(2) 混凝土做基架：用混凝土做山石景观的内胎骨架，具有塑形方便、操作灵活的特点。其材料可采用拆除旧建筑或旧道路后废弃的混凝土、沥青混凝土碎块，以及其他的废料或碴块。也可采用建筑渣土作为山体内部的填充物。直接利用素混凝土做基架也是一种办法。混凝土基架是以 C10 素混凝土作填充料，要求其骨料颗粒直径 30～50mm，最大不超过 60mm。

用混凝土类材料塑造山石景观的方法程序是：第一，用碴块干砌山体或石景的大概形状。第二，用混凝土填空隙，使碴块结构密度增大。第三，对砌体内部作灌浆处理，灌浆材料可用石灰砂浆或水泥砂浆。第四，用混凝土补外形，进一步塑造山体或石景的坯形。

(3) 轻钢钢丝网基架：这种基架是按照山体的设计形状，做出承重的轻钢构架和钢筋钢丝网做成的山形坯体。其具体做法可按下述几个步骤进行：

① 做基础：可用 C15 现浇混凝土做出基础，用以支承山坯的钢骨架；在浇基础的同时，按实际需要埋入预埋件，用于锚固钢骨架。

② 做钢架：在基础之上用断面为 L 形的 50mm×50mm 直角形钢焊接，做成承重钢架。

③ 骨架造型：在承重钢架上，用钢筋编扎成山体的大概形状，受力筋可用 φ10 钢筋，编网筋用 φ6 钢筋，双向布筋，排距 200mm。

④ 防锈处理：用镀锌钢材可有助于增强防锈效果；一般钢材在涂漆之上前需先除锈。涂漆时应先涂防锈漆二度之后，再涂罩面漆。钢材焊接处要做永久性防锈处理。

⑤ 绑扎钢丝网：骨架完成后，要在现场安装好，然后再进行绑扎钢丝网和山坯整形的操作。砖石结构的骨架无此项工作。绑扎钢丝网

之前先要根据设计位置和形状进行钢骨架的锚固、焊接安装。向下的骨架钢筋筋头一定要埋入混凝土基础中，保持固定不动。敷设和绑扎钢丝网需要用网孔 20mm×20mm 以下的细目钢丝网，将钢丝网剪成长、宽各 500～700mm 的小片，用细扎丝将网片绑扎在骨架表面。钢丝网片全绑扎好之后，用铁锤、钢钎等工具，通过捶打、撬动、拨正等操作，整理出山体的大概形状。

2）底层抹灰 在基架表面进行抹灰处理是塑山工作的第一步。抹灰材料根据山坯或基架的不同而有所不同。砖石山坯一般用 M7.5 水泥砂浆抹灰，而钢筋钢丝网基架则要先用白水泥麻刀灰抹二度，然后再抹 C20 细石混凝土。

底层抹灰的具体方法是：首先是冲洗、湿润山坯，针对砖石骨架山坯，洗掉浮砂，待水渗完表面稍干时再抹灰。对于钢架钢丝网的塑山基架，则应当先用苇席或玻璃纤维布进行衬垫；钢丝网孔特小时则不必衬垫而直接抹灰。衬垫好之后抹第一层底灰；砖石山坯用水泥砂浆，钢筋骨架用白水泥麻刀灰，要厚薄均匀。抹第二层底灰时，应先从钢丝网内面抹灰，然后再到钢丝网外面用 C20 细石混凝土抹灰，厚度一般为 35mm。

3）塑形抹灰 在底层抹灰并经过 3～5d 凝固之后，再用砂浆类材料抹面，进行石面的塑形（图 6-35）。塑形抹面材料用粗砂为骨料的 1：3 水

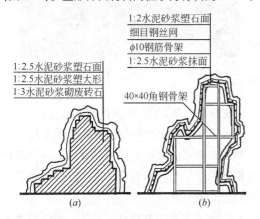

图 6-35　人工塑山的两种构造做法

(a)砖石材料塑山；(b)钢筋钢丝网塑山

泥砂浆，更有利于抹面。但也可用 M7.5 混合砂浆，只是凝固时间稍长一些。抹面塑形时的操作方法步骤如下：

（1）抹石面：用砂浆抹面塑造石形，抹面厚薄随意，但要求表面有自然凹凸变化，要力求做出山石的质感。

（2）划裂缝：用柳叶抹在塑形抹面层上仿石面裂纹划缝线，缝线的形态要按石种层理特点划出，要求直线、斜线和微曲线相互结合，要自然变化；缝宽、裂深应各不相同，以仿自然纹理和裂缝特征为基本要求。

（3）抹角棱：山石塑形过程中也要注意塑造石面之间的棱线或转角。棱线与转角的塑造也要注意变化。使岩石转角：有尖有钝，有歪有正；石边棱线有宽有窄，有正有斜，有高有低，有直有曲，随形而变；总之要仿造出自然风化形象。

为了真实再现山石的自然颜色、纹理和质感，必须在塑形抹灰之后进行石面上色和纹理塑造，其基本的方法程序如下所述：

4）调色砂浆塑面 在塑形抹灰层之上还有罩面层。罩面层是直接体现仿造山石的质感和颜色的重要的饰面抹灰层。罩面层的抹灰用调色砂浆作材料。调色砂浆是用中粗砂、108 胶水和颜料掺加在 1：2.5 的水泥砂浆中配制成的，砂浆颜色应当按石种的固有颜色配制。

用调色砂浆抹面之前，先要喷水湿润底部抹灰层，然后再进行罩面抹灰，罩面层的表面要仿石质，抹出所仿石面的质感。在罩面抹灰的同时，进一步做细部裂纹、浅沟；流水线等的刻画；或者仿照砾岩形状做出石面凹凸、穴窝等；或者仿砂岩等沉积岩的层理，做各种剥落痕、破损痕，做石面的侵蚀状、风化貌和消磨状等。

5）石面纹理加工 用调色砂浆塑造石面形状之后，还要仿造自然山石的石面纹理进行风化裂纹、侵蚀纹等的加工塑造。

（1）石面纹理加工工具：石面质感和纹理加

工中需要用到一些简单的工具，这些工具主要有：钢丝刷、棕刷、竹刷、竹编拍子、塑料扫帚、柳叶抹、乱钢丝团、钢丝爪子、石面模板、麻布、棉纱、喷雾器等。

(2) 石面纹理加工方法：采用何种手法来做石面的皱纹，与所用皱纹工具和所仿造山石的皱纹特征相关；做皱纹的时间一般应在表面塑形抹灰完成，且抹灰层尚未凝固硬化或只是初步硬化时进行。常用的手法如下述：

① 压印：以石面模板压印皱纹。可用天然石面板或其他仿石面板为模板，在表层抹灰面进行压印处理。

② 刷纹：在砂浆未干时刷出纹理。用扫帚、竹刷、棕刷、毛刷等，在砂浆层表面刷出预定形状的纹理。

③ 皱擦：砂浆初凝时用力擦纹。可用乱钢丝团、钢丝刷等擦除砂浆抹面层初凝成的表皮，注意掌握轻重。

④ 轻拍：用竹拍、麻布等拍打抹面层。要避免规则性，操作手势突出随机性，拍打轻重缓急要有变化。

⑤ 飞抹：用木抹子快速擦抹。也可用其他工具。

⑥ 揉绕：作绕圈式揉、擦、压。用麻布、棉纱、乱钢丝团等，应在水泥砂浆尚未硬化之前进行。

⑦ 刮抹：砂浆初硬时用钢器刮抹。刮掉表皮。

⑧ 点啄：用竹刷轻啄尚软的砂浆层。通过快速挑啄、点击，在砂浆表面造出密集芝麻点状的石面质感。

⑨ 喷淋：用喷雾器近距离喷淋。喷出细小雾点冲击抹灰层表面，并作轻微淋洗，造出石面的仿真效果。

⑩ 喷涂：机械喷涂砂浆作仿石罩面灰。喷涂机械由砂浆输送泵、空气压缩机、砂浆斗、振动筛、管道、喷枪头等构成。作业时应从下往上作不均匀的喷涂，使喷涂面有一定凹凸起伏和流动纹理，不需要表面平整。

6) 石面涂色　抹灰仿石面涂色应以突出石质特征为主，要使石面具有仿真石效果。在石面纹理做出来之后，有时还可能需要通体着色一次。石面着色要注意的问题有下述4个方面：

(1) 涂料应与面层抹灰同色，即颜色相同或近似。

(2) 用配色真石漆涂色，以免抹灰饰面层脱落、变色、褪色。

(3) 均匀涂漆两遍，第一遍漆干后再涂第二遍漆。

(4) 缝隙、凹坑、孔穴应尽量满涂。让漆液充分流入孔隙中。

7) 植物配植修饰　在塑石山上布置一些植物，可为石山增添生趣，并能掩饰观赏性较差的个别局部。植物修饰的方法有三：一是涂饰绿苔，用绿藻调成浆状，涂在阴湿处，就可以用绿色掩饰石面。其二是在石缝种草，分别种上耐阴湿的草和耐旱的草。其三是在塑山之上适宜位点配植灌木。在山石侧后预留穴缝种细叶类灌木或藤本植物(图6-36)。

图6-36　公园内的普通水泥塑山作品

6.6.3　玻璃纤维强化材料塑山

玻璃纤维强化材料用于室外景观工程的人工塑山或塑石，具有多方面的优点，目前虽然还属于假山的新材料和新工艺，但已经有了比较广泛的应用。

1) 材料类别及其特点　用于人造山石或人工塑山的玻璃纤维强化材料主要有两类。一类是玻璃纤维强化水泥，另一类是玻璃纤维强化树脂。两种强化材料的特点如下述：

（1）玻璃纤维强化水泥（GRC）：玻璃纤维强化水泥的英文名就是 Glass Fiber Reinforced Cement，简称 GRC 或 GFRC 材料。材料成分主要是含氧化锆 ZrO_2 的抗碱玻璃纤维、低碱水泥砂浆、硅酸盐水泥、添加剂、抗老化剂、硬化剂等。这种塑山材料具有可塑性好、造型逼真、重量较轻、强度高、抗老化、耐腐蚀、耐磨、不燃烧等优点（图6-37）。

图6-37　GRC材料塑造的瀑布型假山

（2）玻璃纤维强化树脂（FRP）：玻璃纤维强化树脂的英文名就是 Fiber Reinforced Plastics，通常缩写为 FRP 材料，即俗称的玻璃钢。其材料成分主要有：抗碱玻璃纤维、树脂、不饱和聚酯、环氧树脂与酚醛树脂、仿石材粉剂、添加剂、抗老化剂、抗裂剂等。玻璃纤维强化树脂的可塑性强、仿石逼真；质轻、强度高、耐腐蚀、绝缘、绝热。较易老化、抗剪切性比较差。

GRC 材料用作室外山石造景是各方面表现都很优良的一种材料，而 FRP 材料则更适合在室内景园的山石景观塑造中应用。

2）GRC 材料塑山　用玻璃纤维强化水泥人工塑造山石的工艺方法有拓模法、喷浆法和直塑法等。这里以拓模法与喷浆法为主来了解实际的塑山做法，其工艺步骤和方法如下述：

（1）模具准备：以天然石面为模板，用石膏翻模作模具。在模具使用前，要先检查、清理模具，有破损的要及时修理。模具准备好之后，还要在模具内面均匀涂刷隔离剂。

（2）配制砂浆：砂浆所含水泥、砂、水等要按合理的配合比进行配制。配制砂浆时一定要将砂浆搅拌均匀。均匀后再掺进添加剂并拌匀，添加剂一定要准确称量。

（3）GRC 塑石形：在 GRC 材料的塑形方法上，有手工涂抹塑形和喷浆塑形两种做法。手工涂抹 GRC 材料与一般水泥砂浆抹面的操作差不多。这里只就 GRC 材料喷浆塑形的操作方法进行学习。

喷浆操作采用的工具是单头或双头的喷枪。用配制好的砂浆与玻璃纤维进行喷洒操作。喷出时两者混合在一起，喷出的玻璃纤维和水泥砂浆一定要充分混匀。砂浆及纤维主要是喷洒在模具的内面，每层砂浆喷布的厚度为 4~5mm。第一次喷浆之后要进行滚压处理，滚压之后再喷浆；如此共喷 3~4 层，每层都要进行滚压。有预埋钢件的，应在喷浆前先将钢件布置到位；所有材料及添加剂都要在拌合之前精确称量；每喷一层都要滚压，将所有气泡都压出来。

（4）脱模：将 GRC 山石模块脱出模具应注意两点：①采取模具翻转方式脱模；慢慢翻转模具，使其内部模块的背面平放台面上，然后再轻轻揭起模具。②采取多点均匀着力方式脱模；从多个着力点轻轻着力，使模块脱出石膏模具，并且要轻拿轻放。

（5）表面修整：模块脱出模具之后，可能会残留一些毛边、缺口、凸点等，需要及时进行修整。修补时，用刮刀轻轻刮掉翻边、刺点，刮平凸点；并用相同配比的砂浆修补缺口、抹平凹点，使模块表面平整光洁，棱线清晰。

（6）模块养生：模块养生就是 GRC 山石模

块的成型养护。模块养生的地方应当选在干燥、有遮荫的平地区，地面不得有积水的凹坑，养生期间地面也不会发生坍陷，场地要避免太阳直射。在场地上放置模块要注意轻拿轻放，模块宜背面落地，平放地面，不得受扰动。各种山石模块应按照所设计假山的造型关系分别编号，分类摊放在地面进行养护。

(7) 做假山基础：在山石模块养生期间，可开始进行假山基础施工。GRC 假山基础施工的工作与普通混凝土基础相似，先要按设计的基础平面开挖基槽，槽深按基础层的设计厚度，基槽底部素土夯实并整平。基槽做好后按设计厚度浇筑 C15 素混凝土层作为基础，基础层厚通常可在 200～450mm 之间，一般采取 300mm 厚度即可。在浇筑混凝土基础的同时，还要按设计位置和尺寸预埋一些铁件，作固定假山钢骨架用。

(8) 架设脚手架：假山钢骨架施工和山石模块安装都需用脚手架。脚手架可采用竹木材料，也可采用钢管、铁扣件架设。脚手架应架设在紧靠钢骨架的周边地带。

(9) 做钢骨架：要按照假山轮廓形状来设计、建造钢骨架。钢骨架采用角钢、槽钢等镀锌钢材焊接而成，主要起承重作用。在钢骨架表面，还要焊接一些钢筋对骨架加密，加密钢筋的排距为 200～300mm。钢骨架和加密钢筋全部焊接好之后，满涂两遍防锈漆，使漆膜厚薄均匀，无砂眼，无漏涂。

(10) 山石模块安装：在轻钢骨架焊接完成之后，再将 GRC 山石模块分类分组运到假山施工现场。山石模块应在钢骨架表面依照次序和分件编号进行组合、拼装，还应按自下而上、从左到右的顺序，将模块拼接、锚固在钢架上；模块之间的拼接关系一定不能错乱。拼接好一大片石面之后，再用与 GRC 模块相同的砂浆进行嵌缝和抹平操作，使山石模块相互之间连接成整体，外观上看不出分块的痕迹。

(11) 石面修饰：在整座假山的 GRC 山石模块全部拼装完成之后，还要对假山表面一些缺口、破损处进行补缺、嵌缝和抹平修饰，进一步加强假山石的整体感；补缺、修饰所用材料仍然是与 GRC 材料相同的砂浆。在修面过程中，要同时进行石面纹理、裂缝和质感的修整，理顺石面皱纹，清除乱纹，连通断纹，使石面质感尽可能地达到仿真效果。经过修补、嵌缝和纹理、质感的修整，并待水泥砂浆初步硬化之时，用刮的方法或砂轮打磨的方法对嵌缝处、拼接处的表面进行打磨，磨掉拼接痕迹。

(12) 石面着色：假山山体经过通体打磨，造型和装饰基本完成，再进行最后一道工序，即石面着色的工序。石面着色一般用真石漆，但颜色要按设计要求调整好，不论是青色、灰黑色，还是黄色、褐色，颜色的纯度都不要太高，都应调得稍稍偏灰一点，尽量与同种自然山石的颜色相似。石漆要涂刷均匀，不留白，不漏刷。

3) **FRP 材料塑山** 玻璃纤维强化树脂塑山，实际上就是采用玻璃钢材料来制作假山。其制作工艺流程与 GRC 材料塑山有些步骤是相同的，但也有一些不同的做法和工艺程序。FRP 玻璃钢材料塑山的工艺做法可按下述 6 个步骤进行（图 6-38）：

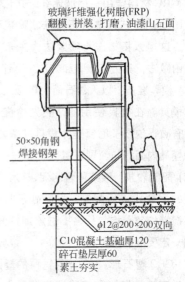

图 6-38 玻璃钢塑山构造

（1）制作泥模：FRP 材料塑山也要先做山石模块，然后再拼装成假山山体。山石模块制作是采用泥模作为内胎，再用石膏翻模，做出 FRP 石面模块。做有泥模的地方一定要注意防雨，防潮，防冻。

（2）分块翻模：为了便于运输和拼装成型，石膏翻模应分块进行，而且还要对每一石膏模具进行编号和作标记，以免制作 FRP 山石模块和模块拼装时发生混淆。

（3）制作玻璃钢模块：用 FRP 材料制作假山石所需要的配料是：

① 191 号不饱和聚酯及配套产品；

② 玻璃纤维表面毯：即网状布，1 层；

③ 玻璃纤维布：5 层，与树脂层相间铺设；

④ 聚乙烯水溶液：作隔离剂，涂在模具内面；

⑤ $\phi 8$ 钢筋：粘贴在玻璃钢背面。其中，树脂材料应按产品说明书的要求配制好，并且按规定程序与玻璃纤维布相间叠压成一体。做出的玻璃钢硬壳厚为 4mm，其表面硬度应大于 34mm。在制作玻璃钢模块时，还要注意预埋件的先行埋入。

（4）基础及框架制作：与 GRC 材料塑山一样，FRP 材料塑山也要做基础和内部的承重框架。基础类别一般采用钢筋混凝土基础，厚度通常大于 100mm，配筋可采用 $\phi 12$ 钢筋作双层双向布筋，钢筋排距 250mm 即可。混凝土强度等级可采用 C15 或 C20。在浇筑混凝土基础时要注意按设计要求埋入预埋件。在基础及其预埋件之上，用槽钢、角钢焊接成梁柱式的假山山形框架；框架的支柱采用钢管柱，柱距 1～2m，排列成双向的支撑柱群。承重框架的下部，要用高强度螺栓紧固或用焊接方法与基础连成一体。钢制框架要作严密的防锈技术处理。

（5）玻璃钢块件拼装：在玻璃钢块件拼装之前，先要绘制出玻璃钢的分层安装剖面图和假山立面分块图。然后按照编号，由下往上逐块拼装玻璃钢模块。玻璃钢模块的固定，是由轻钢框架的悬挑角钢来固定的。所有玻璃钢块件都拼装好之后，即可进行假山的打磨、修饰了。

（6）打磨与上漆：FRP 塑山的最后一道工序就是假山石表面的修饰加工，这里主要的工作有补缺、打磨、清洗和上漆。

① 石面补缺、补缝和修饰：在拼装好的玻璃钢仿山石面上，多多少少都会有一些残缺的棱边、凹坑、裂缝等，这些都需要用同类树脂材料进行修补和填平。

② 打磨：待玻璃钢材料凝固、硬化后，对假山石表面进行通体打磨，特别是在块件的拼接缝及石面转折处的棱线位置，要注意细细地通体打磨。

③ 清洗：打磨之后，用水将山石面冲洗干净，并且晾干。

④ 上漆：用玻璃钢油漆对假山表面上漆着色。

经过以上几个步骤的施工操作，玻璃纤维强化树脂做成的假山便可达到完工的要求（图 6-39）。

图 6-39　FRP 材料塑造的山石景观

复习思考题

（1）怎样按照园林应用特点和基本造型特点来对假山置石进行分类？

（2）哪些种类的山石材料可归入湖石类之中？这些山石种类各有什么特点？

（3）置石的基本形式和主要方法是什么？

（4）应当如何理解假山造景的原则？

（5）假山山体有哪几种结构形式？各形式的主要特点是什么？

（6）假山洞壁、洞顶各有哪些结构形式？

（7）假山施工程序是怎样的？怎样进行拉底和做脚施工？

（8）山体堆叠中的层叠与环透类手法有哪些？其主要特点是什么？

（9）山体施工中的竖立式叠石手法有哪些种类？各自的主要特点是什么？

（10）用 GRC 材料人工塑山的工艺流程是怎样的？其主要的方法是什么？

第7章 栽植工程

栽植工程是利用园林木本、草本和藤本植物来栽植、造景，从而营造生态良好、优美舒适的园林绿化环境的一项建设工程。其中包括的工程子项目比较多，但常见的主要是行道树、风景树、林带、大树移植、绿篱树墙、花坛、草坪等的栽植项目。

7.1 乔灌木栽植

乔灌木是园林植物景观构成的主要成分，是园林景观的骨架；"植物造园"思想就主要是基于乔灌木树种在景观构成中的多样性、变化性和在环境生态方面的高效性而提出的。乔灌木能够起到的生态保障作用可达草本植物的 20 倍以上，因此也是环境生态绿化物质材料的最重要部分。

7.1.1 植树前的工作

在植树工程开始之前必须进行一些准备。需要做好的准备工作主要有技术、苗木、现场等方面的施工准备和定点放线、苗木的起掘、包扎、运输、假植等。

1）施工准备 直接的施工准备工作主要包括技术准备、苗木准备、现场准备等几项。

（1）技术准备：这是从栽植技术方面为树木栽植进行的准备。属于技术准备的工作项目有：现场踏勘，对植树工程现场的环境状况和场地施工条件进行细致考察和研究；技术交底，由植物种植设计师向施工方说明种植设计意图、想法和要求，以及对一些矛盾问题的解决办法等。明确植树任务：通过现场考察研究和技术交底，对植树工程情况的了解达到比较熟悉的程度，明确了施工工期、工程量和待栽植的树种、习性、栽植技术要领等施工对象的特点。然后制定植树方案，确定和计划好栽植施工细节。

（2）现场准备：现场准备就是对待栽植的场地施工条件进行准备。这方面的准备工作主要

有：渣土清运：需要清除场地上的建筑渣土、垃圾等。土质改良：植树现场土壤条件达不到植树要求时，就需要对土壤进行改良，包括土壤的降碱加酸处理、中耕施肥处理、掺砂处理等。土质置换：当现场的土质被严重污染，完全不能用于植树，并且通过改土处理也达不到要求的时候，就需要进行土质置换。土质置换主要是运来客土将劣质土换掉，换土厚度一般都大于 50cm。另外，按设计高程进行整地，做出排水坡度，也能在一定程度下有助于土质的改良。

（3）苗木准备：要根据植树工程任务来确定需要准备的苗木。长工期的植树工程还要提前进行苗木储备，对苗木供应状况要做一些市场调查。苗木准备的主要工作有如下三项：

① 落实苗木来源：掌握苗木种类、规格、数量、质量、运输路线、运距等相关情况。

② 选苗、号苗：直接到苗圃进行选苗。要选树形端直，萌发旺盛，树皮颜色新鲜的生长势强的苗木，不要有病虫的、早衰的和生长不正常的植株。选中的植物要做记号，即要号苗。

③ 定购及掘苗商定：按选定苗木的质量、规格、数量及价格定购苗木，并初步商定苗木起掘日期，协商有关装车、运苗等方面的技术细节问题。

2）定点放线 植树工程的定点放线分为规则式栽植放线和自然式栽植放线两种情况。

（1）规则式栽植放线：首先确定基线或作为放线依据的道路边线，其次再用皮尺测量尺寸，确定树木栽植行的位点，划出行位置线，在线上按栽植株距标定树木的栽植位点。

（2）自然式栽植放线：对于按自然式设计的树木栽植形式，在确定树木栽植位点时可以直接采用经纬仪定点或小平板仪法定点。如果没有测量仪器，就可用方格网放线法或凭目测进行放线。

（3）放线方式：树木栽植的定点放线是将种植设计图上绘制的树木位点及树木群体种植范

围的边线，按比例放大后，用白灰画在地面相应的位置上。

① 定点：用白灰在地面的测定位点上画小十字点，或在该点打下小木桩并编号。

② 放线：对于乔木或大中型灌木的单株，用白灰在地面画出种植穴的圆圈线，即画出穴坑的挖土范围线。对于树丛和灌木群，则可先在地面定下群体的中心点位置，然后参照设计图，依据群体中心点，以目测方式在地面相应区域将树木群体的范围线用白灰近似地放大画出。

3) 苗木起掘 乔灌木栽植之前起掘苗木环节对苗木质量也有比较大的影响，应当把握好苗木的起掘时间、标准和方法。

(1) 掘苗时间：秋季落叶后至春季发芽前或雨季中，北方地区要避开冬季最冷月。

(2) 掘苗标准：选生长健壮、树形端正、根系发达、无病虫害的植株起掘。

(3) 掘苗方法：树苗的起掘可按下述 3 步进行：

① 先灌水：在起苗之前 2～3d，对苗地先行灌透水一次，使 2～3d 后土壤保持合适的湿润度，以方便挖掘和为根系保持完整的土球。

② 再拢冠：灌水后适当捆扎收缩树冠，缩小树冠的伸展空间。

③ 后掘苗：最后起掘苗木。起掘树苗有裸根起掘和带土球起掘两种方法。裸根起掘法是在休眠期中起掘落叶树时可用的方法，就是将树木根系挖起之后抖掉大部分根土，减轻运苗重量，以方便运输。带土球起掘法则是在树木生长前期或生长初期用于大多数常绿树的起掘方法。在掘苗时，要注意避免损坏土球，尽量保持土球完整。所取土球的直径按树木胸径的 10 倍取值，或按根颈直径的 5～6 倍取值。土球的高度应比直径小 5～10cm。

4) 苗木的运输 苗木掘起之后要及时包扎根部土球，通常用草绳包扎。包扎之后要立即运输到植树现场准备定植。

苗木装运时要注意：一般树苗装车都应当采用抬上汽车的方式，个别大树才用起重机起吊装车。土球不能采取在跳板上磨动上车的方式。装车时，苗高 2m 以下的可相互挤紧立着放，2m 以上的树苗则要使根系朝车前、树梢向车后斜着放；但斜放时要保证树梢和大主枝不得触地。根系部分最好有所掩盖，要为根系保湿。运树过程中要控制车速，不因车速太快、风太急而使树冠水分丢失太多。

5) 树木假植 一些作为苗木储备的树苗或大树，应当在起苗后进行假植。假植是树木在正式定植之前，为保证存活而进行的临时性栽植，是把树木暂时栽植起来，等到了适宜栽植的时候再进行定植。假植方式也可用于大树定植前的保活抚育及养生。假植有短期假植和较长期假植两种应用方式。

(1) 短期假植：大批量绿化用的落叶树苗或常绿小树的短期储备，适宜采用土槽密集假植方法。这种假植方式如图 7-1(a)所示，是在假植区地面开挖土槽用于临时性栽植苗木。土槽深 45～60cm，宽 60～150cm，槽壁垂直，槽底平整。秋冬季假植落叶树苗，可裸根，不带土球，几株或十几株较松散地扎成捆，一捆挨着一捆地斜靠着将根部放进土槽。然后用土壤封盖在树根层及土槽之上，浇水使土面沉降，最后再盖上一层泥土。常绿树的小树不能裸根假植，必须带有完整的土球，因此假植时不用扎成捆，而是一棵挨着一棵斜放进土槽，然后盖土、浇水，完成假植操作。到适宜栽植的季节或绿化工程有苗木需要时，将树苗从土槽中提出来就可使用。

(2) 较长期假植：价值较高的或用作主景的大树，直接挖起移栽较难成活。需提前 2～3 年将树木掘起，采用壅土高栽单株假植的方法，临时性栽植一个较长的时间，待新根长出、树势趋旺之时再行移栽定植，如图 7-1(b)所示。这种假植的方法是：在预定假植地点挖出仅为正常情况下一半深的种植浅坑，坑底垫一层基肥，在基肥层上面再盖一层细土之后，将带有完整土球的大树立栽其上，并用3~4条木杆将上部树干支撑、固定起来。然后，用栽培土填筑浅坑，填满后继续往上壅土。壅土到大树根颈以上时，在树下周边自地坪以上用青砖干砌成环状拦土墙。拦土环墙直径应为树木根颈直径的4~6倍，墙高60~120cm。环墙干砌好之后，用栽培土填满并略为筑实，使土面低于墙顶约10cm，最后浇水、养护即可。经过壅土高栽假植2~3年以后的大树，就是在非适宜栽植的季节中移栽定植，成活率也很高。

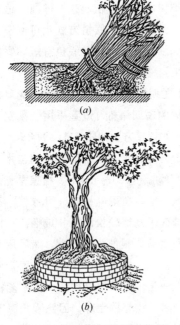

图7-1 树木的两种假植方式

(a)土槽密集假植；(b)壅土高栽假植

7.1.2 树木栽植

植树前期工作准备越充分，树木栽植成活率就越高，树木成活后的生长表现也会更好一些。在这个基础上，再认真做好树木栽植的一系列工作，就能确保植树成活，使树木生长更好。乔灌木栽植的施工过程包含挖种植槽、种植穴、栽植苗木和栽后管护三个技术环节。

1) 开挖种植槽穴 单株乔木或灌木栽植，

需要为每一株树挖出一个种植穴。而多株树木合栽和绿篱的栽植，就不需要为每一株树都挖穴，而是将种植穴合并，挖通成一个大土槽或一条很长的土槽。

(1) 种植穴：树木种植穴的平面形状一般为圆形。一般种植穴的直径，应是树木根颈处直径的6~7倍。例如一棵稍大的树根颈直径为30cm，其种植穴直径可按最小尺寸确定为180cm；一棵小树根颈直径为8cm，种植穴直径一般可确定48~56cm。种植穴的深度，应当以树木栽种后土面能够盖住根颈部位为准。在通常条件下，种植穴深度可确定为其直径的1.1倍左右。种植穴形状应为圆桶状。穴壁不倾斜，保持垂直；穴底平整，不可成尖底或锅底状(图7-2)。

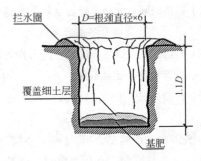

图7-2 树木的标准种植穴

(2) 种植槽：绿篱、树墙或集中合栽的树丛等的种植槽宽度和深度应按树木根窠大小和栽种行数确定。绿篱用的树苗根窠小，种植槽也比较浅小；树墙用的苗木根窠较大，其种植槽相应要宽深一些。表7-1列出了一般绿篱种植槽的宽度和深度参考数据，树墙的种植槽可在绿篱数据基础上作适当加宽和加深。绿篱、树墙种植槽挖掘的技术要求是：边线直，槽壁直，槽底平。

绿篱种植槽挖掘的参考尺寸 表7-1

栽植方式	宽(cm)	深(cm)
单行栽植	30	25
双行错列栽植	40	30
双行顺列栽植	45	30
三行错列栽植	50	35
三行顺列栽植	60	35
多行栽植	80~150	35

2）树木定植 按照设计位置把树木永久性地栽植到绿化地点的树木栽植方式，就叫定植。树木定植操作是植树工程系列工序的中心环节，采用正确的栽植技术方法有利于树木生根、发芽，确保栽植成活。按照栽树的操作技术规程，在树木栽植工序中应当做好下列工作：

（1）浸灌槽穴：在土质太疏松的地方挖出的种植槽穴，如经判断栽树后很可能漏水严重，就应于栽树之前先用清水灌穴，使槽穴内土壤先行沉降，以免栽树后因灌水沉降而使树木歪斜。浸灌槽穴的水量，以一次性灌到槽穴深的1/3～2/3处为宜。浸槽穴时如发现有漏水的孔隙，应及时堵塞。

（2）施基肥：种植穴挖好后，最好先在穴底垫一层基肥，厚度约3～12cm，基肥材料采用缓效性的有机肥，如堆肥、饼肥、骨粉等。在基肥层上面，再填一层较薄的细土盖住基肥。

（3）剪叶与理根：树木栽植前应适当疏剪枝叶以减少树体水分蒸腾量。疏剪枝叶处理时，可先用剪枝剪对一些细弱枝、重叠枝、拥挤枝、反向枝、杂乱枝进行疏剪，然后用剪刀或直接用手摘的方式，将树上的老叶和部分成熟叶连同叶柄一起都摘掉或剪掉，而幼芽和新叶则全部留下，使树冠内枝叶总量减少1/3～1/2。疏剪枝叶后，检查树苗根部，对露出土球外面的乱根、破根、断根、腐朽根等进行剪理，剪掉或短截这些根条，减少栽植后受病菌危害的可能。

（4）栽树：将苗木的根窠或根部土球轻放种植穴内，摆正位置，使树干基本位于中央。转动根窠，调整上部树冠的朝向，使树冠方向与周围环境特点相适应，并有利于展露树冠的最佳立面。扶正树干，使树干保持直立。如果为了造景需要而设计上又有特殊要求，就要特意将树干调整为横、斜、歪、翘等各种规定的姿态。例如在水边栽种水景树，就常常使树干向水面倾斜栽植，加强树形与水景的呼应结合。在园林假山区栽植悬崖状的罗汉松、五针松、

匍地柏等，也常常要将这些树木的树干摆成横卧、歪翘、悬垂的姿态。树干、树冠的姿态、方向摆布到符合设计要求时，再分层回填种植土。第一层土填至穴深的一半或2/3处，要攥住树干将根窠往上提一提，使根群能够舒展开。接着，用锄把倒着从四个方向将下层穴土插紧。然后再填第二层土至与种植槽穴上口相平，并继续用锄把插实穴土，并使土面能够盖住树木的根颈处。

（5）做水圈围堰：种植槽穴内栽培土插实并填满后，把种植穴上口外侧的余土绕着穴口边培土成埂，做成环状的水圈围堰。水圈的直径略大于种植穴上口直径。如果是在绿篱、树墙的种植槽上，则将培土围堰做成直线形的，围堰应在种植槽上口的外侧。围堰土要拍紧压实，不能松散。

（6）浇灌定根水：待同一批树木全部栽植完成之后，即时进行浇灌。在水圈围堰以内灌水直至灌透，这时的灌水就叫灌"定根水"。水浸下之后，种植槽穴土面沉降不均匀处，可再撒一些泥土将凹陷部分填平。围堰土埂有坍陷处，要培土修补完整。浇灌之后，全面检查树形树姿，如有因浇灌而致树干歪斜不正的，要进行扶正、固定。

3）栽后管护 树木栽后的管理和保护很重要，关系到树木是否能够顺利成活。俗话说"三分栽，七分管"，就是说明树木管护的重要性高于栽植。因此，栽植树木之后一定要有一个养护管理期，在这个时期中必须加强管理。而管理和养护工作的内容则主要有支撑固定、浇灌、除杂草等。

（1）支撑固定：栽植的树木规格如果比较大，栽后很容易倒伏，因此一定要进行支撑。支撑材料可用竹棍、木棍、钢管等，也可以采用大绳拉紧方法固定。

① 支撑：用棍棒、钢管构成斜柱支撑，支撑点高度最好能达到树木主干高度一半以上。在树干支撑点处要先裹上橡胶皮作保护层，而

采用三支柱或四支柱支撑的则用短木枋在支撑点处扎成一个小三角形架或小井字架套住树干。支撑方式有单支柱斜撑、二支柱支撑、三支柱斜撑和四斜柱支撑等(图7-3)。单支柱和双支柱支撑部位要定在下风方向;三支柱或四支柱支撑则分别利用树干上的三角形架支撑点或井字架支撑点来固定斜支柱的上端。

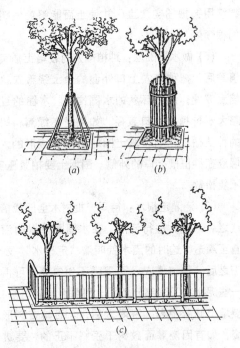

图7-3 新栽树木的支撑围护

(a)四斜柱支撑;(b)竹栅栏围护;(c)铁护栏围护

② 绳拉固定:一些特别高大的乔木,采用树干下支撑的方法效果不理想,这时可以改用大绳拉结固定的方法。其做法是:用三根大绳的绳头分别套住高大乔木树干的中上部位,然后分三个方向将三根绳子的另一端分别拉紧、拴结,固定在三个方向的地面固定物上。在整个养护期中都保持绳拉固定状态。

(2) 栅栏围护:在街道、广场等公共场所新栽的小树,一般不会发生自然倒伏现象,而是容易受到人为的损伤破坏。这时可以采用栅栏、栏杆围护的方法来保护小树。竹栅栏可用竹竿或竹片扎成,成套筒状围起树干,下端插入土中。采用铁护栏则适宜在人行道绿化带或广场边缘绿化带作为树木围护设施;铁护栏日久容易生锈,最好能采用不锈钢的材质。

(3) 浇水灌溉:除了树木栽植时要在48h内及时浇定根水之外,在树木养护期中还要注意勤浇水。栽后1周内应浇灌第二次水,1个月以内应浇水3~4次,要确保土壤有足够水分含量。

(4) 树木扶正、除杂草:由于栽后浇水引起土壤沉降,树木有可能发生歪斜,要随时注意,发现树木歪斜要立即扶正,并重新支撑。在新栽树木下有杂草生出时,也要及时清除。

7.2 大树移植

目前,随着城市新区的大量涌现,城市绿化所用树木材料的规格要求发生了较大的变化。绿化街区、居住区直接采用大树甚至一些古树是很平常的事。但大树移栽的成活率一般都比小树低得多;如何提高大树移栽的成活率,就是栽植工程中随时需要注意解决的重要问题。

7.2.1 移植前的准备

大树移植之前的准备工作是确保移植成活的一个技术关键环节。由于大树的萌发能力、生根能力等方面的生理活性都不如小树、幼树,因而移栽的成活率也大大低于小树、幼树。要提高移植成活率就必须在移植之前采取多种保活技术措施。移植前需要采取的技术措施主要就是正确选树、缩坨断根、平衡修剪、正确选定移植时间和提前灌水润土等五方面。

1) 选树 选择需要移植的大树主要从设计和树木习性两个方面进行。

(1) 按设计要求选树:按设计选用大树,是大树移植工作应当遵照执行的。一般情况下都应当按设计图纸上已经确定的树种、规格、树龄、树形、姿态、花色等来选用树木。只有当确认设计有误,与设计方慎重磋商并征得同意、做出设计变更通知的情况下,才能更换其他树木。

(2) 选容易移栽成活的大树:不同树种的

大树移植成活率很不相同，有些树种的大树甚至古树都很容易移栽成活，但也有些树种的大树却很不容易移栽成活；树种的特性是决定其大树能否容易移植的最主要因素。所以，大树移栽工程也需要慎重选择树种。

在大树移植中，一般的落叶树比常绿树容易移植；灌木移植也比乔木容易。在同类型的大树中，叶形小的比叶片宽大的树种更能移植成活。具有直根系但直根较短的大树移植比较容易，而直根长的大树就不容易移植；浅根系的比深根系的更容易移栽。曾经移植过的大树，特别是经过假植的大树，也容易再移植并顺利成活；从小到大从未移植过的大树，就比较难于移植。银杏等萌发性强的树种和榕树、黄葛树、橡皮树等具气生根的树种，都是容易移栽成活的树种。多数乡土树种也都是移栽比较容易的。

2）缩坨断根 在大树移植之前较长时间内预先分几次切断大根并逐步切削缩小根部土坨，使大树移栽能够顺利成活的一套植树技术措施，就叫缩坨断根。缩坨断根的基本步骤方法如下：

（1）分期断根处理：分期断根，即是提前2~3年，分2~3次对大树根部进行断根处理，使每一次断根都能刺激新根、细根回缩在树苑部分生出。经过几次断根处理，吸收机能很强的新根就在树苑部位集中生长出来，移植以后大树的成活率会大大提高。断根过程中遇到一些粗大的支持根不好立即截断，可对其进行环状剥皮，剥皮后掩埋，以后在剥皮处生长出新根，再将大根截断。图7-4是大树分期断根处理的方法示意。

（2）切削土坨：每一次断根处理的同时，应当用花撬向里切削根部土坨，使土坨尽量缩小，新根生长部位尽量向根苑内集中。特别是最后一次断根处理时，一定要全面修削土坨，缩小土坨体积。

（3）生长素催根：经过断根处理的树苑在掩埋之后，可用生长素溶液灌根处理，促进新

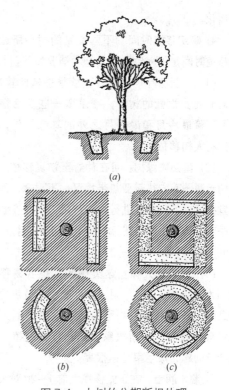

图7-4 大树的分期断根处理

（a）断根挖掘状；（b）第一年挖掘；（c）第二年挖掘

根加速生长。灌根所用的生长素，可用0.02%的萘乙酸水溶液，或用萘乙酸、生根粉等粉剂沾根处理。

3）平衡修剪 在大树移植之前，还要对大树的地上部分进行重修剪，减少枝叶总量，削弱地上部分的水分蒸腾作用，才能有利于大树成活，这就是着眼于平衡地下、地上部分树势的平衡修剪。平衡修剪有下面3种方式：

（1）全苗式：完整保留树冠和全部枝干骨架，剪除杂乱枝、细弱枝，摘除老叶。这种方式一般针对萌芽力弱的树种采用。

（2）截枝式：剪除二、三级分枝；短截一级分枝，对树冠作重修剪，大幅度回缩树冠。这种方式适宜于速生树种。

（3）截干式：截掉整个树冠，只保留主干。这种最重的修剪方式只适宜于萌发力强、生长较快的树种，如刺桐、意大利杨、馒头柳等。在锯截树冠时，要注意保护树干截口，避免浸

水腐化。

4) 确定移植时间 不同类别的树种所适宜的移植时间是不一致的,其基本情况如下:

(1) 一般落叶树:在春、秋季移植比较好。但对于萌发性强的树种,在采取一些保活措施之后,除最冷月和最热月之外的其余月份,都可进行大树移植。

(2) 喜热常绿树:可在仲春至初夏移植。这类树起源于南方热带亚热带地区,不耐寒,因此不宜在秋、冬和早春进行大树移栽,而应在温暖的季节中移栽,例如在每年的4月初至6月底、8月底至10月等。

(3) 假植的大树:这类树木都是容易移栽的树木,除了1月、7月、8月最冷、最热的月份之外,其他月份中均可移栽。假植过的大树已经有比较健全的新根系,因此移栽定植一般不会有问题,成活率普遍很高。

5) 灌水润土 在正式移栽之前1~2d对大树进行灌水,使树下的土壤湿润,有利于挖起大树而不至于根土松散。灌水时间应在上午,灌水要一次性灌透底,但也不要在地面形成积水。

7.2.2 大树移植技术

经过缩坨断根处理和催根生长、平衡修剪、浇水润土和移植前其他技术措施的处理,选定的待移植大树已经具备了基本的移栽条件,因此在选定的适宜季节中就可以正式进行树木起掘、栽植等大树移植施工了。

1) 大树起掘与包扎 大树、古树移植通常都不能采用裸根移植方式,而必须带有完整的土坨才能进行移栽。为了保证土坨完整和避免在大树运输过程中土坨损坏,在大树起掘时必须对土坨进行包扎。土坨包扎可按下述带土坨软材包扎、木条包箱包装和圆桶包装三种方法进行。

(1) 带土坨软材包扎:就是用草绳等柔软的材料包扎土坨,其操作程序与方法是这样的:

① 修坨:土坨周围挖开后,再一次切削表面,使土坨形状规整、表面平齐,缩小体积。

② 缠腰绳:用草绳在整修好的土坨腰部紧密地缠绕几圈,即缠上"腰箍"(图7-5)。

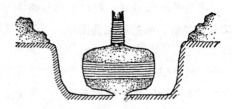

图7-5 缠上腰箍的土球

③ 打花箍:对土坨全面地、整齐地缠扎草绳,用草绳密实地缠绕一层,将整个土坨包起来。

④ 外缠腰:在花箍草绳层之外,拦腰再缠扎草绳10道,压住花箍绳,包扎即完成。

⑤ 土球包扎形式:用草绳包扎时的缠绕方式有3种,即橘子包、井字包和五角包(图7-6)。

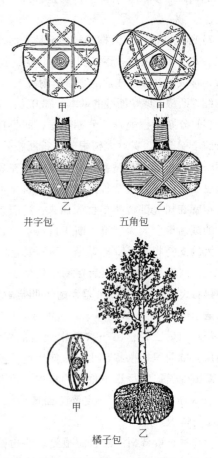

图7-6 土球的包扎形式

（2）木条方箱包装：这种包扎方法就是用木板条在树基的方形土坨外封装钉成包装木箱，使土坨得到保护而不会在吊运过程中松散。木条方箱包装土坨的材料和方法如下述：

① 包装准备：首先，需要准备包装板条材料，包括有箱板、底板、上板三种板条。其次，要准备包装用工具，主要是自制的紧线器、钢丝绳机等。板条的尺寸规格和自制紧线器的情况如图 7-7 所示。

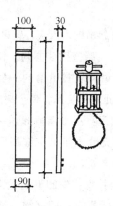

图 7-7　包装板和紧线器

② 掘树：在大树根部周围圆环状或方环状开沟，沟宽 0.6～0.8m，深达树苑底。然后修削挖出的树基土台，按大树胸径尺寸的 6～8 倍挖成土台的直径或边长；要求土台形状规整、表面平齐、土壁略向内斜，使土台略呈上大下小的方形倒置梯台状。

③ 箱板安装：用木条箱板紧挨着自下而上横向紧贴土台壁面，并作暂时固定。

④ 垫蒲包片：在土台转角处垫进麻布片或蒲包片，片头压在箱板木条下。

⑤ 套钢丝绳：在土台侧壁上下各套两道钢丝绳。

⑥ 装紧线器：在土台两对边钢丝绳上各装一个。

⑦ 收紧钢丝绳：两对边同时将紧线器收紧。

⑧ 钉钢板：方箱的每一转角处钉钢板 8～10 道；钉牢后松开紧线器，取下钢丝绳。

⑨ 掏底：先在边沟下挖 35cm，再从四方掏空土台底部周边底土。

⑩ 钉底板：先在底板端头钉钢板，再将底板牢牢钉在土台底边，作封底状。

⑪ 钉上板：在土台顶面先铺蒲包片，再钉上板 2～4 块。上板作平行状或作井字形，板端用钢板钉牢，如图 7-8(b) 所示。

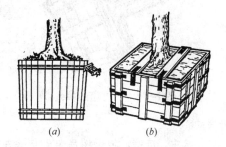

图 7-8　圆桶包装和方箱包装

(a)圆桶包装；(b)方箱包装

（3）圆桶包装：首先，在圆土台上下各套上两道钢丝绳和一个紧线器。再用竖立的木板条紧贴圆土台侧面土壁，在壁面紧挨着贴上一圈。接着用土台下部的紧线器收紧钢丝绳，成为土台的底箍。再接着收紧土台上部的紧线器，使钢丝绳形成上箍。然后，掏空土台底部周边的泥土，用底板封钉底边。最后，用顶板从纵横两个方向将土台顶面再钉下，即成为已经包装好的圆桶式土台，如图 7-8(a) 所示。

采用圆桶包装或方箱包装好的大树，应能经受住起重机吊运及人工撬动而不松散。

2）大树的吊运　大树包扎好之后，树体和土坨箱体积都比较重大，必须用起重机进行吊运。大树吊装和运输的方法是：

（1）起重机吊运：用起重机吊装大树的操作要注意三点：

① 树皮保护：可用橡胶片、麻布片包裹在扎钢丝绳的部位，保护树皮不被钢丝绳扎伤。

② 系钢丝绳：钢丝绳一定要兜着土坨箱底扎好，绳的一端应扎在树干上，如图 7-9 所示。

③ 起吊，装车：要求起重机操作时轻吊轻放，并在树干上部套一根大绳，由地面人员牵引控制树梢随着起重机起吊而移动，避免树体

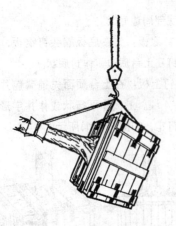

图 7-9　大树方箱的吊装

意外晃动。

(2) 装车、运输：将大树吊装到运输车辆上，应当是树冠朝后、根部、土坨箱朝前放置；并在车尾设支架将主干支起成斜向上状态，避免树梢、大枝条触地。此外，还要用大绳将主干、大枝扎缚在车厢周边，不使其摇摆晃动(图 7-10)。扎好之后便可运输。运输途中应减低车速，避免造成大风吹坏树冠。

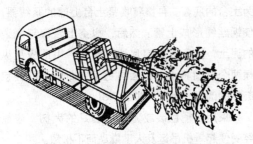

图 7-10　大树装车运输

(3) 卸车：大树运到定植现场后，最好也用起重机卸到车下，尽量不采用在车尾斜搭跳板使大树滑移下车的方法。但是，如果大树的土坨比较轻小，用人工滑移卸车比较容易时，也可以采用跳板卸车。用起重机卸树时，仍然要求轻吊轻放，并用大绳牵引树梢，控制吊起姿态。大树被卸到地面时应当立放，不得斜放、倒放。

3) 大树定植　栽植大树和古树的方法与一般植树方法也差不多，只是在树木保活技术措施方面要更加严格一些。

(1) 挖种植坑：大树、古树的种植坑一定要在大树运到定植现场之前按既定形状、尺度挖掘好。土坑的直径或边长应比大树土坨包装箱的直径或边长大 0.6m 左右，比土坨大 0.8m 左右。坑的深度，则应比土坨、木箱深 0.2~0.3m。种植坑的底部土面要整平，并且下足基肥，肥料上盖一层约 10cm 厚的壤土，土面耙平。

(2) 定植：大树、古树定植可按下列程序及方法进行：

① 起重机起吊树木入穴，轻吊轻放。

② 牵引大绳调整树姿方向，使树冠最丰满的一面或树桩最具观赏价值的一面朝向主要的观赏方位。调正树木姿态，使全树成立正状态。

③ 支撑固定：用木棒斜撑作四脚架或三脚架，木棒底端充分固定。支撑高度一般可在树桩的 1.2~2m 高处。

④ 拆除包扎物：先卸下钢丝绳，再拆卸底木板条、顶木板条或外腰箍绳，最后拆掉侧面的箱板或草绳花箍层及内腰箍绳。

⑤ 分层填土、筑实：沿土坨周边均匀填土，填至 1/3 深时，先用锄把插实一遍，再用锄背筑打一遍。然后继续填土至 2/3 高度，并插实筑紧；最后再填土至土坨顶面高度，再度插紧、筑实。

⑥ 做拦水土圈：最后铺一层壤土覆盖土坨顶面之后，在种植坑周边地面上做拦水土圈围堰。土圈内径大于种植坑的直径，高度 20cm 左右，宽度 30cm 左右。

⑦ 灌定根水：拦水土圈做好之后，在两天之内必须浇灌定根水。灌水时可加进促进生根的萘乙酸，将萘乙酸配成 200ppm 的水溶液进行灌根。第一次灌定根水，一定要灌透到底。

4) 大树移植的其他方法　除了上述传统的大树移植技术之外，在一些特殊情况下还可能采用冻土球移植法或机械移植法等进行大树移栽。

(1) 冻土球移植法：冻土球移植法不需要

204

园林工程

对大树根部土球进行包扎或包装，只是利用根部冻土的硬度保持土球的完整，运输过程中也没有对土球做特殊的保护措施，这种移植方法只适宜冬天寒冷的地区在冬季进行，冬季无冻土的地区无法采用。

采用冻土球移植法的掘树时期是在冬季零下12～15℃结冰时，冻土层需深达0.2m以上才能应用。掘树要等到土壤冻硬时进行。待土受冻变硬的时候开始在周围环状挖土，挖至下层时，要停放2～3d之后，或等泼水又结冰之后，再掘起大树。

冻土球大树采用吊装运输方式，吊索应套在根颈处和树干下部，不得套在冻土球上，但是要注意保护枝干和树皮。

栽植冻土球大树之前，要预先挖好种植穴，按预定的土球直径和深度每边再放宽30cm挖坑。在大树运到现场后，在树坑底部填入化冻的壤土，再将冻土球落下到坑中。将树干立起来，土球拨正，用木柱将树干支撑好。然后用化冻土分层填筑至坑满，再灌定根水至透底。最后用化冻壤土在树基壅土，保护树基和根部。

(2) 机械移植法：机械移植法就是利用专业的树木移栽机移植大树。其特点是：效率高，成本低，成本降低50%以上。大树移栽成活率高，几乎达到100%。用机械法可延长大树的移植期，就是在不太适宜的季节也能移植大树，也就使可移植期无形加长。机械移植法能适应多种土质，即使是含瓦砾、建渣的土质也能进行移植。同时，应用机械移植大树的安全性有所增强，劳动强度低，施工更安全。

不同规格的树木移植机能够移栽的大树规格也是不同的。小型机能移栽胸径6cm左右的树木，其土球径为0.6m。中型机可移栽胸径10～12cm的树木，土球径1m。大型机就可以移栽胸径达16～20cm的大树，土球直径可达到1.6m。

7.2.3 大树移植的后期管护

移栽定植后的大树、古树一定要经过一段

时间的细心管护，才能真正成活。大树移栽后期管护的工作内容和技术方法如下：

(1) 扶正、再支撑：定植后大树有歪斜时要及时扶正，并重新支撑固定。

(2) 灌定根水：2～3d之后，可再浇第二遍水；以后则每周浇水一次，但干旱地区应适当加密浇水次数，可每3～4d浇一次水。至冬季则要少浇水，可2～3周浇水一次。

(3) 采取降低蒸腾措施：在大树成活管护期中，采用多种降低树体蒸腾作用的措施对大树进行处理，可有效保证大树、古树顺利度过成活期。可用的方法措施是：

① 树干包扎：在大树主干树皮外密缠草绳，形成草绳保护层，喷水湿透草绳，并在其外表面抹稀泥保湿。

② 搭棚遮荫：用竹帘或黑色的遮光网在大树之上搭设遮荫棚，遮光50%，防止发生因强光照射大树而造成树体大量蒸腾失水现象。

③ 常洒水保湿：经常用喷雾器对树冠、枝干以及树下周围的地面喷洒清水，增加环境湿度，降低树体蒸腾。

④ 喷施抗蒸腾剂：利用市售的蒸腾抑制剂，按产品说明书要求的使用浓度配成抗蒸腾溶液，用喷雾器对大树通体喷洒2～3遍，可以有效降低大树叶面蒸腾作用。

⑤ 地面覆盖：用草垫、农作物秸秆、木渣刨花等疏松保湿材料覆盖大树周围地面，对初春移栽的大树具有保持土温，促生新根的作用；同时也有保持树下空气湿度，抑制树体水分蒸腾的作用。

(4) 围护看管：为了避免人为因素影响大树成活，可在大树下设置围栏，限制人们靠近大树，避免影响大树的成活生长。也可以用砖石材料在大树下砌筑树坛，树坛内填土，使大树略成深栽状，有利于顺利成活。

通过以上多方面的保活措施处理，移栽定植后的大树、古树成活率将大幅度提高。因此，在实际的大树、古树移植施工过程中，一定要多用、全用这些方法措施。

大树、古树栽植多年以后可能会受到情况不同的各种损害，如病虫害、雷击、动物啃噬、人为损害等；也可能会衰老；因此需要长期地加强管理和保护。

7.3 草坪培植

草坪是园林地表绿化的主要形式，在园林用地平面上的绿化量中，草坪绿化占据了主要的份额。草坪又是园林景观的重要构成部分，常常作为园林色彩构图中最重要的"底色"、基调色成分而参与造景。在现代园林绿地景观构成中，草坪已经成为不可缺少的一种要素。

7.3.1 种植地准备

草坪种植地的土质情况、病菌情况、杂草情况、给水排水布置情况等，对草坪建植成败有决定性的影响，因此在草坪施工前一定要有针对性地进行处理，做好草坪种植地的下述几方面的准备工作：

1）清理场地 要清除草坪种植地上的建筑渣土、重度污染土、各种废弃物及树蔸、草根等杂物，使草坪种植地达到"三通一平"要求，即做到水源接通、电源接通、施工道路畅通和草坪地面的初步整平。

2）翻耕、改土 对草坪种植地进行翻耕，翻土深应大于 30cm。翻出的板结土可经过 2～3d 的晾晒，然后进行土壤整细操作，打碎较大的土块，使最大土粒直径不超过 20mm。翻耕中挖出的树根、草根，应再行清除。经翻耕、整细的土壤如果仍有瘦瘠、板结、碱性太强、黏性太强等现象，就需要进行改土。针对土壤板结、瘦瘠，可通过施肥和掺砂子来改良。掺砂子改良土壤的黏性是一个辅助方法，掺砂量需要很大才有效果。施肥和掺砂后，应再进行翻土，将肥料、砂子与土壤充分混合。对瘦瘠的砂质土，也要施用有机肥来改善土壤的团粒结构。对因受污染而导致碱性太强或酸性过高的土壤，可施用硫磺粉、硫酸铅等降低碱性，施用石灰粉降低酸度。

3）做给水排水系统 草坪种植地的排灌系统安装应当在场地粗整之后进行，这也是草坪种植床准备的一项必须的工作。其工作内容主要是做地下管道或盲沟排水系统、做地面的灌溉系统，以及土面回填找平，做出土面的排水坡度等（图 7-11、图 7-12）。

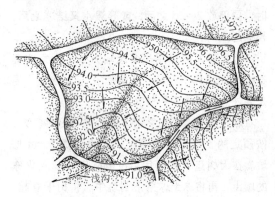

图 7-11 自然式草坪地面排水组织

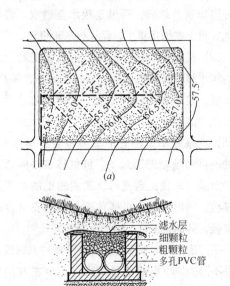

图 7-12 草坪的地下排水设施
(a)盲沟排水系统；(b)盲沟埋设断面图

4）除莠杀菌 在整地过程中结合对土壤进行除莠、治虫、杀菌处理，可以为今后草坪草的健康生长提供最好的土壤条件，能够确保草坪建植质量。

（1）除莠：除了草坪草种以外的其他草种，都可视为草坪上的杂草，在整地时都要进行清除。清除杂草的方法主要有两种：一是在翻耕土地和土壤整细过程中，用竹耙将翻起的所有杂草茎叶断根都耙出清除掉。二是在清理、翻耕土地之前，当地面杂草长到 7～8cm 高时，喷施非选择性、内吸性的除草剂进行除草。可用的除草剂及施用量为：五氯酚钠，$1.5～3.0kg/hm^2$；2,4-DJ 酯，$1.5～3.75kg/m^2$；草甘磷，$1.125～1.5kg/m^2$。施用除草剂之后最好将土地空闲一段时间，待残余杂草重新生出时，再次施用除草剂，则除草的效果最好。除了以上两种除草方法之外，还可以采用熏蒸法来除草，熏蒸法是采用溴甲烷、三氯硝基甲烷等强蒸发型化学药剂，来熏蒸表层土，以控制土壤中的杂草、根茎及一些致病微生物、线虫等有害生物的一种方法。但应用这种方法时工作繁琐、劳累、花费昂贵，在草坪建植工程中实际应用很有限。在经过除莠处理的土地上培植草坪，后期的杂草滋生明显减少，可大大减少草坪管护中除草的工作量。

（2）杀虫：翻耕土地之后，对土壤喷施杀虫剂以控制地下害虫数量，可减少今后草坪的大面积虫害发生。常见的地下害虫主要是蛴螬（金龟子幼虫）、蝼蛄、象甲，可采用乙硫磷、锌硫磷、百克威、甲胺磷等药剂，根据产品说明书建议的浓度和施用量配制成杀虫剂，对土壤喷洒施用，施药后再均匀地浇水，使药剂充分渗透到土壤内部。

（3）消毒：土壤消毒是预防草坪病害的必须措施。在高尔夫球场及一般的园林草坪上，钱斑病、褐斑病、雪霉斑病、黑腐霉枯萎病、红丝病等常有规律地发生，施用预防性杀菌剂对控制特定环境条件下可能会发生的病害，会有较好的效果。杀菌剂中效果比较好的有多菌灵、粉锈宁、甲基托布津、敌菌灵、五氯硝基苯等，应分别按照产品说明建议的药剂浓度、用量配制施用。由于是直接对翻耕后的土壤进行喷施杀菌，药液浓度还可提高一些，对土壤喷施杀菌剂之后应立即浇水，使农药充分渗透开，与土壤颗粒密切结合，发挥最大的药效。

5）土面整理 经过除草、杀虫、消毒处理，在培植草坪之前，还要进行下述土面整形和整细工作：

（1）地面整形：要按照草坪竖向设计图，对草坪地面进行整平或造坡，使草坪地面各处的高程及地形变化完全符合设计要求。

（2）浇水沉降：经过地面整形之后，安装好喷灌系统的喷头，结合喷水试验对草坪土面进行浇水，使地面自然沉降，从而保持既定的草坪地形。无喷灌系统的草坪种植地也要浇水沉降，使土面形状保持沉降后的稳定状态。

（3）土面整平、耙细：浇水沉降之后，应再一次对草坪种植地的土面作整平、耙细操作，按照设计坡度、高程将土面整理平顺，并用细齿铁耙将表土再加耙细，耙土深度达 10～15cm。表土整细耙平之后，草坪种植地就可用于培植草坪了。

7.3.2　草坪建植方法

草坪的建植方法主要有播种法、草皮及植生带铺植法和草茎撒播法、草苗栽种法等。

1）用播种法建植草坪 采用播种法培植草坪的工作环节主要有选种、种子处理、确定播种量、进行播种等。在施工中要按照先后顺序分步进行。

（1）选种：草种质量是草坪建植成败的重要影响因素。选购草种时主要应注意种子的纯度和发芽率两个方面。选购的种子应当尽量少含草屑、泥砂等杂质，其纯度应在 90％以上。种子要新鲜，又要充分成熟的，发芽率必须保证在 50％以上。

（2）种子处理：为了提高种子质量，降低种子霉变和丧失发芽力的可能性，对选购的种子应当进行处理。种子处理方法有下列3种：

①流水冲洗：买来的种子含泥砂杂质较多的时候，可在缓缓流水中进行淘洗，淘净泥砂，冲走枯叶草秆；然后滤掉水分，摊放阴处将种子晾干。这样，就可以提高种子的纯度。

②化学药剂处理：主要是用化学药剂溶液对种子进行杀菌消毒处理。杀菌消毒可用普通的低浓度杀菌农药，但用碱水浸泡清洗种子进行杀菌处理要经济简便得多。例如结缕草的种子用0.5%NaOH溶液浸泡48h，便有很好的杀菌效果。用碱水浸泡种子之后，再用清水稍加漂洗，滤掉水分，摊放晾干即可用于播种。

③机械揉搓：草坪草种多数属于禾本科，其种子的外稃、内稃呈硬壳状包在种子外，播种前一般都要以人工进行揉搓处理，搓掉硬壳，使种子脱粒，并以风簸除掉种壳，提高种子纯度。

(3) 播种时间：草坪播种的时间范围比较宽泛，在春季至初夏和秋季都可以进行。在夏季并不最热的其他时候和冬季不是最冷的时候也都可酌情播种，只要播种时的温度与草种需要的发芽温度基本一致就可以。

(4) 播种量：草坪的播种量应根据草种类别、种子纯度和发芽率而定，一般为15~35g/m²，实际播种量可在每平方米播种15g、20g、25g、30g、35g这些数据中选用。播种时种子用量与草坪幼苗生长的关系很密切。一般规律是，种子纯度低和发芽率低的，播种量应多一些；反之则可少一些。需要草坪更早形成较大盖度和绿化效果时，播种量也可多一些。

(5) 草坪的混播：混合草坪是采用2~3个草种混合播种培植的，在草种之中，必须有1~2个主要草种，其他的则为保护草种。主要草种的生长较慢，但绿化效果稳定而长久；保护草种发芽和生长速度快，能很快形成较大的盖度，易于形成草坪早期的绿化效果。例如以多年生黑麦草、高羊茅、紫羊茅按4：3：3的种子混合比例混播培植的草坪中，是以高羊茅、紫羊茅

为主要草种，以多年生黑麦草为保护草种。在草坪培植初期的2~3年内，黑麦草迅速生长，很快使草坪出现良好的绿化效果。在黑麦草的保护下，羊茅类草种缓慢发芽，经过2~3年生长之后才进入旺盛生长期，呈现稳定而持久的绿化效果。而这时黑麦草生长势渐趋衰弱，最后被羊茅完全取代。

(6) 播种方法：草坪的播种方法主要有撒播、条播和喷播等，具体方法如下所述：

①撒播：应在播种前一天对草坪种植地灌透水，使水分完全渗透开后的土壤保持适度的湿润状态，然后才进行播种。播种时，先用细齿钉耙将草坪种植地的表土耙松耙细，再用2~3倍稍湿润的河砂与种子充分混合，连砂带种一起进行撒播，这样可使播种更均匀。为使撒播均匀，可按照回纹式或往复式路线进行撒播。如图7-13(a)所示，即为回纹式撒播路线；按这种路线撒播应从草坪边缘开始，沿着周边撒播一圈之后再进入草坪内部几个圈层的撒播，使撒播路线呈由外向内的回纹状。图7-13(b)的右图表示往复式撒播路线，播种时，先在一个方向上作来回往复式撒播，使整个草坪都撒播一遍之后，再掉转90°，在另一个方向上往复式撒播直至第二遍撒播完成。

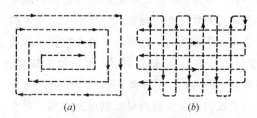

图7-13 撒播草籽的两种路线

(a)回纹式；(b)往复式

此外，也可先把草坪划分成宽度一致的条幅，称出每一幅的用种量，然后一幅一幅地均匀撒播；每一幅的种子都适当留一点下来，以补足太稀少处。草坪边缘和路边地带，种子撒播可以适当密集一些。

草籽均匀撒播后，用细齿钉耙反复轻耙表

土，使草籽进一步与土壤均匀混合。然后将整个草坪的表土都踩压或轻轻碾压一遍，再采用细孔喷水壶以人工方式进行喷洒浇水；也可用遥控器打开喷灌系统，以喷灌方式对草坪浇一次透水，但要注意不能浇水过多，不能产生地表径流。

② 条播：在草坪上按一定间距开浅沟，并在沟中播种草籽的方式就是条播。草坪种植地土面经过整平之后，按沟宽15～20cm，沟深5～10cm，沟距15cm开浅沟，并将沟底土面刮平。然后将混砂的草籽均匀撒入浅沟中，再撒一层细土约1cm厚，轻轻踩实、碾压，最后浇一次透水。

③ 喷播：也叫喷浆播种，是用喷浆机将草籽喷洒在坡地土面培植护坡草坪的一种方式。喷播方式特别适于常规播种方式无法进行的陡坡地或岩石坡面。其方法是：用掺加有保湿抗蒸发药剂的营养土，与水充分混合成稠度稍大的稀泥浆，再加进准备好的草籽，搅拌至完全均匀；然后再以喷浆机喷洒到岩石陡坡表面，作紧贴状。喷浆播种最好在无雨的阴天或在太阳落山之后进行，要避免喷浆被很快晒干。

2）以铺设法建植草坪 用草皮块直接铺设在草坪种植地土面，能够最快地培植出绿化效果良好的草坪。草坪培植中的铺设法具体可分为全铺法、密铺法、间铺法、点铺法和植生带铺设法等五种方式。

（1）全铺法：即用草皮块不留缝隙地满铺覆盖草坪种植地的一种草坪培植方法，这种方法可以最快地、立竿见影地造出草坪的绿化效果。全铺法既可采用普通的草皮进行铺植，也常采用专门在工厂中生产的植生带（草坪卷）作为铺植材料。植生带是在富含营养物质的一种无纺布上进行播种，并在工厂车间的恒温条件下发芽、出苗而形成的长带状的草皮卷。其出厂规格为：幅宽1m，每卷长10m、20m或25m；其面积可为：每卷10m²、20m²、25m²等。采用植生带铺植草坪时，在预先整平耙细的种植

地土面上，将植生带直接满铺在地面，带与带之间紧贴对齐，不留缝隙。铺好后用细土撒布覆盖约1cm厚，并稍稍碾压，然后喷水透底即可。

（2）间铺法：这种方法是以较大间距铺设草块，或以草块宽度作为铺设间距的草坪铺植方法，如图7-14(a)所示。草块形状通常也是矩形或方形，规格可为25cm×30cm、30cm×40cm、30cm×30cm。其草块铺设分为铺块式和梅花式两种。铺块式的草块与草块之间采用20～30cm间距，而梅花式采用的间距更大些，是以草块边长作为铺植间距的。

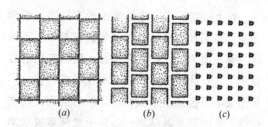

图7-14 草块的三种铺植方式
(a)间铺法；(b)密铺法；(c)点铺法

（3）密铺法：密铺法是利用规则形状的草皮块按照比较小的间距铺植成草坪的一种方法。其草皮块一般可切成规则的正方形或长方形，每一草块的规格常为30cm×30cm或30cm×40cm。铺设草皮时，最好在整平整细的草坪土面先居中挂上纵横两道直线，以挂线为准，按3～5cm的间距整齐地铺设草皮块，如图7-14(b)所示。

（4）点铺法：这是采用小块状草皮以点状栽植铺设草坪的方法。草块大小采用5cm×5cm，按直线式的矩形栽植，或按直线式的三角形栽植，草块间距3～5cm。每一个小草块栽植好后，要踩实，然后再洒水浇灌。

3）以栽种法培植草坪 以直接栽草的方式培植草坪，主要有草苗栽植与草茎栽植两种方法。

（1）草苗栽植：直立型生长的草种可以直接采用单棵草苗栽种的方法。栽植时，将草苗

按单株或两三株为一小丛分开，在整平的土面均匀地栽植，株行距 3cm×3cm、3cm×4cm、4cm×4cm、4cm×5cm 或 5cm×5cm。栽植深度以土面盖住根窠为准。栽好之后可稍作碾压，使根窠与土壤密切接触，并且立即浇水。

(2) 草茎栽植：对狗牙根、结缕草、匍茎剪股颖等具匍匐茎的草种，可采用草茎栽植法。其方法是：将草皮撕开拆散，用刀剁成 5～10cm 长的节段，将草茎节段尽可能均匀地撒播在整平耙细的草坪地面。然后在其上面撒一层厚约 2cm 的细土，再用小碾子滚压一遍，最后喷水浇灌。

如上所述，草坪培植施工的方法不外乎种子播种施工和草皮营养体培植施工两类。不论采用哪一类方法，都要在播种、栽植完之后立即浇水，而且要浇透。但浇水也不能过多，不能形成地表径流或形成积水。栽后遇到大雨或中雨，要注意及时排水；如种子或草茎被水冲走过多，应补播或补栽。要注意天气预报，避免在大雨之前进行草坪的播种或栽草培植工作。草坪培植完成并浇上水之后，最好将草坪地周边暂时封闭起来，不许人进入。经过 7d 以上的养护期之后，当草苗开始泛绿和正常生长了，草坪工程施工才算最后完成了。

7.3.3 草坪养护管理

草坪建成之后，必须加强日常管理和养护，才能维持草坪效果至一个比较长的时期；当草坪出现逐渐衰老现象时，也要及时进行复壮或更新。就草坪的日常养护管理来说，主要有浇水、施肥、修剪、除杂草、滚压、打孔松土等工作；其具体的养护管理技术及工作内容可见下述：

1) 浇灌 水分管理是草坪养护管理的一个主要工作内容，直接关系到草坪植物群落的生长、发育和草坪的绿化效果。在水分管理方面要掌握好的问题在浇灌方式、浇灌时间和浇灌水量三个方面。

(1) 浇灌方式：草坪浇灌主要采取地表漫灌和喷灌两种形式。地表漫灌适宜在地势较低的单坡面地形条件下。灌溉时，将橡胶软水管的管口平放草坪地势最高处，打开阀门进行灌溉。喷灌，可采用以地埋式喷头为主的自动喷灌系统，也可采用以旋转喷头为主的普通固定式喷灌系统。

(2) 灌水时间：普通固定式喷灌系统的灌水时间安排，分为常规浇灌和年度浇灌两种形式。常规浇灌是采用定期浇灌的方法，在春夏季节为每月 3～6 次，秋冬季节为每月 1～3 次，冬季严寒有冰冻时应停止浇灌。年度浇灌，则是在每年春季草叶返青之前和秋季草坪枯黄之时各灌水一次。返青前集中灌水一次，可以保证草苗发芽、长叶的水分需要。枯黄时灌透水一次，能使草坪土地和草苗体内都储备一定水分，做好入冬的准备。草坪上安装有自动喷灌系统，则喷水时间由喷灌系统自动控制，不需人为确定。

(3) 灌水量：不论地表漫灌、普通喷灌还是自动喷灌，都以土壤湿透、不产生地表径流为标准。因此，土壤干旱时灌水量较大些，土壤稍旱时灌水量就要小一些。

2) 修剪 草坪管理中第二个最主要的经常性工作就是修剪。修剪可以控制草的生长高度，使草坪外观整齐美观；也能促进草棵多分蘖，使草坪生长更茂密。对草坪修剪工作的主要技术要求如下：

(1) 修剪工具：地形变化较大、面积较小的草坪，用两轮的手扶式剪草机修剪；地势平坦、地形变化小、面积比较大的草坪，可用四轮的车式剪草机进行修剪操作。

(2) 修剪时间：在草叶长到规定剪留高度的 1.5～2 倍高时，即可进行修剪。草坪的规定剪留高度一般为 5cm，因此当草长到 8～10cm 时，就可以修剪了。

(3) 修剪要求：修剪时，剪草机行驶速度不要太快，最好匀速行驶，使草坪各处修剪程度保持一致；同时也要注意不留漏剪的草皮，特别是在草坪边缘、死角、转弯处，都要尽量剪到。观赏要求高的草坪，在边缘部分修剪时，可用草皮切边机进行切边修剪，使草坪边缘线条挺直、清晰、整齐。

3）除杂草　除杂草也是草坪养护管理的一项常规工作。杂草的生命力往往特别强，草坪上的杂草如不及时除掉，就会严重影响草坪目的草种的繁衍与生长，最后可能逐步侵占整个草坪。在养护管理中除杂草的方法主要有下述三种：

（1）合理的水肥管理：可通过在草坪目的草种繁育盛期加强水肥供应，在主要杂草草种繁育盛期进行适当扣水扣肥的方法，促进目的草种生长并增强其竞争优势，同时抑制杂草草种的繁育，削弱其竞争力。通过这样处理，有助于维持草坪稳定而持久的绿化效果与观赏效果。

（2）人工除杂草：在草坪建成初期，要安排专人随时做人工除草工作。发现有杂草就要立即拔除；要用铁撬将杂草连根撬起来清除掉，不要采用剪除的方法。初期勤除杂草，特别是赶在杂草结籽之前进行除草，可以使草坪在中后期的杂草滋生量大大减少。草坪目的草种为阔叶类草种的——如马蹄金，一般不能用除草剂除草；因为多数除草剂都是在禾本科、莎草科等窄叶类草坪上，用以清除阔叶类杂草的；如果这些除草剂用于马蹄金草坪，就会伤害草坪的目的草种。所以，以马蹄金等阔叶类草本植物为目的草种的草坪，最好只采用人工除草。

（3）化学除杂草：大面积草坪的杂草防除，一般采用专门的除草化学剂喷洒草坪，以杀灭杂草，保护目的草种。常用的除草剂有除草醚、扑草净、2，4-D 酯、绿草隆、丁马津等，需要按产品说明书要求的配制浓度和施用方法，在杂草抗药性最差的生育期使用。一般杂草抗药性最差的时期都在草种的幼苗期，因此用药前

要认真观察，在充分掌握杂草生长发育规律的基础上制定施药方案。用药时间一定要选在多数杂草还处于嫩叶期的时候。施药方法多采用喷雾器喷施方法，以在无雨、无风、无太阳直射的傍晚之前进行比较好。

4）滚压　草坪所用草种若是具有匍匐茎的草类，如结缕草、天鹅绒草、匍茎剪股颖、狗牙根等，在适当的时候对草坪进行踩踏、轻压处理，可以使匍匐茎贴近土面，有利于生根发叶，使草坪生长更加茂密。游息性草坪在使用中自然会受到一定程度的踩踏，可以少做或不做滚压处理；观赏性草坪则可以视情况需要而时常进行滚压处理。滚压的工具可采用铁皮做的带把手滚筒，其重量稍轻，能压下草茎而不至于将土壤碾压得过分板结。滚压时间最好选在修剪后的新草茎生长到 10cm 以上长度之时。滚压次数不宜过多，20～30d 滚压一次已足够了。

5）施肥　草坪建成一两年之后，原有土壤的肥力水平会逐渐下降，土壤的瘦瘠化将会影响草坪草的旺盛生长，这时应当追施肥料，补充草坪土壤的肥分。草坪施肥主要用化学肥料，如尿素、磷酸二氢钾、过磷酸钙及其他复合型肥料。通常采用撒施和根外追肥两种方式对草坪施肥。肥料撒施，是把化肥掺进细土中充分混合均匀，然后再进行撒施操作。根外追肥，是将化肥配制成低浓度的水溶液，然后用喷雾器直接喷洒在草坪草的叶面。草坪每年的施肥次数一般为 2～3 次，最多可达每年 5 次。采用根外追肥，是按规定浓度配制成营养液喷雾施肥，喷施量以草坪草叶全部喷雾湿透而开始滴水时为止。采用化肥撒施方式，则要注意氮磷钾的施用量应保持合适的比例。一般情况下，氮、磷、钾三种肥料成分的相对用量比例按 10：6：4 施用，而每次施肥的量则按 7～9kg/100m^2 掌握。

6）表施土壤　草坪使用一段时间之后，随着一茬一茬的萌发、修剪、再萌发、再修剪，

在贴近地面部分就会留下一个老茎层或枯草层。这个层次的草茎萌发能力大大减弱，常显枯黄的草皮景象，也不太美观。针对这种情况，可以采用表施土壤的方法来增强其萌发能力，减少枯黄现象；表施土壤的方法如下述：

(1) 土的配制：用于草坪表面撒施的土壤应是疏松肥沃的混合细壤土，土中应当含有一定的有机质。表施土壤的成分及比例可按壤土：砂：有机物＝1：1：1 或 1：1：2 配制。

(2) 施土时间：表施土壤的时间根据草坪的冷暖类型而有所不同。冷地型草坪可在每年的 3 月～6 月或 10 月～11 月进行，暖地型草坪则适宜在每年的 4 月～7 月或者 9 月进行。

(3) 施土要领：在需要表施土壤的草坪上，普通的草坪可一年施土一次，高尔夫草坪则一年 2～3 次。施土可采用人工撒施方式，也可采用覆砂机，而以覆砂机施土均匀性最好。每次施土的厚度一般为 2～3cm。施土之后可略加滚压或者对草坪喷水浇灌一次。

7) 松土通气 草坪使用时间较长之后，表土变得较为板结、瘦瘠，通气性很差，对草根、草叶的生长影响很大。这时应当进行松土操作，改善土壤的透气性能。草坪松土通气的方法有打孔通气和叉刺松土两种。

(1) 打孔通气：草坪打孔有手工打孔和机械打孔两种方式。手工打孔是采用植物播种用的打孔杆，机械打孔则是用专门的草坪打孔机。打孔的具体要求是：所打出的孔径一般为 1.5～3.5cm，手工打孔时孔径为 6～8cm；打孔深度应在 8cm 左右；孔的密度应掌握在 50 孔/m²；孔的间距则通常为 15cm。

(2) 叉刺松土：这种松土方法可采用钢叉或木板刺钉作为工具。钢叉是带有长把的四齿叉或六齿叉，操作时直接插刺草坪表土并稍加撬动即可。木板刺钉是在一小块厚木板上，一面有把手，另一面由整齐排列的许多钉刺所组成的手工工具，操作时手握把手，以木板上有钉刺的一面拍打草坪表土层，使钉刺插入土中

并稍加撬动而形成密集分布的小孔。

以两种松土通气的方法相比，打孔通气稍显省力，工效也较高，打孔深度也更大一点；但松土通气的效果不如用叉刺松土，而且对草皮的损伤也比较大。叉刺松土虽然劳动强度大，功效较低，松土深度稍浅，但对土面做出的孔眼细小而密集，松土透气的效果更好，对草皮的损伤也是比较小的。

7.4 花坛栽植

花坛的观赏价值主要是通过其种植床上花卉植物的艳丽色彩和精美的植物图案纹样体现出来的。按照设计的花坛图样，选用合适的花卉植物进行栽植，是花坛施工中的最重要一个工作环节。

7.4.1 平面花坛栽植

平面花坛是相对于立体模型式花坛而言的，是指种植床修建在地面的，花卉植物景观在水平方向展开的普通花坛。按照花坛景观表现主题的不同，平面花坛也有不同的类型。

1) 平面花坛的类别 除去立体模型式花坛之外，按照花坛中花卉景观内容和艺术表现主题的不同，一般将平面花坛划分为下列三个类型：

(1) 盛花花坛(花丛式花坛)：是以花的华丽色彩为表现主题的花坛。

(2) 模纹花坛：以精美图案纹样为表现主题的花坛，就是模纹花坛(图 7-15)。模纹花坛中又包括毛毡花坛、彩结花坛和带状模纹花坛三小类。

(3) 标题式花坛：是以文字、图形表达一定思想意义的花坛；其中常见的小类有：文字花坛、图徽花坛、肖像花坛。

2) 种植床整理 平面花坛种植床的形状和土壤状况都比一般绿化地面要求更高，需要进行精细整理和土质的改良。其主要的工作有：

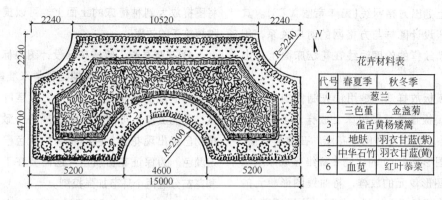

图 7-15　模纹花坛设计图实例

花卉材料表

代号	春夏季	秋冬季
1	葱兰	
2	三色堇	金盏菊
3	雀舌黄杨矮篱	
4	地肤	羽衣甘蓝(紫)
5	中华石竹	羽衣甘蓝(黄)
6	血苋	红叶恭菜

（1）整地：整地工作主要包括以下几项内容：

① 土地翻耕：如果花坛内的原有土壤质地较好，只是比较板结，但可以直接用于植物栽种，那么就需要进行土地翻耕。土层翻耕深度应为 30～40cm，翻起的土块要经过 2～3d 的晾土处理，晾土之后再进行打碎整细。

② 清除杂物：翻土时被翻出的树苑、草根、碎砖、灰块等杂物，必须全部清除掉，不得埋入花坛下层土中。

③ 换土：如果原有土壤的土质已受到破坏而不能用于栽植植物，就需要进行换土处理。换土时，应将所有劣质土挖起来运走，换上疏松肥沃、理化性能良好的客土，然后再做成种植床。

④ 改土施肥：对于花坛原有土壤质地稍有恶化，但经过改良后仍可用于花坛植物栽植的，可进行改土处理。土质板结并且黏性太强的，可在翻耕时掺进粉砂以增加土壤的透气性和疏松性，但掺砂量要很大才有改善土壤通气性的效果，掺砂量一般都会大于细质黏土的量。在土壤翻耕之后或在清除劣质土之后而换土之前，用迟效性的有机肥料如饼肥、骨粉、泥炭等作为基肥施用到花坛的下层土壤中并充分混合，既改善土壤的团粒结构，又能给花坛植物提供较长时间的肥力保证。土壤因受污染而碱性太强的，需要施用硫磺粉作加酸处理；土壤酸性过高的，可施用石灰粉降低酸性。

⑤ 填土：在原有土壤经翻耕、施肥之后仍不够填满花坛的情况下，需要另外运来肥沃的客土填入花坛中，一起做成种植床。

（2）做床面：土壤准备好之后，要挨个地将较大土块打碎整细，并将土面初步耙平。如果花坛今后采用滴灌方式灌溉，要同时按设计要求在下层土中埋设滴灌软管，然后再进行种植床表面的整形。种植床床面的整形要求是：花坛土面要整理为前低后高、周边低中央高的坡面形状，保证土面有 5% 以上的排水坡度，而且在种植床边缘的土面高度要低于边缘石顶面 5～7cm。种植床床面的整形形式可有弧面型、坡面型和平面台阶型三种。其中的坡面型又可有单坡面、双坡面、四坡面等形式，平面台阶型的床面也要有 5% 左右的排水坡度。

（3）表土整理：经过整形的床面，还要在保证土面坡度不变的前提下，进行土面的整细和耙平操作。表土的土块直径应耙细到 20mm 以下，而且要将土面耙成平整的斜平面形状，保持既定的土面坡度。

3）图案放样　花坛图案放样要求也比较高。图形放样要准确，位置排列要对称、规则，并且相同图形单元的尺寸规格要一致，图样整齐、协调。因此在放样方法上就主要应采取下述 3 种：

（1）方格网放样法：这种方法适宜于大型、特大型的曲线图案花坛。先在设计图上按比例绘上方格网，然后将方格网相应地放大，在花坛种植床上划出方格网线（第 1 章图 1-33）。其后，再按照设计图样与方格网的对应关系，用河砂将图案纹样的轮廓边线在花坛床面上放出大样。

（2）模板放样法：是用预先制作的花坛图形单元的模板在花坛种植床上放样，这种方法最适用于中小型的曲线图案花坛。在放样之前，先按设计图形及 1：1 的比例在纤维板或厚纸板上作一个图形单元的放样，将曲线图形单元的大样绘制在纤维板上，然后依照大样进行剪裁，做出单元图形的放样模板（图 7-16a）。实际放样时，按设计图样中图形单元的具体排列组合方式，用模板盖在相应位置上进行画线，画好一个图形单元的大样之后，将模板翻转一面，再画出与该图形单元正相反的另一个图形单元，使正、反两图形单元刚好相互对称。按照同样的操作方式，顺序地将所有图形单元全部在种植床面上放出大样，便可顺利完成花坛上复杂的曲线图案纹样的放样工作。

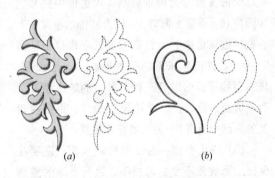

图 7-16　花坛图案放样的两种模板

(a)放样模板；(b)线框模板

（3）线框模板放样法：这种方法是采用钢筋或粗钢丝来制作线框式的图形单元模板。做线框式的钢筋模板之前，需要在地面先放出花坛单元图形的大样，再按地面大样的轮廓线弯扎钢筋，做成单元图形轮廓的大样模板（图 7-16b）。用线框式钢筋模板放样和纤维板模板放样的方法是相同的，但钢筋模板还可以直接摆放在花坛床面上相应位置，在钢筋弯成的单元图形轮廓线框内栽植预定的花苗，而不用再

将图样放大到种植床的土面上，可以提高花坛种植施工的效率。

4）花苗准备　要按花坛设计图中标示的不同图案纹样所采用的不同植物种类来准备花苗。对花苗的质量要求是：生长势旺，茎叶生长正常，无病虫害；同种花苗大小规格一致，观花植物已经出现花蕾，色叶植物的叶色已呈现预定颜色。为保证花苗质量，还需要在下述起苗和花苗分选两个环节加强控制。

（1）起苗：花苗最好是随起随栽，从花圃起苗后直接运到花坛施工现场，马上进行栽种。起苗的方式有裸根苗和带土苗两种。

① 裸根起苗：起苗时，提起花苗根系，抖掉多数的根土，注意保持根系完整和根群湿润，使花苗成为裸根苗——裸根苗移栽比较便于花苗的运输和提高工效，但必须做到即时起苗、即时栽种。

② 带土起苗：先提前浇水润土，待土壤水分含量适中之后，再掘起花苗。掘苗时要注意使花苗根系带有足够的泥土，并且形成比较密实而不易松散的小土团，成为带土苗。带土苗的移栽成活率更高，栽后的暂时萎蔫期更短，有利于尽快恢复正常生长。

无论是裸根苗还是带土苗，起苗后都应当尽快运到花坛栽植现场，及时栽种到花坛内。

（2）花苗分选：花苗运到栽植现场后，在栽植之前应适当进行分选。将同种植物不同高度、不同冠幅的植株分作二、三级选出来，并分类堆放。栽植时，将高一级的植株靠着花坛中央或后部栽种，矮一级的植株则靠着外侧栽种。用分选为二、三级的花苗分别栽植，有利于保持花坛植物中央高周边低和后侧高前部低的常规栽植状况，也容易使植物群体顶面平齐，保证图案纹样的整齐和清晰。

5）花苗栽植　花坛植物的栽植施工中最重要的是图案纹样的栽植，但也要注意使花苗的栽植株行距适合其植株冠幅的大小，做到疏密合理、植株分布整齐而均匀。

（1）栽植株行距：应按花坛的不同类别、不同种类花苗的实际冠幅大小和生长速度快慢来分别确定不同花苗的栽植株行距。一般草花的栽植株行距可在 15cm×15cm～40cm×45cm 之间，花坛灌木的株行距可在 30cm×30cm～50cm×60cm 之间，根据实际花卉种类情况选定。

（2）栽植深度：花苗的栽植深度一般以根颈部位与种植床土面相平齐为好，但主要还看栽植后植株群体的顶面是否能够平齐，最终应以植物群体顶面相互平齐为准。植物顶面平齐，才显得规则整齐，才能充分展现花卉组成的色块、色带和图案纹样。所以在同种花苗实际栽植过程中，对某些高于一般植株的花苗，就要栽得深一些；而对略为矮些的植株，则要适当壅土，将其栽得高一点；目的都是使同种植物的群体顶面保持一致的高度，形成整齐的植物平面图案。

（3）栽植顺序：在普通的平面花坛内，各种花苗的栽植顺序都应当是：栽种者面向块状花坛的中央、带状花坛的后侧，从花坛中央向周边、从后侧向前缘，倒退着进行栽植操作。这是基本的栽植顺序。在具体栽植花坛内不同的色块、图案、纹样时，还要根据不同的花坛类别，按不同的顺序进行栽植。

① 盛花花坛：总的顺序是从中央向周边倒退着栽植；但在进行具体的色块或简单图形栽植时，则应先栽色块或图形的轮廓线上的植株，后栽色块、图形内部的填充性植株。轮廓线上植株株距可适当小一点，植株之间要排列成整齐而清晰的线条。填充性植株则按正常株距，疏密均匀地栽满轮廓线以内的区域。

② 模纹花坛：应先栽花坛内的主导性线条，其次栽各局部图形、纹样的轮廓线，最后才栽植图形内部。在栽植主导性线条时或图形轮廓线条时，要根据设计的线条宽度，确定采用单行、双行或是多行栽种，并适当减小株行距，使植物线条栽植更紧凑、更密实一些，经过修剪以后即能够更整齐、清晰一些。

③ 标题式花坛：这类花坛的种植床一般为前低后高的单斜坡面型，是以文字、图徽为主要造型内容的花坛。栽植施工时，应先栽文字和图标、徽记部分，次栽植物镶边部分，最后栽植作为填底的植物部分。在栽植文字时，植株密度应大一些，也要栽得十分整齐。文字每一笔画的栽植都应从笔画周边轮廓开始，先栽轮廓，再填栽轮廓内的部分。图徽或其他表现一定思想意义的图形的栽植，也要坚持先栽周边轮廓部分，后栽中部填充部分的顺序。

所有花坛植物及其图案纹样都栽植完之后，常常还要经过修剪、浇水，才能最终完成花坛施工工作。

6）修剪整形与浇水 模纹花坛、标题式花坛等突出文字图案造型的花坛，在花苗全部栽植好之后，必须进行整形修剪，修剪之后再浇水。

（1）线条与图案修剪：对于植物栽植成的线条，可根据该线条的设计高度，首先进行平齐修剪，使线条的顶面都是一样高的一个长带状平面。然后，再修剪植物线条的两个侧立面，侧立面的修剪应注意与地平面保持垂直，并使线条宽窄一致，整齐挺直，棱线锐利。图案修剪的方法也和线条修剪相似，也是先按照设计高度剪平剪齐图形的顶面，然后再修剪图形周边的侧立面，务必使周边修剪形成的棱线清晰、锐利。

（2）控制性修剪：栽后修剪处理也可用于促生花茎。一些盛花花坛虽然不用进行图案纹样的修剪造型，但也可通过截顶修剪而刺激生出更多的花茎，从而达到多开花的目的。修剪方法还可用来控制一些花卉植株的高度，避免个别植株因过度长高而破坏整个花坛的图案造型。在模纹花坛、标题式花坛建成以后，当植物进一步长高长大，图案、文字开始混杂不清的时候，也需要进行仔细修剪，使花坛坛面平整，线条、文字、图形清晰明确。

（3）浇水：修剪工作全面完成后，清除剪

下的植物茎叶废物，把栽植施工现场清扫干净。最后，用喷灌方式向整个花坛洒水，使种植床土壤充分湿透。但喷水不得过多，以不产生地表径流为准。

7）花卉轮替栽种 对于以一二年生草花为主的花坛，在花坛建成几个月之后，草花的观赏期已过，就需要按照预定的植物轮替计划，换种另一些花种作为下一个观赏期的花卉。花坛换季栽种仍按前述各种栽植方法进行，但要根据不同设计而确定每年的轮替换种次数。普通的一二年生草花花坛每年需要换季栽种的轮次常为2～3轮。

7.4.2 立体模型式花坛施工

立体模型式花坛是用各色植物覆盖在立体骨架表面而做成的植物景观立体形象。这类花坛中常见的造型有：亭、廊、塔等建筑物形象，景墙、长城等构筑物形象，孔雀、大象、熊猫、猴子、龙等动物形象，舟舫、大车、汽车等交通工具形象，花瓶、花篮、宫灯等装饰性器物形象，以及日晷、时钟、日历花坛等计时用具形象等。

制作立体模型式花坛的主要工序是立体骨架的造型与制作，其次才是模型表面的植物覆盖性栽植。

1）立体骨架制作 花坛采用立体模型式做法，其骨架应根据表面植物的两种不同栽植方式而分别采用两种不同的骨架结构类型。两种做法是：用营养袋花苗镶嵌、覆盖骨架表面时，采用全钢材骨架结构；用三色苋等草本植物在骨架上密集栽种并覆盖骨架表面时，则采用钢材泥床骨架结构。

（1）做全钢材骨架模型：按照设计的立体模型式花坛的造型，用角钢焊接成内部的承重构架，再用8～12mm直径的钢筋弯扎、焊接成立体花坛的设计形体模型。再用6mm直径钢筋从纵横两个方向编扎、焊接成方格网片，覆盖整个形体的表面，最后做成立体花坛的全钢材骨

架模型。骨架模型表面的钢筋方格网片每一个方格的大小，以一个花苗营养袋能嵌入进去为准。

（2）做钢材泥床骨架模型：仍按设计的立体造型形象，用角钢焊接成内部的承重构架，然后用8～12mm直径的钢筋编扎、焊接成立体模型的表面骨架。接下来再用网孔大小为20mm×20mm的钢丝网片捆扎、覆盖在骨架表面，基本做成立体模型骨架。为了栽种植物，要先在立体骨架的内表面用玻璃纤维布托起来，再将事先配制好的营养土泥浆涂抹在钢丝网片的两面，将钢丝网夹在其中，使泥浆层厚度达到3～5cm，并将泥浆抹面层外表面抹平，就最后做成了钢材泥床骨架模型。

2）模型表面植物栽植 立体模型式花坛的花卉植物都是栽植在模型表面的，是由不同颜色的植物密集栽种成立体模型表面的彩色线条、色块和图案，因此，模型表面植物的栽植就是立体模型式花坛制作中最重要的一个工作环节。在模型表面栽植植物的基本方法是下述两种：

（1）营养袋花苗覆盖性栽植：用带有黑色再生塑料营养袋的花苗，如四季海棠、何氏凤仙花或五色草等，按预定的花坛表面色彩图案组合方式，塞入骨架表面钢筋网片的一个个方格中，使其花苗能够密集而均匀地覆盖模型骨架的表面。操作时，要注意调整花苗顶面的高低状况，尽量使花苗群体表面做成平整的坛面；在骨架里面，要用细钢丝捆扎固定每一个营养袋，使之不松动。立体模型骨架表面全部用营养袋花苗覆盖完之后，再对花苗的顶面进行修剪，要剪平剪齐。

（2）普通花苗密集覆盖栽种：在钢材泥床骨架模型做好之后，按照先栽图案纹样后栽填底植物和自上而下的栽植顺序，将五色草花苗的根部插入骨架表面的泥浆层和钢丝网孔中，使花苗密集栽种、覆盖在立体模型骨架和泥床的表面。栽种时，要注意疏密均匀，高低相平，由不同颜色花苗栽植成的图案、线条要规则工

整。立体花坛表面全部栽植完成后，对表面植物进行修剪，使植物顶面平整，线条清晰，图案整齐。

立体模型式花坛表面植物及其图案栽植完成并修剪整齐之后，用细孔喷头从上到下地对整个花坛进行喷水，至叶面全部湿润为止。以后的管理工作中，对立体花坛的浇水最好也用喷洒的方式进行。

复习思考题

（1）一般园林树木栽植施工前需要做的工作有哪些？

（2）什么叫假植？怎样掌握树木假植的方式与方法？

（3）应当怎样对栽植后的乔灌木进行养护管理？

（4）为确保大树移栽顺利成活，在移栽之前需要采取哪些特殊的技术措施？

（5）具有哪些特点的大树，其移植成活率才会比较高？

（6）大树移栽的一般施工程序是怎样的？施工过程中最重要的注意点有哪些？

（7）对于移栽以后的大树，如何进行养护和管理才能确保成活？

（8）如何才能做好草坪建植前的准备工作？

（9）用铺设法培植草坪的具体方式、方法是怎样的？

（10）怎样进行草坪的养护管理？

（11）怎样对花坛种植床进行整理？花坛植物图案的放样方法如何？

（12）立体模型式花坛的一般施工程序及方法是怎样的？

第8章 园林照明工程

供电设施与其他工程管线设施是公共园林能够正常运转的保障。园林工程管线是以电力电信线路和给水排水管线为主的管网系统。搞好这个管网系统的建设，对园林各项功能作用的发挥有着重要的意义。本章将主要学习园林照明的特点和分类、园林灯具的布置与应用等园林供电与照明的基本知识。

8.1 园林照明及分类

园林绿地的夜景具有特殊的景观形象，夜景被照明部分和未被照亮部分有机结合起来，使得园林景观在夜间变得更加迷人，更加富于艺术情调。在这里，照明和灯光造景起着最重要的作用。园林绿地不能没有电，当然也不能没有照明。

8.1.1 照明光量

对照明光线进行计量的单位，就是照明光量。常用的照明光量单位如光通量、发光强度、照度和亮度等，都可以表示光的数量关系。

1) 光通量 光通量说明发光体发出的光能数量有多少，其符号为 F，单位为光瓦。但光瓦的单位比较大，不便使用，如 40W 的白炽灯发出的光通量就仅为 0.5 光瓦。因此一般就常用一个更小的光通量单位来计量，这就是流明(lm)。其换算关系是：1 光瓦 = 683 流明。

2) 发光强度 是发光体在某方向发出的光通量的密度，表示光能在空间的分布状况，用符号 I 来表示。发光强度的单位是坎德拉(cd)，它表示在一球面立体角内均匀发出 1lm 的光通量。

3) 照度 照度表示被照物表面接收的光通量密度，可用来判定被照物的照明情况，其表示符号为 E。照度的常用单位是勒克斯(lx)，它等于 1lm 的光通量均匀分布在 $1m^2$ 的被照面上，即 $1lx = 1lm/1m^2$。照度按如下系列分级：

(1) 简单视觉照明应采用：0.5lx、1lx、2lx、3lx、5lx、10lx、15lx、20lx、30lx。

(2) 一般视觉照明应采用：50lx、75lx、100lx、150lx、200lx、300lx。

(3) 特殊视觉照明应采用：500lx、750lx、1000lx、1500lx、2000lx、3000lx。

4) 亮度 表示发光体单位面积上的发光强度，即一个物体被照明时的明亮程度，用符号 L 来代表。亮度的一种单位是尼脱(nt)，1nt 等于 $1m^2$ 的表面积上，沿着法线方向($\alpha = 0°$)产生 1cd 的发光强度，即：$1nt = 1cd/1m^2$。亮度的另一个更大的单位是熙提(sb)，1sb 等于 $1cm^2$ 面积上发出 1cd 的发光强度。显然：$1sb = 10^4 nt$。

8.1.2 照明质量

高质量的照明效果是对受照环境的照度、亮度、眩光、阴影、显色性、稳定性等因素正确处理的结果。在园林照明设计中，这些方面都是要注意处理好的。

1) 合理的照度与亮度 照度水平是衡量照明质量的一种基本技术指标。在影响视力的因素方面，由不同照度水平所造成的被观察物与其背景之间亮度对比的不同，是我们考虑照度安排时的一个主要出发点。不同环境照度水平的确定，要照顾到视觉的分辨度、舒适度、用电水平和经济效益等诸多因素。表 8-1 是一般园林环境及其建筑环境所需照度水平的标准值。

在园林环境中，人的视觉从一处景物转向另一处景物时，若两处亮度差别较大，眼睛将被迫经过一个适应过程；如果这种适应过程次数过多，视觉就会感到疲劳。因此，在同一空间中的各个景物，其亮度差别不要太大。另一方面，被观察景物与其周围环境之间的亮度差别却要适当大一些。景物与背景的亮度相近时，不利于观赏景物。所以，相近环境的亮度就应当尽可能低于被观察物的亮度。国际照明委员会(CIE)推荐认为，被观察物的亮度如为相近环境亮度的3倍时，视觉清晰度较好，观察起来比较舒适。

照度(lx)	园 林 环 境	室 内 环 境
10～15	自行车场、盆栽场、卫生处置场	配电房、泵房、保管室、电视室
20～50	建筑入口外区域、观赏草坪、散步道	厕所、走道、楼梯间、控制室
30～75	小游园、游息林荫道、游览道	舞厅、咖啡厅、冷饮厅、健身房
50～100	游戏场、休闲运动场、建筑庭院、湖池岸边、主园路	茶室、游艺厅、主餐厅、卫生间、值班室、播音室、售票室
75～150	游乐园、喷泉区、游艺场地、茶园	商店顾客区、视听娱乐室、温室
100～200	专类花园、花坛区、盆景园、射击馆	陈列厅、小卖部、厨房、办公室、接待室、会议室、保龄球馆
150～300	公园出入口、游泳池、喷泉区	宴会厅、门厅、阅览室、台球室
200～500	园景广场、主体建筑前广场、停车场	展览厅、陈列厅、纪念馆
500～1000	城市中心广场、车站广场、立交广场	试验室、绘图室

注：表中所列照度标准的范围，均是指地面的照度标准

2) 适宜的照明均匀度　就是在全园范围内多数地方的照明都保持一致，照明的亮度水平在全园都是相同的。照明均匀度就是要求照明亮度要分布均匀。

3) 光源的显色性好　同一被照物在不同光源的照射下将显现出不同的颜色，这种现象就是光源的显色性。人们非常习惯于在日光照射下分辨颜色，所以在显色性比较中，就以日光或接近日光光谱的人工光源作为标准光源，以其显色性为显色指数 100。光源的显色指数(Ra)越高，表明其显色性越接近标准光源。不同光源的显色性就以各自的显色指数来与标准光源相比较。在需要正确辨别颜色的场所，就要采用显色指数高的光源，或者选择光谱适宜的多种光源混合起来进行混光照明。

4) 眩光控制与照明稳定性良好　眩光造成视觉不适或视力降低，其形式有直射眩光和反射眩光两种。直射眩光是由高光度光源直接射入人眼造成的，而反射眩光则是由光亮的表面如金属表面和镜面等，反射出强烈光线间接射入人眼而形成的眩光现象。限制直射眩光的方法，主要是控制光源在投射方向 45°～90°范围内的亮度，如采用乳白玻璃灯泡或用漫射型材料作封闭式灯罩等。限制反射眩光的方法，可以通过适当降低光源亮度并提高环境亮度，减小

亮度对比来解决；或者通过采用无光泽材料制作灯具来解决。

照明光源要求具有很好的稳定性，但稳定性却是由电源电压变化造成的。在对照明质量要求较高的情况下，照明线路应当完全和动力线路分开，以避免动力设备对电压的冲击影响；或者安装稳压器，以控制电压变化。气体放电光源在照射快速运动的物体时，会产生频闪现象，破坏视觉的稳定性，甚至使人产生错觉而发生事故。因此，气体放电光源不能用于有快速转动或移动物体的场所作为照明光源。如果要降低频闪效应，可采用三相电源分相供给三灯管的荧光灯；对单相供电的双管荧光灯则采用移相法供电，这就可有效地减少频闪现象。

8.1.3　照明分类

园林照明分类就是园林照明所采用的方式，是从基本的照明特点上来对园林中的照明情况进行分类。按照明特点来分，园林照明被分为如下三个类型：

1) 一般照明　是园林内部应用最为广泛的和最普通的照明类型，是园林供电工程的主要供电对象。一般照明的主要特点是：照度均匀，投资较省。

2) 局部照明　是在园林局部对重点地方的

照明，这种照明是针对园林中特殊的照明需要而进行布置的，因此它是局部的照明。局部照明具有高照度、特殊方向照明或强调性照明的特点。

3）混合照明　就是一般照明与局部照明相结合的照明类型。其中，一般照明的照度不低于 20lx，并且不低于混合照明总照度的 5%～10%。

8.2　照明光源与灯具

在园林绿地中，用电类型是以照明用电为主的，动力用电只占据次要地位。照明用电是从配电变压器引出一条至几条照明专用干线，分别接入各照明配电箱；然后再从配电箱引出多条照明支线，将多个照明点连接起来，为照明输送电源。而要实现对园林的照明，还要解决照明光源、灯具和具体照明环境的处理等问题。

8.2.1　电光源及其应用

根据发光特点，照明光源可分为热辐射光源和气体放电光源两大类。热辐射光源最具有代表性的是钨丝白炽灯和卤钨灯；气体放电光源比较常见的有荧光灯、荧光高压汞灯、金属卤化物灯、钠灯、氙灯等。

1）热辐射光源　热辐射光源的显色性好，色彩较不偏色，无频闪现象；色温适应范围宽，对照明的适应性好；灯具种类多，便于照明选择；可用于超低压电源，低电压也不妨；能即开即关，瞬间点亮，可以调光。园林中常用的热辐射光源主要有下述几种：

（1）白炽灯：普通白炽灯（图 8-1）具有构造简单、使用方便、能瞬间点亮、无频闪现象、价格便宜等特点；所发出的光以长波辐射为主，呈红色，与天然光有些差别；其发光效率比较低，仅 6.5～19lm/W，只有 2%～3% 的电能转化为光；灯泡的平均寿命为 1000h 左右。白炽

灯泡有以下一些形式：

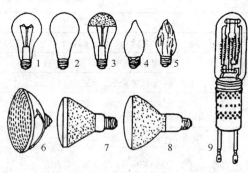

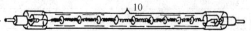

图 8-1　热辐射光源的常见种类

1—普通白炽灯；2—乳白灯泡；3—镀银碗形灯泡；
4、5—火焰灯；6、7—PAR 灯；8—R 灯；
9—卤钨灯；10—管状卤钨灯

① 普通型：为透明玻璃壳灯泡，有功率为 10W、15W、20W、25W、40W，以至 1000W 等多种规格；40W 以下是真空灯泡，40W 以上则充以惰性气体如氩、氮气体或氩氮的混合气体。

② 反射型：在灯泡玻璃壳内的上部涂以反射膜，使光线向一定方向投射，光线的方向性较强；功率常见有 40～500W。

③ 漫射型：采用乳白玻璃壳或在玻璃壳内表面涂以扩散性良好的白色无机粉末，使灯光具有柔和的漫射特性，常见有 25～250W 等多种规格。

④ 装饰型：用颜色玻璃壳或在玻璃壳上涂以各种颜色，使灯光成为不同颜色的色光；其功率一般为 15～40W。

⑤ 水下型：水下灯泡一般用特殊的彩色玻璃壳制成，在水下能承受 25 个大气压，功率为 1000W 和 1500W。这种灯泡主要用在涌泉、喷泉、瀑布水池中作水下灯光造景。

（2）微型白炽灯：这类光源虽属白炽灯系列，但由于它功率小、所用电压低，因而照明效果不好，在园林中主要是作为图案、文字等艺术装饰使用，如可塑霓虹灯、美耐灯、带灯、满天星灯等。微型灯泡的寿命一般在 5000～

10000h 以上；其常见的规格有 6.5V/0.46W、13V/0.48W、28V/0.84W 等几种，体积最小的其直径只有 3mm，高度只有 7mm。微型白炽灯泡主要有以下三种：

① 一般微型灯泡：这种灯泡主要是体积小、功耗小，只起普通发光装饰作用。

② 断丝自动通路微型灯泡：这种灯泡可以在多灯串联电路中某一个灯泡的灯丝烧断后，自动接通灯泡两端电路，从而使串联电路上的其他灯泡能够继续发光。

③ 定时亮灭微型灯泡：灯泡能够在一定时间中自动发光，又能在一定时间中自动熄灭。这种灯泡一般不单独使用，而是在多灯泡串联的电路中，使用一个定时亮灭微型灯泡来控制整个灯泡组的定时亮灭。

(3) 卤钨灯：是白炽灯的改进产品，光色发白，较白炽灯有所改良；其发光效率约为 221lm/W，平均寿命约 1500h，其规格有 500W、1000W、1500W、2000W 四种。管形卤钨灯需水平安装，倾角不得大于 4°；在点亮时灯管温度达 600℃ 左右，故不能与易燃物接近。卤钨灯有管形和泡形两种形状(图 8-1)，具有体积小、功率大、可调光、显色性好、能瞬间点亮、无频闪效应、发光效率高等特点，多用于较大空间和要求高照度的场所。

2) 气体放电光源 气体放电光源又叫冷光源，有以下主要的优点：光效高，亮度高，节能性好；寿命长，照明稳定性好；灯具种类多，也方便选择；特色各异，能适应不同环境。在园林中应用的气体放电光源种类主要有：

(1) 荧光灯：俗称日光灯，其灯管内壁涂有能在紫外线刺激下发光的荧光物质，依靠高速电子，使灯管内蒸气状的汞原子电离而产生紫外线并进而发光。其发光效率一般可达 45lm/W，有的可达 70lm/W 以上。灯管表面温度很低，光色柔和，眩光少，光质接近天然光，有助于颜色的辨别，并且光色还可以控制。灯管的寿命长，一般在 2000～3000h，国外也有达到 10000h 以

上的。荧光灯的常见规格有 8W、20W、30W、40W 等，其灯管形状有直管形、环形、U 形和反射形等。近年来还发展有用较细玻璃管制成的 H 形灯、双 D 形灯、双曲灯等，被称为高效节能日光灯；其中还有些将镇流器、启辉器与灯管组装成一体的，可以直接代换白炽灯使用(图 8-2)。从发光特点方面，可以将荧光灯分为下述几种：

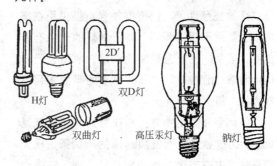

图 8-2 气体放电光源的常见种类

① 普通日光灯：是直径为 16mm 和 38mm，长度为 302.4～1213.6mm 的直灯管。

② 彩色日光灯：灯管尺寸与普通日光灯相似，有蓝、绿、白、黄、淡红等各色，是很好的装饰兼照明用的光源。

③ 黑光灯：能产生强烈的紫外线辐射，用于诱捕危害园林植物的昆虫。

④ 紫外线杀菌灯：也产生强烈紫外线，但用于小卖、餐厅食物的杀菌消毒和其他有机物贮藏室的灭菌。

(2) 荧光高压汞灯：发光原理与荧光灯相同，有外镇流荧光高压汞灯和自镇流荧光高压汞灯两种基本形式；自镇流荧光高压汞灯利用自身的钨丝代作镇流器，可以直接接入 220V50Hz 的交流电路上，不用镇流器。荧光高压汞灯的发光效率一般可达 50lm/W，灯泡的寿命可达 5000h，具有耐振、耐热的特点。普通荧光高压汞灯的功率为 50～1000W，自镇流荧光高压汞灯的功率则常见 160W、250W 和 450W 三种。高压汞灯的再启动时间长达 5～10s，不能瞬间点亮，因此不能用于事故照明和要求迅速

点亮的场所。这种光源的光色差，呈蓝紫色，在光下不能正确分辨被照射物体的颜色，故一般只用作园林广场、停车场、通车主园路等不需要仔细辨别颜色的大面积照明场所。

(3) 钠灯：是利用在高压或低压钠蒸气中放电时发出可见光的特性制成的。钠灯的发光效率高，一般在 110lm/W 以上；寿命长，一般在 3000h 左右；其规格从 70～400W 的都有。低压钠灯的显色性差，但透雾性强，很少用在室内，主要用于园路照明。高压钠灯的光色有所改善，呈金白色，透雾性能良好，故适合于一般的园路、出入口、广场、停车场等要求照度较大的广阔空间照明。

(4) 金属卤化物灯：是在荧光高压汞灯基础上，为改善光色而发展起来的所谓第三代光源，灯管内充有碘、溴与钠、钪、铟、铊等金属的卤化物，紫外线辐射较弱，显色性良好，可发出与天然光相近似的可见光，发光效率可达到 70～100lm/W；其规格则有 250W、400W、1000W 和 3500W 四种。金属卤化物灯尺寸小、功率大、光效高、光色好，启动所需电流低、抗电压波动的稳定性比较高，因而是一种比较理想的公共场所照明光源；但它也有寿命较短的不足，一般 1000h 左右，3500W 的金属卤化物灯则只有 500h 左右。

(5) 氙灯：氙灯具有耐高温、耐低温、耐振、工作稳定、功率可做到很大等特点，并且其发光光谱与太阳光极其近似，因此被称为"人造小太阳"，可广泛应用于城市中心广场、立交桥广场、车站、公园出入口、公园游乐场等面积广大的照明场所。氙灯的显色性良好，平均显色指数达 90～94；其光照中紫外线强烈，因此安装高度不得小于 20m。不足的是氙灯的寿命较短，在 500～1000h 之间。

3) 电光源的选择应用 为园林中不同的环境确定照明光源，要根据环境对照明的要求和不同光源的照明特点，做出选择。

对园林内重点区域或对辨别颜色要求较高、光线条件要求较好的场所照明，应考虑采用光效较高和显色指数较高的光源，如氙灯、卤钨灯和日光色荧光灯等。对非主要的园林附属建筑和边缘区域的园路等，应优先考虑选用廉价的普通荧光灯或白炽灯。

需及时点亮、需经常调光和需要频繁开关灯的场所，或因频闪效应影响视觉效果以及需要防止电磁干扰的场所，宜采用白炽灯和卤钨灯。

如城市中心广场、车站广场、立交桥广场、园景广场和园林出入口场地等有高挂条件并需大面积照明的场所，宜采用氙灯或金属卤化物灯。

选用荧光高压汞灯或高压钠灯，可在振动较大的场所获得良好而稳定的照明效果。

当采用一种光源仍不能满足园林环境显色要求时，可考虑采用两种或多种光源作混光照明，来改善显色效果。在对园林夜间景物进行色调渲染时，应当采用白炽灯及各种彩光灯。彩色白炽灯中，不同颜色的灯具有不同的渲染效果。黄色、红色等暖色灯属于前进色，有距离拉近的感觉；而冷色灯则属于后退色，有距离推远的效果。暖色灯光感觉轻，冷色灯光感觉重；明色灯光感觉轻，暗色灯光感觉重；暖的明色光显柔软，冷的明色光显光滑；红、橙色光使人感觉兴奋，紫色、蓝色光有抑制兴奋的作用。

在选择光源的同时，还应结合考虑灯具的选用，灯具的艺术造型、配光特色、安装特点和安全特点等都要符合充分发挥光源效能的要求。

8.2.2 园林灯具分类

在不同的园林环境照明及灯光造景中所能适用的灯具是不一样的，园林灯具的布置应用总是根据不同的环境照明和造景功能需要而进行。因此，就需要不同种类的园林灯具。

灯具是光源、灯罩及其附件的总称。灯具

有装饰灯具和功能灯具两类；装饰灯具以灯罩的造型、色彩为首要考虑因素，而功能灯具却把提高光效、降低眩光、保护光源作为主要选择条件。园林灯具可从结构形式、配光特点和园林应用三个方面来分类。

1) 按结构分　按照灯具的结构方式可将其分成4种类型：

(1) 开启型灯具：是光源与外界环境直接相接触的灯具。

(2) 保护式灯具：具有能够透气的闭合透光罩作为光源的保护外罩。

(3) 防水式灯具：有透光罩将光源罩住，使内外隔绝并能够防水防尘，为密封式的灯具。

(4) 防爆型灯具：这类灯具在任何条件下也不会引起爆炸。

2) 按配光特点分　按照灯具的配光特点和通行的划分方法，可将灯具分为以下五种类型：

(1) 直射型灯具：一般由搪瓷、铝和镀银镜面等反光性能良好的不透明材料制成。灯具的上半部几乎没有光线，光通量仅为 0%～10%；下半部的光通量达 90%～100%，光线集中在下半部发出，方向性强，产生的阴影也比较浓。在园路边、广场边、园林建筑边都常用直射型灯具。按照具体的配光效果，直射型灯具又可分为广照型、均匀配光型、配照型、深照型、特照型等5个小类。

(2) 半直射型灯具：这种灯具常用半透明的材料制成开口的灯罩样式，如玻璃碗形灯罩、玻璃菱形灯罩等。它能将较多的光线照射到地面或工作面上，又能使空间上半部得到一些亮度，改善了空间上、下半部的亮度对比关系。上半部的光通量为 10%～40%，下半部为 60%～90%。这种灯具可用在冷热饮料厅、音乐茶座等需要照度不太大的室内环境中。

(3) 漫射型灯具：常用均匀漫射透光的材料制成封闭式的灯罩，如乳白玻璃球形灯等。灯具上半部和下半部光通量都差不多，各为 40%～60%。这种灯具损失光线较多，但造型

美观，光线柔和均匀，因此常常被用作庭院灯、草坪灯及小游园场地灯(图8-3)。

图8-3　漫射型的草坪灯

(4) 反射型(间接型)灯具：灯具下半部用不透光的反光材料做成，光通量仅 0%～10%。光线全部由上半部射出，经顶棚再向下反射；上半部可具有 90%～100%的光通量。这类灯具的光线均匀柔和，能最大限度地减弱阴影和眩光，但光线的损失量很大，使用起来不太经济，主要是作为室内装饰照明灯具。

(5) 半反射型(半间接型)灯具：灯具上半部用透明材料，下半部用漫射性透光材料做成；照射时可使上部空间保持明亮，光通量达 60%～90%；而下部空间则显得光线柔和均匀，光通量一般为 10%～40%。在使用过程中，上半部容易积上灰尘，会影响灯具的效率。半间接型灯具主要用于园林建筑的室内装饰照明。

3) 按园林用途分　按照灯具在园林绿地中的应用特点和应用环境，一般可以将其划分为入口灯、庭园灯、广场灯、投光灯和霓虹灯等五类。

(1) 入口灯(门灯)：应用在园林各种入口处的灯具通通归在入口灯这一类。在这一类中，有布置在入口以内和以外照明内外场地的门前座灯、有安装在入口两侧墙壁上的门壁灯和设置在入口大门顶板底面的门顶灯三个小类。

(2) 园路灯：是布置在园林内部各种道路环境中灯具的统称，它实际上包含下述 2 种用途

的灯具小类：

① 主路灯：是用于园林主路和景观大道等宽阔道路环境的一类照明兼装饰的灯具。其中又分两种：一种是以大面积照明功能为主的路灯，称功能性路灯，功能性路灯有横装式与直装式两种不同的灯具形式（图8-4）。另一种大面积照明与装饰并重的路灯，称装饰性路灯。

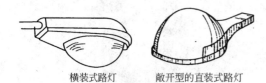

横装式路灯　　敞开型的直装式路灯

图8-4　两种功能性路灯

② 小径灯：即用于照亮和创造情调的散步小道的路灯，灯具明显比主路灯矮小（图8-5）。

（3）广场灯：采用高照度和高亮度的大功率光源，长弧氙灯、高压钠灯、高压汞灯和金属卤化物灯等。灯具架立高度通常在7m以上，用于宽阔环境的广场、停车场、桥头、码头等作大面积照明（图8-5）。

（4）投光灯：采用功率大、照度高的光源，

(a)　　　(b)

图8-5　小径灯与广场灯

(a)小径灯；(b)广场灯

以反射型灯具加强光的强度和方向性。光的照射方向单一，但照明亮度很高，特别适宜对园林重要景物作局部照明。根据灯具下方旋转结构的不同，投光灯又被分为两个小类：一类是可以360°全周旋转的旋转对称反射面灯具（图8-6），投光形成光柱，照度大，斜照时光亮均匀。透射的光斑呈圆形，在斜照时亮度不均匀。另一类是只能在一定角度内作垂直方向旋转的竖面反射器灯具（图8-7）。

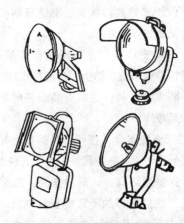

图8-6　旋转对称反射面灯具

图8-7　竖面反射器灯具

（5）庭园灯：庭园灯是指除开园路灯、广场灯和专门的装饰灯之外的，布置在庭园内部各种环境中用于照明和环境装饰的灯具，其常见品种有下述3种：

① 草坪灯：低矮，1.2m以下高度，光源采用乳白灯罩转变为漫射型灯光（图8-3）。

② 水池灯：布置于喷泉池、瀑布池等水下环境的防水灯具，常用作水下彩灯（图8-8）。

③ 石灯：是石制的地面矮灯，也叫石灯笼，通常有小屋顶造型，用于草坪、假山区或日本式庭园中。石灯采用较硬的石材凿成（图8-9）。

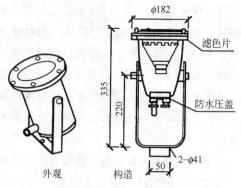

图 8-8　水池防水灯

图 8-9　几种石灯

（6）装饰灯：这类灯具的照明功能是次要的，其主要功能是用于园林内外多种环境的艺术装饰和情调渲染，所采用的光源功率较小，照度较低，常用漫射型灯具。装饰性灯具在造型方面都更加讲究，特别突出灯具的装饰性特点，因此既能用于夜间的照明装饰，也可在白昼起到很好的装饰美化作用。属于装饰灯的常见灯具主要有下列 5 类：

① 装饰座灯：装饰座灯可用于园林游览道旁、休息广场边、花园内部及其他多种庭园环境。其灯杆高度通常与庭园小径灯相近，但其灯具一般都有特殊的造型，装饰性特别强，是以美化、装饰环境为主要功能的一类灯具（图 8-10）。

② 霓虹灯：是一种装饰型灯具，属于低气压、冷阴极辉光放电灯；发光率较低，电极损耗较大，作广告灯很好。其种类有透明玻璃管霓虹灯、彩色玻璃管霓虹灯和荧光粉管霓虹灯等。

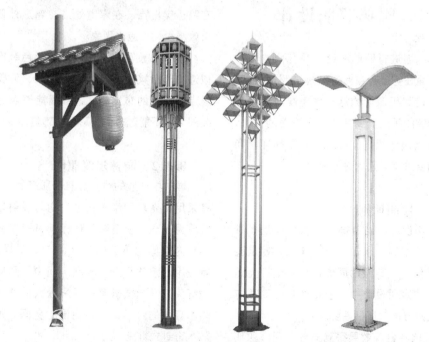

图 8-10　装饰座灯举例

③ 满天星：是用软质的塑料电线间隔式地串联起低压微型灯泡，然后接到 220V 电源上使用。这种灯饰价格低、耗电少、灯光繁密，能组成光丛、光幕和光塔等，也能均匀布置在乔

灌木树冠上作装饰。

④ 美耐灯：商业名称又叫水管灯、流星灯、可塑电虹灯等，是将多数低压微型灯泡按2.5cm或5cm的间距串联起来，并封装于透明的彩色塑料软管内制成的装饰灯。如果配以专用的控制器，则可以实现灯光明暗、闪烁、追逐等多种效果。在灯串中如有一两个灯泡烧坏，电路能够自动接通，不影响其他灯泡发光。在制作灯管图案时，可以根据所需长度在管外特殊标记处剪断；如果需要增加长度，也可使用特殊连接件作有限的加长。

⑤ 小带灯：是以特种耐用微型灯泡在导线上连接成串，然后镶嵌在带形的塑料内做成的灯带。灯带一般宽10cm，额定电压有24V和22V两种。小带灯主要用于建筑、大型图画和商店橱窗的轮廓显示，也可以拼制成简单的直线图案作环境装饰用，还可用于缠绕树干、盘旋树冠，作夜间树木装饰。

8.3　园林照明设计

对园林绿地进行照明设计主要有两方面的任务。一方面任务是为夜间游园提供照明条件，第二方面则是利用照明的灯光作为夜间造景和烘托夜间情调的手段。要完成这两方面的任务，就必须要遵循照明原则，针对不同园林环境和不同的照明要求有区别地进行设计。

8.3.1　照明原则

园林照明设计应当遵循的要求可以是多种多样的，但基本的要求却只有一句话，就是要满足照明功能，提高照明质量，有利于灯光造景。在实际的照明设计中，则要注意主动适应和遵循下述几方面的原则性要求：

1）要使园林景观效果得到充分展现　照明设计不但要注意夜间活动场地和园路的照明，而且还要满足灯光造景和使夜间景物及园景显形的要求。在水景区要注意用照明增加水景效果。例如用光直射水面，可产生波光粼粼、倒影摇曳之景；用光透射喷泉、瀑布，则可使水景晶莹剔透、闪烁发光；将彩色灯具布置于水下30～100mm处，还可以使喷水被"染成"彩色。为突出植物景观的夜间形象，可采用灯具组合方式和认真选择光的方向和颜色来照射塑造景观。

2）要努力提高照明质量　即要有合理的照度、均匀度、显色性和消除眩光现象。

3）照明线路、设备宜掩藏　园林绿地内部的照明线路应以地下电缆敷设方式为主，配电设备也应以隐蔽性设施加以掩藏。

4）路灯、草坪灯功率宜低　园林路灯的数量很大，在确定照明功率时要坚持节约用电、够用即可的原则，采用功率较低的灯具。

5）尽量避免树木遮光　照明设计要尽量避免树木遮光，从而有利于提高照明功效。避遮光的措施主要有缩短灯柱间距、加大光源功率和简单伸长灯臂等三种处理办法。将灯柱布置在路边突出点、在弯道处或在弯道外侧，也能有效减少树木遮光现象。

6）有限使用彩色装饰灯　彩色装饰灯可用以渲染节日气氛和装饰其他景物，但要求采取重点和集中的布置方式，数量能够满足造景需要即可，不能过多使用彩色装饰灯。

8.3.2　园林建筑照明

园林中一般的风景建筑和服务性建筑内部，多采用荧光灯和半直接型、均匀漫射型的白炽灯作为光源，使墙壁和顶棚都有一定亮度，整个室内空间照度分布比较均匀。干燥房间内，宜使用开启式灯具。潮湿房间中，则应采用瓷质灯头的开启式灯具；湿度较大的场所，要用防水灯头的灯具；特别潮湿的房间，则应该用防水密封式灯具。

高大房间可采用壁灯和顶灯相结合的布灯方案，而一般的房间则仍以采用顶灯照明为好。单纯用壁灯作房间照明时，容易使空间显得昏

暗，还是不采用为好。高大房间内的灯具应该
具有较好的装饰性，可采用一些优美造型的玻
璃吊灯、艺术壁灯、发光顶棚、光梁、光带、
光檐等来装饰房间。

在建筑室内布置灯具要注意：用直接型或
半直接型的灯具布置时，要避免在室内物体旁
形成阴影，就是面积不大的房间，也要安装2盏
以上灯具，尽量消除阴影。

公园大门建筑和主体建筑如楼阁、殿堂、
高塔等，以及水边建筑如亭、廊、榭、舫等，
常可进行立面照明，用灯光来突出建筑的夜间
艺术形象。建筑立面照明的主要方法有：用灯
串勾勒轮廓作装饰照明和用投光灯进行局部重
点照明两种。

沿着建筑物轮廓线装置成串的彩灯，能够
在夜间突出园林建筑的轮廓。彩灯本身也显得
光华绚丽，可增加环境的色彩氛围。这种方法
耗电量很大，对建筑物的立体表现和细部表现
不太有利，一般只作为园林大门建筑或主体建
筑装饰照明所用；但在公园举行灯展、灯会活
动时，这种方法就可用作普遍装饰园林建筑的
照明方法。

采用投光灯照射建筑立面，能够较好地突
出建筑的立体性和细部表现；不但立体感强、
照明效果好，而且耗电较小，有利于节约用电。
这种方法一般可用在园林大门建筑和主体建筑
的立面照明上。投光灯的光色还可以调整为绿
色、蓝色、红色等，则建筑立面照明的色彩渲
染效果会更好，色彩氛围和环境情调也会更
浓郁。

对建筑照明立面的选择，一般应根据各建
筑立面的观看机率多少来决定，即要以观看机
率多的立面作为照明面。有些高大的主体建筑
如高阁、高塔等，常常需要从四方观赏，因此
其前后左右四方都是照明立面(图8-11)。

对建筑一个照明立面的照明布置，通常采
用一主一辅两组投光灯同时照射的布灯方式，
以免在建筑立面上形成反差过大的明亮区和阴

图8-11 园林建筑照明

影区。主灯组布置在正面稍靠左或稍靠右的位
置，灯的功率和照度最大，主要作正面照明；
辅助灯组布置在与主灯组位置相反的另一侧而
更加靠近侧面，功率和照度均较小，主要为主
灯组照明形成的阴影区作补光照明。

在高阁、高塔的上部，还可布置全周旋转
的彩色投光灯组或激光灯组，在夜空中展示动
态的色光造型。

在建筑立面照明中，要掌握好照度的选择。
照度大小应当按建筑物墙壁、门窗材料的反射
系数和周围环境的亮度水平来决定。根据《民
用建筑电气设计规范》(JGJ/T 16—92)，建筑物
立面照明的照度值可参考表8-2中的数据。

园林建筑物立面照明的推荐照度　　表8-2

建筑物或构筑物立面特征		平均照度(lx)		
		环境状况		
外观颜色	反射系数(%)	明亮	明	暗
白色	75～85	75～100	50～75	30～50
明色	45～70	100～150	75～100	50～75
中间色	20～45	150～200	100～150	75～100

8.3.3　园路与场地照明

园路与园景广场、休息场地等园林环境都
属于地面硬铺装和空间开敞通透的环境，地面

都有一定程度的反射光线能力，在照明设计上的共性比较多。

1) 路灯的布置 园林路灯的供电线路应采用电缆埋地方式敷设；其配电箱布置、供电导线与电缆的选择按供电计算及电工规范确定。光源及灯具的选择及设计，则主要考虑园路环境照明需要和灯光装饰造景方面的要求。在不同园路环境和不同装饰造景情况中，照明设计的处理方式、方法也是不同的。

园林路灯的布置既要保证路面有足够的照度，又要讲究一定的装饰性。路灯的间距一般为10～20m，杆式路灯的间距取较大值，柱式路灯则取较小值。采取何种方式来布置路灯，主要看园路的宽度如何。园路特别宽的，如宽度在7m以上的，可采用沿道路双边对称布置的方式；为使灯光照射更加均匀，也可采用双边相交错的方式。但是，一般园路的宽度都在7m以下，其路灯也一般都采用单边单排的方式布置。在园路的弯道处，路灯要布置在弯道的外侧。在道路的交叉结点部位，路灯应尽量布置在转角的突出位置上。

2) 路灯的架设方式 在园路上，路灯的架设方式有杆式和柱式两种。杆式路灯一般用在园林出入口内外主路和通车的主园路中；可采用镀锌钢管作电杆，底部管径 $\phi 160～180mm$，顶部管径可略小于底部；高度为5～8m；悬伸臂长度可为1～2m；灯具仰角可为0°、5°、10°至不大于15°。柱式路灯主要用于小游园散步道、滨水游览道、游息林荫道等处，以石柱、砖柱、混凝土柱、钢管柱等作为灯柱，柱较矮，可设计为0.9～2.5m高；在隔墙边的园路路灯，也可以利用墙柱作为灯柱。

3) 路灯的光源选择 园林内的主园路，要求其路灯照度应比其他园路大一些，因此要选择功率更大的光源。为了保证有较好的照明、装饰效果和节约用电的效果，主园路上可采用高压钠灯和荧光高压汞灯。园内其他次要园路路灯，则不一定要很大的照度，而经常要求有柔和的光线和适中的照度。因此可酌情使用具有乳白玻璃灯罩的白炽灯或节能型的荧光灯。

园路照明设计中，无论是路灯的布置位置，还是其架设方式和光源选择，都应当密切结合具体园林环境来灵活确定；要做到既使照度符合具体环境照明要求，又使光源、灯具的艺术性比较强，具有一定的环境装饰效果。

4) 广场的照明布置 面积广大的园林场地如园景广场、门景广场、停车场等，一般选用钠灯、氙灯、高压汞、卤钨灯等功率大、光效高的光源，采用杆式路灯的方式布置在广场的周围，间距为10～15m。若在特大的广场中采用氙灯作光源，也可在广场中心设立钢管灯柱，直径25～40cm，高20m以上。对大型广场的照明可以不要求照度均匀。对重点照明对象，可以采用大功率的光源和直接型灯具，进行突出性的集中照明。而对一般的或次要的照明对象，则可采用功率较小的光源和漫射型、半间接型灯具，实行装饰性的照明。

5) 小型休息场地照明安排 在对小面积的园林场地进行照明设计时，要考虑场地面积大小和场地形状对照明的要求。小面积场地的平面形状若是矩形的，则灯具最好布置在2个对角上或在4个角上都布置；灯具布置最好要避开矩形边的中段。圆形的小面积场地，灯具可布置在场地中心，也可对称布置在场地边缘。面积较小的场地一般可选用卤钨灯、金属卤化物灯和荧光高压汞灯等作为光源。休息场地面积一般也比较小，可用较矮的柱式庭院灯布置在四周，灯距可以小一些，在10～15m之间即可。光源可采用白炽灯或卤钨灯，灯具则既可采用直接型的，也可采用漫射型的。直接型灯具适宜于有阅读、观看和观景要求的场地，如露天茶园、棋园和小型花园等。漫射型灯具则宜设置在不必清楚分辨环境的一些休息场地，如小游园的坐椅区、园林中的露天咖啡座、冷热饮座、音乐茶座等。

6) 其他场地的照明设计 游乐或运动场地

因动态物多，运动性强，在照明设计中要注意不能采用频闪效应明显的光源如荧光灯、荧光高压汞灯、高压钠灯、金属卤化物灯等，而要采用频闪效应不明显的卤钨灯和白炽灯。灯具一般以高杆架设方式布置在场地周围。运动场的光源选择主要应考虑其照度要求较大，照明均匀度要求较高的特点。

8.3.4 树木的装饰照明

为了使树木到了晚上也仍然是可见景观，需要为树木专门提供照明条件。通过色光的勾画照明，还可以修饰、改变树木的夜间形象，使树木成为重要的园林夜景构成部分。

1) 树木照明的原则 对树木安排照明时，要注意以下几个方面的原则要求：

(1) 投光光斑形状与树木几何形状保持一致：要根据树木不同的几何形状来安排投光照明的形式，圆球形树木用圆形光斑照明，圆锥形树木用椭圆形光斑照明。

(2) 淡色和突出的树木宜用强光强调轮廓：浅色的树木和位置突出的树木用强光照射时，会显得特别明亮，与黑暗背景的反差增大，因而其轮廓得到强调，显得特别清晰。

(3) 光源不应改变而应加强植物的颜色：红枫用红色光照射，金叶女贞或黄金叶(金叶假连翘)绿篱用黄色光渲染，普通的绿色树木还是要用绿色光来照射。一般情况下，不用不同色光照射不同颜色的树木。

(4) 照明要适应植物的季相变化：照明安排上可采取冷暖光色搭配方式，春夏季节用暖色光，秋冬季节用冷色光。或者对于秋季红叶的树种，在平时用绿色光，而在秋季则改用红色光加强其秋叶颜色的变化。

(5) 注意消除眩光：灯光方向和俯仰角度不正对视线。很多情况下都是用地面灯对树木投光照明，投光的位置和方向不当，就很容易造成眩光影响。因此在布灯之时一定要仔细推敲确定灯位和投光俯仰角度及投光方向。

(6) 背景树照明不考虑个别目标：对背景树木的照明只从整体着眼，作一般照明处理，不采用局部照明方式来强调背景树中的个别目标。

(7) 对幼嫩树不作装饰照明：幼树长期在夜间的强光照射下生活，会干扰其光合作用节奏和生理活动规律，影响树木的生长发育，因此不对幼树进行装饰照明。

(8) 灯具必须防水、防虫：对树木投光照明的灯具都布置在露天条件下，因此必须有密封的灯罩，确保光源不接触雨水，昆虫不能进入灯具内部。

(9) 灯具宜遮掩：不论灯具被布置在什么位置上，最好都有遮掩处理，使树木照明环境中只见照明灯光，而不见灯具及其线缆。

2) 树木投光照明设计 树木投光照明设计中主要应注意灯位安排、投光的调节、布灯方式和树冠的直接灯饰等几个方面的问题。

(1) 灯位确定：树木投光照明的一般灯位是地面以下灯位、地面以上灯位和高位灯位三种。地面以下灯位可以很好地掩藏灯具，但在挖穴、排水处理方面比较麻烦。地面以上灯位不能直接掩藏灯具，而需要用灌木或草丛来对灯具进行遮掩，但其安装方便，不需要考虑雨水排除问题，因此还是最常用的灯位。高位投光灯位是用支架将灯具支持到比较高的位置进行投光照射，因此灯具及其支架常常无法掩藏；但在一些局部照明的特殊条件下，也必须要采用架高的灯位。

(2) 灯的调节性：地面以下灯位和地面以上灯位采用的灯具多数是竖面反射型灯具，可以沿着垂直方向调整投光的俯仰角度。而架高的灯位则常采用对称旋转式投射灯具，可以在上下左右多方向进行旋转调节投光的方向与角度。安装在其他大树枝干上的高位投光灯具，也应当是可以旋转调节的。

(3) 布灯方式：投光灯在平面上的布置位置和灯具数量，对树木照明的形象和效果有根本性的影响。对成片栽植的树木投光照明，应采用多灯多角度照射的方式(图8-12a)。对单株树木进行照明，通常采用两灯两方向照射方式(图8-12b)。对成排的树木照明，可采用成排的灯具单方向照明方式(图8-12c)。对高低错落的树木照明，以多灯分别投光照射(图8-12d)。对双排树进行照明，也采用两排灯相对照射。专门针对大树、古树的树权树冠照明时，则采用单灯或双灯对着树权、树冠进行照射(图8-13)。

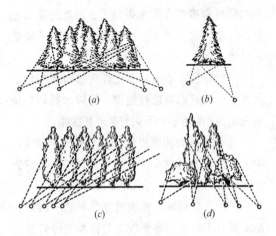

图 8-12　树木投光照明的布灯方式

(a)成片树木：多灯多角度照射；(b)单株：两灯两方向照射；

(c)成排树木：排灯单方向照射；

(d)高低树木：多灯分别照射

图 8-13　树权照明

(4) 树冠灯饰：对单株树木或多株树木进行彩灯装饰，可用低压的彩色微型白炽灯及满天星、小带灯等装饰型光源满挂树冠表面，使夜间的树冠上显示繁星点点、色彩璀璨的美丽景观。这种树木灯饰方法适宜在秋冬季节施行。

8.3.5　草坪与花坛照明

草坪与花坛都是以草本植物为主的，而且主要是在地平面展开的一类植物栽植形式，在夜间照明安排上既有相同的要求，又有不同的处理方式。

1) 草坪照明布置　园林草坪的照明一般以装饰性为主，但为了体现草坪在晚间的景色，也需要有一定的照度。对草坪照明和装饰效果最好的是矮柱式灯具和低矮的石灯、球形地灯、水平地灯等，由于灯具比较低矮，能够很好地照明草坪，并使草坪具有柔和的、朦胧的夜间情调。

草坪灯具一般布置在距草坪边线 1.0~2.5m 的草坪边带上；若草坪很大，也可在草坪中部均匀布置一些灯具。灯具的间距可在 8~15m 之间，其光源高度可在 0.5~1.2m 之间。

由于草坪灯具的发光部位通常在视平线以下，如果采用直射型的光源就会产生眩光现象。为了避免眩光，光源一般要采用照度适中的、光线柔和的、漫射性的一类，如装有乳白玻璃灯罩的白炽灯、装有磨砂玻璃罩的普通荧光灯和各种彩色荧光灯、异形的高效节能荧光灯等。除了要求灯具采用均匀漫射型或半间接型的之外，最好在光源外设有金属网状保护罩，以保护光源不受损坏。

2) 花坛照明安排　花坛的照明应正确显示花卉图案及其颜色，有利于展现夜间花坛的精美图案纹样和艳丽的色彩。花坛在照明安排上有两种方法：一是从花坛以外周边地带的高杆灯处投射照明；二是在花坛内布置灯具照明。

采用花坛周边地带高杆灯投射照明方法，需要确定适宜的投射距离和灯杆高度。从高杆灯发出的光投射到花坛坛面的距离，最好在 15m 之内，距离太远就需要采用更大功率的光源。光源应采用照度较大、照亮好、而且显色性也好的卤钨灯类。灯具应采用装饰性的落地高杆灯，灯杆高度 5～7m 即可。灯杆应沿着花坛周边地带等距布置，灯杆间距一般在 8～15m 之间。

采用花坛内布置照明灯具的做法，由于是近距离照明，因此对花坛精美图案纹样的显示效果很好，能够突出表现花坛细部的图案和正确显示花卉的不同色彩。在光源选择上，应以显色性好的热辐射光源为主，如选用白炽灯、卤钨灯等。采用的灯具不可是高灯，以免灯具阻挡花坛的观赏视线。应采用低矮的草坪灯或地面灯，灯具的外观造型多用扁而圆形的蘑菇式灯。将蘑菇灯布置于花坛中央，并布置在花坛周边地带。灯具上光线的投射方向应当是从上往下照射，尽量照明坛面而且减少阴影。

8.3.6 雕塑照明

雕塑一般都可以作为园林夜景中的主景或其他重点景物，但这种作用只能靠投光照明来实现。对雕塑的照明，通常是采用局部照明方式作重点的强调式照明。

1）照明要求 对园林雕塑的照明不要求特殊的灯光造型和装饰，只是照亮目标，使目标雕塑处于明亮状态而便于夜间观赏即可。也不要求照明均匀，主要照亮雕塑正面就可以了。雕塑的照明目的就是在不均匀的照亮目标过程中，求得雕塑目标的不同亮度、不同阴影和不同轮廓形象的全新表现，再创造出一个不同于白昼形象的夜景雕塑形象。

2）灯位确定 投光灯的布置位点应根据雕塑的具体位置和环境状况确定。对于地面上的孤立雕塑目标，灯位应与地面平齐。而在基座上的雕塑，灯位则应布置在较远的地方，只照亮雕塑，不照亮基座。对于人们可接近的基座上的雕塑，应将灯具固定在其他物体之上，不受人活动的影响。

为了突出雕塑作品的夜间表现，可以采用直接型的投光灯具从前侧方对着雕塑主景照射，使雕塑正面的亮度明显大于周围环境的亮度，从而鲜明突出地表现雕塑主景。灯具不宜设在正前方，正前方的投射光对被照物的立体感有一定削弱作用。灯具也不设在雕塑的后面，若在后面，就会造成眩光并使雕塑正面落在阴影中，不利于雕塑的形象展现；除非是特意为了用灯光来勾勒雕塑的轮廓剪影，否则都不要从后面照射目标。

雕塑照明的主要禁忌就是：不在产生不良阴影的地方布灯。例如，只在人像雕塑前脚下布置投光灯，光线仰射，会在嘴唇、鼻子之上形成浓重的阴影，将严重破坏艺术形象。

如果雕塑是彩色的，为了正确显示本来的颜色，就不要采用可能偏色的高压汞灯等气体放电光源，而应当采用显色性良好的大功率卤钨灯。如果雕塑是蓝色、紫色或银色等单色的，就可采用气体放电类光源，可以达到照亮并增色的效果。

8.3.7 水景照明

水景的种类很多，不同类型的水景在照明处理上也是不同的。静态水景的照明目的与动态水景不同，动态水景中的流水、落水和喷水等不同的动态形式，在照明处理上也很不相同。

1）静水水景照明 湖、池等静水水景，可用光线柔和的漫射型灯具均匀布置在岸边，使近岸边水面被略微照亮，容易使岸边的亭廊树木等景物形成倒影，创造出情调优美、意境深邃的夜间静水景观。对于岸上的重点景物，也可采用局部照明方式，用水下的直射型灯具给予投光照明，使该景物得到突出表现。在湖边，如果需要表现湖水的粼粼波光、闪烁水星，可以在岸上布置直射型灯具向下斜射水面，在微波轻浪的反光中，便会呈现出预想的波光效果。普通水池的照明，则采用在侧壁安装漫射型灯具横向照射的方式，既照亮水边又不产生眩光。

2）流水水景照明 沟渠、溪涧等流水水体照明主要应突出表现带状水体中水的流动感。

可以在两岸布置直射型灯具向下斜射水面，或者在水体的一端布置投光灯斜照整条溪涧，就能够将流水水面闪动的波光和跳腾的水花清楚地刻画和展现出来。

3) 喷水水景照明 喷泉、涌泉、射泉等喷水水景照明应主要针对喷射到空中的水花、水线、水柱进行。因此，通常是采用水下灯布置在喷头之下或在落水点之下，直接对着喷出的水或落下的水照射，灯位设在喷头或落水点处水面以下 100mm 左右。为了造成彩色的喷水，水下灯可以用彩色灯具，分别照射出不同的色光来渲染喷水。将三原色灯加绿色灯安装在水面下 30～100mm 处照射涌泉，使涌水成彩色，具有斑斓夺目的效果。

4) 落水水景照明 瀑布、跌水及壁泉、管泉等落水水景的照明仍然主要针对落水进行，一般也是采用水下灯。水下灯布置在落水点水面之下 20cm 左右的水中，从下向上照射落水，使水景晶莹剔透，闪闪发光（图 8-14）。灯具在落水点的水面下要充分固定，而且要完全密封和绝缘。叠瀑和跌水最适宜采用管状的荧光灯组成线状光源，沿着瀑布、跌水的水平落水口之下布置，使瀑布落水的各部得到均匀的照亮，其光通量大小也根据落水状况而确定。如果将线状光源布置在水下，则应当置于完全密封的透明灯槽之中，而且要做到绝对绝缘。瀑布照明的灯具如果采用固定于芯片中的变色程序进行控制，则可使瀑布落水出现色彩的变化，更加增强水景的动态表现。

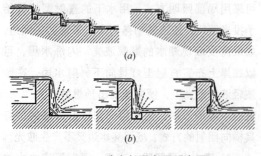

图 8-14　跌水与瀑布照明布置
(a)跌水的照明布置；(b)瀑布的照明布置

5) 其他水景照明 温泉、浴场水池的照明，采取从池外向水面之上照射的方式，利用灯具的余光和水的反光使水面具有一定的亮度，但不会形成眩光和局部的阴影。水族箱、海洋动物展览池照明，应将水下的线状光源安排在水池前缘下脚处，从前往后和从侧下方往斜上方照射，使池水从上到下全被照明。在海边公园临海处的水边照明，也可采用从水下向上照明的方式，起到海边水景装饰的作用。

8.3.8　洞穴照明

可供游览的园林假山山洞和溶洞风景区的山洞，都需要有灯光照明或灯光装饰造景。洞穴照明不但夜间需要，就是在白昼也是需要的。洞穴的照明方式可分为显示照明、洞道照明、饰景照明和应急照明等四种。

1) 显示照明 洞口的导游指示文字、图形和洞内的路标、警示标牌等，在光纤暗弱的洞穴环境中不便清楚地察看，需要以显示屏的方式显示出来，这时就必须采用显示照明方式。显示照明就是采用灯光显示屏或透光显示牌进行照明的方式。

(1) 显示照明的种类：根据显示内容的不同，显示照明可分为 3 类。第一类是游览路线显示屏，即替代导游图起到引导游览作用的一类显示方式。第二类是景观显示屏，其作用是介绍洞中的主要景观。第三类是显示标牌，其显示内容有：欢迎辞、警示语、路标、景名、景观简介等，显示的形式有文字、图形、图标、符号等。

(2) 显示方式：显示屏的发光显示方式有两种。一种是顺序发光显示，即每段的发光从起点开始顺序地逐点亮到终点，最后全部发光。第二种是顺序发光与预示闪烁显示，也是每段从起点开始顺序地逐点亮到终点，但当每一起点灯开始亮时，下一点上的红灯便开始闪烁；当路线指示灯亮至一个景点时，该景点的红灯便常亮不灭。待游览路线亮过一趟之后，所有

园
林
工
程

的指示灯便全部熄灭。控制器按设定数据自动地暂停一段时间之后，再重新启动或由人工控制开关再一次启动。在每一个景点都配有彩色的景观图片显示屏，形象生动逼真，显示效果良好。

(3) 发光控制：显示屏或显示牌的发光显示是由电子程序控制器按照预定程序进行控制的。在使用显示屏之前，要先将需要显示的文字、图形写入存储器中，然后在控制器的控制下按照不同显示方式把文字、图标和图形的指令输入显示器，然后在显示器上显示文字和图形内容。需要更换显示内容时，只需将不同内容的可编程程序录入存储器即可。

2) 洞道照明　洞道照明是专为洞中游览观景而安排的即时性照明，是在洞道沿线及其两侧有景观处布置照明灯具，将路面和两侧景观照亮，以便于洞中游览和观景。

(1) 照明布置：洞道照明一般采用常明灯照明和附加灯照明两种方式。常明灯照明是在溶洞内游览道沿线布置路灯，路灯采用常明不灭形式。这种形式最适于洞中较宽阔的主道和两侧景观比较集中的路段。附加灯照明是在洞中较偏僻的路段或一些游人较少的支路路段，布置照明灯具和声控开关，当有人通过时，路灯照亮；而当路段上无人行走时，路灯自动熄灭。

(2) 常明路灯安装：采用常明路灯照明洞道，其灯具的安装高度以 200mm 为宜，灯具布置在路旁隐蔽处，采取地灯照明形式。光源的照度值应当不小于 0.5lx。采用 60W 灯，灯具安装密度应为每 4～6m 布置 1 盏。

3) 饰景照明　利用不同颜色、不同格调的灯光对洞中景物进行装饰性照明，使洞景更加奇幻多彩，这种照明方式就是饰景照明。饰景照明设计是一项细致的工作，要根据洞内景观的分布状况和景观形象特点，逐一进行灯具的位置选定、光色的配置、光的照射方向和俯仰角度的调整等工作。

(1) 照明对象：饰景照明主要针对洞内各主要景点及重要景物进行，如造型奇特的石钟乳、石笋、石柱、石幔、石树、石花、石宝塔及其他象形石，以及洞中流泉、小洞、水池、跌水等水景。

(2) 照明布置：对于近景，采用漫射型灯具柔光斜照，也能够清楚地观赏景物，而不用大功率灯照射，以免因景物亮度太大而影响观赏。对于远景，可用 150～200W 的较大功率投光灯，仅照亮远处的目标景物即可，不用照亮其周围环境。在照明的光色配置方面，则应当根据景物或景观的具体特点，确定采用的光色。对同一景物，可用单色光照射，也可用两种色光分别照亮景物的不同局部，使照明装饰对象呈现奇幻的光色变化。

4) 应急照明　为了防备突然断电的影响和便于断电时人员的疏散，在洞穴游览区内必须安排好应急照明设施，即在适当地方布置以蓄电池供电的应急照明灯。应急灯的构成包括：充电型的小型密封蓄电池、用于充电放电转换的充放电装置、逆变器和光源。光源可采用 30W 白炽灯或 8W、11W 节能荧光灯。应急灯的灯位选择在洞内通道转弯处、转折点处、洞道变坡点处，照明的效果会更好些。

应急灯的明灭状态一般采用红外光遥控器控制，控制距离 7m。经常变化的灯光，则采用可控硅调光器进行控制。

5) 洞穴照明的安全措施　洞穴中照明设施布置一定要确保安全运行。变压器用 380V 中性点不接地系统，并且要将变压器隐藏起来，与游人相互隔开。洞中供电回路最好用双回路。在特别潮湿处布置的线路及灯具的电压不超过 36V。电缆要防潮，要用塑料或橡胶护套线保护，确保绝缘和不漏电。金属的灯具外壳需要接通地线，地线另一端与水坑接地板相连。接地板的尺寸为：厚度大于等于 5mm，面积大于等于 0.75m²，每水坑内接地板的数量不少于 2个。洞中电线布置在洞道一侧的土下或山石背后，不露出来。电线要隐藏好，避免人为损坏和发生安全事故。

复习思考题

（1）怎样确定综合性公园的各主要局部在照明设计中安排的照度值？

（2）在园林绿地照明安排中，怎样才能保证很好的照明质量？

（3）公园的基本照明类型是如何划分的？各照明类型的特点是什么？

（4）照明光源的分类情况怎样？各类光源都有哪些具体的光源品种？

（5）怎样进行园林灯具的分类？按园林用途分出的灯具大类各有哪些特点和具体品种？

（6）怎样理解和掌握园林照明设计原则？

（7）园林建筑照明应当掌握的设计要点有哪些？

（8）园路照明设计应注意的主要问题是什么？

（9）树木照明的原则有哪些？怎样应用树木照明的几种布灯方式？

（10）应当怎样进行草坪与花坛的照明布置？

（11）园林雕塑照明的方法要点和注意点是什么？

（12）喷水水景和落水水景的照明方法有何异同之处？

（13）什么叫洞穴的显示照明？显示照明的种类和方式如何？

（14）洞穴内部游览道和洞穴景观的照明及灯光装饰应当怎样做？

（15）应当怎样安排洞穴内的应急照明？如何保证洞穴照明与用电的安全？

第9章 园林施工管理

园林工程在总体上属于土木建筑工程系列，涉及的土木工程内容十分广泛。如何有序、高效地组织和管理园林工程施工，是一个很重要的专业业务问题。本章主要针对园林工程基本建设程序、园林工程招标投标、园林工程施工管理和工程竣工与验收等进行学习。

9.1 园林工程建设程序

园林绿地建设工程是一种综合性很强的工程，它所涉及的学科、工种相当多，在同一项绿地工程中承担施工任务的不同性质的施工单位也很多。如何组织、协调好众多学科、工种和施工单位有条不紊地施工，是园林工程技术人员面临的最重要的业务技术难题之一。问题虽难，但不可避免，这项工作一定要做好。

9.1.1 园林基本建设程序

园林基本建设程序，是指某个园林建设项目的建设过程中各阶段、各步骤的先后顺序。根据国家在建设方面的政策精神，园林工程建设程序必须是合法的程序，必须要先进行勘察设计，然后再施工；不能边勘察、边设计、边施工。园林绿化建设的基本程序可分为计划、设计、施工、竣工四个阶段，主要情况如下：

1) 计划阶段 这一阶段中的主要工作是对园林基本建设项目的提出和可行性研究、论证及其审批、立项。其基本工作程序是：

(1) 项目的提出：风景园林工程的项目确立及其建设计划，是根据地方园林建设事业发展的需要，在确认工程项目的必要性和基本建设条件已基本具备、工程建设能够按预期展开的前提下，由该项目的建设单位或有关的业务部门提出的。

(2) 可行性研究，项目论证：确立了工程项目，如何实施项目建设任务，该项目的可行性有多大，这些根本性的问题还必须有明确的结论。这就要进行建设项目的可行性研究和论证。

可行性研究就是对建设项目的必要性、社会经济意义、建设条件、环境影响、工程效益、投资效果等各方面根本问题进行分析、比较、评估和研究，对项目的切实可行性进行论证和判断。

(3) 提出可行性报告：在可行性研究取得实质性成果的基础上，编制可行性分析报告，供上级决策部门作为决策的重要依据。

(4) 制定项目计划任务书，申请立项：在项目计划和可行性研究报告的基础上，着手编制工程建设项目计划任务书。任务书的内容主要有：建设单位情况、建设工程的性质、项目类别、项目地点、工程项目建设的依据、工程规模、工程内容、工程设计施工期限和初步的设计概算等。有了项目计划任务书，就可以提出立项申请。

(5) 审批、立项，报上级审查批准：工程项目的建设计划还要经过相应主管部门的严格审查和发文批准，方能在地方的基本建设计划中正式立项。经正式立项的园林工程建设项目，还要落实投资意向，解决工程项目资金投向问题。

(6) 委托监理：经正式发文，确认工程项目的立项已获批准之后，要进行工程建设的先期准备。先期准备主要是最后落实投资计划、组织筹建机构和委托工程监理、委托规划设计。

2) 设计阶段 建设项目的规划设计工作应当委托有资质的正规设计单位来做。建设单位应当向选中的规划设计单位提出建设项目的规划设计任务委托书，将委托设计的工程性质、工程规模、规划设计合作方式和对规划设计的基本要求等有关事项在委托书中交代清楚。设计单位正式接受了规划设计任务后，再开展设计工作。

规划设计工作进行之前，需要进行一些准备。设计准备的主要工作就是进行现场调查、踏勘、水文地质勘察、地形现状测量和收集设计相关资料等，实际上偏重于设计技术方面的准备。

技术资料收集基本完成之后，可开始进行初步设计。园林建设工程的初步设计就是做规划，做方案设计，并根据设计方案编制设计概算。

等到初步设计方案经过评审、获得通过后，就要进行施工图设计；施工图设计是园林工程技术设计的主要工作内容，是今后开展工程施工和进行工程预算必不可少的基本技术环节，要求做出详尽的平面、立面、剖面和断面详图。

3）施工阶段　园林建设工程的施工阶段实际上又分两个主要的工作部分。一个是施工准备部分，另一个是施工的实施过程部分。

（1）施工准备工作：园林单项工程的施工准备，有进行施工组织设计和施工计划工作，有材料、辅料、设备等物资采购工作，有根据施工图进行施工图预算的工作和施工现场清理、"三通一平"等现场准备工作。要根据建设工程的总计划，进行具体的施工准备，从技术、劳动力、施工物资、施工现场和施工临时设施等方面，做好开工准备。

（2）施工过程：园林工程的各单项工程施工是占用时间最长，工作内容最具体的一个阶段，是园林项目从图纸、计划到实际施工建设成果之间的一系列施工过程。从时间顺序来看，其工作内容主要包括以下几个方面：

①地形及土石方基础工程施工：这是施工开始后首先进行的工作，是以土石方施工为主的工程。根据总体规划，在既定的位置和范围内开挖湖、池、沟渠等水体，挖出的土方再按照设计堆成土山，或运到低湿地用于填高地面。而总体规划确定的其他地形改造工程，这时也可同时进行。此外，为了施工方便，还要修建少量的临时施工道路，供施工车辆运输使用。为了保证工程顺利进行，一般需要用围墙、篱栅等把园林用地围起来，因此，就还要进行围墙边界的施工。

②重点建筑与基本绿化施工：园林土石方基础工程基本完成和建筑施工条件基本准备好

之后，优先进行的建筑工程项目一般是总体规划所确定的主体建筑和工程规模较大的重点建筑。同时，在园林周边地带、湖池岸边和规划确定的成片树林用地等不影响其他工程项目施工的地方，要按照绿化规划，进行以乔木为主的基本绿化种植施工，使今后园林植物景观的骨架能够提早形成。

③一般园林设施施工：重点建筑基本建成后，再建造次要建筑和比较重要的园林构筑物。同时，可以开始修筑主园路。在游乐区、儿童游戏场等处，则可开始进行游乐场地和设施的铺装、修筑、安装施工以及调试、试运行等工作。

④园林辅助设施施工：分散布置的小型园林建筑、小卖点、桥涵、游船码头、景墙、分隔墙、护坡以及多种多样的园林小品，要按照设计进行建造、装配和布置。与此同时，还要继续园路的修建，将一般的园路都修筑起来，使之基本构成园路系统。此时，园林建设已接近完成，施工的重点可以转到园景中心、园林主要出入口的门景设施上，最后完成全园景观体系的建设。

⑤附属设施与全面绿化施工：土木建筑工程方面的施工基本完成后，还要继续完成园林附属设施的修建和安装工作，如卫生间、垃圾站、苗圃、植物养护场、机具房等。这时，给水排水、供电及通信系统的管线安装、设备装配与调试，也要最后完成。一般情况下，水电安装完成的同时，要进行以灌木和草本植物为主的全面绿化施工，如绿篱、草坪、花坛的施工和个别乔木的种植施工等。

4）竣工阶段　在竣工之前，要将各单项工程完工时的所有收尾工作都做好。同时，对园林环境还要进行修饰、整理和清洁工作，使之能够达到验收合格标准。

每一个单项工程的施工工作完成之后，施工单位都要按照验收标准进行竣工前的自查，发现问题时要及时修正和弥补，使施工质量和环境效果都能达到验收合格的要求。经过自查，再由建设单位、监理单位、设计单位组成的竣工验收小组进行严格检查。检查合格，方得通过竣工验收。在竣工验收阶段，还应当绘制竣工图，编写工程竣工总结材料，作为工程档案资料交有关部门备案存档。

以上四个阶段就是园林工程建设的四个基本程序，是园林基本建设项目的一般建设程序，但不是具体的园林单项工程的施工程序。不要把园林工程项目的建设程序与具体的施工程序混淆起来。

9.1.2　园林工程项目及其组成

园林工程项目指的是与园林环境建设有关的一种工程单位。每一项园林工程，都可称为一个园林工程项目。但在实际工程建设中，项目的规模、范围和具体概念常常差别很大，工程项目的组成也常常有所不同。因此，有必要分清不同工程项目的类别、概念与组成情况。

按照层次包含关系和规模大小及复杂程度的不同，园林工程项目一般由以下工程内容及相应概念组成：

1) 园林建设项目　园林建设项目是关于风景园林环境的基本建设项目，是最高一级的园林工程项目。凡是按照一个总体规划而进行设计和组织施工，建成后具有完善的功能结构和完整的景观体系，能够独立发挥游览、休息和生态保障作用的建设工程，就是园林建设项目。在实际工作中，一般以一个风景园林单位作为一个建设项目。例如，一个风景名胜区、一个公园、一个小游园、一个机关单位的园林式绿化庭园等，都可称为是一个园林建设项目。对大型的分期建设的园林工程，如风景区、大型公园之类，可能在不同的建设期中有不同的总体规划与设计，则此类园林工程就可能有几个建设项目，分为一期建设项目、二期建设项目或近期建设项目、中期建设项目等。

2) 单项工程　单项工程是具有单独的成套设计文件，竣工后能独立发挥某一项功能作用或环境效益的园林工程项目。例如在公园建设项目中，常含有一些建筑工程、园路工程、假山工程、水景工程、绿化工程等。其中每一组建筑、每一片区的园路、每一处假山、每一个人工水体或每一片草坪、每一片风景林，都可称为一个单项工程。一个园林建设项目常是由若干个单项工程组成的，因此可以把这些单项工程都看做是园林建设项目的子项目。有时，一个建设项目也可能只含有一个子项目，则子项工程就既是单项工程，又是建设项目。

3) 单位工程　凡是有单独的设计，可以独立施工，但完工后不能独立产生园林效益，只能与其他相邻设施共同发挥某一项功能作用的工程项目。单位工程是上述单项工程的组成部分，一个单项工程可由几个单位工程构成。例如，城市广场的中央雕塑喷泉水景工程，是广场建设中的一个单项工程，它又是由水池土建工程、雕塑工程和喷泉水电安装工程等几个单位工程组成的。不同的单位工程，都有一个不同的主导工种，这是单位工程的一个明显特征。

4) 分部工程　一个单位工程内的各部位工程，就是分部工程。例如雕塑工程，就是由基础工程、基座工程和雕塑体工程三个部位的分部工程构成的。又如园林湖泊水体工程，也可能包含有土方挖掘工程、湖底处理工程和湖岸砌筑工程三个分部工程。分部工程既可根据工程的不同部位来划分，也可根据工种特点或工程质量检验评定要求来划分。例如园林建筑工程中包含的砌筑工程、钢筋混凝土工程、防水工程、木作工程、抹灰工程等，是根据工种特点划出的分部工程；而建筑的地基与基础工程、主体工程、地面及楼地面工程、门窗工程、装饰工程等，则是按照质量评定要求划分的分部工程。

5) 分项工程　组成分部工程的若干个施工过程被称为分项工程，它有时也被直接称为施工过程。园林工程中，如石假山的基础工程，是假山工程的一个分部工程。而假山基础施工中的基槽挖土、地基夯实、铺填垫层、现浇混凝土基础层等几个施工过程，都是假山基础施工中的分项工程。

从上面所述各方面情况可以看出，园林工程项目实际上是在一定空间范围和一定时间阶段中园林工程建设的一种表示单位，它既是一种空间活动，也是一种时间过程，这在下述园林工程施工程序的有关情况中，还可以看得更清楚。

9.1.3 园林单项工程施工程序

不同的园林单项工程，其专业内容不同，施工程序的复杂程度也不同，在施工组织方式上也存在较大差别。但就一般的施工过程来看，它们之间还是有许多的共同点。在这里，我们就不同单项工程施工中共同施工方式和通常采用的程序来进行讨论，以便能掌握施工程序中基本的、共性的东西。结合图9-1中的图解，我们来看看园林单项工程一般的施工程序。

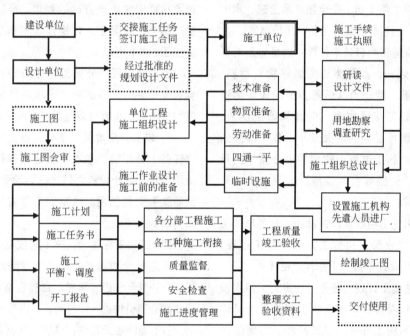

图9-1　园林单项工程一般施工程序示意图

1) 接受施工任务阶段　作为施工单位，在接受施工任务过程中主要的工作程序及其工作内容如下(图9-1)：

(1) 参加工程投标，获得施工任务：通过制订高质量并且报价合理的施工方案或投标方案，在竞争中获得施工任务，然后与建设单位签订工程施工合同。

(2) 办理施工手续：有的情况下，施工单位可能还要办理特定工程的施工执照或其他允许施工的手续，取得合法施工资格。

(3) 研究施工任务：接受施工任务以后，要集中施工技术人员对园林总体规划方案进行认真研读，熟悉各方面规划细节，并且要着重掌握总体规划对本施工单位所承担单项工程的具体要求。同时，要把研读重点放在本单项工程的设计文件上，充分掌握设计意图和设计细节。接着，要到施工现场实地踏勘，复核地形图，了解施工环境，研究现场施工条件。当缺乏必须的用地水文地质资料和地基资料时，还要请建设单位解决地质勘察问题。通过针对施工任务进行的一系列调查研究，尽可能全面地掌握施工现场情况和具体施工条件。

(4) 做出施工组织总设计：对单项工程的施工方式、施工程序、工地布局、物资材料供应、工种人员调配和各分部工程的施工衔接等具体施工问题进行总体安排，做出施工组织总体设计方案，使工程施工能够有计划、有秩序、按步骤地进行。

2) 施工准备阶段 施工开始之前要进行充分的施工准备，其间主要的工作内容及工作程序有以下几点：

(1) 建立施工组织机构：以施工项目经理为主，设立各级施工机构和班组，并确定相应的负责人，例如设立施工组、安全组、木工班、水电班及确定施工组组长、施工工长、质检员等。

(2) 准备施工物资技术条件：这是施工准备的主要工作之一，即要为施工做好物资材料、施工技术力量、劳动力队伍等方面的人员物资准备；要为施工接通水源、电源和施工便道，要做好施工现场必须的地面整平工作，即做到"三通一平"。施工过程中需要的办公室、工具房、材料房、工棚等临时设施，也要在施工开始前搭设起来。

(3) 做出施工组织及作业设计：对各单位工程及更具体的分部工程施工方法和施工过程，做出施工组织设计方案和工种作业设计。

(4) 下达施工计划、任务：按照施工组织设计规定的工程顺序，向有关施工班组下达具体的施工计划和施工任务书，做好施工方案的技术交底。对施工技术力量和劳动力队伍进行合理调度，平衡施工力量，保证施工进度。各方面施工条件基本准备好之后，就可以向上级机构提出开工报告，申请正式开工。

上述准备工作都完成以后，就可以进入具体施工阶段开始施工了。

3) 施工操作阶段 施工开始后，主要工作在下述三个方面：

(1) 组织人员精心施工：按照施工组织设计方案，分别安排各单位工程及其分部工程的施工，既要严格地"照图施工"，又要针对具体环境条件的变化，在施工工艺、施工方式和施工矛盾解决等方面做出创造性的处理，努力获取最佳施工效果。

(2) 加强施工过程管理：为保证施工顺利进行，在施工过程中要加强技术管理、用料管理、人员管理、施工质量管理和工程进度管理，注意协调各单位工程、分部工程及各工种之间的配合与衔接关系，及时解决施工矛盾。

(3) 严格工程监理和安全检查：为确保施工质量，要按照规定配备工程监理人员，对施工全过程进行监理，以确保高质量的施工。同时，也要抓紧安全生产方面的管理，坚决执行安全生产制度，督促工人按操作规程施工，做到安全施工、文明施工。

各单位工程、分部工程完成的时间一般都会有先后之分，不必强求一致。待最后一道工序完成之后，也就可以自然进入竣工阶段了。

4) 竣工验收阶段 单项工程的竣工验收阶段任务十分明确，基本上都是在进行施工质量检验及安全生产检验之后，达到验收合格标准，然后就可交付使用。这里的工作实际上就是下面列举的三项：

(1) 迎接工程质检：施工完成后，首先对工程质量进行全面自检，发现质量问题要加以修正、弥补甚至于返工重做。自检合格后，再由工程质量监测机构进一步检验，并出具检测报告。

(2) 编绘竣工资料：这项工作就是要求按工程竣工的实际情况，绘制竣工图，编写竣工报告和工程施工总结等验收资料和存档材料。

(3) 通过竣工验收：在施工全面完成和竣工资料齐全完整的情况下，由建设单位、质检单位、设计单位和施工单位共同进行竣工检查和验收，验收合格，即可正式交工。

本节从园林工程基本建设程序和园林单项工程施工一般程序这两个方面，比较深入地介绍了有关园林建设及其工程施工的基本知识。从这些知识中，已经能够大概了解到园林工程施工的专业性质、展开方式、工作内容和工序特点。对于下面将要学习的园林招投标与工程承包方面的业务知识，这些都是必须了解的情况。

9.2　园林招投标与工程承包

工程建设项目招标投标是国际上通用的比较成熟而且科学合理的工程发包承包方式。这是以建设单位作为建设工程的发包者，用招标方式择优选定设计、施工单位；而设计、施工单位为承包者，用投标方式承接设计、施工任务。

9.2.1　园林工程招标

园林工程项目的招标实际上也是园林建设程序的一个必要的组成部分。在园林建设工程项目中推行招标投标制度，其目的是控制工期，确保施工质量，降低工程造价，提高经济效益，健全市场竞争机制。

1) 招标条件　进行园林工程项目的招标，必须先具备下列六方面的条件；否则，即为违规招标。

(1) 概算已获批准：设计概算已通过审查获得批准。

(2) 已立项并列入年度计划：有正式立项批文。

(3) 现场"三通一平"：现场具备基本施工条件。

(4) 设计已获批准：特别是总体规划设计已定稿。

(5) 资金、设备已落实：有足够建设资金和设备。

(6) 有招标批文：获得了招标资格。

2) 招标的类型　园林工程项目招标的类型表明了该招标是属于什么性质的、在什么范围内进行的招标。就招标的类型而言，从不同角度来看它是不一样的，也就是说从不同的区分标准就可以分出不同的类型。通常我们是按下述 3 种情况来区分园林工程招标类型的。

(1) 按建设程序分：如果按照园林工程建设展开的阶段程序来区分，园林工程招标就有三种形式，即：项目开发招标、勘察设计招标和施工招标。

(2) 按承包范围分：在招标形式上如果按不同的施工地段、施工范围来划分招标标段，并针对每一标段分别进行招标。这种招标就是按承包范围来进行的分标段招标。

(3) 按业务性质分：这种区分招标类型的方法是以工程内容中的不同业务性质来分类的，根据这种分法，将园林工程招标分为：①土木工程招标；②绿化景观工程招标；③勘察设计招标；④材料设备招标；⑤安装工程招标等。

3) 招标方式　招标方式就是指招标的实施过程采用什么形式，是公开的形式还是非公开的形式。招标方式决定某一项园林工程招标所针对的投标者范围，所以在投标者决定参与投标的时候一定要弄清楚招标方式。目前在工程承包市场上通行的招标方式有下述 3 种：

(1) 公开招标：向社会公开招标信息，广泛征集投标者。具有全公开性，招标整个过程全公开；具有无限竞争性，全面放开竞争；具有不限量性，对投标单位和个人不限量；具有不拒绝性，不拒绝任何符合投标条件的投标者参加竞标。

(2) 邀请招标：只向受邀请者发出招标信息，招标信息在有限的小范围内公开，不具有全公开性。因此，这种招标方式体现了在小范围投标者之内的有限竞争性；招标过程也是非公开性的；但对投标单位数量的下限也有规定，即邀请的投标单位不得少于 3 个。

(3) 议标招标：招标信息不公开，也不同时邀请几家投标单位，只是向选中的一个单位发出工程招标和承包邀请。因此，这种招标方式具有非竞争性，是直接委托，无竞争者参加的。工程的标底及承包方式由邀请方和受邀请方协商确定，因而属于议定标。

4) 招标程序　园林工程项目招标的程序一般可分为招标准备、招标投标和决标成交三个阶段。

(1) 招标准备阶段：进入招标程序，开始准备招标前期的有关材料和手续。这时需要做三方面的工作。一是向地方建设主管部门提出招标申请，二是编制招标工作的相关文件，三是确定标底。申请招标前，要在工程项目立项之后30d内正式报建，并建立招标班子，然后再提出招标申请。招标文件的编制中，主要应对工程进行综合说明，介绍项目概况、质量标准和要求、技术规范、辅助资料表、招标方式、投标资质要求、投标资格审查表、投标书及其附录、设计图及说明书(计算投标价格时用)、工程量清单及单价表(作投标参考)、投标须知和对投标活动的其他要求、合同格式、条款及协议书通用专用条款，并提供合同书的样本。编制标底要准确、客观、公正，不超投资总额。

(2)招标投标阶段：在这一阶段中需要做的工作有：①采用招标公告或招标邀请函的方式发布招标信息；②采用评分法对参与投标的单位进行投标资格预审；③组织投标方进行现场考察及工程交底；④召集开标预备会，并做解释、答疑工作。

(3)决标成交阶段：这个阶段的工作主要分三步进行。

①开标：又称揭标，即当众公布各投标单位的投标书内容。

②评标：由特邀专家及评委进行投标结果的评估，评标要客观公正、科学合理、规范合法，不得违反公平竞争原则。

③决标：即选定中标单位。中标即工程承包业务成交，中标理由有两种，一是以最佳综合评价而中标，二是按合理最低投标价格中标。决标时间是有期限的，国际招投标的决标应在开标之后的90～120d；国内招标的大中型工程规定在开标后30d或30d之内；国内小型工程则应在开标后10d或10d之内。

中标成交之后，应在规定期限内正式签订工程发包、承包合同。

9.2.2 园林工程投标

参与园林工程投标应当具备所要求的资格，并按规定程序报名、提交资格审查表、标书及其他投标材料，参与相关会议、活动等。

1) 投标资格 参与工程投标，除了要符合招标方提出的一些特殊条件之外，还要具备一般工程投标都应具备的资格。一般工程投标应具备的资格有下列6项：

(1)具备招标方要求的企业资质等级：有营业执照、资质证书。

(2)有足够的启动资金：具备展开工程活动的资金力量，有资金证明材料。

(3)有技术实力：现有技术力量及技术设备情况良好。

(4)有工程业绩：能提出近三年内成功承建园林工程的业绩证明材料。

(5)外地企业应具备准入资格：即已经取得异地工程承包许可证。

(6)具备施工力量：现有施工任务情况允许增投新标。

2) 投标程序 投标的规定程序是：在规定日期内报名，申请投标→填写投标资格审查表，接受资格审查→索取并研究招标投标相关文件→参与现场踏勘和工程交底→编制投标书，确定投标报价→参加开标、评标、决标的会议→中标后签订施工承包合同。关于投标程序还可参考图9-2所示。

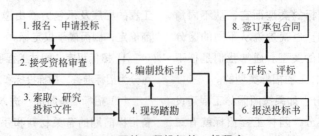

图9-2 园林工程投标的一般程序

3) 投标方法 在具体的投标过程中需要考虑的因素是多种多样的，在投标方法上就要注意紧紧抓住重点，进行正确的投标决策和采用有利的投标策略和技巧。

(1) 投标决策：投标决策要根据投标的性质和效益估算而做出。从投标性质上讲，如果所投的标存在风险，困难大，就是风险标，就一定要慎重，经过精心计算后再做出决策。如果对所投标涉及的重大问题都有对策，投标基本无风险，则是保险标，保险标当然要积极去争取中标了。再从投标的效益方面进行分析。经过计算能够确定所投标可以赢利，那么是赢利标，赢利标是一定要争取的。如果计算结果显示工程承包不能有赢利或仅仅有薄利，就是保本标，这时就要认真衡量投标的利弊。考虑到后续工程因素或其他重要因素，虽然此工程无赢利，也还是要参与投标的。

(2) 投标技巧：在投标分析中，如果所承包工程预期能结账，就可报较高价，然后在后期项目中适当报低价。当投标时估计到工程量会有增加，也要报较高价；反之，则可报较低价。当图纸情况不明时，所报单价可提高些；而当工程内容不明确时，则将单价稍报低些。报价要求只填报单价的，单价宜高报。对于暂定的、实施性大的工程内容，可定高价，反之则定低价。

(3) 投标报价的组成：投标标价中要考虑和计算的项目主要有：

① 直接费：包括人工、材料、设备、机械、分包项目等项费用。

② 间接费：含管理费、临时设施费、远程增加费等。

③ 利润与税金：包括合理的利润、营业税、城建税、教育附加费等规定税费。

④ 不可预见费：按工程总成本的 3%～5% 计取。

(4) 投标时应递交的资料：在实际投标的时候需要向招标方提交的资料有：

① 相关证照：即营业执照、资质证书、异地工程承包许可证等。

② 证明材料：一是资金证明，要证明有足够的工程启动资金；二是技术、设备力量证明；三是近三年来承建工程的业绩证明。

③ 投标资格审查表。

④ 投标标书及其投标报价。

9.2.3 工程承包与合同签订

1) 园林工程的承包方式 工程承包所采用的6种方式如下所述：

(1) 统包：是全过程承包，能节约投资，缩短工期，保证质量。

(2) 阶段承包：分为三种承包方法：①包工包料(双包)：人工费、材料费全包；②包工部分包料：包人工费并包部分材料费，另外一些材料费不包；③包工不包料(单包)：即包人工费，不包材料费。

(3) 专项承包：是专业性特别强的工种常用的承包方式，如假山工程、喷泉工程、雕塑工程、绿化工程等的承包。

(4) 费用包干：这种承包方式又分为三种具体承包情况：①招标费用包干：即以中标的造价作为包干费用；②实际建设费用包干：以决算的费用为包干费用；③施工图预算包干：以施工图预算造价为包干费用。

(5) 委托承包：即协商承包，不经投标竞争。

(6) 分承包：即分包，从总承包商处分包分项工程，只对总承包商负责。

2) 承包合同的特点 工程承包合同的签订应当在具备订立合同的条件下，按照订立合同的原则进行。园林工程承包合同的特点是：计划性强，涉及面广，工程内容复杂，工种专业门类多，合同履行期长等。

3) 园林工程承包合同的作用 订立工程承包合同，有利于施工管理，使施工管理有明确的依据。合同的签订也有利于工程有序的进行，一切按合同规定的工期要求、质量要求进行施工。工程施工合同也是维系工程建设市场正常运转的重要因素，合同双方都要受合同条款的约束。

4) 订立合同的条件 是否决定正式签订合同，要考虑下列一些条件是否都能得到满足，如果不能同时满足这些条件，勉强签了合同就会承担很大的风险。签合同时必须满足的条件是：

(1) 工程立项和规划设计已获批准，即工程已正式立项，有批文。

(2) 工程项目已列入地方管理部门和建设单位的年度工作计划。

(3) 包括各种技术资料、规划设计文件等在内的施工资料已备齐。

(4) 材料、设备已落实，主要材料和主要机具设备已经准备好，机械设备完好无损。

(5) 中标文件已下达，中标单位已经拿到正式的中标文件。

(6) 施工现场已清理，做到了路通、水通、电通和场地整平，即做到了施工现场的"三通一平"，具备了开工的工地现场条件。

(7) 双方有履行合同能力，双方合同主体均符合法律规定。

5) 订立合同的原则 为了所订立的合同真实有效，能够对发包方和承包方起到共同的约束和规范作用，必须按下述原则订立施工合同：

(1) 合法性原则：这一原则明确要求合同条款不得与现行建筑法规及其他法律、条例相抵触，要严格执行《建设工程施工合同(示范文本)》。

(2) 平等自愿原则：在双方自愿前提下，通过友好协商、互相谅解的形式平等签订合同，不能有一方凌驾于另一方之上。

(3) 公平诚信原则：合同内容要体现双方的诚信态度，要兼顾双方利益，所订条款应公平合理，无欺诈条款。

(4) 过错责任原则：明确违约责任和违约惩罚补偿办法，减少违约现象，增加兑现承诺。

6) 合同文本的格式 合同文本格式是合同文件文字条款所采用的规定样式。工程中应用的合同格式有填空式文本、提纲式文本、合同条件式文本和条件加协议条款式文本等。园林建设工程施工合同的示范文本所采用的是合同条件式文本的格式，由协议书、通用条款、专用条款三部分构成，并且包含有承包人承揽工程一览表、发包人供应材料设备一览表和工程质量保证书等三个附件。工程承包合同的签订必须按照合同示范文本的格式执行。一份标准的工程施工合同书由标题、序文、正文、结尾和附件五部分内容构成。

(1) 合同书标题：要写明合同的详细名称，如《白沙河 A2、A3 标段绿化工程施工承包合同》、《×××公园玉流馆与薰风阁仿古建筑工程施工合同》等。

(2) 合同书序文：要列出合同编号、发包方与承包方单位名称和签订本合同的主要法律依据。序文是条目式的，不需要采用大段叙述性文字。

(3) 合同书正文：正文部分是合同书的主要部分，一共包含 12 项内容。这些内容是：

① 工程概况：包括工程名称、地点、建设目的、立项批文、工程项目一览表等内容。

② 承包范围：工程承包方所承担施工任务的工作范围，施工合同中都必须有这一项。

③ 施工工期：指工程承包人完成施工任务的期限，有确定的开工与竣工日期。

④ 工程质量：对施工质量要达到的具体等级要求，也是合同中必须有的核心内容。

⑤ 工程造价：根据概预算确定的而且当事双方都认可的工程施工费用。

⑥ 技术资料交付时间：对设计图、概预算书及其他相关技术资料提交所定的期限。

⑦ 材料与设备供应方式：写明由谁供应施工材料，采取什么方式供应材料和设备。

⑧ 付款方式：指工程款项的具体支付方式

和结算方法。

⑨ 协作与配合：有关双方相互协作和合理化建议采纳等具体的事项。

⑩ 质量保修：包括工程质量保修的范围和质量保修期限的约定。

⑪ 竣工验收：常含验收范围和内容、验收标准、依据、验收人员、方式、日期等。

⑫ 违约责任：关于合同执行中违约应承担的责任、仲裁条款、赔偿方法等。

（4）合同书结尾：在结尾部分要写明合同份数、存留与生效方式、签订日期、地点、法人代表、合同公证单位、合同未尽事项或补充条款等。

（5）合同书附件：合同书的附件有工程项目一览表、材料与设备一览表、施工图纸和技术资料交付时间表等几种。其表格的样本如表9-1～表9-3所示。

工程项目一览表　　　　　　　　　　　　　　　　表9-1

序号	工程名称	投资性质	结构	计量单位	数量	工程造价	设计单位	备注

材料与设备供应一览表　　　　　　　　　　　　　表9-2

序号	材料、设备名称	规格型号	单位	数量	供应时间	送达地点	备注

施工图纸及技术资料交付时间表　　　　　　　　　表9-3

序号	工程名称	单位	份数	类别	交付时间	图　名	备注

9.3　施工组织设计

园林施工组织设计，就是对园林工程的施工方式、方法和施工过程进行全面的计划安排，使工程能够按照既定的目标顺利进行，最终达到工程设计的所有要求，完成园林绿地建设的任务。施工组织设计是指导园林工程施工的纲领性文件，是园林工程施工之前必须做好的重要工作之一。

9.3.1　施工组织设计的作用与分类

为了保证园林工程能够按时开工并合理调配各方面的人力、物力资源，使工程范围内全部工种和工序能够协调有序地顺利进行，从而达到安全生产、提高工效、提高施工质量的工程施工目的，这就要在施工开始之前做出科学合理的施工组织设计。

1）施工组织设计的作用　施工组织设计是长期工程建设中实践经验的总结，是工程施工中的科学管理手段之一，是组织现场施工的基本技术文件。编制科学的、切合实际的、操作性强的施工组织设计，对指导现场施工、保证工程进度、降低施工成本等问题都有十分重要的意义。施工组织设计的主要作用：

(1) 实践指导作用：施工组织设计对园林工程现场施工是最基本的指导性技术文件。

(2) 保证正常施工程序：可保证园林施工按正常的程序有秩序地进行。

(3) 施工准备的依据：施工准备要参照施工组织设计的劳动力、材料、设备等计划。

(4) 有利于施工管理：方便施工管理者的工作。

(5) 能协调各种施工关系：有助于使施工各方面保持协调、均衡和文明生产的状态。

2) 施工组织设计的分类　风景园林工程施工组织设计可分为施工组织总设计、单位工程施工组织设计和分项工程作业设计三种内容和范围。施工组织总设计是以一个风景园林基本建设项目，即一个风景区或一个公园的总体施工为对象；而单位工程施工组织设计却是以组成基本建设项目的各具体工程子项目，即园林建筑工程、园路工程、绿化工程等的具体施工活动为对象的；分项工程作业设计是针对单位工程的各部位工程施工作业过程而做出的作业计划和安排。

(1) 施工组织总设计：是整个建设工程项目施工的总计划，是根本性的技术指导文件。施工组织总设计的重点内容是：施工期限、施工顺序、施工方法、临时设施、材料设备、施工现场总平面布置。

(2) 单位工程施工组织设计：单位工程是具有单独设计，可独立施工，但建成后不能独立发挥作用的工程部分。例如：园林茶室工程是园林工程中的一个单项工程，而茶室工程中包含的土建工程、管道安装工程、电气安装工程等，则是几种单位工程。在土建单位工程下面包含的屋面工程、门窗工程、房屋主体工程、

地面工程、基础工程等，则属于分部工程。而在基础分部工程中，又包含有基槽挖土施工、做混凝土垫层、砖砌基础施工和回填土施工等几个分项工程。做单位工程范围的施工组织设计，要编制出施工条件、方案、方法等工程概况，制定施工进度计划，做好劳动力与资源配置和施工现场平面布置图等。

(3) 分项工程作业设计：建设项目中单位工程的各部位工程(分部工程)的各施工过程，叫分项工程。分项工程的作业设计是针对分部工程中某些特别重要的施工过程或者施工难度大、技术较复杂、施工中需要采取特殊措施的分项工程而编制的。在编制作业设计中，要求做出分项工程范围内详尽的施工进度、方法、措施和技术要求。例如大型假山叠石工程、喷水池防水工程、地形改造中大型土方回填工程等，都需要做出这样的分项作业设计。

9.3.2　施工组织设计原则和程序

1) 设计原则　施工组织设计要做到科学、合理，就要在编制思路上注意吸收多年来园林工程施工中积累的成功经验，在编制技术上要遵循园林工程技术理论、施工规律和基本方法，并遵照下列五项原则来编制施工组织设计文件。

(1) 合法性原则：依照政策、法规和工程承包合同编制施工组织设计。

(2) 针对性原则：具体针对园林施工过程，要符合园林工程的特点。要紧密结合园林艺术的综合性特点，熟悉造园手法，采取针对性措施，切实有效地解决具体工程中可能遇到的施工矛盾和技术难点。

(3) 科学性原则：采用先进技术和管理方法，选择合理的施工方案。做到施工方案五个"最优"，即：①施工方法和施工机械最优；②施工进度和施工成本最优；③劳动资源组合最优；④施工现场调度最优；⑤施工现场平面布置最优。要按照五个最优原则合理安排施工计划，使各项施工进程保持均衡和协调。

(4) 均衡施工原则：合理安排计划，使各项施工进程保持均衡和协调。

(5) 质量安全原则：采取各种措施，确保施工质量和安全生产，树立质量第一、安全第一观念。施工组织设计中应针对工程的实际情况制定质量保证措施，推行全面质量管理，建立完备的工程质量检验体系和安全责任制度体系。

2) 编制程序 要保证施工组织设计的科学性与合理性，在编制施工组织设计时就必须按照正确的程序和方法顺序进行。施工组织设计的一般编制程序分为下列 11 步：

(1) 完备收集和掌握施工相关资料，熟悉规划设计图和施工图。

(2) 工程分项，定工程量和工期，组织工程内容。

(3) 确定施工方案，确定重要工序、工种的施工基本方式和方法。

(4) 编制进度计划：作进度横道图、施工网络图。

(5) 制定设备、材料及劳动力计划，作物资及劳动力、技术队伍的准备。

(6) 做好"四通一平"，搭建临时性设施，完成施工现场准备的计划安排。

(7) 制定施工准备计划，确定施工前期工作。

(8) 绘制施工现场平面布置图，协调现场施工关系。

(9) 计算指标，确定劳动和材料定额；量化工作目标，实行定额管理。

(10) 制定安全技术措施，建立健全相关的各种安全施工、文明施工的规章制度。

(11) 成文、定稿及装订成册，报送上级审批。

9.3.3 施工组织设计的内容

施工组织设计一般应包括工程概况、施工部署和施工方案、施工进度计划、施工准备工作计划、施工资源用量计划、施工总平面图、各项技术组织措施及主要技术经济指标等内容。下面分七个方面来讲解施工组织设计的具体内容和编制方法：

1) 工程概况 施工组织设计的工程概况部分是从总体上对整个园林工程项目所作的文字和图表说明，表明了工程各方面的基本情况，叙述的主要情况有下述五个方面：

(1) 工程基本特征描述：简要地写明了工程的地点、性质、规模、工期、服务对象、投资方式、工程的意义等内容，主要描述了建设项目的特点、建设项目所在地区的特征、施工条件及其他内容。在建设项目的特点方面，应简明扼要地描述该项目所在地点、项目的工程性质、用地面积、总投资、总工期及主要工程子项目的工程规模、分期分批施工的项目和期限等。

(2) 工程条件简介：主要介绍工程所在地的自然条件、环境条件、现状条件等，如当地的地质土壤、水文气象、环境特点、用地拆迁情况、地下管线情况、园林建筑数量及结构特征等。在建设地区的特征方面，主要简介地方气候、水文地质、植物及建材资源、交通运输条件、水电供应和生活条件等情况。

(3) 施工主要条件简述：在施工条件方面，主要反映施工企业的施工力量和生产能力、技术装备、管理水平和市场竞争力、地方能工巧匠等技术资源情况、特殊材料和特殊物资供应情况、园林土地的征用范围、数量和居民区拆迁情况等。

(4) 工程运作方式介绍：是对工程的有关单位及组织情况的简介，如建设单位、设计单位、施工单位的名称、工程承包方式、工程组织形式、工程管理模式等。

(5) 施工现场简介：主要介绍施工现场的整理情况，如现场拆迁、土地清理和平整，水源、电源、施工道路的接通情况，即"三通一平"的现场准备情况；此外还有施工需用的临时设施的搭建情况介绍。

2) 施工部署 施工部署就是制定基本施工方案，是对整个建设项目的组织分工、施工程序、子项工程的施工方案、工期、工地布局等进行的统一安排。施工部署的一般方法是：

(1) 首先，确定施工组织形式，建立一个精简高效的工程指挥机构(工程指挥部、筹建处、工程建设办公室等)，确定综合和专业的施工组织；进行项目分工，确定主要工程子项施工单位的任务、职责和施工区段，明确主次施工项目和穿插施工的项目及其建设期限。

(2) 然后，对各项施工任务进行施工程序的安排。在确定施工程序时，要注意先进行施工物资和人员的准备、清理施工场地、铺设施工道路和施工管线、做好开工准备；再按照工序和工种的特点，安排各工程项目的施工程序。

(3) 第三，拟定主要工程项目的基本施工方案，对项目施工的工艺流程、施工段的划分及施工方式提出原则性的安排意见，而具体的施工方案则可在编制单位工程组织设计时再做出。

(4) 第四，确定主要工程的基本施工方法，即对占用工期长，对施工质量有关键影响的工程，明确提出需要采用的基本施工方法。例如：对园林地形改造中的土石方工程，是采用机械化作业还是采用人工挖运方法？对园林建筑工程，是采用流水施工方式还是采用顺序施工或平行施工方式？对草坪培植工程，是采用混合播种方法还是采用草皮铺种方法等，都要给出明确的意见。针对特殊施工条件和工程矛盾，制定具体处理措施、对关键工序的技术保障措施等。

(5) 最后，再做出整个工程施工现场的准备规划，即进行工地"三通一平"的规划。

(6) 施工方案技术经济比较：通过技术经济方面的分析比较，选出最优化的施工方案。分析方法有两种：一是定性分析法，是根据经验进行分析，对施工方案的优缺点进行比较；二是定量分析法，即计算工日、材料消耗量和工期的长短等。

在总体施工部署基础上，施工组织设计还要确定基本的施工方式。施工组织方式是施工过程中各项施工活动展开的次序形式，对施工能够顺利进行和提高工效影响很大。

3) 施工组织方式 为了科学合理地、高效率地组织园林工程施工，在施工开始之前或在施工总计划和施工组织总设计之前，都要先确定工程的基本施工方式。下面，将简要介绍顺序施工、平行施工和流水施工等三种基本的施工组织方式。

(1) 顺序施工：顺序施工又叫依次施工，即按照施工过程及时间顺序安排施工内容。这种施工方式比较适用于中小型园林工程。例如园林假山工程，就常常按照地基与基础施工、山底施工、山体山洞造型施工、山顶收结施工的分部工程顺序，依次进行施工。又如花坛群的施工，也常常按照花坛平面形状定点放线、边缘石砌筑装饰、栽培基质处理、花坛图案纹饰放样、花草栽植整理造型、植物养护管理等几个步骤，顺序地进行施工。在具体施工进程上，顺序施工可以有以下两种安排：

① 按工程重要性顺序施工：按重要性顺序施工方式常用于园林单项工程之下各个单位工程的施工安排。例如公园建设中，园林建筑工程是一个单项工程，其下可能有若干组群或若干个体的建筑作为各单位工程，这些单位工程施工的安排，通常都是按照各处建筑的重要性程度来排列施工顺序，即按重要性从高到低依次施工。最重要的主体建筑施工完成后，就开始次重要建筑的施工；在次重要建筑完工后，开始第三重要建筑的施工，其余依此类推。

② 按施工的自然过程顺序施工：一般园林工程的各个施工过程中都存在着自然的接续关系和自然的顺序。例如在绿化工程施工中，必须先要整理土地，挖出种植坑；而后才能铺垫基肥，栽上树苗；最后才能回填泥土并浇水灌溉。这三道工序的先后顺序是自然形成而不能改变的。这就是按自然施工过程而进行的顺序

施工组织方式，其特点是在依次完成第一个施工过程之后，再开始第二个施工过程的施工，直至依次完成全部施工过程。

顺序施工方式的优点比较明显。其施工组织较为简便和容易，施工现场的管理也比较简单。施工机具、设备的使用时间不很集中，便于设备的调配周转。每天需要投入的劳动力也较少一些。因此，这种施工方式最适合工程规模较小，施工工作面比较有限的中小型园林工程。

但是，顺序施工也有比较明显的缺点。比如，它不适宜需要加快施工进度、缩短工期的施工；常是上一道工序做完，而不能马上开始下一道工序，各班组施工及材料供应有时无法保持连续和均衡，造成工人窝工现象。有时各班组虽能连续施工，但又不能充分利用工作面，因而完成每一单位工程的时间较长。在施工组织安排上采用顺序施工方式，要做到科学合理，提高效率，不使施工工期拖得很长，是比较不容易做到的。

(2) 平行施工：将全部工程任务的各个施工过程安排在同时开工并同时完工，这种使施工过程同步进行的施工组织方式，称为平行施工。园林工程施工中，平行施工是普遍采用的一种施工安排方式。在园路工程的施工安排、园林建筑工程施工安排以及园林绿化工程施工安排中，都常常采用平行的施工组织方式。从一般情况来说，园林工程工作面受局限的情况不多，也容许采用这种施工形式。

平行施工能够充分利用工作面，而且完成工程任务的时间最短，能够明显缩短工期。但是，由于同时投入的施工班组及劳动力成倍增加，机具设备也要相应成倍增加，材料供应更加集中，临时设施和占用的堆场面积等也要相应增加，从而在施工组织安排和施工管理上常常发生比较大的困难，而且还可能增大工程费用。此外，如果完工后其他后续施工任务安排不及时，就很容易使完成施工任务的工人窝工。

因此，平行施工方式不适用于工期要求不紧，施工任务不多，工作面狭窄，机具、材料不能集中供应的工程。好在园林施工中这样的工程一般不多，而经常遇到的却是规模较大并且分散布置的建筑群，以及可以分期分批组织施工的工程任务，而且各方面资源供应比较有保障，有时也会遇到工期要求比较紧的情况。所以，在园林工程施工中，平行施工方式仍然应用比较频繁。

(3) 流水施工：在园林工程施工安排中，若将工程项目的所有施工过程按一定时间间隔分步投入施工，各施工过程陆续开工，陆续竣工，施工进度不同步；而同一施工班组能够保持持续、均衡的施工，不同施工过程可以尽量平行搭接，还能够比较充分地利用工作面。这样的施工组织方式，就是流水施工方式。

分工协作和成批生产是流水施工最根本的特征。组织流水施工的关键就是将单件产品变成多件的成批产品。而在园林工程施工中要做到这一点，最好的办法就是通过划分工程类别和施工段的方式进行分段施工，就可能将单件园林施工产品变成假想的多件产品。在实际的园林工程施工中，组织流水施工的方法主要有以下几点：

① 划分分部工程与分项工程：根据拟建工程的特点和施工要求，将该工程划分为若干个分部工程；再按照施工工艺要求、工程量大小和施工班组的情况，将各分部工程再分解为若干个分项工程(即施工过程)。

② 划分施工段：按照工程量均衡的原则，从平面上或空间范围入手，将拟建工程划分为工程量大致相等的若干个施工段。

③ 按照分项工程设立施工班组：根据流水施工的实际需要，最好以每一个施工过程(分项工程)为单位，设置独立的施工班组。这样可以使每一个班组都能够按施工顺序依次地、前后接续地从一个施工段转移到另一个施工段进行相同的施工操作。施工班组可以按工种混合编

组，也可以由一个工种组成专业班组。

④ 使主要施工过程保持连续与均衡：流水施工安排的重点，是施工工期较长，工程量较大的主要分项工程。对于这样的施工过程，必须使其保持连续的、均衡的施工状态。而对其他次要的施工过程，可考虑与相邻的施工过程相合并；或者为了缩短工期，而安排间断施工。

⑤ 使不同施工过程尽可能平行搭接施工：除了受技术原因影响而必须组织间歇施工之外，在工作面足够宽敞的情况下，可根据施工顺序，组织不同施工过程实行平行搭接施工。

流水施工的表达形式有三种，即横道图（图9-3）、斜线图和网络图等，三种形式都侧重于图形表达。

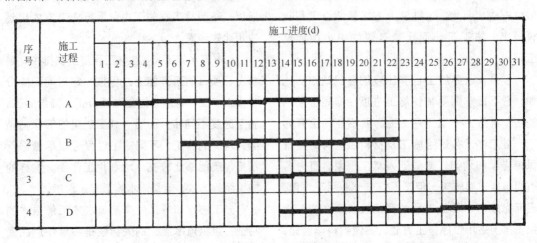

图9-3 某工程流水施工横道图

4）横道图编制 在施工组织设计中，施工进度的表达通常采用施工横道图或施工网络图的计划形式。

(1) 横道图计划的特点：如图9-3所示，流水施工的横道图是一种表图。在表格的左边，列出各分项工程的名称；而在右边，则采用水平横道线画在时间坐标下，表示不同施工过程的相对施工进度。施工横道图计划的编制有下述6个特点：

① 以时间参数为编制依据：按时间顺序编排。

② 以横道长短表示施工进度：不同的横道还可用不同颜色来表达。

③ 直观易懂，编制简单：是进度的简便计划法。

④ 不能全面反映工序之间的联系和工序之间的相互影响。

⑤ 不能建立数理逻辑关系：难于作系统分析。

⑥ 不利于发挥施工潜力：挖掘潜力比较难。

(2) 横道图计划的编制：横道图计划可以采用作业顺序表和详细进度表两种具体形式编制，两种横道图适应不同的施工作业过程。

① 作业顺序表：是对不同工序的作业量做出安排的一种图表；其编制时是以工序和作业量为编制依据的，适用于分项工程的作业计划（图9-4）。

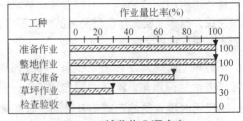

图9-4 铺草作业顺序表

② 详细进度表：这种图表针对不同工序的工期进度做出安排，即按工序和工期编制，表的纵向为工序，横向为工期。这种横道图计划适用于一般的施工进度计划，在单位工程、分部工程中有着广泛应用（图9-5）。

园林工程

工种	单位	数量	开工日	完工日	4月
					0 2 4 6 8 10　14　18　22　26　30
准备作业	组	1	4月1日	4月5日	
定　点	组	1	4月6日	4月9日	
上山工程	m³	5000	4月10日	4月15日	
栽植工程	株	450	4月15日	4月24日	
草坪工程	m²	900	4月24日	4月28日	
收　尾	队	1	4月28日	4月30日	

图 9-5　施工详细进度表

5) 网络图计划　网络图是依据各施工过程之间的逻辑联系而绘制的施工关系图，其采用图示表达方式反映各施工工序之间的顺序、相互联系和相互影响情况。

(1) 网络图计划的特点：

① 以施工工艺流程为编排依据，按工艺程序和工种衔接关系编排施工网络计划图。网络计划方法凸现了工程施工的系统性，使施工体系的构成情况一目了然，系统内各结构部分之间的关系也能清楚地反映出来，从而使人们能够更好地从全局上把握施工的全部过程。

② 能表达工序间的逻辑关系，有方向，有顺序，有联系，工序与工序之间的相互影响关系一目了然。这种计划方法能够明确地体现各施工过程之间相互制约、相互依赖、相互联系的逻辑关系，使施工程序的展开方式、先后顺序、施工线路与走向等逻辑结构充分展现出来，便于对施工过程的有效控制及及时调整。

③ 有利于对施工过程定量分析和施工方案的优化。由于网络计划图中每一施工过程都载明了施工时间参数，因而很容易计算不同施工程序、不同施工线路或不同施工条件下的工期天数，有利于定量分析。根据网络图计算结果，可以对整个施工计划或施工方案进行优化，例如进行工期优化、工程费用优化、施工资源优化等；这样，就能够更好地调配和利用技术、资金、人力和物力，提高工效，降低成本，达到追求最大工程效益的目的。

④ 有利于计算机优化处理，容易按数学关系建立起模型，因而可交由计算机进行统计分析和技术优化。网络图把施工体系结构简化为节点、施工过程和线路等少数几个结构因子，因而为计算机应用于计划管理提供了很好的条件。利用计算机，可以对复杂的施工计划进行计算，为计划的调整、优化提供准确、翔实的数据，实现施工计划与管理的科学化和自动化。

⑤ 能突出重点工序和主要影响因素。利用网络图，能够十分容易地从纵横交错的施工线路及施工过程中，找出关键施工线路及关键施工过程，有利于管理人员抓住施工中的主要矛盾，及时加以调整和解决，从而避免施工中的盲目抢工和工种的冲突，确保按期竣工。

⑥ 比横道图更严密、更科学、更先进，是现代化施工管理的主要手段，有利于挖掘施工潜力，调动各方面积极因素，提高施工效率和工程质量。

⑦ 网络计划在实际应用中也有一些不足之处。从图示方式来讲，它不太直观，没有经过专门学习就不易看懂。从施工方式上看，若是按流水方式组织施工，则一般网络图不能反映出流水施工的过程和特征。从施工资源的配置看，网络计划也不易显示资源的平衡情况。但是，针对这些不足之处，采用其他一些辅助方法，也可能有助于做些弥补，如采用流水网络计划或时标网络计划等。

(2) 网络图的编制：网络图以箭杆表示施工过程及方向，以圆圈代号表示施工节点及编号(图 9-6)，其具体绘制步骤一般可分为两步。第

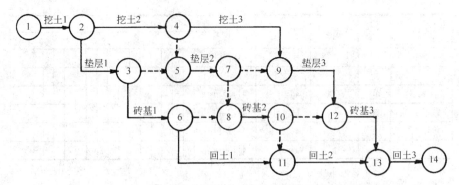

图 9-6 园林建筑基础工程施工网络图举例

一步，先从起点节点出发，按照从左到右、从上到下的顺序，依次绘出其后各条施工路线上的所有箭杆和所有节点，直至终点节点为止，绘出一张符合施工逻辑关系的网络草图。接着第二步，对网络草图进行分析、整理；改正不合理的路线和有问题的施工顺序及箭杆联系方式，使网络图条理清楚、层次分明、重点突出、结构更加合理。网络图的箭杆一般都应画成直线，不宜采用曲线。箭杆为水平线、垂直线和斜线都可以，最好是沿着左上至右下的方向绘制，尽量要避免画成反向箭杆；并且应力求减少不必要的虚箭杆。

6）施工计划 在总体施工部署基础上，施工组织设计要以施工计划的形式将部署情况反映出来，即要做出总的施工计划。各个单项工程或单位工程，都可成为一个施工项目。施工项目计划就是将所有拟建和待建工程的施工工作进行计划，分别确定其施工项目名称、性质、工程量、工期等，以便于进一步编制工程总进度计划作为依据。施工组织总设计中所作的施工计划，主要包括施工项目计划、施工总进度计划和施工资源用量计划等。

（1）施工项目计划：在一个园林基本建设项目中，一般都包含若干个单项工程，在每一个单项工程中也常含有若干个单位施工部署；是对整个建设项目的组织分工、施工程序、子项工程的施工方案、工期、工地布局等进行的统一安排。

制定施工项目计划的依据，主要是风景园林的总体规划和分期建设规划。因此在实际制定项目计划时，最好按照风景园林工程的规划分期，分别确定各规划期中应完成的工程施工项目及其施工顺序和施工工期。即：首先对一期工程开工的所有施工项目进行计划，其次计划二期工程的施工项目，最后，才计划三期、四期工程的各个施工项目。表 9-4 是不同工程期主要施工项目计划表的举例，可供项目计划中参考。

××公园工程项目计划表（示例）　　　　　表 9-4

工程分期	工程序号	工程项目	工程性质	建设地点	占地面积（m²）	工程量	计划工期	工程投资（万元）	备注
一期工程	1	公园大门 2 处	建筑物	园东、南	1540	312m²	6 个月	72.00	
	2	围墙 3720m	构筑物	公园周边	1822	3720m	4 个月	89.50	
	3	"梨月湖"	土石方	公园北部	48000	53600m³	100 天	75.00	挖湖
	4	"金梨山"	土石方	湖西地带	8000	42500m³	3 个月	60.00	堆山
	5	茶室与茶园	建筑物场地	湖西岸边	1650	284m²	8 个月	136.00	
	……	……	……	……	……	……	……	……	……
合　计									

工程分期	工程序号	工程项目	工程性质	建设地点	占地面积 (m²)	工程量	计划工期	工程投资 (万元)	备注
二期工程	1	喷泉与雕塑	水景工程	东大门内广场	2040	2040m²	3个月	125.00	池中雕塑
	2	金光塔	建筑物	金梨山上	360	252m²	7个月	180.00	
	……	……	……	……	……	……	……	……	……
合　计									

施工项目计划也可以根据不同单项工程而分别制定。例如，可单独做出园林建筑项目计划、园路工程项目计划或绿化工程项目计划等。

主要建筑物、构筑物项目计划表　　　　　　表9-5

序号	工程项目	结构特征或其示意图	建筑面积 (m²)	占地面积 (m²)	建筑体积 (m³)	备注

绿化工程项目计划表(示例)　　　　　　表9-6

序号	绿化项目	地　点	工期	用地面积 (m²)	乔木 (株)	灌木 (株、丛)	主要植物
1	周边林带	公园北、西、南边	2个月	7300	1920		广玉兰、水杉
2	2号风景林	金梨山以北	2个月	24700	1800	3200	香樟、红枫、榆叶梅、棣棠
3	模纹花坛群	东大门内广场	2个月	4260			草花、三色堇
4	湖滨大草坪	湖区东北湖滨	2个月	28100	37	130	狗牙根、雪松
……	……	……	……	……	……	……	……
合　计					……	……	

表9-5和表9-6就是园林建筑工程施工项目和园林绿化工程施工项目的计划示例。

（2）施工总进度计划：这是以拟建工程项目交付使用时的时间为目标而制定的控制性施工进度计划。编制施工总进度计划，要以合理安排施工顺序，节约、高效和按期完工为原则，要注意采用合理的施工组织方法，使建设项目的施工保持连续、均衡、有节奏的进行状态。在安排年度工程施工任务时，也要尽可能按照季度特点均匀分配基本建设投资。

从内容方面看，制定施工总进度计划的工作有：对各主要工程项目的规模和实物工程量进行估算，并据以确定各单位工程施工期的长短，明确各单位工程的开工顺序和相互搭接关系，规定其开工、竣工时间，以及编制施工总进度计划表。

① 主要项目实物工程量的估算：根据初步设计或扩大初步设计图纸和相关定额指标手册，在工程施工项目划分和计划的基础上，估算各主要工程项目的实物工程量。常用的定额指标及资料有：工程项目设计概算指标、建筑标准设计和已建同类房屋及构筑物的资料、万元、十万元投资工程量、劳动力及材料消耗扩大指标等。对于全局性的工程量，如地形改造土石方工程、园路场地工程等，可直接根据竖向规

划图进行量算，或从图上量得长度后再计算面积或体积，从而算出工程量。计算得出的各主要工程项目的工程量，可直接填入工程项目计划表(如表9-4)中，也可以填入统一制定的工程量汇总表。

② 各单位工程工期的确定：根据工程量大小，再参照有关工期的定额或指标，充分考虑到施工现场地形、地质条件、劳动力和材料供应情况、施工方法、施工技术特点和施工管理水平，以及园路等级与铺装形式、假山类型和结构情况、建筑类型、建筑结构特征等因素，确定单位工程的施工期限。

③ 各单位工程相互搭接关系和开工竣工时间确定：各单位工程的施工期长短确定之后，就可以根据各工程项目的施工逻辑关系和施工程序安排，进一步确定各项目的具体开工时间和最迟竣工时间。确定开工竣工时间，一方面要根据施工部署中的控制工期及施工条件，另一方面也要注意使不同工程项目的施工能够顺利搭接，做好土方、劳动力、施工机械、材料和构件五方面的综合平衡，保证主要分部分项工程和设备安装工程能够实行连续和均衡的流水施工。在施工顺序的安排上，一般应按照先主体后客体，先干线后支线，先地下后地上，先深后浅，先低后高的次序进行施工项目开工安排。同时，也要考虑到季节、气候对施工的影响，将地下施工项目尽量避开雨季安排。

④ 编制施工总进度计划：由于施工条件中存在着多方面的可变因素，如果施工总进度计划编制得过于细致，就会给计划的调整带来不便。所以，在编制施工总进度计划的时候，就应当主要从总体上进行控制，做出控制性的进度计划。编制计划的方法是：首先根据各施工项目的工程量、工期和施工搭接时间，编制初步进度计划；然后按照流水施工与综合平衡的要求，调整进度计划或网络计划，编绘出施工总进度计划表(表9-7)或网络计划图。总进度计划表中工程项目名称的顺序应按土石方、建筑、安装、园路场地、绿化、管网等次序填写，表中进度线的表达则应按土建工程、设备安装、绿化工程和试运转用不同颜色的线条表示。主要分部分项工程流水施工进度计划表中的单位工程按主要工程项目填列，较小的项目则分类合并填写，分部分项工程只填主要的工程。

施工总进度计划表　　　　　　　　　　　　　　　　表 9-7

序号	工程名称	工程量指标		设备安装指标	造价(万元)							进度计划					
		单位	数量		合计	土石方	建筑工程	设备安装	园路场地	绿化工程	其他工程	第一年				第二年	第三年
												Ⅰ	Ⅱ	Ⅲ	Ⅳ		

(3) 施工资源用量计划：施工资源中主要包括劳动力资源、建筑材料及制品、植物与山石材料、机具设备和临时设施等。工程施工开始之前，一定要对各项施工资源的需要量进行计划，以便及时采购和准备。

① 劳动力需要量计划：作计划时，先要根据施工总进度计划和套用的概算定额或经验资料，计算出所需的劳动力数量，然后将计算结果汇总填写入计划表中，就编制出了劳动力需要量计划(表9-8)。在计划表的工种名称一栏中，除了应包括工种的主要生产工人之外，还应包括该工种的辅助用工、附属用工、服务用工和管理用工；在表下一般还应附以分季度的劳动力动态变化曲线。

劳动力需要量计划表　　　　　　　　表 9-8

序号	工程名称	工种名称	施工高峰需用人数	20××年				20××年				现有人数	多余(+)或不足(-)
				一季	二季	三季	四季	一季	二季	三季	四季		

② 主要材料制品需要量计划：这项计划需要根据施工总进度计划、工程量汇总表、概算定额或经验资料，而对工程施工需要的主要建筑材料用量、预制构件加工品的需要量以及材料制品的运输量进行计算，并将计算结果分别填入材料计划表(表 9-9)、预制品计划表和运输量计划表中。

③ 主要植物与山石需要量计划：庭园造景中需要大量的植物和一些自然山石材料，所以在施工计划中也要有所安排。在作这种计划时，主要应根据园林总体规划、绿化规划或植物种植设计方案，来进行粗略的统计和估算，然后将主要植物种类和自然山石的用量填入表 9-10 中。

主要材料需要量计划表　　　　　　　　表 9-9

工程名称＼材料名称	主要材料						
单位							

山石植物材料需要量计划(示例)**表**　　　　　　　　表 9-10

材 料	名称	需要量	单 位	规 格	预算金额(元)
造景山石	石灰岩风化石	125	t	长 0.7～2.5m	37500.00
	黄石	1450	t	径 0.5～1.8m	362500.00
	……	……	……	……	……
主要植物	香樟	240	株	胸径 4cm	7200
	雪松	27	株	胸径 5cm	28350
	南天竹	510	丛	≥25 茎 /丛	17850
	海桐	84	株	冠径不小于180cm	6720
	黑麦草草坪	1540	m²	不限	15400
	……	……	……	……	……

④ 主要机具设备需要量计划：园林工程中的土石方施工、建筑施工、大块山石吊装施工、大树栽植施工等，都要用到施工机具和设备。在做机具设备需要量计划时，要根据施工部署和施工方案以及施工总进度计划，确定所需施工机具设备的种类、规格、功率及使用时间(表 9-11)。

(4) 大型临时设施计划：风景园林施工的周期比较长，施工中需要用到一些临时设施，如大木作工房、细木作工房、建材库房、工地办公室、临时水塔等。在尽量利用了已有的保留设施或拟建的永久性设施的情况下，还要在施工开始前搭建其他部分的大型临时设施。因此，在施工总计划中也要做出这类临时性设施的建设计划。此项计划可参考表 9-12 做出。

主要施工机具设备需要量计划表　　　　　　　　　表 9-11

序号	机具设备名称	规格型号	电动机功率	数量				购置或租赁价格	使用时间	备注
				单位	需用	现有	不足			
1	挖土机									
2	起重机									
……	……									

大型临时设施计划表　　　　　　　　　表 9-12

序号	项目名称	用量		利用现有建筑	利用拟建永久工程	新建	单价(元/m²)	造价(万元)	占地(m²)	修建时间	备注
		单位	数量								

7）施工总平面图绘制　绘制施工总平面图是施工组织总设计的另一项重要内容。施工总平面图是对施工工地现场的总体规划部署，它要解决各类施工用地、施工设施布置和施工工作面之间的矛盾，使各项施工活动有序地进行，做到节约用地、降低临时设施建设费用和安全生产、文明施工。

（1）施工总平面的图示内容：在施工总平面图上，首先要绘制由围墙、界线、道路、水体、等高线、标高数字等表示出的基本地形，并绘出一切地上、地下已有的和拟建的建筑物、构筑物及其他设施，还要根据测量方格网标明这些设施的位置和基本尺寸。然后，就要用醒目的标记和线条绘出施工用地范围、临时施工道路、施工机械装置、各类加工房、各种建筑材料、制品、构件的仓库和堆场，取土和弃土的位置、施工管理房、文化生活用房、临时给水排水设施、供电设施及各种管线，以及安全防范、防火设施等，并注明主要设施的坐标位置。

（2）施工总平面的布局原则：第一，要尽量减少施工设施的用地面积，以便于施工管理。第二，要合理布置材料仓库、堆场、加工房和运输通道，使仓库、堆场、加工房尽量靠近使用中心，保证施工现场运输便利，尽量缩短施工材料的运送距离，正确选择运输方式，减少

二次转运。第三，充分利用永久性建筑物作为施工设施，对需要拆除的原有建筑也暂缓拆除，尽量利用。同时，注意尽可能缩短各种施工管线的长度。这样，就可以最大限度地降低临时设施的修建费用。第四，施工总平面的布置要满足防火和安全生产方面的要求，有利于文明生产。第五，要有利于施工期间工人生产、生活和工余时间的文化娱乐活动，合理布置生活福利方面的临时设施。

（3）绘制施工总平面图：施工总平面图的图幅多为 A1 号或 A2 号图，绘制比例一般采用1：1000 或 1：2000。绘图时，先将现场的测量方格网、现场内外的房屋、构筑物、道路和拟建房屋等，按正确的比例绘制在图面上。然后根据施工布置要求和面积计算结果，将临时施工道路、材料仓库、加工房、管理、生活用房等绘制到图上。在基本布置好后，再进行分析、比较和研究，并做出必要的调整修改，注写简扼的文字说明，标上图例、比例、指北针等图面修饰内容。绘图中，除了要绘出施工现场的布置内容之外，还要反映出附近环境中的已有建筑及场外道路等；并应留出一定的空余图面，使指北针、图例及文字说明等能够有足够面积绘制。施工总平面图的绘制实例如图 9-7 所示。

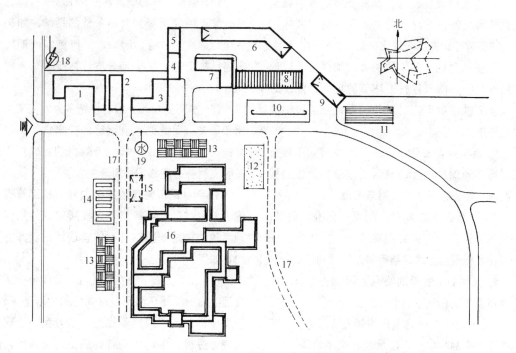

图 9-7　公园施工总平面图(局部)

1—工地办公室；2—材料库房；3—工地食堂；4—浴室；5—厕所；6—工棚；7—木工房；8—钢筋棚；
9—水泥库房；10—钢筋堆场；11—钢管脚手架堆场；12—砂、石、灰堆场；13—砖堆场；14—构
件堆场；15—搅拌机；16—拟建房屋；17—施工便道；18—工地用电源；19—工地用水源

9.4　施工管理内容与方法

园林工程施工管理是一项内容广泛、头绪繁多、十分复杂的工作。要搞好这一工作，必须学习和掌握现代化的科学管理手段，坚持系统论观点，随时注意协调和解决施工中出现的各种矛盾。

9.4.1　施工管理的作用、特点与内容

园林施工管理是施工单位进行企业管理的重要内容，它是对施工任务和施工现场所进行的全面性的监控管理工作，包括从承接施工任务开始到进行施工前准备工作、技术设计、施工组织设计以及组织施工、竣工验收、交付使用的全过程。

1）施工管理的任务和作用　园林工程施工管理是施工单位在特定的园址，按设计图纸要求进行的实际施工的综合管理活动，是具体落实规划意图和设计内容的极其重要的手段。

(1) 任务：园林工程施工管理的基本任务是根据建设项目的要求，依据已审批的技术图纸和施工方案，对现场全面组织，使劳动资源得到合理配置，保证建设项目按预定目标，优质、快速、低耗、安全地完成。

(2) 作用：园林施工管理的作用主要在于下述5个方面：

① 是落实施工方案的基础：加强施工管理是保证项目按计划顺利完成的重要条件，是在施工全过程中落实施工方案，遵循施工进度的基础，并且有利于合理组织劳动资源，适当调度劳动力，减少资源浪费，降低施工成本。

② 能及时发现问题,解决矛盾:加强施工管理能保证园林设计意图的实现,确保园林艺术通过工程手段充分表现出来。

③ 能协调施工环节的关系:加强施工管理能协调好各部门、各施工环节的关系;能及时发现施工过程中可能出现的问题,并通过相应的措施予以解决。

④ 落实劳保安全,促进技术发展:工程管理使得劳动保护、劳动安全措施落实,鼓励技术创新,促进新技术的应用与发展。

⑤ 能保证落实规章、制度、标准、定额:加强施工管理能保证各种规章制度、生产责任制、技术标准及劳动定额等得到遵循和落实。

2) 园林施工管理的特点 园林施工管理的主要特点体现在下述 5 个方面:

(1) 艺术性:园林工程的最大特点是一门艺术工程,它融科学性、技术性和艺术性为一体。园林艺术是一门综合艺术,涉及造型艺术、建筑艺术等诸多艺术领域,要求竣工的项目符合设计要求,达到预定功能,这就要求施工时应注意园林工程的艺术性。

(2) 材料的多样性:由于构成园林的山、水、石、路、建筑等景物的多样性,也使园林工程施工材料具有多样性。园林工程一方面要为植物的多样性创造适宜的生态条件,另一方面又要考虑各种造园材料在不同建园环境中的应用,如园路工程中可采用不同的面层材料,如片石、卵石、砖等,形成不同的园路变化。而现代塑山工艺材料以及防水材料更是多种多样。

(3) 工程复杂性:主要表现在工程规模日趋大型化,要求协同作业日益增多。加之新材料的广泛应用对施工管理提出了更高要求。园林工程是内容广泛的建设工程,施工中涉及地形处理、建筑基础、驳岸护坡、园路、植树等多方面。有时因为不同的工序需要将工作面不断转移,导致劳动资源也跟着转移,这种复杂的施工环节要求有全局观念,要做到有条不紊。

(4) 自然条件影响大:园林工程多为露天作业,施工中经常受到自然条件的影响,如树木栽植、草坪铺种等。因此,如何搞好雨期施工及冬期施工是安排施工进度计划所必须考虑的问题。

(5) 施工安全性:园林设施多为人们直接利用和欣赏,因此必须有足够的安全性。比如园林建筑、水体驳岸、园桥、假山洞、磴道、索道等工程务必严格把好质量关。

3) 园林施工管理的主要内容 施工管理是施工单位对工程项目施工过程所实施的组织管理活动。它是一项综合性的管理活动。其主要内容如下:

(1) 工程管理:是指对工程项目的全面组织管理。它的重要环节是做好施工前的准备工作。搞好投标签约,拟定最优的施工方案,合理安排施工进度,平衡协调各种施工力量,优化配置各种生产要素,通过各种图表及日程计划进行合理的工程管理,并将施工中可能出现的问题纳入工程计划内,做好防范工作。

(2) 质量管理:施工项目质量管理的首要任务是确定质量方针、目标和职责,核心是建立起有效体系,通过项目质量策划、质量控制、质量保证、质量改进,确保质量方针、目标的实现。园林建设产品有一个产生、形成和实现的过程。在此过程中,为使产品具有适用性,需要进行一系列的作业活动,必须使这些技术和活动在受控状态下进行,才能生产出满足规定质量要求的产品。

(3) 安全管理:搞好安全管理是保证工程顺利施工的重要环节。要建立相应的安全管理组织,拟定安全管理规范,制定安全技术措施,完善管理制度,做好施工全过程的安全监督工作,发现问题要及时解决。

(4) 成本管理:在工程施工管理中要有成本意识,要加强预算管理,进行施工项目成本预测,制定施工成本计划,做好经济技术分析,严格施工成本控制,既要保证工程质量,符合工期，又要讲究目标管理效益。

(5) 劳务管理：工程施工应注意施工队伍的建设，除必要的劳务合同、后勤保障外，还要做好劳动保险工作，加强职业技术培训，采取有竞争性的奖励制度，调动施工人员的积极性。要制定先进合理的劳动定额，优化劳动组合，严格劳动纪律，明确生产岗位责任，健全考核制度。

9.4.2 施工现场组织管理

施工现场组织管理是在工程施工第一线直接指挥、监控和管理生产活动的必须形式。加强施工现场的管理，就能够保证生产过程顺利进行，产品质量才能得到保证。现场管理工作的主要方面，应当是组织施工、制定作业计划、安排工作任务、协调现场施工关系、检查监督施工过程和应用科学的现代化管理方法来管理生产过程。

1) 以全局观点组织施工 组织施工就是要按照全局观点，科学、合理地实际组织施工并全面监控施工过程。施工中要有全局意识，现场施工管理全面到位，统筹安排，在注重关键工序施工的同时，不得忽视非关键工序的施工。在劳动力调配上注意工序和技术要求，要有针对性。各工序施工务必清楚衔接，材料机具供应随时到位，从而使整个施工过程在高效率和快节奏中进行。

2) 编制施工作业计划 施工作业计划是施工单位根据年度计划和季度计划对其基层施工组织在特定时间内以月度施工计划的形式下达施工任务的一种管理方式，虽然下达的施工期限很短，但对保证年度计划的完成意义重大。

(1) 施工作业计划编制的原则：编制施工作业计划应遵循以下原则：集中力量保证重点工序施工，加快工程进度的原则；坚持年、季、月计划相结合，合理、均衡、协调和连续的原则；坚持实事求是，量力而行的原则；注重施工管理目标效益的原则；充分发挥民主的

原则。

(2) 施工作业计划编制的依据：编制施工作业计划需要依据的主要资料是：相应的年度计划、季度计划；企业多年来基层施工管理的经验；上个月计划完成的状况；各种先进合理的定额指标；工程投标文件、施工承包合同和资金准备情况。

(3) 施工作业计划编制方法：施工作业计划的编制因工程条件和施工单位的管理习惯不同而有所差别，计划的内容也有繁简之分。在编写的方法上，大多采用定额控制法、经验估算法和重要指标控制法三种。

① 定额控制法：是利用工期定额、材料消耗定额、机械台班定额和劳动力定额等测算各项计划指标的完成情况，编制出计划表。

② 经验估算法：是参考上年度计划完成的情况及施工经验估算当前的各项计划指标。

③ 重要指标控制法：则是先确定施工过程中哪几个工序为重点控制指标，从而制定出重点指标计划，再编制其他计划指标。

3) 用施工任务单安排施工任务 施工任务单是由园林施工单位按季度施工计划给施工单位或施工队所属班组下达施工任务的一种管理方式。通过施工任务单，基层施工班组对施工任务和工程范围更加明确，对工程的工期、安全、质量、技术、节约等要求更能全面把握，这有利于对工人进行考核，有利于组织施工（表9-13）。施工任务单的使用要求是：

(1) 施工任务单是下达给施工班组的，因此任务单所规定的任务、指标要明确具体。

(2) 施工任务单的制定要以作业计划为依据，并要注意下达的对象和任务性质，要实事求是，符合基层作业。

(3) 任务单中所拟定的质量、安全、工作要求、技术与节俭措施应具体化，容易操作。

(4) 任务单工期以半月至一个月为宜，下达、回收要及时，班组的填写要细致认真并及时总结分析；所有单据均要妥善保管。

表 9-13 施工任务单(样本)

工期	开工	竣工	天数
计划			
实际			

第××施工队××组

任务书编号： 工地名称： 工程名称： 签发日期： 年 月 日

序号	工程项目	计量单位	计划任务				实际完成			工程质量、安全要求、技术、节约措施	验收意见
			工程量	时间定额	每工产值	定额工日	工程量	定额工日	实际用工		
										生产效率	定额用工
											实际用工
											工作效率

4) 施工现场平面管理和控制　施工现场平面布置图是施工总平面管理的依据，要充分落实平面图对现场的各种安排。平面现场管理的实质是水平工作面的合理组织。因此，要视施工进度、材料供应、季节条件以及原来的景观特点而做出劳动力安排，争取缩短工期。平面管理还要注意灵活性与机动性。对不同的工序或不同的施工阶段采取相应的措施。此外，在平面管理中照样要重视安全管理，施工人员要安排有足够的工作面。要随时注意现场的动态变化，消除不安全的隐患。

5) 检查与监督施工过程　检查与监督施工要贯穿整个施工过程。要进行材料检查和中间作业检查。材料检查是指对施工所需的材料、设备的质量和数量的确认记录。中间作业检查是施工过程中对作业结果的检查验收，分施工阶段检查和隐蔽工程验收两种。施工阶段检查前要准备好施工合同、说明书、施工图、施工现场照片、各种质量证明材料和实验结果等，通过形状、尺寸、质地、色彩等方面的检查，对园林景观施工的艺术效果进行确认。

6) 做好施工调度　施工调度要有及时性、准确性和预防性。通过检查、监督计划和施工合同的执行情况，及时、全面地掌握施工进度、质量、安全、消耗的第一手资料。调度的基本要素是平均合理，保证重点，兼顾全局。调度的方法是累积和取平。

7) 采用"PDCA"法和"5W1H"法进行管理　"PDCA"循环工作法是一种科学的施工现场组织管理方法，"5W1H"法则是制定技术措施时能够保证措施行之有效的管理方法。这两种方法的具体情况是：

(1) PDCA 循环工作法：这一工作法的概念最早是由美国质量管理专家戴明提出来的，所以又称为"戴明环"。PDCA 法的 P 是指计划(Plan)，D 是实施(Do)，C 是指检查(Check)，A 指处理(Action)。在施工现场管理中，先提出计划(P)，然后组织人员按计划实施(D)，实施过程中和结束时都严格检查(C)，检查中发现问题就及时处理(A)，未解决的问题放到下一个 PDCA 循环，问题处理之后一个计划周期完成，然后再提出下一步的计划，并且循环进行实施、检查、处理。不断重复这种循环，就能在确保生产质量的前提下推动施工不断地进行下去(图 9-8)。

园林工程

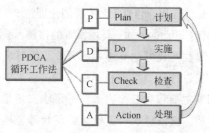

图 9-8 PDCA 施工管理方法

(2) 5W1H 法：这种方法是按照执行计划中的 6 个问题来采取措施保证计划能够顺利实施的一种辅助方法。其中：

Why，为什么制定这些措施与手段？

What，制定这些措施与手段的目的是什么？

Where，在哪一道工序或哪一个地点实施这项工作？

When，在什么时间内完成？

Who，由谁来执行？

How，实际施工中怎样贯彻落实这些措施？

5W1H 法的实施能够保证 PDCA 法循环工作的顺利实现，从而就确保了工程施工进度和施工质量，能够最终成功地达到既定管理目标 (图 9-9)。

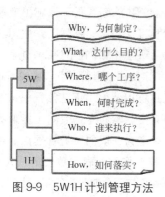

图 9-9 5W1H 计划管理方法

8) 工程施工的"三大管理" 在施工现场的组织管理保证了施工过程有条不紊和高效地进行，对整个园林工程建设有着不可替代的作用。但在施工过程中，除了施工现场组织管理之外，施工现场的质量管理、技术管理和安全管理也是对园林工程施工成效影响最大的三个管理内容。这三个方面的管理内容通常被称作工程建设的"三大管理"。在不放松其他方面管理的同时，又重点抓好三大管理，才能保证园林工程施工顺利完成。

9.4.3 施工现场的质量管理

施工现场质量管理可分为施工前的质量管理、施工过程中的质量管理和工程竣工验收时的质量管理三个方面。只有在施工过程中抓好这三个方面的质量管理，才能真正保证工程质量。这就要求在施工过程的所有阶段中树立起全面质量管理的观念，并实际进行全面质量管理。

1) 施工前的质量管理 在施工开始之前，就要先行安排好施工质量控制的方法措施和质量监督检查制度。对影响施工质量的主要因素进行控制，抓好施工过程各个技术环节的质量监控，才能保证和提高施工质量。对施工质量产生重要影响的因素主要有：施工人员、机械设备、工程材料、工艺技术和环境条件等五个方面。围绕着这五个因素展开的质量控制管理，通常采用 "4M1E" 控制模式。在施工现场采用 "4M1E" 模式进行全面质量控制的方法如图 9-10 所示。

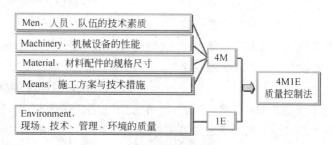

图 9-10 4M1E 质量控制模式示意图

4M1E 质量控制模式就是紧紧围绕着对施工质量影响最大的五个因素进行质量控制。对于这五个因素，都要预先制定有效的控制方法与措施，适时进行监控。

(1) Men，人员因素控制：对所有参与施工的人员，都要进行工作责任心、劳动纪律和安全生产意识的宣传与教育，同时还要建立和健全人员管理体系和制度，合理调配和组织好施工人员，从制度上保证不因人员因素影响施工质量。

(2) Machinery，机械设备因素的控制：在施工机械的选择、机械台班的具体安排和机械设备的维护保养，以及严格遵守技术操作规程等方面，都要加强控制。要在机械设备的控制方面坚持"三定"制度，即：

① 定机：在同一作业过程和同一作业面中，固定使用预定的施工机械与设备，除非机械发生严重故障而不能继续使用，才能换上其他的同种机械。

② 定人：就是固定操作人员。不同机械设备由不同的操作人员操作，同一台机械只能由同一个操作人员使用，一般情况下都不交叉使用机械设备。这样才能保证操作者能最大限度地熟悉特定机械设备的操控性能和实际作业特点。

③ 定岗：定岗就是固定工作岗位；是使施工人员的工作岗位保持相对稳定，不经常加以变动，使其能够充分熟悉工作岗位的职责、操作规程、安全生产制度规定和岗位的特殊劳动纪律与要求。

(3) Material，材料因素的控制：要把好工程材料验收、检验、保管等各个环节上的质量关，检查苗木规格、质量和进行植物检疫，对材料批次的合格证、验货单和检验报告进行检查，杜绝不合格材料进入施工过程。在施工过程中，还要对材料的配合比、使用方法进行监督和控制。

(4) Means，工艺因素的控制：正确的施工方法和施工作业顺序及工艺流程也是保证施工质量的一个关键因素。施工管理中也要监督施工方法的应用，检查工艺流程的合理性。

(5) Environment，环境因素的控制：要保证施工过程在良好的环境中展开，不因环境因素对施工过程造成妨碍和不良影响。施工中的环境因素主要包括三个方面：一是水文地质、地形地势、植被现状和工程管线现状等工程技术环境；二是质量保证体系、制度、检查监理人员配备等施工管理环境；三是劳动力配置、劳动组合、工种搭配、工作面分配的劳动环境。对于这三方面的环境因素都要有得力的方法措施进行监控。

除了按照 4M1E 模式进行施工质量控制之外，建立完备的质量保证体系也是十分重要的和必须的。施工质量保证体系包括建立健全质量检验控制制度、规范检验方法和规定，制定施工现场质量管理目标框图，配备质检员、监理工程师和明确规定项目经理、施工工长所承担的质量管理职责等。

2) 施工过程中的质量管理 施工过程中的质量检查与监督是整个施工阶段质量控制的中心环节。在施工展开的同时也进行全面的质量检查与控制，才能够真正确保施工成果达到既定的质量标准。在这一系列工作中，主要的管理和控制活动应当集中在下列四个方面：

(1) 拟定工序质量管理点和重要管理点：在整个施工过程以及施工工艺流程中，找出对工程质量有直接影响和有重大间接影响的施工环节，将其确定为一般的质量管理点。再从这些管理点中权衡利弊，确定重要的质量管理点。这一工作的程序可分四步进行：

① 绘出流程图，确定重点管理工序：按照工程自身的内在逻辑关系和固有的工艺流程，绘制反映施工过程的流程图，并在流程图上表明需要重点进行质量管理的工序。

② 利用因果图找出影响质量的主导因素：分析施工过程各工序所涉及的各种影响因素，找出主导性因素，并用因果图表达出来，如图 9-11 所示的例子。

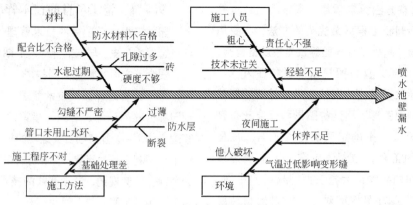

图 9-11　水池池壁漏水因果图

③ 确定重要质量管理点：根据流程图和因果图的分析结果，确定重要的质量管理点，并标注在流程图上。

④ 编出作业指导书：按照质量管理点的质量控制要求，编出各重点管理工序的作业指导书，提出控制质量影响因素的具体方法和措施，在施工过程中实施。

(2) 制定质量保证措施：除了在作业指导书中写明重要工序的质量管理措施之外，在整个施工过程的质量管理方面，还要制定质量保证措施，并按照这些措施对施工过程进行质量监督和检查。

(3) 隐蔽工程质量的适时监管：对于埋在地下或其他方面的隐蔽工程，要在施工过程中适时监控，施工时质检员和监理工程师都要到施工现场进行监督和现场检验，检验合格经签字之后才能继续施工。

(4) 质量检验和评定：采用科学合理的方法对工程施工质量进行判断和评价，是施工现场质量管理的重要工作内容。施工质量的检验和判断方法很多，目前在园林工程中应用的主要有因果图法、直方图法和控制图检验方法等。

这些方法都需要选取一定的样本，依据具体的质量状况绘制成质量评价图，从而对工程质量做出准确的检验和判断。下面对因果图法、直方图法和质量管理对策表法的主要应用方法进行扼要的介绍。

(5) 用因果图检测质量：如图 9-11 所示图样，因果图中各影响因素之间的线性关系如同鱼的骨刺，因此因果图也被称作鱼刺图。因果图是通过工程施工质量特性和影响原因之间的相互关系来判断和评价质量的，对质量状况及其影响因素之间的关系通过比较直观的形式表达出来，便于理解把握，也便于应用到各类工种项目的质量检测工作中。

绘制因果图的关键是首先要明确施工对象及施工中出现的主要问题，抓住主要问题进行反推分析，找出影响该问题的直接和间接的原因，并通过评分或投票的方式确定其中的主导因素，然后将影响因素按照实际逻辑关系排列在图中，并绘出反映这些影响关系的箭头及线条。针对因果图所分析列出的质量影响因素，制定出相应的质量管理对策，并填入表格中，编制出质量管理对策表(表 9-14)。

质量管理对策表　　　　　　　　　　　　　表 9-14

序号	质量问题的原因	采取的对策	责任人	限期	检查人	效果
1						
2						
3						
4						
……						

(6) 用直方图评定质量：直方图是通过柱状分布区间判断工程质量优劣的方法，主要用于材料试验、基础工程检验等试验性质量检验。如图 9-12 所示，直方图是以质量特性为横坐标，以试验数据组成的度幅为纵坐标而绘制成的一种检测图图形。用这种图形和标准分布直方图进行比较，来确定质量是否正常。凡是质量优良的工程，检测值应在上下限规格线之间，分布的平均值大概在两规格线的中间，而且绘出的直方图均衡对称。如果检测结果图形与标准管理线相差太大。就说明出现了质量异常，必须要采取措施使管理线恢复正常。

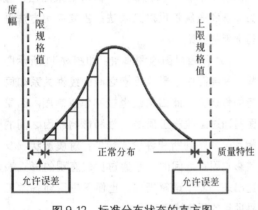

图 9-12　标准分布状态的直方图

3) 竣工阶段的质量管理　在竣工阶段对质量的控制是工程质量管理的最后一道关口，把好这一关口就可以避免质量不合格的施工产品被交付使用，从而消除工程产品在使用中的隐患，杜绝在使用过程中安全事故的发生。

对竣工结果的质量管理工作主要是检查和验收工程各部分的完工质量。检查和验收是根据规定的工种质量标准和验收规范进行的不同工种、不同局部的检查验收，要检查施工过程中有关质量控制方面的各种登记表、检验表、验收表和工程监理制度、人员是否落实和有效，并对竣工的工程各局部进行抽查测定和质量评定。最后签署竣工验收报告。对不合格的工程局部，要提出整改意见。

9.4.4　施工项目的技术管理

园林工程施工项目的技术管理是整个施工项目管理的分支，与施工合约、工期、质量、成本、安全等方面的管理共同构成一个相互联系、密不可分的管理体系。技术管理工作直接参与到园林工程的计划、组织、指挥、控制和协调管理工作之中。抓好项目管理中的技术工作是保证工程顺利进行的重要一环，所以在项目管理中必须建立一套规范、科学有效的技术管理模式，以全面履行工程承包合同。

1) 技术管理的特点　由于园林工程是在大面积地块上展开的多专业、多工种分工协作的综合性工程，其施工项目的管理工作内容也就十分复杂和多样化，因而其技术管理工作也就具有与其他土木建筑工程项目很不相同的特点。这些特点中最为突出的是季节性、相关性、多样性与综合性等四个特点。

(1) 季节性：许多园林工程项目施工都是在露地条件下进行的，不同季节的下雨、降雪、刮风、干旱的情况都有所不同，因而在不同的季节中就要根据不同的天气条件采取不同的施工技术措施。特别是园路工程、土方工程、植物栽植工程等的施工，更是具有明显的季节性特点。由于工程项目的季节性表现，也就导致在项目技术管理的内容和方式方法上都常常呈现出季节性的特点。

(2) 相关性：在园林工程中各个子项工程之间，存在着十分显著的相关性特点。例如，园路工程直接受园林地形改造工程的影响，园林湖池溪涧等水体工程与排水工程紧密联系，园林地形改造与假山工程、植物栽植工程等直接相关，乔木栽植对草坪、花坛在空间和光照方面有重要影响等，都体现出密切的相互关联特性。在这些相互影响关系中的施工技术管理，也就必然带有明显的相关性特点，因而在地形坐标、高程、坡度、地表径流、植物生态习性等方面的技术资料管理中也就有许多通用性和相互关联性。

(3) 多样性：园林工程涉及的学科、专业门类多种多样，有建筑工程、道路工程、给水排水工程、植物栽植工程、假山工程、水景工程、管线工程、照明工程等，这些不同工程施工中的技术管理工作在内容、形式和方法上都有很多不同，体现出复杂、变化的多样性特点。

(4) 综合性：园林工程是土木建筑工程、植物工程技术、环境生态工程和环境艺术工程高度结合的一种综合性工程。工程的综合性也必然带来工程技术管理的综合性特点。技术管理内容、方法上的多学科、多专业和多工种分工合作而又协调统一的管理模式，对于整个工程高效、高质地进行是至关重要的。

2) 技术管理的组成 技术管理的工作内容多种多样，但都可分别归入施工技术准备、技术实施过程管理和技术开发管理三个主要部分。

(1) 施工技术准备：在施工开始前进行施工技术准备，其主要的工作包括专业技术资料和技术文件准备，规划设计图纸审查，进行施工预算、施工组织设计、施工技术交底和施工材料、人员的技术检验，以及重点施工环节主要施工技术措施的确定等。

(2) 施工过程的技术工作：在施工过程中进行的技术管理是深入到施工现场具体工序和具体工种之内进行的。其主要管理集中在技术标准、技术规程的执行与监督，技术责任制度的制定，施工技术措施的选定和新技术的应用，材料、产品的质量检验与监督，施工问题的技术处理和对处理效果的反馈总结等。

(3) 技术开发工作：为了提高工效，降低消耗和提高施工质量，在园林工程施工中也要进行一些技术开发工作。技术开发工作主要包括施工人员的技术培训，技术情报收集，设备及施工条件的技术改造，技术方法的革新创造，新技术、新工艺的运用，材料与工艺的技术试验，技术统计和技术档案的收集、整理和保管。

3) 技术管理制度的建立 园林工程施工项目的技术管理应采用制度管理的方式，技术管理制度的建立对保证项目施工顺利进行和良好的施工质量具有十分重要的作用。园林施工技术管理制度主要包括下述 12 个方面：

(1) 图纸审查制度：园林工程项目的所有规划设计图纸在用于施工之前，都要按照既定的图纸审查制度进行严格的审查。图纸审查制度分图纸自审和图纸会审两部分。

① 图纸自审：图纸自审由项目经理部主任工程师负责组织。接到图纸后，主任工程师应及时安排或组织技术部门有关人员及有经验的老工人进行自审，并提出各专业自审记录。并及时召集有关人员，组织内部会审。针对各专业自审发现的问题及建议进行讨论，弄清设计意图和工程的特点及要求。图纸自审的主要内容是：检查各专业施工图的张数、编号与图纸目录是否相符；施工图纸、施工图说明、设计总说明是否齐全，规定是否明确，三者有无矛盾；平面图所标注坐标、绝对标高与总图是否相符；图面上的尺寸、标高、预留孔及预埋件的位置以及构件平、立面配筋与剖面有无错误；园林建筑施工图与结构施工图，结构施工图与基础、水、电、暖、卫、通等专业施工图的轴线、位置(坐标)、标高及交叉点是否矛盾；图纸上构配件的编号、规格型号及数量与构配件一览表是否相符；平面图、大样图之间有无矛盾。图纸经自审后，应将发现的问题以及有关建议做好记录，待图纸会审时提交讨论解决。

② 图纸会审：图纸会审的目的是了解设计意图，明确施工质量要求，将图纸上存在的问题和错误、专业之间的矛盾等，尽最大可能解决在工程开工之前。参加图纸会审的人员应当有项目经理、项目技术负责人、施工负责人、内业技术人员、质检员、监理工程师及其他相关专业技术人员。图纸会审一般由建设单位组织，项目部应根据施工进度要求，督促建设单位尽快组织会审。

图纸会审的内容主要有：审查施工图设计是否符合国家有关技术、经济政策和有关规定；

审查施工图的基础工程设计与地基处理有无问题，是否符合现场实际地质情况；审查建设项目坐标、标高与总平面图中标注是否一致，与相关建设项目之间的几何尺寸关系以及轴线关系和方向等有无矛盾和差错；了解图纸及说明是否齐全和清楚明确，核对建筑、结构、给水排水、暖卫、通风、电气、设备安装等图纸是否相符，相互间的关系尺寸、标高是否一致；审查建筑平、立、剖面图之间关系是否矛盾或标注是否遗漏，建筑图本身平面尺寸是否有差错，各种标高是否符合要求，与结构图的平面尺寸及标高是否一致；审查建设项目与地下构筑物、管线等之间有无矛盾；审查施工图中有哪些施工特别困难的部位，采用哪些特殊材料、构件与配件，货源如何组织；对设计采用的新技术、新结构、新材料、新工艺和新设备的可能性和应采用的必要措施进行商讨。

会审图纸的一般程序是：由建设单位分别通知设计、监理、分包协作施工单位参加图纸会审。会审分"专业会审"和"综合会审"两种形式，解决专业自身和专业与专业之间存在的各种矛盾及施工配合问题。无论专业会审或是综合会审，都应先由设计单位进行技术交底，交代设计意图、重要及关键部位，采用的新技术、新结构、新工艺、新材料、新设备等的做法、要求、达到的质量标准，而后再由各单位提出问题。根据实际情况，图纸也可分阶段会审，如地下室工程、主体工程、装修工程、水电暖等，当图纸问题较多较大时，施工中间可重新会审，以解决施工中发现的设计问题。会审时，由项目内业技术人员提出自审时的统一意见，并作记录。会审后整理好图纸会审记录，由各参加会审单位盖章后生效。

(2) 施工组织设计的管理制度：施工组织设计与施工方案制定由项目技术负责人主持，组织项目部内业技术人员、专业技术人员及公司的技术部门参加编制，生产、设备、材料、预算等部门需要提供有关资料时，必须密切配合。

由项目内业技术员或技术负责人自行确定施工组织设计的编制目录，经项目技术负责人审定后，再由项目技术负责人对参加编制人员进行分工，规定完成时间。各编制人员完成各自的编写任务后，由内业技术人员汇总初稿，交给项目技术负责人。项目技术负责人接到初稿后，组织编制人员、项目经理及有关人员对初稿进行讨论，提出修改建议和需要增加的内容等。最后，交由施工单位技术部门对初稿进行修改后定稿。

编制施工组织设计文件时，要严格遵守国家现行和合同规定的工程竣工及交付使用期限，按照国家现行有关技术政策、技术标准、施工及验收规范、工程质量检验评定标准及操作规程，将施工技术的先进性、针对性、适用性和经济合理性相结合，体现技术先进、组织严密、管理科学和经济合理，同时内容简要、层次分明、结构严谨、图文并茂和醒目易懂。

(3) 技术交底制度：技术交底由施工项目部总工程师及技术负责人、质检负责人参加设计院对施工单位的技术交底。项目部应将管段施工计划、主要工程施工组织设计方案、工程任务和技术要点、技术标准、质量管理措施、质量控制标准、新技术、新工艺、新方法及施工注意事项等，向工程队进行交底。工程队向各工种的班长及工人交底，其主要内容有：图纸要求、实施性施工组织设计和技术措施有关规定、质量标准、操作方法、施工规则要求、施工顺序、工种间的配合、预埋件位置、混凝土及砂浆配合比、建筑物尺寸、标高、测量桩及水准点等。对重点工程、关键部位及质量要求高的特殊工程除口头交底外，还要以书面形式进行技术交底，使交底工作和施工作业均有依据。书面形式采用填写"技术交底书"，发至工程队，并办理交接签字手续。未进行技术交底不准施工。

(4) 技术核定制度：凡在图纸会审时遗留或遗漏的问题以及新出现的问题，属于设计产生的，由设计单位以变更设计通知单的形式通知有关单位［施工单位、建设单位(业主)、监理单位］；属建设单位原因产生的，由建设单位通知设计单位出具工程变更通知单，并通知有关单位。在施工过程中，因施工条件、材料规格、品种和质量不能满足设计要求以及合理化建议等原因，需要进行施工图修改时，由施工单位提出技术核定单。技术核定单由项目内业技术人员负责填写，并经项目技术负责人审核，重大问题须报公司总工审核，核定单应正确、填写清楚、绘图清晰，变更内容要写明变更部位、图别、图号、轴线位置、原设计和变更后的内容和要求等。技术核定单由项目内业技术人员负责送设计单位、建设单位办理签证，经认可后方生效。经过签证认可后的技术核定单交项目资料员登记发放施工班组、预算员、质检员、技术、经营、预算、质检等部门。

(5) 施工测量管理制度：施工测量的主要任务是：开工前的控制测量、施工期间的平面与高程控制、专业分包进场的测量管理。其中，开工前施工准备期间的控制测量技术管理工作又包含平面控制桩和高程控制桩的交接管理、控制桩检查核实复测及引桩测量与保护、建立施工测量平面控制网、沿线对高程控制点进行加密等项目。而施工期间的平面与高程控制技术管理工作则包含：施工统一导线与高程测量管理、分包测量管理等。

(6) 单位工程施工记录制度：单位工程施工记录是在建工程整个施工阶段有关施工技术方面的记录，在工程竣工若干年后，其耐久性、可靠性、安全性发生问题而影响其功能时，是查找原因，制定维修、加固方案的依据之一。单位工程施工记录由项目部各专业责任工程师负责逐日记载，直至工程竣工，人员调动时，应办理交接手续，以保证其完整性。施工记录的主要内容有：①因设计与实际情况不符，由设计(或建设)单位在现场解决的设计问题及施工图修改的记录。②重要工程的特殊质量要求

和施工方法。③在紧急情况下采取的特殊措施的施工方法。④质量、安全、机械事故的情况、发生原因及处理方法的记录。⑤有关领导或部门对工程所作的生产、技术方面的决定或建议。⑥气候、气温、地质以及其他特殊情况(如停电、停水、停工待料)的记录等。项目部技术负责人在各分部工程施工完成后，将逐日记录的施工、技术处理等情况加以整理，择其关键记述，填写在单位工程施工记录表上，并经主任工程师或技术科有关负责人审核是否确实，并签名后，纳入施工技术资料存档。

(7) 技术复核制度：在施工过程中，对重要的和影响全面的技术工作，必须在分部分项工程正式施工前进行复核，以免发生重大差错，影响工程质量和使用。当复核发现差错时应及时纠正，方可施工。技术复核的主要内容是：建筑物的位置和高程；地基与基础工程设备中心线的位置、标高及各部尺寸；混凝土及钢筋混凝土构件的位置、标高及各分部尺寸、配合比、构件强度等；砖石砌体的中心线、皮数杆、砂浆配合比；屋面工程防水材料的配合比及材料质量；钢筋混凝土柱、屋架以及特殊屋面的形状、尺寸等。技术复核记录由所办复核工程内容的技术员负责填写，并应有所办技术员的自复记录，并经质检人员和项目技术负责人签署复查意见和签字。复核记录必须在下一道工序施工前办理，由所办技术员负责交项目资料员，资料员收到后进行造册登记并归档。

(8) 隐蔽工程验收制度：凡隐蔽工程都必须组织隐蔽验收。隐蔽检查记录由技术队长(技术员)或该项工程施工负责人填写，工程处质检员和建设单位代表共同回签。不同项目的隐蔽工程，应分别填写检查记录表，应复写一式五份，建设单位、计划、经营部门各一份，自存两份归档。隐蔽工程项目及检查内容是：①地基与基础工程：地质、土质情况、标高尺寸、坟、井、坑、塘的处理。基础断面尺寸，桩的位置、数量、记桩打桩记录、人工地基的试验记录、

坐标记录。②钢筋混凝土工程：钢筋的品种、规格、数量、位置、形状、焊接尺寸、接头位置、除锈情况，预埋件的数量及位置，预应力钢筋的对焊、冷拉、控制应力、混凝土、砂浆强度等级及强度，以及材料代用等情况。③砖砌体工程：抗振、拉结、砖过梁配筋部位品种、规格及数量。④木结构工程：屋架、檩条、墙体、顶棚、地下等隐蔽部位的防腐、防蛀、防菌等处理。⑤屏蔽工程：构造及做法。⑥防水工程：屋面、地下室、水下结构物的防水找平层的质量情况、干燥程度、防水层数、玛琋脂的软化点、延伸度、使用温度，屋面保温层做法，防水处理措施的质量。⑦电气线路工程：导管、位置、规格、标高、弯度、防腐、接头等，电缆耐压绝缘试验、地线、地板、避雷针的接地电阻。⑧其他：含完工后无法进行检查、重要结构部位及有特殊要求的隐蔽工程等。

(9) 科技开发和推广应用管理制度：项目科技开发和推广应用由项目技术负责人主持并负责组织编制推广应用计划，落实推广应用项目的责任人及要求完成时间等，并组织实施。项目经理参与科技开发和推广应用计划的编制，并负责解决科技开发和科技推广项目所需的经费和人员。项目内业技术人员协调项目技术负责人编制科技开发和推广应用计划，并参与实施工作，协助项目技术负责人、技术员解决实施过程中出现的技术、质量问题，负责对实施中有关技术资料的收集及整理工作，并进行总结。对科技开发和推广应用项目在工程上实施后，取得的经济效益，应按规定每季向公司上报，本项工作由项目内业技术人员负责填报。

(10) 施工技术总结制度：施工技术总结的编写范围主要有：采用"四新"(新技术、新工艺、新材料、新设备)的项目、本企业首次施工的特殊结构工程、新颖的高级装饰工程、引进新施工技术的工程以及有必要进行总结的项目。编写内容和要求是：①总结要简明扼要地介绍工程概况，以图、表形式为主，文字叙述为辅。

②涉及采用的施工方法，包括方案的优化选择，主要的技术措施和实施效果；采用的先进技术、工艺的经济比较结果，技术性能、关键技术与国内外先进技术相比达到的先进程度；质量要求和实际达到的情况，劳动力组织、施工准备、操作要点和注意事项，经验教训和体会，易出现的质量问题和防治对策，需要有待进一步解决的技术问题、技术经济效益对比等，要详细叙述。③施工中采用的标准、规范、规程、规定。④施工中采用的质量和安全保证体系和实施措施，文明施工和成品保护措施。⑤提供必要的插图、照片，条件许可时应提供施工录像带。

(11) 技术标准管理制度：施工过程中，要配备齐全工程施工所需的各种规范、标准、规程、规定，以供施工中严格执行。要建立项目的技术标准体系，编制技术标准目录，本项工作由项目资料员在项目技术负责人指导下完成。标准管理工作由项目技术负责人主持，项目资料员具体负责。项目工程所需的各类规范、标准，根据项目编制的技术标准目录配齐，保证满足工程需要。配给专业队、质检、钢筋翻样、安全等有关技术人员使用的技术标准、规范、规定、规程，须按登记发放。当有关人员调离本项目部时，应上交资料员。当某标准作废时，标准化管理人员应及时通知有关人员，交旧发新防止作废标准继续使用。

(12) 工程技术档案制度：工程技术资料是为建筑施工提供指导和对施工质量、管理情况进行记载的技术文件。也是竣工后存查或移交建设单位作为技术档案的原始凭证。单位工程必须从工程准备开始，就建立工程技术档案，汇集整理有关资料，并贯穿于施工的全过程，直到交工验收后结束。凡列入工程技术档案的技术文件、资料，都必须经各级技术负责人正式审定。所有资料、文件都必须如实反映情况，要求记载真实、准确、及时、内容齐全、完整、整理系统化、表格化、字迹工整，并分类装订成册。严禁擅自修改、伪造和事后补做。

工程技术档案内容主要分为两类：①施工技术资料：是为了系统地积累施工经验的经济技术资料，并由施工单位保存。②交工技术资料：是构筑物建筑物的合理使用、维修、改建、扩建的参考文件，在工程交工时随从其他交工资料一并提交建设单位保存。

工程技术档案是永久性保存文件，必须严格管理，不得遗失、损坏，人员调动必须办理移交手续。由施工单位保存的工程档案资料，一般工程在交工后统一交项目部资料员保管，重要工程及新工艺、新技术等由技术科资料室保存；并根据工程的性质确定保存期限。各种技术资料检查评分标准按现行全优工程检查记录执行。各种资料由施工技术队长收集并初步整理，临交工之前将资料交技术科统一整理，资料一般应一式两份。

9.4.5 施工现场的安全管理

在现代园林工程施工中，安全生产、文明施工是园林施工管理中一个非常重要的环节。为了使施工现场管理更加规范化、科学化、标准化、制度化，提高安全生产、文明施工的水平，以期获得最好的经济效益，其中施工现场及施工全过程的安全管理是十分必要而且是必切实抓好的。安全管理的基本工作内容如下文所述：

1) 安全教育与培训 安全教育是增强员工安全意识，搞好安全生产的重要手段。安全教育培训要分层次进行：

(1) 对工程管理者的安全教育，要着重于法律法规、规章制度要求、事故的目标、指标、措施要求及职责管理要求等方面的教育，其目的是杜绝违章指挥，严格把好安全措施方案审核关，履行职责，认真执行相关规定和落实好作业安全措施。

(2) 对技术管理人员的安全教育，要侧重于管理规定要求，如何编制施工作业的安全措施，并且安全措施是否切实可行、符合实际，在现场可操作性强，同时使其明确职责，把好技术交底和技术落实关。

(3) 对施工人员的安全教育，应侧重于安全规章制度和安全技术、思想意识的教育，使其在日常的施工活动中牢固树立"安全第一"的思想，实现从"要我安全"到"我要安全"的意识转变，做到"三不伤害"。

(4) 对新工人的安全教育，则必须严格按要求进行全面、系统的三级安全教育，教育一定要确有成效，切勿流于形式。

(5) 对特种作业人员的安全培训，因其技术含量高，安全意识高，但长期从事单一工作，难免在安全方面有"安全麻痹"的表现，因此要经常性地去刺激、引导他们不断焕发安全警觉意识。利用施工过程中已经发生过的事故案例进行安全教育，是效果很好的方法。通过实际事故案例的分析和介绍，了解事故发生的条件、过程和现实后果，认识事故发生规律，总结经验，吸取教训，防止同类事故的重复发生。

2) 施工现场危险源的控制 在从事危险作业的地方，应尽可能在付诸实施之前找出预防、改正及补救措施，将隐患消除或控制危险因素。危险源预先分析应包括：准备、审查和结果汇总三阶段。

(1) 准备阶段：对施工现场进行分析之前，需收集设备、材料、作业环境等的相关资料。借鉴类似的经验来弥补分析系统资料的不足。

(2) 审查阶段：通过对施工组织方案设计、主要工艺流程和设备的安全审查，辨识其中的主要危险因素，也包括审查设计规范和采取的消除、控制危险源的措施。通常，应按照预先编制好的安全检查表逐项进行审查，其审查的主要内容有以下几个方面：危险设备、场所和物质；有关安全设备、物质间的交接面，如物质间的相互反应；火灾、爆炸的发生及传播、控制系统等。对设备、物质有影响的环境因素，如雨水、高(低)温、潮湿、振动等。运行、试验、维修和应急程序，如失误后果的严重性，操作者的任务，设备布置及通道情况，人员防护等。辅助设施：如物质、产品储存、试验设备等。相关安全装备：如安全防护设施、多余设备、灭火系统、安全监控系统、个人防护设备等。根据审查结果，确定系统中的主要危险因素，研究其产生原因和可能发生的事故。

(3) 结果汇总阶段：按照检查表格汇总分析结果，包括主要事故及其产生原因，可能的后果，危险性级别以及采取的相应措施等。根据事故原因的重要性和事故后果严重程度，确定危险因素等级：Ⅰ级：安全的，暂时不能发生事故，可以忽略。Ⅱ级：临界的，有导致事故的可能性，事故处于临界状态，可能造成人员伤亡和财产损失，应采取措施予以控制。Ⅲ级：危险的，可能导致事故发生，造成人员伤亡或财产损失，必须采取措施进行控制。Ⅳ级：灾难的，会导致事故发生，造成人员严重伤亡或财产巨大损失，必须立即设法消除。针对识别的主要危险因素，可以通过修改设计，加强安全措施来消除或予以控制，从而达到系统安全的目的。

3) 完善安全管理体系 针对施工现场人员复杂及安全素质不高，交叉作业、高空作业、大树移栽、锯截作业等危险源头多的情况，运用系统化、网络化的安全管理模式是搞好现场安全管理的有效途径。

要提高现场施工的安全性，使其不发生或少发生事故，其前提条件就是预先发现系统可能存在的危险因素，全面掌握其基本特点，明确其对系统安全性影响的程度。只有这样，才有可能抓住系统可能存在的主要危险源，采取有效的安全防护措施，提高系统的安全系数。这里所强调的"预先"是指：无论系统处于哪个阶段，都要在该阶段开始之前进行系统的事故预先危险性分析。发现并掌握系统的危险因素。那么作为现场的安全管理者，在工程的开工之前，首先应策划施工过程中安全管理工作应怎样开展，怎样找出系统的危险因素并采取

相应的防护措施，对以后的安全管理工作做到心中有数，掌控过去—现在—将来的危险源。

系统化、网络化的安全管理体系，由项目经理、施工工长、安全员、安全监理等人员和一系列的安全规章制度构成，各类安全管理人员有明确的安全管理职责，各种安全保障制度也有专人负责检查和监督。这一体系要达到的管理状况是"专管成线，群管成网"。专管成线，就是安全生产有专人监管，从项目经理到下面的施工班组长，连成上下贯通的一条线管理模式。群管成网，则是指与施工相关的所有人都有安全管理的义务和责任，发现安全隐患或危险事物时都可以齐抓共管，形成安全管理的完整网络体系。

4) 制定安全管理制度 要制定完备的工程施工安全管理制度，既要有全面的安全制度和规定，又要有针对具体工种或工序的安全纪律规定。通常需要制定的安全制度有安全技术教育制度、安全责任与奖惩制度、安全检查制度、安全保护制度、安全技术措施制度、安全考勤制度、安全目标管理制度、伤害事故报告制度、安全应急制度和其他有关安全管理的制度、条例、规定等。

5) 严格执行技术规范和操作规程 施工中要严格执行各工种施工作业的操作规程或安全技术规范。例如，爆破施工、土方机械施工、电气设备安装施工、大树移植施工等，都有比较完善的技术规范或操作规程，都要严格遵照执行。

总之，建立完整的施工安全管理网络体系，认真制定和严格执行各种安全管理制度及安全技术措施、规范和操作规程，是建立安全生产长效机制的必须环节，一定要给予充分的重视，一定要落到实处。园林工程施工现场点多面广，规模宏大，其安全管理是一项重要的、长期的、艰巨的任务，而且时代在发展，施工技术手段和施工机具在不断进化和改变，这就要求适时地对已经建立起来的安全管理机制进行改造、补充和完善，从而真正实现安全文明施工的既

定目标，少发生和不发生施工中的安全事故。

9.4.6 园林工程竣工和验收

工程竣工验收是建设单位对施工单位承包的工程进行的最后验收，它是园林工程施工的最后环节，是施工管理的最后阶段。搞好工程竣工验收，使园林绿地能尽早投入使用，尽快发挥其投资效益，是园林施工管理在工程后期阶段的主要工作。工程竣工验收工作的常规内容主要有以下几个方面：

1) 施工收尾工作　在竣工验收之前，所有施工工作必须都已经完成，并且还必须做好一切收尾工作，才能达到完工验收的基本要求。收尾工作的主要内容有下述两个方面：

(1) 现场清理和清扫：工程所有项目完工后，施工单位要全面准备工程的交工验收工作，对工程的收尾工作，特别是零星分散、易被忽视的地方要尽快完成，以免影响整个工程的全面竣工验收。验收前要做好的清理工作主要包括：园林建筑辅助脚手架的拆除，各种建筑或砌筑工程废料、废物的清理，水体水面清洁及水岸整洁处理，栽植点、草坪的全面清洁工作，置石、假山和小品施工碎物的清理，园路工程沿线的清扫，临时设施的拆除清理和其他所有需要清理的地方。

(2) 竣工验收资料准备：竣工验收资料是工程项目的重要技术档案文件，施工单位在工程施工时就要注意积累，派专人负责收集，并按施工进度整理造册，妥善保管，以便在竣工验收时能提供完整的资料。竣工验收时必须准备的资料主要有：①工程竣工图和工程表。②各类合同、协议、工程洽谈记录等。③全套施工图和有关设计文件，计划任务书，变更单。④材料、设备的质量合格证，各种检测记录。⑤开工、竣工报告，土建施工记录，各类结构说明，基础处理记录，重点湖岸施工登记等。⑥隐蔽工程及中间交工验收签证，说明书。⑦全工地测量成果资料及相关说明。⑧管网安装及初测结果记录，种植成活检查结果。⑨新材料、新工艺、新方法的使用记录。⑩本行业或上级制定的相关技术规定。

2) 竣工验收依据和标准　为了做好竣工验收的一系列准备工作，在正式竣工之前，必须熟悉园林工程竣工与验收的相关依据和验收标准，并按照这些依据和标准的具体要求进行竣工验收的准备。

(1) 竣工验收依据：在验收过程中，相关人员主要依据下列条件来进行检查验收：

① 已被批准的计划任务书和相关文件。

② 双方签订的工程承包合同。

③ 设计图纸和技术说明书。

④ 图纸会审记录、设计变更与技术核定单。

⑤ 国家和行业现行的施工技术验收规范。

⑥ 有关施工记录和构件、材料等的合格证明书。

⑦ 园林管理条例及各种设计规范。

(2) 工程竣工验收的标准：验收标准就是检查验收中用于评估、衡量工程施工能否达到竣工条件的尺子，也就是对于竣工条件的基本要求和规定。这些标准有四条：

① 工程项目根据合同的规定和设计图纸的要求已全部施工完毕，达到国家规定的质量标准，能满足绿地开放与使用的要求。

② 施工现场已全面竣工清理，符合验收要求。

③ 技术档案、竣工资料齐全。

④ 完成了竣工决算。

3) 园林工程竣工与验收程序　施工项目竣工验收工作一般分两大步骤进行：一是由施工单位先行自验；二是由施工单位同建设单位、设计单位一起进行验收。

(1) 竣工自验：或称竣工预验，是由施工单位组织内部人员按照竣工验收标准，进行预演性质的检查验收，是为迎接正式检查验收而创造最后条件的一种自查形式，也是改进工作，弥补缺陷的一次机会。在自验工作中要注意的是下述 4 点：

① 自验标准：应采用正式验收标准进行自验，不能低于正式标准，但可比正式验收标准更严格、更细。

② 参加自验的人员，应由项目经理组织生产、技术、质量、合同、预算以及有关的施工工长(或施工员、工号负责人)等共同参加。

③ 自验的方式：应分层、分段地由上述人员按照自己主管的内容逐一进行检查，在检查中要做好记录，对不符合要求的部位和项目，确定修补措施和标准，并指定专人负责，定期修理完毕。

④ 复验：在基层施工单位自我检查的基础上，并对查出的问题全部修正完毕以后，项目经理应提请上级进行复验。按一般习惯，国家重点工程、省市级重点工程都应提请总公司的上级单位复验。通过复验要解决全部遗留问题，为正式验收做好全面的准备。

(2) 正式验收：在自验的基础上，确认工程全部符合竣工验收标准，即可开始启动正式竣工验收工作程序。正式的竣工验收程序可按下述 6 个步骤进行：

① 提交工程竣工报告：施工单位应于正式竣工验收之日的前 10d 向建设单位发送《工程竣工报告》。

② 组织验收工作：工程竣工验收由建设单位邀请设计单位及其他有关单位参加，同施工单位一起进行检查验收。列为国家重点工程的大型建设项目，往往还要由国家有关部委邀请有关方面专家参加，组成工程验收委员会进行检查验收。

③ 签发《工程竣工验收报告》：在建设单位验收完毕并确认工程符合竣工标准和合同条款要求以后，即向施工单位签发《工程竣工验收报告》。

④ 进行工程质量评定。

⑤ 办理工程档案资料移交。

⑥ 办理工程移交手续。

工程检查验收完毕之后，施工单位要及时向建设单位逐项办理工程移交手续和其他固定资产移交手续，并应签订交接验收证书，办理工程结算手续。工程结算由施工单位提出，送建设单位审查无误以后，由双方共同办理。工程结算手续一旦办理完毕，合同双方除施工单位承担的工程保修责任之外，在此项工程中其他方面的所有经济关系和法律责任即自动解除，工程承包合同也就最后终止。

复习思考题

(1) 园林工程项目的四个组成类别及其特征是什么？

(2) 单项园林工程的施工程序是怎样的？

(3) 园林工程招标条件、招标方式和招标程序如何？

(4) 参加园林工程项目投标应当具备的条件有哪些？应当按什么样的程序进行投标？投标方法和技巧有哪些？

(5) 从工程承包方式上看，园林工程项目可有哪些承包方式，各方式有什么特点？

(6) 订立园林工程项目的施工承包合同需要具备哪些条件？订立工程承包合同应当遵循什么样的原则？

(7) 施工组织设计的主要原则是什么？

(8) 园林工程施工组织设计的主要内容和方法有哪些？

(9) 园林工程的顺序施工、平行施工和流水施工这三种施工组织方式各自具有哪些特征？各自适用于什么样的施工条件？

(10) 怎样进行施工现场的组织管理？如何应用"PDCA"法和"5W1H"法进行施工现场的组织管理？

(11) 何谓工程施工中的"三大管理"？怎样进行三大管理？采用"4M1E"法是如何进行施工质量控制管理的？

(12) 园林工程竣工与验收的主要程序和方法情况如何？

附录　园林工程技能实训

实训一　自然式地形抄绘

一、实训课题

1. 课题名称：某公园局部山水景区自然式地形抄绘。

2. 课题目的：通过对自然式水体、园路、地形及等高线的放大与绘制练习，要基本掌握徒手绘制曲线图形的技能，并了解地形图的图示特点和地形的表达方法，学会正确识读和使用地形图。

二、训练内容

1. 地形图放大：用方格网放大法，将 1：1000 的某公园局部山水景区地形图放大为 1：500 比例的图纸。

2. 地形绘制：将放大后的自然式园路、水体、建筑、曲桥、等高线及所有地形符号、地形信息全部绘制和标注出来，做出该山水景区的地形平面图。

三、作业指导

1. 先在原地形图上添绘加密方格网线，使方格的尺寸大小最好为 10m×10m。

2. 在 A2 规格的图纸上，按 1：500 比例，用铅笔绘出放大的方格网；再根据方格网绘制园路、水体、地形等高线及各种地形符号；要求定点准确、线条清晰、图形精确无误。

3. 用墨线正式清绘该山水景区地形平面图。等高线、园路边线、水体内轮廓线（代表水位边线）和坐标方格网线均以细实线绘出，水体外轮廓线（表示岸壁边线）用粗实线绘制。要求线型符合制图标准，曲线光滑流畅，符号标示正确。

4. 绘出 50m×50m 方格的测量坐标方格网；用 6 号小字体填写高程数字和坐标数字。

5. 实训作业时间：1 周(附图 01)。

实训二　土方施工方案制定

一、实训课题

1. 课题名称：某住宅区公园笠湖旁土山工程施工。

2. 课题目的：掌握填方工程及土山施工的一般程序、技术方法和施工组织原则与技巧，学会编制土方工程施工方案与施工计划。

二、工程概况

1. 该土山工程位于公园西南部的笠湖南边，与笠湖一起构成公园的山水景观环境。

2. 土山堆造所用土方主要取自笠湖的挖方工程。从笠湖挖方的土是粉质黏土，密度为 1450kg/m³，平均含水率 18%，压缩率为 10%，属于二类土；填入土山时的平均运距为 60m。此外，该住宅区修建中产生的建筑渣土约 780m³ 需要运来填入土山下，渣土密度约为 1850kg/m³，运距 250～350m。

3. 中标该土山工程施工任务的施工队自有 10 台夯土机、25 辆手推运土小车及足够的人力施工工具，其余所需较大型的挖、运机械设备可采取租借方式，保证供给。

4. 施工人员、劳动力供应方面不存在问题；施工必须费用已经到位；劳动定额按地方现行标准选用；电源、水源问题也已解决。

5. 工程施工工期可在春季 4 月 30 日以后酌情安排，公园建设方要求的工程最后完成时间是在秋季 9 月 25 日以前。

三、课题任务

1. 根据上述条件和附图 02、附图 03，计算土山的填方工程量。

2. 本着保质保量、安全生产和合理节约施工费用的原则，编制出切实可行的土山工程施工方案(请参考后面的作业指导意见)。

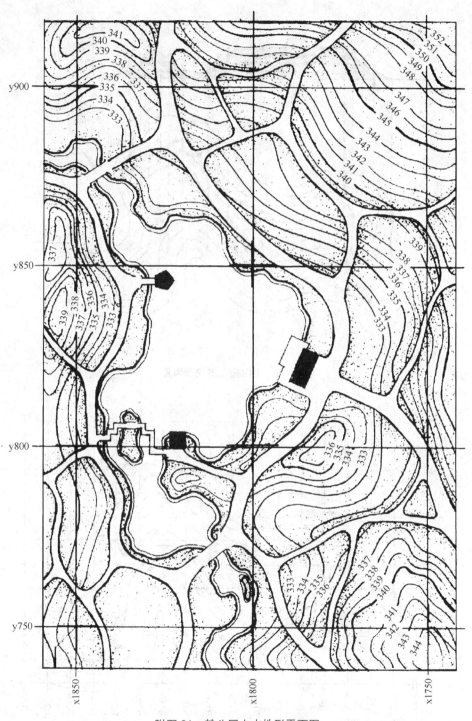

附图 01　某公园山水地形平面图

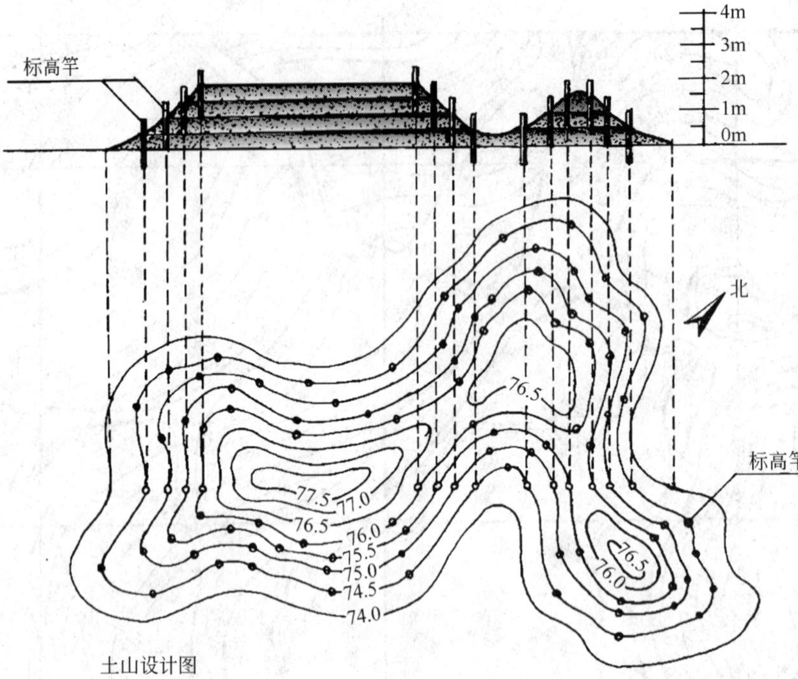

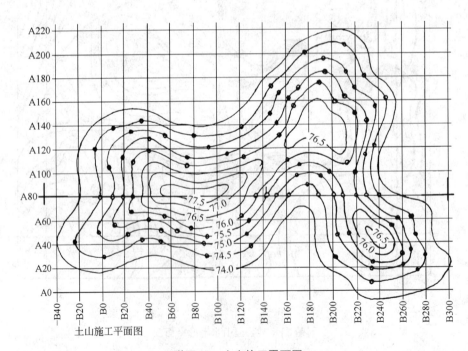

标高竿
4m
3m
2m
1m
0m
北
76.5
77.5
77.0
76.5
76.0
75.5
75.0
74.5
74.0
标高竿
76.5
76.0
土山设计图

附图 02　土山施工方法参考图

A220
A200
A180
A160
A140
A120
A100
A80
A60
A40
A20
A0
–B40
B20
B0
B20
B40
B60
B80
B100
B120
B140
B160
B180
B200
B220
B240
B260
B280
B300
76.5
77.5
77.0
76.5
76.0
75.5
75.0
74.5
74.0
76.5
76.0
土山施工平面图

附图 03　土山施工平面图

四、作业指导

1. 作业文本名称定为：笠湖公园土山工程施工方案。

2. 主要用等高面法计算土山的土方量，但在确定实际的堆山填方量时，还应将土的压缩系数考虑进去；从笠湖取土的量，应扣除 780m³ 的建筑渣土量之后再确定。

3. 施工方案文本内容可按以下所列编写：

(1) 工程概况：土山的基本情况、建设条件、土方量等。

(2) 施工准备：研读技术资料、现场踏勘、现场清理、电源水源、夜间施工照明、工地排水安排、机具与工具准备、人员准备、工期安排等内容。

(3) 定点放线：方法、仪器、测量桩点、放线质量控制。

(4) 施工方式：挖方方式、运土方式、填方与夯压方式、土山特殊的堆填施工程序等。

(5) 施工过程：施工方法、运土路线、土山堆造技术应用、操作规程监督、现场质量控制、安全管理等。

(6) 质量检验：竣工图及竣工检查验收安排。

实训三 地形与排水初步设计

一、实训课题

1. 课题名称：南祁园地形与排水初步设计。

2. 课题性质：小游园工程设计训练。

3. 课题目的：通过小型公共绿地的地形处理和排水系统布置的设计训练，加深对地面排水和地下管道排水工程的理解，初步掌握地面有组织排水和埋地管道排水的布置技巧。

二、设计条件

该小游园位于城市中心区一处旧城改造街区，北、西两面临街，南、东两面与新建居住小区相邻。小游园的总体设计(规划)方案已经审批通过，工程已正式立项，并已列入建设单位的年度工作计划。根据总体设计方案所作的设计概算，总造价为 520 万元。园址拆迁已经完成，场地经过清理已达到了"三通一平"标准，但表层土为回填的建筑渣土，平均厚度 47cm。下层土原为偏酸性的轻黏土，已经受到污染而略微偏碱性，但土的保水性仍较强。园内水池的平面形状在总体设计图上已经划定，在水池以北也由总体设计初步划定了小土山的设计等高线，但允许在竖向及排水设计中有所改动或增添。小游园用地已按 25m×25m 的方格大小建立了施工坐标方格网，并由测量人员测得了各坐标点的地面自然标高(附图 04)。

三、设计要求

1. 确定水池水面、水底的设计标高。

2. 对园址内各处地面的起伏变化及标高进行设计，确定重要地点及园路交叉口交叉中心点的坐标和设计标高。

3. 标出地面排水方向及排水组织情况，有必要时可采取防止地表径流冲刷地面的工程措施进行处理。

4. 根据地形及环境特点，布置排水管道的线路及走向，标注管道交叉点的标高。

5. 作出 1:500 的南祁园地形与排水初步设计图。

四、设计指导意见

1. 用 A3 幅面图纸作图。首先按 1:500 比例在图上绘制 25m×25m 的施工坐标方格网，坐标纵轴为 A，横轴为 B。

2. 用方格网放大法，将附图 04 的平面图形放大绘制到图纸上。图中的自然等高线改为以细虚线绘出(土山的设计等高线若无改动，仍以细实线绘出)。

3. 确定水池水面、水底的设计标高，并用高程箭头法标出。

279

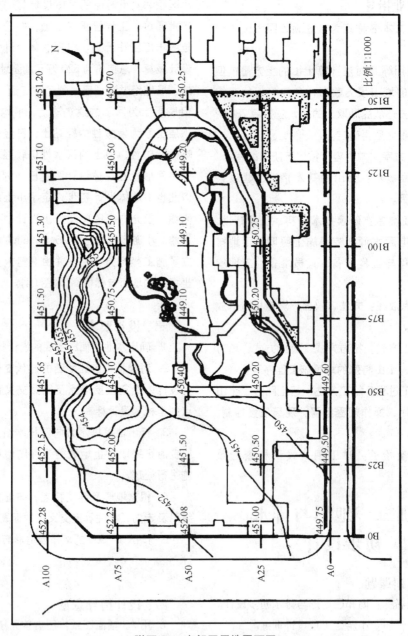

附图 04　南祁园用地平面图

4. 确定坐标方格网所有坐标点的设计标高，并将其数值填写入相应坐标点的右下角位置（即在自然标高数值的下面）。

5. 确定园内重要位点和园路交叉点的设计标高和坐标，用简表的形式标注出来（参考第 1 章图 1-27），简表中的原地面自然标高数据可用插入法计算得出，也可留空而不填写。

6. 细实线绘制的单箭头表示排水方向，绘制在园址各处地面，标出地面排水的组织情况。

7. 用不同种类的粗虚线分别表示给水管、雨水管、污水管，按照设计思路布置在地形设计图上，并将管道交叉点的各设计标高标注出来。

8. 清绘图样，最后上墨线，作出正式的地形与排水设计图。

实训四 广场喷泉工程技术分析

一、实训课题

1. 课题名称：某市中心休闲广场喷泉工程。
2. 课题性质：景观工程设计分析作业。
3. 课题目的：在对城市中心广场喷泉水景工程实际案例的考察和分析过程中，了解喷泉工程的一般组成情况和喷泉构筑物的布置技巧，并对喷泉水景设计的一般思路有所认识，对喷泉水景艺术的实际应用特点能够进行把握。

二、工程概况

该喷泉工程是由政府投资兴建的某市中心区文化休闲广场的重点景观工程。该广场内部空间开敞，视线通透。广场四周为繁华的商业街道所环绕，街道上行人和车辆都比较多，市政交通比较繁忙。广场北边有浓郁的常绿树林带作为背景，周边环境景观较好。

喷泉池位于广场中央，平面为矩形与小半圆组合形，长33.8m，宽21m。采用半地下式泵房，泵房全嵌进水池内，但门窗则向着外侧开设。泵房的屋顶设计为小型水池，其上布置32个射流式喷头与7个多孔直射式喷头构成的组合式喷泉。组合式喷泉落下的水经过屋顶小水池前缘和两侧，再跌落到下面的第二级水面。第二级水面形状为半环形槽状，槽中布置9个涌泉喷头作为装饰水景。第二级水槽的水再向下跌落，落回到宽阔的喷水池中。在喷水池前又布置一排15个半球形喷头作为前景装饰，池中部两侧设计有蒲公英喷头4个，成左右对称状；其后布置弧线形排列的射流式喷头一排，最大喷水高度为6.4m。

该工程的环境状况和喷泉平面、立面布置情况如附图05所示。

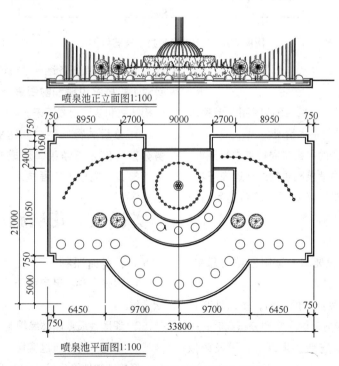

喷泉池正立面图1:100

喷泉池平面图1:100

附图05 中心广场喷泉工程方案图

喷泉的构筑物主要是喷水池和泵房。喷水池和泵房均采用钢筋混凝土结构，各构件紧密连接，防水性能好，能确保不漏水。泵房中采用了 IS200-150-200A 和 IS200-150-250 水泵各 1 台，循环供水流量为 730m³/h，耗电总功率 46kW。喷泉管线布置简洁清楚，水泵进出水管上设有柔性连接管，各种管道池壁均用止水环，以防漏水。所用喷头如附表 01 所示。管道布置如附图 06 所示。

喷泉喷头统计表			附表 01
编号	名　　称	规格(mm)	数量(个)
1	多孔喷头	6 孔	7
2	涌泉喷头	P20	9
3	蒲公英喷头	100	4
4	射流式喷头	15	66
5	半球喷头	50	15
合　　计			101

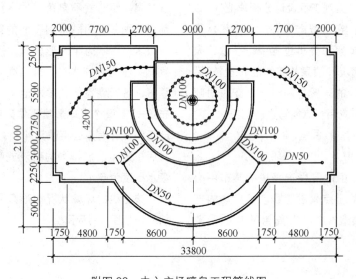

附图 06　中心广场喷泉工程管线图

三、作业要求

1. 研读喷泉工程条件，阅读附图，考察本案例中喷泉工程设计的基本情况。

2. 对本喷泉工程的平面布局特点进行分析。

3. 分析本案例中喷泉构筑物的处理技巧。

4. 针对喷泉水景艺术处理和喷头选用与布置的关系进行分析研究。

四、作业指导

1. 研读工程概况要与判读附图结合起来，从喷泉构筑物开始阅读。

2. 阅读工程相关资料的同时，重点注意作业要求中提出的 4 个方面的考察和分析内容；一面阅读，一面思考，有新的发现时，要及时以要点形式记载下来。

3. 在仔细阅读并充分理解的基础上，针对作业要求的 4 点任务逐一进行认真的思考，再次针对工程概况说明和附图进行认真分析，并将分析结果和认识记载下来。

4. 最后进行归纳，就作业要求的 4 点任务分别写出分析结果，形成技术分析和艺术分析答案，完成本工程技术分析作业。

实训五　花坛施工图设计

一、实训课题

1. 课题名称：某市经济开发区中心广场花坛工程。

2. 课题性质：园林绿地施工图设计训练。

3. 课题目的：通过实际的花坛工程设计经历，锻炼装饰性绿化设计的专业能力，并对城市区域中心景观设计的特点和技巧加深认识，掌握根据具体环境特点进行园林工程技术处理的能力。

二、设计条件

某市经济开发区是以医药和生物工程技术开发为主导发展方向的城市高新技术区。该区中心广场及其周边地区是行政中心区，广场以北就是开发区管委会办公大楼，该大楼与广场中轴相对。广场两侧是入驻开发区的大型企业集团及研究机构的总部、办事处、联络处等办公楼群。广场南端是开发区干道泰兴路的起点，泰兴路在此向南延伸到开发区的纵深地区。

中心广场花坛群区域净占地 8600m² (约 13 亩)，地势平坦，北高南低。周边地带市政设施完备，水电接入方便，城市景观较好，有现代化特点。用地内原有的建筑及设施已全部拆除或迁走，地面清理完毕，且已达到了"三通一平"的施工现场准备要求。

广场花坛区的平面设计方案已定。花坛群中央喷泉池内计划布置纪念性雕塑一组，喷泉池周围是休息广场，花坛群即环绕中央休息广场布置。其他情况如本案例的附图 07 所示。根据广场设计概算进行的广场绿化工程施工招标已经完成，中标的工程报价为 625 万元人民币，工程内容包括地面铺装、花坛及水池修建、喷泉设备、雕塑制作及绿化种植工程等，但不包括园林小品。

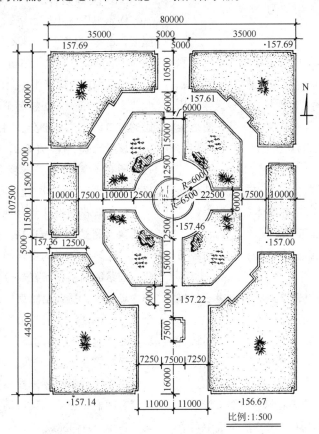

附图 07　泰兴路广场花坛区用地平面图

花坛群区的平面图已获批准使用，但只有控制性尺寸，细部尺寸需要花坛设计者补充。该平面图是进行花坛工程设计的主要依据资料，不允许改动。

三、设计任务

1. 仔细研读花坛群区的环境特点、设计条件和用地平面图。

2. 放大绘制该平面图，并将细部尺寸数据补充完整，使附图07的平面尺寸详尽无遗漏，达到平面定点放线施工图的要求。

3. 对所有花坛的边缘石和种植床进行施工图设计，做出施工详图。

4. 做出花坛群及其个体花坛的植物种植设计，花坛群中部的4个单体花坛必须按模纹花坛形式进行植物图案设计。

5. 用A2图幅绘图2张，一是花坛群区平面图，二是中部模纹花坛的种植设计图(含模纹图案设计)和花坛边缘石施工详图。

6. 对城市区域中心的装饰性绿化设计特点进行探索、分析与思考。

四、设计指导

1. 首先仔细阅读花坛群工程案例概况和附图07，充分理解花坛区平面布局意图。

2. 按附图07中的控制性尺寸，放大绘出用地平面布置图。细部尺寸缺少的，可在图形绘出后量取距离，补充标注上细部尺寸。最后，绘出花坛群区平面图。

3. 分析地势高低变化情况和花坛与花坛之间的相互关系，初步拟定各单体花坛中央的设计标高，并标注在平面图中。

4. 进行花坛边缘石断面选型，确定边缘石的表面装饰方式。

5. 进行花坛群种植设计和花坛边缘石的施工详图设计，绘出相应图纸。

6. 花坛设计图绘制：

(1) 花坛总平面图：花坛群的位置、场地环境等，比例可用1∶200、1∶250、1∶500。

(2) 花坛施工图：个体花坛平面图应绘出个体花坛平面形状，标注详细尺寸，施工中定点放线用。花坛详图包括图案纹样设计图、边缘石断面图等。比例多用1∶10、1∶20、1∶25、1∶50。

全部图形都要上墨线；绘图用线型应按照建筑制图标准绘出。

7. 作业时间：两周之内。

实训六　园路铺装工程设计

一、实训课题

1. 课题名称：某市高尚山地别墅区陶乐山庄孟菲斯花园道路铺装工程。

2. 课题目的：在实际的园路铺装工程设计中学会正确处理道路功能与结构设计矛盾的技能，基本掌握路面铺装设计方法和技巧，学会园路设计图的绘制。

二、设计条件

陶乐山庄位于城市市区以南某山地高尚别墅区，占地20.13hm²(302亩)。其一期工程用地13.6hm²(204亩)，在园内坡地区。孟菲斯花园位于坡地前方邻近山庄大门区的一块平地上。地势南高北低。园路铺装工程所在地点即是花园的入口区小广场部分。园内土壤为礓石黄泥土，属黏土类，pH值6.2，偏酸性。土中含有较多卵石及礓石，土层厚度平均13.5m，地下水平均埋深约5.8m，水质较好。

孟菲斯花园设计为台地园形式，建筑风格采用意大利式台地园风格。花园为规则式对称布局，但随着地形的变化而中轴线也有转折变化。园路铺装工程所在部分以一个正方形休息小广场为主，需做出路面铺装设计的主要是这个小广场，其铺地工程编号为2号路段铺装工程。在其前后还有1号路段和3号路段，都要做出路面铺装设计。各路段的位置如附图09所示。

路面铺装工程要求按高等级设计，工程造价没有限制，但要求设计周期较短，甲方希望设计在半个月内完成。

三、设计任务

1. 进行花园局部3个路段的路面铺装设计，要求从路基到面层全部做出设计安排，设计深度达到施工图设计的要求。

2. 用 A2 图幅 1 张，绘出该花园局部平面图和 3 个路段铺装设计的平面图及其结构断面详图，图纸比例自定。

3. 思考有关规则式花园路面铺装设计特点和特殊技巧问题。

四、设计指导

1. 阅读案例概况和设计要求，领会该花园规划设计总体方案的基本意图。

2. 在 A2 图纸的左上部分，抄绘孟菲斯花园局部平面图，作为 3 个路段园路铺装设计的总平面图。其他铺装设计图绘制在图纸的其他空处。

3. 研究课题概况和设计要求，确定路面铺装形式，做出路面结构选型。结构形式确定之后，再考虑各结构层采用什么材料？以什么配合比？结构层厚度多少？这些问题都要想明白。思考要点可用文字记录下来以备随时查阅。

4. 参考本案例附图 08 所示园路铺装设计平面图和断面详图，进行孟菲斯花园 3 个路段的路面铺装设计，将设计图绘制在 A2 图纸的其他空白处。图形要按制图标准上墨线绘出。

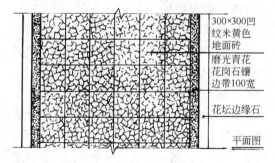

300×300凹纹米黄色地面砖

磨光青花花岗石镶边带100宽

花坛边缘石

平面图

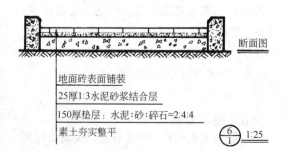

断面图

地面砖表面铺装

25厚1:3水泥砂浆结合层

150厚垫层：水泥：砂：碎石=2:4:4

素土夯实整平

6/1 1:25

附图 08　园路铺装设计参考图

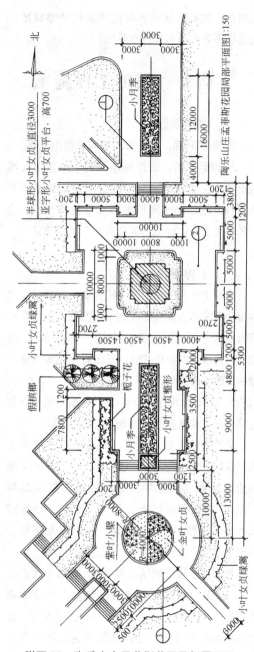

附图 09　陶乐山庄孟菲斯花园局部平面图

五、设计分析思考题

1. 结合本设计实际，说明园路有哪几种基本的路面铺装形式？各铺装形式有什么特点？各自的主要材料是什么？

2. 思考园路工程施工问题，指出园路铺装设计与园路施工在哪些方面最需要密切结合？

说明古代的花街铺地和现代的块料嵌草铺地在施工程序与方法上有什么异同?

实训七　假山工程施工

一、实训课题

1. 课题名称：某接待宾馆庭园假山工程。

2. 课题目的：通过具体分析一个假山工程的设计施工实例，了解假山工程设计的基本方法和假山施工的一般技术方法与程序步骤，并了解假山工程设计图的表达形式和绘制方法。

二、工程概况

该假山工程是某市政府机关事务管理局下属的接待宾馆庭园景观工程的子项工程。假山位于庭园主路一个弯道的外侧，背靠一栋五层的客房楼，与该楼窗面相距 12m；假山右侧为宾馆餐厅楼的山墙墙面，相距 7.5m；假山前有一小水池，面积约 120m²，水深 0.6m。水池及假山之前方和左侧方向，就是宾馆主道通过的地方。

考虑到水池面积不大，假山就不占用水面而是设计布置在水池后侧岸边。假山上的小瀑布流水可以落到池中。设计的瀑布落水口高 2.65m，在视平线以上；瀑布供水由 1 台扬程 15m 的小型潜水电泵循环供水，水泵直接放在水池的水底，以自来水为补给水源。

假山顶上设计配植有高 70cm 的灌木状红枫 8 株，依靠假山背后隐藏的塑料软水管渗透供水。另外在山体左后侧栽植了 12 丛南天竹，在山体中部穿插栽植了悬崖式造型的短叶罗汉松共 5 株。配植的其他植物还有山石缝隙及水边的耐湿草本植物虎耳草、石菖蒲等。

采用层叠结构的山体砌筑方式，层层出挑且层层叠压，山石悬出部分最长达到 1.35m，结构依然安全、稳定。山体自池边地坪以上的高度为 4.5m；设计采用砂岩的风化片状山石，山石密度 2080kg/m³，设计山石材料用量 120t，施工完成后实际用量 106t。在假山施工中，消耗了水泥 8.5t，砂 12m³，10 号镀锌钢丝 850kg。

假山施工时，配备了担任现场施工主持的假山技师 2 人，假山操作工 2 人，普通工 8 人（经过简单的现场培训）。山石起重主要依靠架立的人字起重架和 2t 与 5t 起重葫芦吊各 1 套；起重最大块山石时调用了 2 个台班的起重机。

三、实训任务

1. 分析本假山工程设计施工的各项数据，找出在假山工程施工中山石材料与其他材料消耗之间的一些相对比例关系和规律。

2. 设想自己就是主持该项工程施工的假山技师，想一想当接受到此项施工任务后应该如何组织施工？采取什么程序和方法进行施工？施工技术上需要重点掌控的技术环节是什么？在安全施工方面要抓好的工作有哪些？

3. 研读本案例提供的假山设计平面图和立面图，认识假山设计图的图示方法特点和基本绘制方法(附图 10)。

4. 根据自己的认识，就本工程内容写一份假山工程施工计划书。

四、实训指导

1. 认真阅读本案例的文字材料和图形资料，一面阅读还要一面思考，问一问为什么？问一问该工程情况与教材中相关内容有没有什么联系？

2. 施工计划书的主要内容应当写出：①工程概况：就本假山工程施工之前的情况作个简介。②施工准备工作安排：材料、工具和机具、技术、人员、现场等方面的准备计划。③确定施工方式和基本施工方法。④施工进度计划、工期。⑤有关施工过程的组织管理措施和方法的计划。现场质量控制和安全管理制度和措施。⑥其他还有需要计划的内容等。

五、施工分析思考

1. 结合本案例的假山设计图，说明如何进行假山工程设计？假山设计图有什么特点？

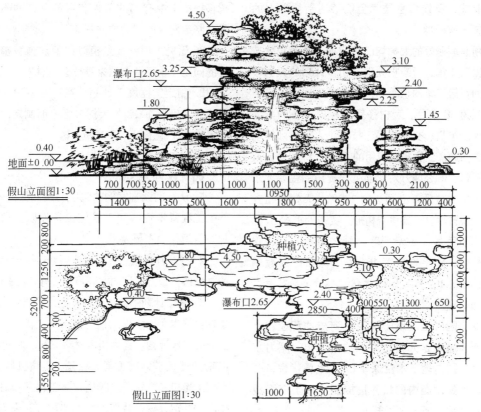

附图10　某宾馆庭园假山工程设计图

2. 怎样进行假山工程的施工准备工作？

3. 假山工程的一般施工程序是怎样的？

4. 分析本案例设计图，指出该项假山设计的成功点和不足。

实训八　大树移植施工

一、实训课题

1. 课题名称：某公园八卦亭景点大树移植工程。

2. 课题目的：在对公共绿地大树移植工程施工的组织和实施过程中，掌握根据具体工程条件制定技术措施的基本能力，学会大树移植的特殊栽培技术。

二、工程概况

本大树移植工程是某县级市市区江边鹤山公园内八卦亭景点的绿化工程项目，项目地点之东，与江相伴。由于该景点规划设计中关于文化内涵方面的安排，必须在八卦亭处种植3株银杏大树甚至古树。为加强环境中的古朴格调，还安排栽植25株大榕树和11株大黄葛树。这三个树种都是大树移栽容易成活的树种。根据公园总体规划说明书中的文字规定，3株银杏大树的胸径应达到70～120cm，其中至少有1株胸径要达到100cm以上。榕树的胸径平均在35cm左右，黄葛树的胸径平均在50cm左右。

现在这些树木已经基本落实。3株大银杏树已经找到并签订了购买合同，预付了5万元定金。其中2株稍小，胸径为75cm和97cm；另一株最大的银杏胸径达到1.54m，高度为17m有余。3株银杏的生长势均比较健旺，是分别在两个地点找到的，运输距离一个地点为21km，另一个地点为45km。其移栽许可手续已经在县林业局办理好。25株榕树和11株黄葛树均已经联系到货源，是由外地购入的，已经派人到产地选树验货，反馈信息是完全能够达到规划上的要求，没有问题。

所有联系好的大树均已经定购，并请卖方按要求提前1年进行断根处理。初步计划的大树移栽时间在第二年的秋季9月。距本工程立项实施的时间为18个月。大树移栽工程应具备的其他条件如起重机、交通运输、技术工人、技师等均不存在问题。工程预算费用的70%已经到公园财务科账目上。公园方对此项工程提出的主要要求就是大树的成活率必须达到100%，大树栽植效果要体现艺术性，要讲究树形、姿态的搭配。

本地气候：冬无严寒，夏较闷热，春、秋时间较短，年平均温度16.4℃，年日照时数偏少，约1120h；年平均降水量1256mm，易发生春旱和伏旱。

该公园内土壤属于第四纪河流冲积土，为砂壤土，原来是郊区蔬菜地的菜园土，肥力水平较高。园内地下水位深1.6m，水质优良，公园用水均是由园内的机井抽提到水塔上而形成的供水系统，园内水源丰沛。

三、工程任务

1. 对本工程的施工条件进行分析，找出大树移植施工中有利的条件和可能存在的不利因素，制定解决问题的方法措施。

2. 研究大树移栽定植时如何加强栽植艺术性的问题，用哪些方法来强化艺术性？

3. 制定工程施工计划，在计划书中主要应明确为了确保100%的大树成活率而制定的保活技术措施、施工程序及时间安排。

四、作业指导

1. 认真阅读本案例的文字材料和图形资料，熟悉工程背景资料和工程施工条件以及项目发包方对工程的主要要求。

2. 对八卦亭景点平面图进行研究，分析树木的立地条件如方位朝向、环境特征等(附图11)。

3. 施工计划书的主要内容应当写出：①工程概况：就本大树移植工程的情况作个简介。②施工准备工作计划：包括树木材料准备、对树木的提前处理措施、施工现场准备、运输机具准备、大树土坨包装准备等。③确定施工程序和时间安排。④制定大树移栽保活技术措施。⑤施工组织指挥机构的设立，确定工序责任人、施工过程的组织管理措施和方法。⑥针对大树移植可能发生的安全事故，制定周全的安全管理制度和措施。

园林工程

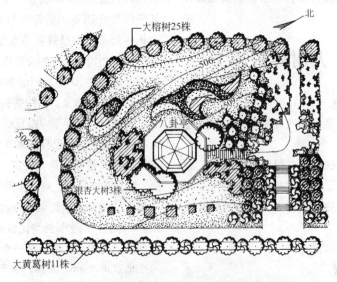

附图11　八卦亭景点大树移植工程布置平面图

五、施工分析思考

1. 大树移植前期工作对树木成活的影响如何？怎样做好大树移植前期的准备工作？

2. 在大树移植过程中应注意的问题主要有哪些？

3. 如何通过栽植后的养护管理来确保移栽大树的成活率？

实训九 广场绿地施工组织设计

一、实训课题

1. 课题名称：某市中心广场及景观工程施工组织设计。

2. 课题目的：通过对城市公共绿地工程施工组织设计的实际训练，掌握园林工程施工组织设计的形式与方法，初步学会园林单项工程或单位工程的施工组织设计，基本具备制定施工方案和进行其他方面施工管理的能力。

二、工程概况

本工程是南方某县级市政府中心广场景观工程(附图 12)。广场分布在市政府大楼南北两面，南广场为开放式，北广场为闭合庭园式，市政府大楼坐北朝南居中布置。广场南北长 130.5m，东西宽 78m，总占地面积 10179m²(15.3 亩)，内含政府大楼建筑占地面积 670m²、喷泉水池面积 500m²、小停车场 2 处面积 868m²、硬铺装地面 3418m²、植物栽植用地 4723m²。

289

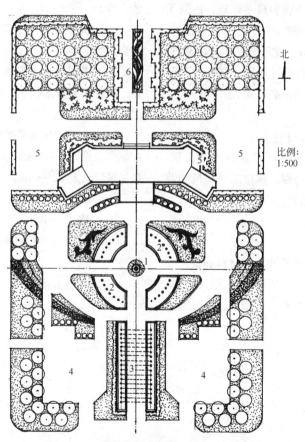

附图 12　某市中心广场景观设计平面图

1—《火凤》城雕；2—装饰喷泉；3—水拱廊；4—文娱活动场；

5—停车场；6—色带花坛；7—银杏树阵

广场四周均为城市干道，车行道路面宽18m。

南广场的中央布置不锈钢彩色抽象雕塑一尊，总高5.6m。其周边布置环形喷水池，设计为装饰型涌泉。在雕塑以南布置有排射泉构成的水拱廊一道。

北广场为市政府大楼后院广场，主要布置有银杏大树构成的树阵。

广场上的2处小停车场采用混凝土路面铺装，其他硬铺装路面及活动场地的地面都采用花岗石面板贴面铺装。

整个工程中水池挖方和细部地形整理所涉及的土方工程量经估算约为750m³，另外还需要从外面运进肥沃的植物栽培土约140m³。

广场用地已经过清理和整平处理，达到了"三通一平"的场地准备要求。

工程建设单位为该市政府城乡环境建设局，工程竣工日期已确定在第二年五一国际劳动节前，即规定于4月25日前必须完工。

三、施工组织设计任务

做出本景观广场工程所涉及的土方工程、地面铺装工程、水景工程、雕塑工程和植物栽植工程的施工组织总设计。

四、作业指导

1. 研读介绍工程概况的文字材料和该广场的景观设计总平面图，分析环境状况、工程背景状况和平面布局和景观安排情况，充分熟悉该广场的规划设计方案。并且收集景观广场工程的其他相关技术资料和参考资料。

2. 进行工程子项目的划分，确定各单项工程的工程内容、工程量和工期，编制工程项目一览表。

3. 进行施工部署，确定施工方案。首先确定施工组织形式，建立一个精简高效的工程指挥机构，然后对各项施工任务进行施工程序的安排，并拟定主要工程项目的基本施工方案和主要工种的基本施工方法。最后，再做出整个工程的施工准备规划。

4. 采用施工进度横道图等方法，编制施工进度计划；并根据施工进度的安排制定设备、材料及劳动力计划和确定施工前期的其他工作。

5. 计算施工指标，量化工作目标，确定工程套用的定额。

6. 根据城市街道环境中的园林工程施工特点，制定安全技术措施，建立和健全施工工地的各种规章制度。

7. 绘制施工现场平面布置图(或利用已有的广场景观设计总平面图)，对协调现场施工的各种关系做出周密的安排。

五、施工分析思考

1. 园林绿地工程的施工组织设计有什么特殊性？

2. 园林施工组织设计的基本程序和方法是什么？

参 考 文 献

[1] 中国科学院自然科学史研究所. 中国古代建筑技术史 [M]. 北京：科学出版社，1985.
[2] 苏家和. 花坛 [M]. 成都：四川科学技术出版社，1986.
[3] （日）安保昭. 坡面绿化施工法 [M]. 北京：人民交通出版社，1988.
[4] 李锡然. 城镇竖向设计 [M]. 北京：中国建筑工业出版社，1990.
[5] 方惠. 叠石造山 [M]. 北京：中国建筑工业出版社，1994.
[6] 吴为廉. 景园建筑工程规划与设计（下册）[M]. 上海：同济大学出版社，1996.
[7] 黄晓鸾. 园林绿地与建筑小品 [M]. 北京：中国建筑工业出版社，1996.
[8] 孟兆祯等. 园林工程 [M]. 北京：中国林业出版社，1996.
[9] 聂广智等. 仿古建筑施工实用技术 [M]. 郑州：河南科学技术出版社，1997.
[10] 朱钧珍. 园林理水艺术 [M]. 北京：中国林业出版社，1998.
[11] 张志国. 草坪建植与管理 [M]. 济南：山东科学技术出版社，1998.
[12] 唐来春. 园林工程与施工 [M]. 北京：中国建筑工业出版社，1999.
[13] 姚刚. 土木工程施工技术 [M]. 北京：人民交通出版社，2000.
[14] 丁文铎. 城市绿地喷灌 [M]. 北京：中国林业出版社，2001.
[15] 田永复. 中国园林建筑施工技术 [M]. 北京：中国建筑工业出版社，2002.
[16] 虞德平. 园林绿化施工技术资料编制手册 [M]. 北京：中国建筑工业出版社，2006.
[17] （日）近藤三雄. 城市绿化技术集 [M]. 北京：中国建筑工业出版社，2006.
[18] 李梅. 园林经济管理 [M]. 北京：中国建筑工业出版社，2007.

尊敬的读者：

感谢您选购我社图书！建工版图书按图书销售分类在卖场上架，共设22个一级分类及43个二级分类，根据图书销售分类选购建筑类图书会节省您的大量时间。现将建工版图书销售分类及与我社联系方式介绍给您，欢迎随时与我们联系。

★建工版图书销售分类表（见下表）。

★欢迎登陆中国建筑工业出版社网站www.cabp.com.cn，本网站为您提供建工版图书信息查询，网上留言、购书服务，并邀请您加入网上读者俱乐部。

★中国建筑工业出版社总编室　　电　话：010—58934845　　传　真：010—68321361

★中国建筑工业出版社发行部　　电　话：010—58933865　　传　真：010—68325420
　　　　　　　　　　　　　　　E-mail：hbw@cabp.com.cn

建工版图书销售分类表

一级分类名称（代码）	二级分类名称（代码）	一级分类名称（代码）	二级分类名称（代码）
建筑学（A）	建筑历史与理论（A10）	园林景观（G）	园林史与园林景观理论（G10）
	建筑设计（A20）		园林景观规划与设计（G20）
	建筑技术（A30）		环境艺术设计（G30）
	建筑表现·建筑制图（A40）		园林景观施工（G40）
	建筑艺术（A50）		园林植物与应用（G50）
建筑设备·建筑材料（F）	暖通空调（F10）	城乡建设·市政工程·环境工程（B）	城镇与乡（村）建设（B10）
	建筑给水排水（F20）		道路桥梁工程（B20）
	建筑电气与建筑智能化技术（F30）		市政给水排水工程（B30）
	建筑节能·建筑防火（F40）		市政供热、供燃气工程（B40）
	建筑材料（F50）		环境工程（B50）
城市规划·城市设计（P）	城市史与城市规划理论（P10）	建筑结构与岩土工程（S）	建筑结构（S10）
	城市规划与城市设计（P20）		岩土工程（S20）
室内设计·装饰装修（D）	室内设计与表现（D10）	建筑施工·设备安装技术（C）	施工技术（C10）
	家具与装饰（D20）		设备安装技术（C20）
	装修材料与施工（D30）		工程质量与安全（C30）
建筑工程经济与管理（M）	施工管理（M10）	房地产开发管理（E）	房地产开发与经营（E10）
	工程管理（M20）		物业管理（E20）
	工程监理（M30）	辞典·连续出版物（Z）	辞典（Z10）
	工程经济与造价（M40）		连续出版物（Z20）
艺术·设计（K）	艺术（K10）	旅游·其他（Q）	旅游（Q10）
	工业设计（K20）		其他（Q20）
	平面设计（K30）	土木建筑计算机应用系列（J）	
执业资格考试用书（R）		法律法规与标准规范单行本（T）	
高校教材（V）		法律法规与标准规范汇编/大全（U）	
高职高专教材（X）		培训教材（Y）	
中职中专教材（W）		电子出版物（H）	

注：建工版图书销售分类已标注于图书封底。